AF4209561

DIVIDED YET UNIFIED DIVIDED YET UNIFIED
DIVIDED YET UNIFIED DIVIDED YET UNIFIED
DIVIDED YET UNIFIED DIVIDED YET UNIFIED
DIVIDED YET UNIFIED DIVIDED YET UNIFIED
DIVIDED YET UNIFIED DIVIDED YET UNIFIED
DIVIDED YET UNIFIED DIVIDED YET UNIFIED
DIVIDED YET UNIFIED DIVIDED YET UNIFIED
DIVIDED YET UNIFIED DIVIDED YET UNIFIED
DIVIDED YET UNIFIED DIVIDED YET UNIFIED
DIVIDED YET UNIFIED DIVIDED YET UNIFIED
DIVIDED YET UNIFIED DIVIDED YET UNIFIED
DIVIDED YET UNIFIED DIVIDED YET UNIFIED
DIVIDED YET UNIFIED DIVIDED YET UNIFIED
DIVIDED YET UNIFIED DIVIDED YET UNIFIED
DIVIDED YET UNIFIED DIVIDED YET UNIFIED
DIVIDED YET UNIFIED DIVIDED YET UNIFIED
DIVIDED YET UNIFIED DIVIDED YET UNIFIED
DIVIDED YET UNIFIED DIVIDED YET UNIFIED
DIVIDED YET UNIFIED DIVIDED YET UNIFIED
DIVIDED YET UNIFIED DIVIDED YET UNIFIED
DIVIDED YET UNIFIED DIVIDED YET UNIFIED
DIVIDED YET UNIFIED DIVIDED YET UNIFIED
DIVIDED YET UNIFIED DIVIDED YET UNIFIED
DIVIDED YET UNIFIED DIVIDED YET UNIFIED
DIVIDED YET UNIFIED DIVIDED YET UNIFIED
DIVIDED YET UNIFIED DIVIDED YET UNIFIED
DIVIDED YET UNIFIED DIVIDED YET UNIFIED
DIVIDED YET UNIFIED DIVIDED YET UNIFIED
DIVIDED YET UNIFIED DIVIDED YET UNIFIED
DIVIDED YET UNIFIED DIVIDED YET UNIFIED
DIVIDED YET UNIFIED DIVIDED YET UNIFIED
DIVIDED YET UNIFIED DIVIDED YET UNIFIED
DIVIDED YET UNIFIED DIVIDED YET UNIFIED
DIVIDED YET UNIFIED DIVIDED YET UNIFIED
DIVIDED YET UNIFIED DIVIDED YET UNIFIED
DIVIDED YET UNIFIED DIVIDED YET UNIFIED
DIVIDED YET UNIFIED DIVIDED YET UNIFIED
DIVIDED YET UNIFIED DIVIDED YET UNIFIED
DIVIDED YET UNIFIED DIVIDED YET UNIFIED
DIVIDED YET UNIFIED DIVIDED YET UNIFIED
DIVIDED YET UNIFIED DIVIDED YET UNIFIED
DIVIDED YET UNIFIED DIVIDED YET UNIFIED
DIVIDED YET UNIFIED DIVIDED YET UNIFIED
DIVIDED YET UNIFIED DIVIDED YET UNIFIED

DIVIDED YET UNIFIED DIVIDED YET UNIFIED
DIVIDED YET UNIFIED DIVIDED YET UNIFIED
DIVIDED YET UNIFIED DIVIDED YET UNIFIED
DIVIDED YET UNIFIED DIVIDED YET UNIFIED
DIVIDED YET UNIFIED DIVIDED YET UNIFIED
DIVIDED YET UNIFIED DIVIDED YET UNIFIED
DIVIDED YET UNIFIED DIVIDED YET UNIFIED
DIVIDED YET UNIFIED DIVIDED YET UNIFIED
DIVIDED YET UNIFIED DIVIDED YET UNIFIED
DIVIDED YET UNIFIED DIVIDED YET UNIFIED
DIVIDED YET UNIFIED DIVIDED YET UNIFIED
DIVIDED YET UNIFIED DIVIDED YET UNIFIED
DIVIDED YET UNIFIED DIVIDED YET UNIFIED
DIVIDED YET UNIFIED DIVIDED YET UNIFIED
DIVIDED YET UNIFIED DIVIDED YET UNIFIED
DIVIDED YET UNIFIED DIVIDED YET UNIFIED
DIVIDED YET UNIFIED DIVIDED YET UNIFIED
DIVIDED YET UNIFIED DIVIDED YET UNIFIED
DIVIDED YET UNIFIED DIVIDED YET UNIFIED
DIVIDED YET UNIFIED DIVIDED YET UNIFIED
DIVIDED YET UNIFIED DIVIDED YET UNIFIED
DIVIDED YET UNIFIED DIVIDED YET UNIFIED
DIVIDED YET UNIFIED DIVIDED YET UNIFIED
DIVIDED YET UNIFIED DIVIDED YET UNIFIED
DIVIDED YET UNIFIED DIVIDED YET UNIFIED
DIVIDED YET UNIFIED DIVIDED YET UNIFIED
DIVIDED YET UNIFIED DIVIDED YET UNIFIED
DIVIDED YET UNIFIED DIVIDED YET UNIFIED
DIVIDED YET UNIFIED DIVIDED YET UNIFIED
DIVIDED YET UNIFIED DIVIDED YET UNIFIED
DIVIDED YET UNIFIED DIVIDED YET UNIFIED
DIVIDED YET UNIFIED DIVIDED YET UNIFIED
DIVIDED YET UNIFIED DIVIDED YET UNIFIED
DIVIDED YET UNIFIED DIVIDED YET UNIFIED
DIVIDED YET UNIFIED DIVIDED YET UNIFIED
DIVIDED YET UNIFIED DIVIDED YET UNIFIED
DIVIDED YET UNIFIED DIVIDED YET UNIFIED
DIVIDED YET UNIFIED DIVIDED YET UNIFIED
DIVIDED YET UNIFIED DIVIDED YET UNIFIED
DIVIDED YET UNIFIED DIVIDED YET UNIFIED
DIVIDED YET UNIFIED DIVIDED YET UNIFIED

DIVIDED YET UNIFIED DIVIDED YET UNIFIED
DIVIDED YET UNIFIED DIVIDED YET UNIFIED
DIVIDED YET UNIFIED DIVIDED YET UNIFIED
DIVIDED YET UNIFIED DIVIDED YET UNIFIED
DIVIDED YET UNIFIED DIVIDED YET UNIFIED
DIVIDED YET UNIFIED DIVIDED YET UNIFIED
DIVIDED YET UNIFIED DIVIDED YET UNIFIED
DIVIDED YET UNIFIED DIVIDED YET UNIFIED
DIVIDED YET UNIFIED DIVIDED YET UNIFIED
DIVIDED YET UNIFIED DIVIDED YET UNIFIED
DIVIDED YET UNIFIED DIVIDED YET UNIFIED
DIVIDED YET UNIFIED DIVIDED YET UNIFIED
DIVIDED YET UNIFIED DIVIDED YET UNIFIED
DIVIDED YET UNIFIED DIVIDED YET UNIFIED
DIVIDED YET UNIFIED DIVIDED YET UNIFIED
DIVIDED YET UNIFIED DIVIDED YET UNIFIED
DIVIDED YET UNIFIED DIVIDED YET UNIFIED
DIVIDED YET UNIFIED DIVIDED YET UNIFIED
DIVIDED YET UNIFIED DIVIDED YET UNIFIED
DIVIDED YET UNIFIED DIVIDED YET UNIFIED
DIVIDED YET UNIFIED DIVIDED YET UNIFIED
DIVIDED YET UNIFIED DIVIDED YET UNIFIED
DIVIDED YET UNIFIED DIVIDED YET UNIFIED
DIVIDED YET UNIFIED DIVIDED YET UNIFIED
DIVIDED YET UNIFIED DIVIDED YET UNIFIED
DIVIDED YET UNIFIED DIVIDED YET UNIFIED
DIVIDED YET UNIFIED DIVIDED YET UNIFIED
DIVIDED YET UNIFIED DIVIDED YET UNIFIED
DIVIDED YET UNIFIED DIVIDED YET UNIFIED
DIVIDED YET UNIFIED DIVIDED YET UNIFIED
DIVIDED YET UNIFIED DIVIDED YET UNIFIED
DIVIDED YET UNIFIED DIVIDED YET UNIFIED
DIVIDED YET UNIFIED DIVIDED YET UNIFIED
DIVIDED YET UNIFIED DIVIDED YET UNIFIED
DIVIDED YET UNIFIED DIVIDED YET UNIFIED
DIVIDED YET UNIFIED DIVIDED YET UNIFIED
DIVIDED YET UNIFIED DIVIDED YET UNIFIED
DIVIDED YET UNIFIED DIVIDED YET UNIFIED

DIVIDED YET UNIFIED DIVIDED YET UNIFIED
DIVIDED YET UNIFIED DIVIDED YET UNIFIED
DIVIDED YET UNIFIED DIVIDED YET UNIFIED
DIVIDED YET UNIFIED DIVIDED YET UNIFIED
DIVIDED YET UNIFIED DIVIDED YET UNIFIED
DIVIDED YET UNIFIED DIVIDED YET UNIFIED
DIVIDED YET UNIFIED DIVIDED YET UNIFIED
DIVIDED YET UNIFIED DIVIDED YET UNIFIED
DIVIDED YET UNIFIED DIVIDED YET UNIFIED
DIVIDED YET UNIFIED DIVIDED YET UNIFIED
DIVIDED YET UNIFIED DIVIDED YET UNIFIED
DIVIDED YET UNIFIED DIVIDED YET UNIFIED
DIVIDED YET UNIFIED DIVIDED YET UNIFIED
DIVIDED YET UNIFIED DIVIDED YET UNIFIED
DIVIDED YET UNIFIED DIVIDED YET UNIFIED
DIVIDED YET UNIFIED DIVIDED YET UNIFIED
DIVIDED YET UNIFIED DIVIDED YET UNIFIED
DIVIDED YET UNIFIED DIVIDED YET UNIFIED
DIVIDED YET UNIFIED DIVIDED YET UNIFIED
DIVIDED YET UNIFIED DIVIDED YET UNIFIED
DIVIDED YET UNIFIED DIVIDED YET UNIFIED
DIVIDED YET UNIFIED DIVIDED YET UNIFIED
DIVIDED YET UNIFIED DIVIDED YET UNIFIED
DIVIDED YET UNIFIED DIVIDED YET UNIFIED
DIVIDED YET UNIFIED DIVIDED YET UNIFIED
DIVIDED YET UNIFIED DIVIDED YET UNIFIED
DIVIDED YET UNIFIED DIVIDED YET UNIFIED
DIVIDED YET UNIFIED DIVIDED YET UNIFIED
DIVIDED YET UNIFIED DIVIDED YET UNIFIED
DIVIDED YET UNIFIED DIVIDED YET UNIFIED
DIVIDED YET UNIFIED DIVIDED YET UNIFIED
DIVIDED YET UNIFIED DIVIDED YET UNIFIED
DIVIDED YET UNIFIED DIVIDED YET UNIFIED
DIVIDED YET UNIFIED DIVIDED YET UNIFIED
DIVIDED YET UNIFIED DIVIDED YET UNIFIED
DIVIDED YET UNIFIED DIVIDED YET UNIFIED
DIVIDED YET UNIFIED DIVIDED YET UNIFIED
DIVIDED YET UNIFIED DIVIDED YET UNIFIED
DIVIDED YET UNIFIED DIVIDED YET UNIFIED
DIVIDED YET UNIFIED DIVIDED YET UNIFIED
DIVIDED YET UNIFIED DIVIDED YET UNIFIED

DIVIDED YET UNIFIED DIVIDED YET UNIFIED
DIVIDED YET UNIFIED DIVIDED YET UNIFIED
DIVIDED YET UNIFIED DIVIDED YET UNIFIED
DIVIDED YET UNIFIED DIVIDED YET UNIFIED
DIVIDED YET UNIFIED DIVIDED YET UNIFIED
DIVIDED YET UNIFIED DIVIDED YET UNIFIED
DIVIDED YET UNIFIED DIVIDED YET UNIFIED
DIVIDED YET UNIFIED DIVIDED YET UNIFIED
DIVIDED YET UNIFIED DIVIDED YET UNIFIED
DIVIDED YET UNIFIED DIVIDED YET UNIFIED
DIVIDED YET UNIFIED DIVIDED YET UNIFIED
DIVIDED YET UNIFIED DIVIDED YET UNIFIED
DIVIDED YET UNIFIED DIVIDED YET UNIFIED
DIVIDED YET UNIFIED DIVIDED YET UNIFIED
DIVIDED YET UNIFIED DIVIDED YET UNIFIED
DIVIDED YET UNIFIED DIVIDED YET UNIFIED
DIVIDED YET UNIFIED DIVIDED YET UNIFIED
DIVIDED YET UNIFIED DIVIDED YET UNIFIED
DIVIDED YET UNIFIED DIVIDED YET UNIFIED
DIVIDED YET UNIFIED DIVIDED YET UNIFIED
DIVIDED YET UNIFIED DIVIDED YET UNIFIED
DIVIDED YET UNIFIED DIVIDED YET UNIFIED
DIVIDED YET UNIFIED DIVIDED YET UNIFIED
DIVIDED YET UNIFIED DIVIDED YET UNIFIED
DIVIDED YET UNIFIED DIVIDED YET UNIFIED
DIVIDED YET UNIFIED DIVIDED YET UNIFIED
DIVIDED YET UNIFIED DIVIDED YET UNIFIED
DIVIDED YET UNIFIED DIVIDED YET UNIFIED
DIVIDED YET UNIFIED DIVIDED YET UNIFIED
DIVIDED YET UNIFIED DIVIDED YET UNIFIED
DIVIDED YET UNIFIED DIVIDED YET UNIFIED
DIVIDED YET UNIFIED DIVIDED YET UNIFIED
DIVIDED YET UNIFIED DIVIDED YET UNIFIED
DIVIDED YET UNIFIED DIVIDED YET UNIFIED
DIVIDED YET UNIFIED DIVIDED YET UNIFIED
DIVIDED YET UNIFIED DIVIDED YET UNIFIED
DIVIDED YET UNIFIED DIVIDED YET UNIFIED
DIVIDED YET UNIFIED DIVIDED YET UNIFIED
DIVIDED YET UNIFIED DIVIDED YET UNIFIED
DIVIDED YET UNIFIED DIVIDED YET UNIFIED
DIVIDED YET UNIFIED DIVIDED YET UNIFIED
DIVIDED YET UNIFIED DIVIDED YET UNIFIED
DIVIDED YET UNIFIED DIVIDED YET UNIFIED
DIVIDED YET UNIFIED DIVIDED YET UNIFIED
DIVIDED YET UNIFIED DIVIDED YET UNIFIED
DIVIDED YET UNIFIED DIVIDED YET UNIFIED

DIVIDED YET UNIFIED DIVIDED YET UNIFIED
DIVIDED YET UNIFIED DIVIDED YET UNIFIED
DIVIDED YET UNIFIED DIVIDED YET UNIFIED
DIVIDED YET UNIFIED DIVIDED YET UNIFIED
DIVIDED YET UNIFIED DIVIDED YET UNIFIED
DIVIDED YET UNIFIED DIVIDED YET UNIFIED
DIVIDED YET UNIFIED DIVIDED YET UNIFIED
DIVIDED YET UNIFIED DIVIDED YET UNIFIED
DIVIDED YET UNIFIED DIVIDED YET UNIFIED
DIVIDED YET UNIFIED DIVIDED YET UNIFIED
DIVIDED YET UNIFIED DIVIDED YET UNIFIED
DIVIDED YET UNIFIED DIVIDED YET UNIFIED
DIVIDED YET UNIFIED DIVIDED YET UNIFIED
DIVIDED YET UNIFIED DIVIDED YET UNIFIED
DIVIDED YET UNIFIED DIVIDED YET UNIFIED
DIVIDED YET UNIFIED DIVIDED YET UNIFIED
DIVIDED YET UNIFIED DIVIDED YET UNIFIED
DIVIDED YET UNIFIED DIVIDED YET UNIFIED
DIVIDED YET UNIFIED DIVIDED YET UNIFIED
DIVIDED YET UNIFIED DIVIDED YET UNIFIED
DIVIDED YET UNIFIED DIVIDED YET UNIFIED
DIVIDED YET UNIFIED DIVIDED YET UNIFIED
DIVIDED YET UNIFIED DIVIDED YET UNIFIED
DIVIDED YET UNIFIED DIVIDED YET UNIFIED
DIVIDED YET UNIFIED DIVIDED YET UNIFIED
DIVIDED YET UNIFIED DIVIDED YET UNIFIED
DIVIDED YET UNIFIED DIVIDED YET UNIFIED
DIVIDED YET UNIFIED DIVIDED YET UNIFIED
DIVIDED YET UNIFIED DIVIDED YET UNIFIED
DIVIDED YET UNIFIED DIVIDED YET UNIFIED
DIVIDED YET UNIFIED DIVIDED YET UNIFIED
DIVIDED YET UNIFIED DIVIDED YET UNIFIED
DIVIDED YET UNIFIED DIVIDED YET UNIFIED
DIVIDED YET UNIFIED DIVIDED YET UNIFIED
DIVIDED YET UNIFIED DIVIDED YET UNIFIED
DIVIDED YET UNIFIED DIVIDED YET UNIFIED
DIVIDED YET UNIFIED DIVIDED YET UNIFIED
DIVIDED YET UNIFIED DIVIDED YET UNIFIED
DIVIDED YET UNIFIED DIVIDED YET UNIFIED
DIVIDED YET UNIFIED DIVIDED YET UNIFIED
DIVIDED YET UNIFIED DIVIDED YET UNIFIED
DIVIDED YET UNIFIED DIVIDED YET UNIFIED

DIVIDED YET UNIFIED DIVIDED YET UNIFIED
DIVIDED YET UNIFIED DIVIDED YET UNIFIED
DIVIDED YET UNIFIED DIVIDED YET UNIFIED
DIVIDED YET UNIFIED DIVIDED YET UNIFIED
DIVIDED YET UNIFIED DIVIDED YET UNIFIED
DIVIDED YET UNIFIED DIVIDED YET UNIFIED
DIVIDED YET UNIFIED DIVIDED YET UNIFIED
DIVIDED YET UNIFIED DIVIDED YET UNIFIED
DIVIDED YET UNIFIED DIVIDED YET UNIFIED
DIVIDED YET UNIFIED DIVIDED YET UNIFIED
DIVIDED YET UNIFIED DIVIDED YET UNIFIED
DIVIDED YET UNIFIED DIVIDED YET UNIFIED
DIVIDED YET UNIFIED DIVIDED YET UNIFIED
DIVIDED YET UNIFIED DIVIDED YET UNIFIED
DIVIDED YET UNIFIED DIVIDED YET UNIFIED
DIVIDED YET UNIFIED DIVIDED YET UNIFIED
DIVIDED YET UNIFIED DIVIDED YET UNIFIED
DIVIDED YET UNIFIED DIVIDED YET UNIFIED
DIVIDED YET UNIFIED DIVIDED YET UNIFIED
DIVIDED YET UNIFIED DIVIDED YET UNIFIED
DIVIDED YET UNIFIED DIVIDED YET UNIFIED
DIVIDED YET UNIFIED DIVIDED YET UNIFIED
DIVIDED YET UNIFIED DIVIDED YET UNIFIED
DIVIDED YET UNIFIED DIVIDED YET UNIFIED
DIVIDED YET UNIFIED DIVIDED YET UNIFIED
DIVIDED YET UNIFIED DIVIDED YET UNIFIED
DIVIDED YET UNIFIED DIVIDED YET UNIFIED
DIVIDED YET UNIFIED DIVIDED YET UNIFIED
DIVIDED YET UNIFIED DIVIDED YET UNIFIED
DIVIDED YET UNIFIED DIVIDED YET UNIFIED
DIVIDED YET UNIFIED DIVIDED YET UNIFIED
DIVIDED YET UNIFIED DIVIDED YET UNIFIED
DIVIDED YET UNIFIED DIVIDED YET UNIFIED
DIVIDED YET UNIFIED DIVIDED YET UNIFIED
DIVIDED YET UNIFIED DIVIDED YET UNIFIED
DIVIDED YET UNIFIED DIVIDED YET UNIFIED
DIVIDED YET UNIFIED DIVIDED YET UNIFIED
DIVIDED YET UNIFIED DIVIDED YET UNIFIED
DIVIDED YET UNIFIED DIVIDED YET UNIFIED
DIVIDED YET UNIFIED DIVIDED YET UNIFIED
DIVIDED YET UNIFIED DIVIDED YET UNIFIED
DIVIDED YET UNIFIED DIVIDED YET UNIFIED
DIVIDED YET UNIFIED DIVIDED YET UNIFIED

DIVIDED YET UNIFIED DIVIDED YET UNIFIED
DIVIDED YET UNIFIED DIVIDED YET UNIFIED
DIVIDED YET UNIFIED DIVIDED YET UNIFIED
DIVIDED YET UNIFIED DIVIDED YET UNIFIED
DIVIDED YET UNIFIED DIVIDED YET UNIFIED
DIVIDED YET UNIFIED DIVIDED YET UNIFIED
DIVIDED YET UNIFIED DIVIDED YET UNIFIED
DIVIDED YET UNIFIED DIVIDED YET UNIFIED
DIVIDED YET UNIFIED DIVIDED YET UNIFIED
DIVIDED YET UNIFIED DIVIDED YET UNIFIED
DIVIDED YET UNIFIED DIVIDED YET UNIFIED
DIVIDED YET UNIFIED DIVIDED YET UNIFIED
DIVIDED YET UNIFIED DIVIDED YET UNIFIED
DIVIDED YET UNIFIED DIVIDED YET UNIFIED
DIVIDED YET UNIFIED DIVIDED YET UNIFIED
DIVIDED YET UNIFIED DIVIDED YET UNIFIED
DIVIDED YET UNIFIED DIVIDED YET UNIFIED
DIVIDED YET UNIFIED DIVIDED YET UNIFIED
DIVIDED YET UNIFIED DIVIDED YET UNIFIED
DIVIDED YET UNIFIED DIVIDED YET UNIFIED
DIVIDED YET UNIFIED DIVIDED YET UNIFIED
DIVIDED YET UNIFIED DIVIDED YET UNIFIED
DIVIDED YET UNIFIED DIVIDED YET UNIFIED
DIVIDED YET UNIFIED DIVIDED YET UNIFIED
DIVIDED YET UNIFIED DIVIDED YET UNIFIED
DIVIDED YET UNIFIED DIVIDED YET UNIFIED
DIVIDED YET UNIFIED DIVIDED YET UNIFIED
DIVIDED YET UNIFIED DIVIDED YET UNIFIED
DIVIDED YET UNIFIED DIVIDED YET UNIFIED
DIVIDED YET UNIFIED DIVIDED YET UNIFIED
DIVIDED YET UNIFIED DIVIDED YET UNIFIED
DIVIDED YET UNIFIED DIVIDED YET UNIFIED
DIVIDED YET UNIFIED DIVIDED YET UNIFIED
DIVIDED YET UNIFIED DIVIDED YET UNIFIED
DIVIDED YET UNIFIED DIVIDED YET UNIFIED
DIVIDED YET UNIFIED DIVIDED YET UNIFIED
DIVIDED YET UNIFIED DIVIDED YET UNIFIED
DIVIDED YET UNIFIED DIVIDED YET UNIFIED
DIVIDED YET UNIFIED DIVIDED YET UNIFIED
DIVIDED YET UNIFIED DIVIDED YET UNIFIED
DIVIDED YET UNIFIED DIVIDED YET UNIFIED

DIVIDED YET UNIFIED DIVIDED YET UNIFIED
DIVIDED YET UNIFIED DIVIDED YET UNIFIED
DIVIDED YET UNIFIED DIVIDED YET UNIFIED
DIVIDED YET UNIFIED DIVIDED YET UNIFIED
DIVIDED YET UNIFIED DIVIDED YET UNIFIED
DIVIDED YET UNIFIED DIVIDED YET UNIFIED
DIVIDED YET UNIFIED DIVIDED YET UNIFIED
DIVIDED YET UNIFIED DIVIDED YET UNIFIED
DIVIDED YET UNIFIED DIVIDED YET UNIFIED
DIVIDED YET UNIFIED DIVIDED YET UNIFIED
DIVIDED YET UNIFIED DIVIDED YET UNIFIED
DIVIDED YET UNIFIED DIVIDED YET UNIFIED
DIVIDED YET UNIFIED DIVIDED YET UNIFIED
DIVIDED YET UNIFIED DIVIDED YET UNIFIED
DIVIDED YET UNIFIED DIVIDED YET UNIFIED
DIVIDED YET UNIFIED DIVIDED YET UNIFIED
DIVIDED YET UNIFIED DIVIDED YET UNIFIED
DIVIDED YET UNIFIED DIVIDED YET UNIFIED
DIVIDED YET UNIFIED DIVIDED YET UNIFIED
DIVIDED YET UNIFIED DIVIDED YET UNIFIED
DIVIDED YET UNIFIED DIVIDED YET UNIFIED
DIVIDED YET UNIFIED DIVIDED YET UNIFIED
DIVIDED YET UNIFIED DIVIDED YET UNIFIED
DIVIDED YET UNIFIED DIVIDED YET UNIFIED
DIVIDED YET UNIFIED DIVIDED YET UNIFIED
DIVIDED YET UNIFIED DIVIDED YET UNIFIED
DIVIDED YET UNIFIED DIVIDED YET UNIFIED
DIVIDED YET UNIFIED DIVIDED YET UNIFIED
DIVIDED YET UNIFIED DIVIDED YET UNIFIED
DIVIDED YET UNIFIED DIVIDED YET UNIFIED
DIVIDED YET UNIFIED DIVIDED YET UNIFIED
DIVIDED YET UNIFIED DIVIDED YET UNIFIED
DIVIDED YET UNIFIED DIVIDED YET UNIFIED
DIVIDED YET UNIFIED DIVIDED YET UNIFIED
DIVIDED YET UNIFIED DIVIDED YET UNIFIED
DIVIDED YET UNIFIED DIVIDED YET UNIFIED
DIVIDED YET UNIFIED DIVIDED YET UNIFIED
DIVIDED YET UNIFIED DIVIDED YET UNIFIED
DIVIDED YET UNIFIED DIVIDED YET UNIFIED
DIVIDED YET UNIFIED DIVIDED YET UNIFIED

DIVIDED YET UNIFIED DIVIDED YET UNIFIED
DIVIDED YET UNIFIED DIVIDED YET UNIFIED
DIVIDED YET UNIFIED DIVIDED YET UNIFIED
DIVIDED YET UNIFIED DIVIDED YET UNIFIED
DIVIDED YET UNIFIED DIVIDED YET UNIFIED
DIVIDED YET UNIFIED DIVIDED YET UNIFIED
DIVIDED YET UNIFIED DIVIDED YET UNIFIED
DIVIDED YET UNIFIED DIVIDED YET UNIFIED
DIVIDED YET UNIFIED DIVIDED YET UNIFIED
DIVIDED YET UNIFIED DIVIDED YET UNIFIED
DIVIDED YET UNIFIED DIVIDED YET UNIFIED
DIVIDED YET UNIFIED DIVIDED YET UNIFIED
DIVIDED YET UNIFIED DIVIDED YET UNIFIED
DIVIDED YET UNIFIED DIVIDED YET UNIFIED
DIVIDED YET UNIFIED DIVIDED YET UNIFIED
DIVIDED YET UNIFIED DIVIDED YET UNIFIED
DIVIDED YET UNIFIED DIVIDED YET UNIFIED
DIVIDED YET UNIFIED DIVIDED YET UNIFIED
DIVIDED YET UNIFIED DIVIDED YET UNIFIED
DIVIDED YET UNIFIED DIVIDED YET UNIFIED
DIVIDED YET UNIFIED DIVIDED YET UNIFIED
DIVIDED YET UNIFIED DIVIDED YET UNIFIED
DIVIDED YET UNIFIED DIVIDED YET UNIFIED
DIVIDED YET UNIFIED DIVIDED YET UNIFIED
DIVIDED YET UNIFIED DIVIDED YET UNIFIED
DIVIDED YET UNIFIED DIVIDED YET UNIFIED
DIVIDED YET UNIFIED DIVIDED YET UNIFIED
DIVIDED YET UNIFIED DIVIDED YET UNIFIED
DIVIDED YET UNIFIED DIVIDED YET UNIFIED
DIVIDED YET UNIFIED DIVIDED YET UNIFIED
DIVIDED YET UNIFIED DIVIDED YET UNIFIED
DIVIDED YET UNIFIED DIVIDED YET UNIFIED
DIVIDED YET UNIFIED DIVIDED YET UNIFIED
DIVIDED YET UNIFIED DIVIDED YET UNIFIED
DIVIDED YET UNIFIED DIVIDED YET UNIFIED
DIVIDED YET UNIFIED DIVIDED YET UNIFIED
DIVIDED YET UNIFIED DIVIDED YET UNIFIED
DIVIDED YET UNIFIED DIVIDED YET UNIFIED
DIVIDED YET UNIFIED DIVIDED YET UNIFIED
DIVIDED YET UNIFIED DIVIDED YET UNIFIED
DIVIDED YET UNIFIED DIVIDED YET UNIFIED
DIVIDED YET UNIFIED DIVIDED YET UNIFIED
DIVIDED YET UNIFIED DIVIDED YET UNIFIED
DIVIDED YET UNIFIED DIVIDED YET UNIFIED

DIVIDED YET UNIFIED DIVIDED YET UNIFIED
DIVIDED YET UNIFIED DIVIDED YET UNIFIED
DIVIDED YET UNIFIED DIVIDED YET UNIFIED
DIVIDED YET UNIFIED DIVIDED YET UNIFIED
DIVIDED YET UNIFIED DIVIDED YET UNIFIED
DIVIDED YET UNIFIED DIVIDED YET UNIFIED
DIVIDED YET UNIFIED DIVIDED YET UNIFIED
DIVIDED YET UNIFIED DIVIDED YET UNIFIED
DIVIDED YET UNIFIED DIVIDED YET UNIFIED
DIVIDED YET UNIFIED DIVIDED YET UNIFIED
DIVIDED YET UNIFIED DIVIDED YET UNIFIED
DIVIDED YET UNIFIED DIVIDED YET UNIFIED
DIVIDED YET UNIFIED DIVIDED YET UNIFIED
DIVIDED YET UNIFIED DIVIDED YET UNIFIED
DIVIDED YET UNIFIED DIVIDED YET UNIFIED
DIVIDED YET UNIFIED DIVIDED YET UNIFIED
DIVIDED YET UNIFIED DIVIDED YET UNIFIED
DIVIDED YET UNIFIED DIVIDED YET UNIFIED
DIVIDED YET UNIFIED DIVIDED YET UNIFIED
DIVIDED YET UNIFIED DIVIDED YET UNIFIED
DIVIDED YET UNIFIED DIVIDED YET UNIFIED
DIVIDED YET UNIFIED DIVIDED YET UNIFIED
DIVIDED YET UNIFIED DIVIDED YET UNIFIED
DIVIDED YET UNIFIED DIVIDED YET UNIFIED
DIVIDED YET UNIFIED DIVIDED YET UNIFIED
DIVIDED YET UNIFIED DIVIDED YET UNIFIED
DIVIDED YET UNIFIED DIVIDED YET UNIFIED
DIVIDED YET UNIFIED DIVIDED YET UNIFIED
DIVIDED YET UNIFIED DIVIDED YET UNIFIED
DIVIDED YET UNIFIED DIVIDED YET UNIFIED
DIVIDED YET UNIFIED DIVIDED YET UNIFIED
DIVIDED YET UNIFIED DIVIDED YET UNIFIED
DIVIDED YET UNIFIED DIVIDED YET UNIFIED
DIVIDED YET UNIFIED DIVIDED YET UNIFIED
DIVIDED YET UNIFIED DIVIDED YET UNIFIED
DIVIDED YET UNIFIED DIVIDED YET UNIFIED
DIVIDED YET UNIFIED DIVIDED YET UNIFIED
DIVIDED YET UNIFIED DIVIDED YET UNIFIED
DIVIDED YET UNIFIED DIVIDED YET UNIFIED
DIVIDED YET UNIFIED DIVIDED YET UNIFIED
DIVIDED YET UNIFIED DIVIDED YET UNIFIED
DIVIDED YET UNIFIED DIVIDED YET UNIFIED
DIVIDED YET UNIFIED DIVIDED YET UNIFIED

DIVIDED YET UNIFIED DIVIDED YET UNIFIED
DIVIDED YET UNIFIED DIVIDED YET UNIFIED
DIVIDED YET UNIFIED DIVIDED YET UNIFIED
DIVIDED YET UNIFIED DIVIDED YET UNIFIED
DIVIDED YET UNIFIED DIVIDED YET UNIFIED
DIVIDED YET UNIFIED DIVIDED YET UNIFIED
DIVIDED YET UNIFIED DIVIDED YET UNIFIED
DIVIDED YET UNIFIED DIVIDED YET UNIFIED
DIVIDED YET UNIFIED DIVIDED YET UNIFIED
DIVIDED YET UNIFIED DIVIDED YET UNIFIED
DIVIDED YET UNIFIED DIVIDED YET UNIFIED
DIVIDED YET UNIFIED DIVIDED YET UNIFIED
DIVIDED YET UNIFIED DIVIDED YET UNIFIED
DIVIDED YET UNIFIED DIVIDED YET UNIFIED
DIVIDED YET UNIFIED DIVIDED YET UNIFIED
DIVIDED YET UNIFIED DIVIDED YET UNIFIED
DIVIDED YET UNIFIED DIVIDED YET UNIFIED
DIVIDED YET UNIFIED DIVIDED YET UNIFIED
DIVIDED YET UNIFIED DIVIDED YET UNIFIED
DIVIDED YET UNIFIED DIVIDED YET UNIFIED
DIVIDED YET UNIFIED DIVIDED YET UNIFIED
DIVIDED YET UNIFIED DIVIDED YET UNIFIED
DIVIDED YET UNIFIED DIVIDED YET UNIFIED
DIVIDED YET UNIFIED DIVIDED YET UNIFIED
DIVIDED YET UNIFIED DIVIDED YET UNIFIED
DIVIDED YET UNIFIED DIVIDED YET UNIFIED
DIVIDED YET UNIFIED DIVIDED YET UNIFIED
DIVIDED YET UNIFIED DIVIDED YET UNIFIED
DIVIDED YET UNIFIED DIVIDED YET UNIFIED
DIVIDED YET UNIFIED DIVIDED YET UNIFIED
DIVIDED YET UNIFIED DIVIDED YET UNIFIED
DIVIDED YET UNIFIED DIVIDED YET UNIFIED
DIVIDED YET UNIFIED DIVIDED YET UNIFIED
DIVIDED YET UNIFIED DIVIDED YET UNIFIED
DIVIDED YET UNIFIED DIVIDED YET UNIFIED
DIVIDED YET UNIFIED DIVIDED YET UNIFIED
DIVIDED YET UNIFIED DIVIDED YET UNIFIED
DIVIDED YET UNIFIED DIVIDED YET UNIFIED
DIVIDED YET UNIFIED DIVIDED YET UNIFIED
DIVIDED YET UNIFIED DIVIDED YET UNIFIED
DIVIDED YET UNIFIED DIVIDED YET UNIFIED

DIVIDED YET UNIFIED DIVIDED YET UNIFIED
DIVIDED YET UNIFIED DIVIDED YET UNIFIED
DIVIDED YET UNIFIED DIVIDED YET UNIFIED
DIVIDED YET UNIFIED DIVIDED YET UNIFIED
DIVIDED YET UNIFIED DIVIDED YET UNIFIED
DIVIDED YET UNIFIED DIVIDED YET UNIFIED
DIVIDED YET UNIFIED DIVIDED YET UNIFIED
DIVIDED YET UNIFIED DIVIDED YET UNIFIED
DIVIDED YET UNIFIED DIVIDED YET UNIFIED
DIVIDED YET UNIFIED DIVIDED YET UNIFIED
DIVIDED YET UNIFIED DIVIDED YET UNIFIED
DIVIDED YET UNIFIED DIVIDED YET UNIFIED
DIVIDED YET UNIFIED DIVIDED YET UNIFIED
DIVIDED YET UNIFIED DIVIDED YET UNIFIED
DIVIDED YET UNIFIED DIVIDED YET UNIFIED
DIVIDED YET UNIFIED DIVIDED YET UNIFIED
DIVIDED YET UNIFIED DIVIDED YET UNIFIED
DIVIDED YET UNIFIED DIVIDED YET UNIFIED
DIVIDED YET UNIFIED DIVIDED YET UNIFIED
DIVIDED YET UNIFIED DIVIDED YET UNIFIED
DIVIDED YET UNIFIED DIVIDED YET UNIFIED
DIVIDED YET UNIFIED DIVIDED YET UNIFIED
DIVIDED YET UNIFIED DIVIDED YET UNIFIED
DIVIDED YET UNIFIED DIVIDED YET UNIFIED
DIVIDED YET UNIFIED DIVIDED YET UNIFIED
DIVIDED YET UNIFIED DIVIDED YET UNIFIED
DIVIDED YET UNIFIED DIVIDED YET UNIFIED
DIVIDED YET UNIFIED DIVIDED YET UNIFIED
DIVIDED YET UNIFIED DIVIDED YET UNIFIED
DIVIDED YET UNIFIED DIVIDED YET UNIFIED
DIVIDED YET UNIFIED DIVIDED YET UNIFIED
DIVIDED YET UNIFIED DIVIDED YET UNIFIED
DIVIDED YET UNIFIED DIVIDED YET UNIFIED
DIVIDED YET UNIFIED DIVIDED YET UNIFIED
DIVIDED YET UNIFIED DIVIDED YET UNIFIED
DIVIDED YET UNIFIED DIVIDED YET UNIFIED
DIVIDED YET UNIFIED DIVIDED YET UNIFIED
DIVIDED YET UNIFIED DIVIDED YET UNIFIED
DIVIDED YET UNIFIED DIVIDED YET UNIFIED
DIVIDED YET UNIFIED DIVIDED YET UNIFIED
DIVIDED YET UNIFIED DIVIDED YET UNIFIED
DIVIDED YET UNIFIED DIVIDED YET UNIFIED
DIVIDED YET UNIFIED DIVIDED YET UNIFIED

DIVIDED YET UNIFIED DIVIDED YET UNIFIED
DIVIDED YET UNIFIED DIVIDED YET UNIFIED
DIVIDED YET UNIFIED DIVIDED YET UNIFIED
DIVIDED YET UNIFIED DIVIDED YET UNIFIED
DIVIDED YET UNIFIED DIVIDED YET UNIFIED
DIVIDED YET UNIFIED DIVIDED YET UNIFIED
DIVIDED YET UNIFIED DIVIDED YET UNIFIED
DIVIDED YET UNIFIED DIVIDED YET UNIFIED
DIVIDED YET UNIFIED DIVIDED YET UNIFIED
DIVIDED YET UNIFIED DIVIDED YET UNIFIED
DIVIDED YET UNIFIED DIVIDED YET UNIFIED
DIVIDED YET UNIFIED DIVIDED YET UNIFIED
DIVIDED YET UNIFIED DIVIDED YET UNIFIED
DIVIDED YET UNIFIED DIVIDED YET UNIFIED
DIVIDED YET UNIFIED DIVIDED YET UNIFIED
DIVIDED YET UNIFIED DIVIDED YET UNIFIED
DIVIDED YET UNIFIED DIVIDED YET UNIFIED
DIVIDED YET UNIFIED DIVIDED YET UNIFIED
DIVIDED YET UNIFIED DIVIDED YET UNIFIED
DIVIDED YET UNIFIED DIVIDED YET UNIFIED
DIVIDED YET UNIFIED DIVIDED YET UNIFIED
DIVIDED YET UNIFIED DIVIDED YET UNIFIED
DIVIDED YET UNIFIED DIVIDED YET UNIFIED
DIVIDED YET UNIFIED DIVIDED YET UNIFIED
DIVIDED YET UNIFIED DIVIDED YET UNIFIED
DIVIDED YET UNIFIED DIVIDED YET UNIFIED
DIVIDED YET UNIFIED DIVIDED YET UNIFIED
DIVIDED YET UNIFIED DIVIDED YET UNIFIED
DIVIDED YET UNIFIED DIVIDED YET UNIFIED
DIVIDED YET UNIFIED DIVIDED YET UNIFIED
DIVIDED YET UNIFIED DIVIDED YET UNIFIED
DIVIDED YET UNIFIED DIVIDED YET UNIFIED
DIVIDED YET UNIFIED DIVIDED YET UNIFIED
DIVIDED YET UNIFIED DIVIDED YET UNIFIED
DIVIDED YET UNIFIED DIVIDED YET UNIFIED
DIVIDED YET UNIFIED DIVIDED YET UNIFIED
DIVIDED YET UNIFIED DIVIDED YET UNIFIED
DIVIDED YET UNIFIED DIVIDED YET UNIFIED
DIVIDED YET UNIFIED DIVIDED YET UNIFIED
DIVIDED YET UNIFIED DIVIDED YET UNIFIED
DIVIDED YET UNIFIED DIVIDED YET UNIFIED
DIVIDED YET UNIFIED DIVIDED YET UNIFIED
DIVIDED YET UNIFIED DIVIDED YET UNIFIED
DIVIDED YET UNIFIED DIVIDED YET UNIFIED

DIVIDED YET UNIFIED DIVIDED YET UNIFIED
DIVIDED YET UNIFIED DIVIDED YET UNIFIED
DIVIDED YET UNIFIED DIVIDED YET UNIFIED
DIVIDED YET UNIFIED DIVIDED YET UNIFIED
DIVIDED YET UNIFIED DIVIDED YET UNIFIED
DIVIDED YET UNIFIED DIVIDED YET UNIFIED
DIVIDED YET UNIFIED DIVIDED YET UNIFIED
DIVIDED YET UNIFIED DIVIDED YET UNIFIED
DIVIDED YET UNIFIED DIVIDED YET UNIFIED
DIVIDED YET UNIFIED DIVIDED YET UNIFIED
DIVIDED YET UNIFIED DIVIDED YET UNIFIED
DIVIDED YET UNIFIED DIVIDED YET UNIFIED
DIVIDED YET UNIFIED DIVIDED YET UNIFIED
DIVIDED YET UNIFIED DIVIDED YET UNIFIED
DIVIDED YET UNIFIED DIVIDED YET UNIFIED
DIVIDED YET UNIFIED DIVIDED YET UNIFIED
DIVIDED YET UNIFIED DIVIDED YET UNIFIED
DIVIDED YET UNIFIED DIVIDED YET UNIFIED
DIVIDED YET UNIFIED DIVIDED YET UNIFIED
DIVIDED YET UNIFIED DIVIDED YET UNIFIED
DIVIDED YET UNIFIED DIVIDED YET UNIFIED
DIVIDED YET UNIFIED DIVIDED YET UNIFIED
DIVIDED YET UNIFIED DIVIDED YET UNIFIED
DIVIDED YET UNIFIED DIVIDED YET UNIFIED
DIVIDED YET UNIFIED DIVIDED YET UNIFIED
DIVIDED YET UNIFIED DIVIDED YET UNIFIED
DIVIDED YET UNIFIED DIVIDED YET UNIFIED
DIVIDED YET UNIFIED DIVIDED YET UNIFIED
DIVIDED YET UNIFIED DIVIDED YET UNIFIED
DIVIDED YET UNIFIED DIVIDED YET UNIFIED
DIVIDED YET UNIFIED DIVIDED YET UNIFIED
DIVIDED YET UNIFIED DIVIDED YET UNIFIED
DIVIDED YET UNIFIED DIVIDED YET UNIFIED
DIVIDED YET UNIFIED DIVIDED YET UNIFIED
DIVIDED YET UNIFIED DIVIDED YET UNIFIED
DIVIDED YET UNIFIED DIVIDED YET UNIFIED
DIVIDED YET UNIFIED DIVIDED YET UNIFIED
DIVIDED YET UNIFIED DIVIDED YET UNIFIED
DIVIDED YET UNIFIED DIVIDED YET UNIFIED
DIVIDED YET UNIFIED DIVIDED YET UNIFIED

DIVIDED YET UNIFIED DIVIDED YET UNIFIED
DIVIDED YET UNIFIED DIVIDED YET UNIFIED
DIVIDED YET UNIFIED DIVIDED YET UNIFIED
DIVIDED YET UNIFIED DIVIDED YET UNIFIED
DIVIDED YET UNIFIED DIVIDED YET UNIFIED
DIVIDED YET UNIFIED DIVIDED YET UNIFIED
DIVIDED YET UNIFIED DIVIDED YET UNIFIED
DIVIDED YET UNIFIED DIVIDED YET UNIFIED
DIVIDED YET UNIFIED DIVIDED YET UNIFIED
DIVIDED YET UNIFIED DIVIDED YET UNIFIED
DIVIDED YET UNIFIED DIVIDED YET UNIFIED
DIVIDED YET UNIFIED DIVIDED YET UNIFIED
DIVIDED YET UNIFIED DIVIDED YET UNIFIED
DIVIDED YET UNIFIED DIVIDED YET UNIFIED
DIVIDED YET UNIFIED DIVIDED YET UNIFIED
DIVIDED YET UNIFIED DIVIDED YET UNIFIED
DIVIDED YET UNIFIED DIVIDED YET UNIFIED
DIVIDED YET UNIFIED DIVIDED YET UNIFIED
DIVIDED YET UNIFIED DIVIDED YET UNIFIED
DIVIDED YET UNIFIED DIVIDED YET UNIFIED
DIVIDED YET UNIFIED DIVIDED YET UNIFIED
DIVIDED YET UNIFIED DIVIDED YET UNIFIED
DIVIDED YET UNIFIED DIVIDED YET UNIFIED
DIVIDED YET UNIFIED DIVIDED YET UNIFIED
DIVIDED YET UNIFIED DIVIDED YET UNIFIED
DIVIDED YET UNIFIED DIVIDED YET UNIFIED
DIVIDED YET UNIFIED DIVIDED YET UNIFIED
DIVIDED YET UNIFIED DIVIDED YET UNIFIED
DIVIDED YET UNIFIED DIVIDED YET UNIFIED
DIVIDED YET UNIFIED DIVIDED YET UNIFIED
DIVIDED YET UNIFIED DIVIDED YET UNIFIED
DIVIDED YET UNIFIED DIVIDED YET UNIFIED
DIVIDED YET UNIFIED DIVIDED YET UNIFIED
DIVIDED YET UNIFIED DIVIDED YET UNIFIED
DIVIDED YET UNIFIED DIVIDED YET UNIFIED
DIVIDED YET UNIFIED DIVIDED YET UNIFIED
DIVIDED YET UNIFIED DIVIDED YET UNIFIED
DIVIDED YET UNIFIED DIVIDED YET UNIFIED
DIVIDED YET UNIFIED DIVIDED YET UNIFIED
DIVIDED YET UNIFIED DIVIDED YET UNIFIED
DIVIDED YET UNIFIED DIVIDED YET UNIFIED
DIVIDED YET UNIFIED DIVIDED YET UNIFIED

DIVIDED YET UNIFIED DIVIDED YET UNIFIED
DIVIDED YET UNIFIED DIVIDED YET UNIFIED
DIVIDED YET UNIFIED DIVIDED YET UNIFIED
DIVIDED YET UNIFIED DIVIDED YET UNIFIED
DIVIDED YET UNIFIED DIVIDED YET UNIFIED
DIVIDED YET UNIFIED DIVIDED YET UNIFIED
DIVIDED YET UNIFIED DIVIDED YET UNIFIED
DIVIDED YET UNIFIED DIVIDED YET UNIFIED
DIVIDED YET UNIFIED DIVIDED YET UNIFIED
DIVIDED YET UNIFIED DIVIDED YET UNIFIED
DIVIDED YET UNIFIED DIVIDED YET UNIFIED
DIVIDED YET UNIFIED DIVIDED YET UNIFIED
DIVIDED YET UNIFIED DIVIDED YET UNIFIED
DIVIDED YET UNIFIED DIVIDED YET UNIFIED
DIVIDED YET UNIFIED DIVIDED YET UNIFIED
DIVIDED YET UNIFIED DIVIDED YET UNIFIED
DIVIDED YET UNIFIED DIVIDED YET UNIFIED
DIVIDED YET UNIFIED DIVIDED YET UNIFIED
DIVIDED YET UNIFIED DIVIDED YET UNIFIED
DIVIDED YET UNIFIED DIVIDED YET UNIFIED
DIVIDED YET UNIFIED DIVIDED YET UNIFIED
DIVIDED YET UNIFIED DIVIDED YET UNIFIED
DIVIDED YET UNIFIED DIVIDED YET UNIFIED
DIVIDED YET UNIFIED DIVIDED YET UNIFIED
DIVIDED YET UNIFIED DIVIDED YET UNIFIED
DIVIDED YET UNIFIED DIVIDED YET UNIFIED
DIVIDED YET UNIFIED DIVIDED YET UNIFIED
DIVIDED YET UNIFIED DIVIDED YET UNIFIED
DIVIDED YET UNIFIED DIVIDED YET UNIFIED
DIVIDED YET UNIFIED DIVIDED YET UNIFIED
DIVIDED YET UNIFIED DIVIDED YET UNIFIED
DIVIDED YET UNIFIED DIVIDED YET UNIFIED
DIVIDED YET UNIFIED DIVIDED YET UNIFIED
DIVIDED YET UNIFIED DIVIDED YET UNIFIED
DIVIDED YET UNIFIED DIVIDED YET UNIFIED
DIVIDED YET UNIFIED DIVIDED YET UNIFIED
DIVIDED YET UNIFIED DIVIDED YET UNIFIED
DIVIDED YET UNIFIED DIVIDED YET UNIFIED
DIVIDED YET UNIFIED DIVIDED YET UNIFIED
DIVIDED YET UNIFIED DIVIDED YET UNIFIED
DIVIDED YET UNIFIED DIVIDED YET UNIFIED
DIVIDED YET UNIFIED DIVIDED YET UNIFIED
DIVIDED YET UNIFIED DIVIDED YET UNIFIED

DIVIDED YET UNIFIED DIVIDED YET UNIFIED
DIVIDED YET UNIFIED DIVIDED YET UNIFIED
DIVIDED YET UNIFIED DIVIDED YET UNIFIED
DIVIDED YET UNIFIED DIVIDED YET UNIFIED
DIVIDED YET UNIFIED DIVIDED YET UNIFIED
DIVIDED YET UNIFIED DIVIDED YET UNIFIED
DIVIDED YET UNIFIED DIVIDED YET UNIFIED
DIVIDED YET UNIFIED DIVIDED YET UNIFIED
DIVIDED YET UNIFIED DIVIDED YET UNIFIED
DIVIDED YET UNIFIED DIVIDED YET UNIFIED
DIVIDED YET UNIFIED DIVIDED YET UNIFIED
DIVIDED YET UNIFIED DIVIDED YET UNIFIED
DIVIDED YET UNIFIED DIVIDED YET UNIFIED
DIVIDED YET UNIFIED DIVIDED YET UNIFIED
DIVIDED YET UNIFIED DIVIDED YET UNIFIED
DIVIDED YET UNIFIED DIVIDED YET UNIFIED
DIVIDED YET UNIFIED DIVIDED YET UNIFIED
DIVIDED YET UNIFIED DIVIDED YET UNIFIED
DIVIDED YET UNIFIED DIVIDED YET UNIFIED
DIVIDED YET UNIFIED DIVIDED YET UNIFIED
DIVIDED YET UNIFIED DIVIDED YET UNIFIED
DIVIDED YET UNIFIED DIVIDED YET UNIFIED
DIVIDED YET UNIFIED DIVIDED YET UNIFIED
DIVIDED YET UNIFIED DIVIDED YET UNIFIED
DIVIDED YET UNIFIED DIVIDED YET UNIFIED
DIVIDED YET UNIFIED DIVIDED YET UNIFIED
DIVIDED YET UNIFIED DIVIDED YET UNIFIED
DIVIDED YET UNIFIED DIVIDED YET UNIFIED
DIVIDED YET UNIFIED DIVIDED YET UNIFIED
DIVIDED YET UNIFIED DIVIDED YET UNIFIED
DIVIDED YET UNIFIED DIVIDED YET UNIFIED
DIVIDED YET UNIFIED DIVIDED YET UNIFIED
DIVIDED YET UNIFIED DIVIDED YET UNIFIED
DIVIDED YET UNIFIED DIVIDED YET UNIFIED
DIVIDED YET UNIFIED DIVIDED YET UNIFIED
DIVIDED YET UNIFIED DIVIDED YET UNIFIED
DIVIDED YET UNIFIED DIVIDED YET UNIFIED
DIVIDED YET UNIFIED DIVIDED YET UNIFIED
DIVIDED YET UNIFIED DIVIDED YET UNIFIED
DIVIDED YET UNIFIED DIVIDED YET UNIFIED
DIVIDED YET UNIFIED DIVIDED YET UNIFIED
DIVIDED YET UNIFIED DIVIDED YET UNIFIED
DIVIDED YET UNIFIED DIVIDED YET UNIFIED

DIVIDED YET UNIFIED DIVIDED YET UNIFIED
DIVIDED YET UNIFIED DIVIDED YET UNIFIED
DIVIDED YET UNIFIED DIVIDED YET UNIFIED
DIVIDED YET UNIFIED DIVIDED YET UNIFIED
DIVIDED YET UNIFIED DIVIDED YET UNIFIED
DIVIDED YET UNIFIED DIVIDED YET UNIFIED
DIVIDED YET UNIFIED DIVIDED YET UNIFIED
DIVIDED YET UNIFIED DIVIDED YET UNIFIED
DIVIDED YET UNIFIED DIVIDED YET UNIFIED
DIVIDED YET UNIFIED DIVIDED YET UNIFIED
DIVIDED YET UNIFIED DIVIDED YET UNIFIED
DIVIDED YET UNIFIED DIVIDED YET UNIFIED
DIVIDED YET UNIFIED DIVIDED YET UNIFIED
DIVIDED YET UNIFIED DIVIDED YET UNIFIED
DIVIDED YET UNIFIED DIVIDED YET UNIFIED
DIVIDED YET UNIFIED DIVIDED YET UNIFIED
DIVIDED YET UNIFIED DIVIDED YET UNIFIED
DIVIDED YET UNIFIED DIVIDED YET UNIFIED
DIVIDED YET UNIFIED DIVIDED YET UNIFIED
DIVIDED YET UNIFIED DIVIDED YET UNIFIED
DIVIDED YET UNIFIED DIVIDED YET UNIFIED
DIVIDED YET UNIFIED DIVIDED YET UNIFIED
DIVIDED YET UNIFIED DIVIDED YET UNIFIED
DIVIDED YET UNIFIED DIVIDED YET UNIFIED
DIVIDED YET UNIFIED DIVIDED YET UNIFIED
DIVIDED YET UNIFIED DIVIDED YET UNIFIED
DIVIDED YET UNIFIED DIVIDED YET UNIFIED
DIVIDED YET UNIFIED DIVIDED YET UNIFIED
DIVIDED YET UNIFIED DIVIDED YET UNIFIED
DIVIDED YET UNIFIED DIVIDED YET UNIFIED
DIVIDED YET UNIFIED DIVIDED YET UNIFIED
DIVIDED YET UNIFIED DIVIDED YET UNIFIED
DIVIDED YET UNIFIED DIVIDED YET UNIFIED
DIVIDED YET UNIFIED DIVIDED YET UNIFIED
DIVIDED YET UNIFIED DIVIDED YET UNIFIED
DIVIDED YET UNIFIED DIVIDED YET UNIFIED
DIVIDED YET UNIFIED DIVIDED YET UNIFIED
DIVIDED YET UNIFIED DIVIDED YET UNIFIED
DIVIDED YET UNIFIED DIVIDED YET UNIFIED
DIVIDED YET UNIFIED DIVIDED YET UNIFIED
DIVIDED YET UNIFIED DIVIDED YET UNIFIED
DIVIDED YET UNIFIED DIVIDED YET UNIFIED
DIVIDED YET UNIFIED DIVIDED YET UNIFIED

DIVIDED YET UNIFIED DIVIDED YET UNIFIED
DIVIDED YET UNIFIED DIVIDED YET UNIFIED
DIVIDED YET UNIFIED DIVIDED YET UNIFIED
DIVIDED YET UNIFIED DIVIDED YET UNIFIED
DIVIDED YET UNIFIED DIVIDED YET UNIFIED
DIVIDED YET UNIFIED DIVIDED YET UNIFIED
DIVIDED YET UNIFIED DIVIDED YET UNIFIED
DIVIDED YET UNIFIED DIVIDED YET UNIFIED
DIVIDED YET UNIFIED DIVIDED YET UNIFIED
DIVIDED YET UNIFIED DIVIDED YET UNIFIED
DIVIDED YET UNIFIED DIVIDED YET UNIFIED
DIVIDED YET UNIFIED DIVIDED YET UNIFIED
DIVIDED YET UNIFIED DIVIDED YET UNIFIED
DIVIDED YET UNIFIED DIVIDED YET UNIFIED
DIVIDED YET UNIFIED DIVIDED YET UNIFIED
DIVIDED YET UNIFIED DIVIDED YET UNIFIED
DIVIDED YET UNIFIED DIVIDED YET UNIFIED
DIVIDED YET UNIFIED DIVIDED YET UNIFIED
DIVIDED YET UNIFIED DIVIDED YET UNIFIED
DIVIDED YET UNIFIED DIVIDED YET UNIFIED
DIVIDED YET UNIFIED DIVIDED YET UNIFIED
DIVIDED YET UNIFIED DIVIDED YET UNIFIED
DIVIDED YET UNIFIED DIVIDED YET UNIFIED
DIVIDED YET UNIFIED DIVIDED YET UNIFIED
DIVIDED YET UNIFIED DIVIDED YET UNIFIED
DIVIDED YET UNIFIED DIVIDED YET UNIFIED
DIVIDED YET UNIFIED DIVIDED YET UNIFIED
DIVIDED YET UNIFIED DIVIDED YET UNIFIED
DIVIDED YET UNIFIED DIVIDED YET UNIFIED
DIVIDED YET UNIFIED DIVIDED YET UNIFIED
DIVIDED YET UNIFIED DIVIDED YET UNIFIED
DIVIDED YET UNIFIED DIVIDED YET UNIFIED
DIVIDED YET UNIFIED DIVIDED YET UNIFIED
DIVIDED YET UNIFIED DIVIDED YET UNIFIED
DIVIDED YET UNIFIED DIVIDED YET UNIFIED
DIVIDED YET UNIFIED DIVIDED YET UNIFIED
DIVIDED YET UNIFIED DIVIDED YET UNIFIED
DIVIDED YET UNIFIED DIVIDED YET UNIFIED
DIVIDED YET UNIFIED DIVIDED YET UNIFIED
DIVIDED YET UNIFIED DIVIDED YET UNIFIED
DIVIDED YET UNIFIED DIVIDED YET UNIFIED

DIVIDED YET UNIFIED DIVIDED YET UNIFIED
DIVIDED YET UNIFIED DIVIDED YET UNIFIED
DIVIDED YET UNIFIED DIVIDED YET UNIFIED
DIVIDED YET UNIFIED DIVIDED YET UNIFIED
DIVIDED YET UNIFIED DIVIDED YET UNIFIED
DIVIDED YET UNIFIED DIVIDED YET UNIFIED
DIVIDED YET UNIFIED DIVIDED YET UNIFIED
DIVIDED YET UNIFIED DIVIDED YET UNIFIED
DIVIDED YET UNIFIED DIVIDED YET UNIFIED
DIVIDED YET UNIFIED DIVIDED YET UNIFIED
DIVIDED YET UNIFIED DIVIDED YET UNIFIED
DIVIDED YET UNIFIED DIVIDED YET UNIFIED
DIVIDED YET UNIFIED DIVIDED YET UNIFIED
DIVIDED YET UNIFIED DIVIDED YET UNIFIED
DIVIDED YET UNIFIED DIVIDED YET UNIFIED
DIVIDED YET UNIFIED DIVIDED YET UNIFIED
DIVIDED YET UNIFIED DIVIDED YET UNIFIED
DIVIDED YET UNIFIED DIVIDED YET UNIFIED
DIVIDED YET UNIFIED DIVIDED YET UNIFIED
DIVIDED YET UNIFIED DIVIDED YET UNIFIED
DIVIDED YET UNIFIED DIVIDED YET UNIFIED
DIVIDED YET UNIFIED DIVIDED YET UNIFIED
DIVIDED YET UNIFIED DIVIDED YET UNIFIED
DIVIDED YET UNIFIED DIVIDED YET UNIFIED
DIVIDED YET UNIFIED DIVIDED YET UNIFIED
DIVIDED YET UNIFIED DIVIDED YET UNIFIED
DIVIDED YET UNIFIED DIVIDED YET UNIFIED
DIVIDED YET UNIFIED DIVIDED YET UNIFIED
DIVIDED YET UNIFIED DIVIDED YET UNIFIED
DIVIDED YET UNIFIED DIVIDED YET UNIFIED
DIVIDED YET UNIFIED DIVIDED YET UNIFIED
DIVIDED YET UNIFIED DIVIDED YET UNIFIED
DIVIDED YET UNIFIED DIVIDED YET UNIFIED
DIVIDED YET UNIFIED DIVIDED YET UNIFIED
DIVIDED YET UNIFIED DIVIDED YET UNIFIED
DIVIDED YET UNIFIED DIVIDED YET UNIFIED
DIVIDED YET UNIFIED DIVIDED YET UNIFIED
DIVIDED YET UNIFIED DIVIDED YET UNIFIED
DIVIDED YET UNIFIED DIVIDED YET UNIFIED
DIVIDED YET UNIFIED DIVIDED YET UNIFIED
DIVIDED YET UNIFIED DIVIDED YET UNIFIED
DIVIDED YET UNIFIED DIVIDED YET UNIFIED
DIVIDED YET UNIFIED DIVIDED YET UNIFIED
DIVIDED YET UNIFIED DIVIDED YET UNIFIED

DIVIDED YET UNIFIED DIVIDED YET UNIFIED
DIVIDED YET UNIFIED DIVIDED YET UNIFIED
DIVIDED YET UNIFIED DIVIDED YET UNIFIED
DIVIDED YET UNIFIED DIVIDED YET UNIFIED
DIVIDED YET UNIFIED DIVIDED YET UNIFIED
DIVIDED YET UNIFIED DIVIDED YET UNIFIED
DIVIDED YET UNIFIED DIVIDED YET UNIFIED
DIVIDED YET UNIFIED DIVIDED YET UNIFIED
DIVIDED YET UNIFIED DIVIDED YET UNIFIED
DIVIDED YET UNIFIED DIVIDED YET UNIFIED
DIVIDED YET UNIFIED DIVIDED YET UNIFIED
DIVIDED YET UNIFIED DIVIDED YET UNIFIED
DIVIDED YET UNIFIED DIVIDED YET UNIFIED
DIVIDED YET UNIFIED DIVIDED YET UNIFIED
DIVIDED YET UNIFIED DIVIDED YET UNIFIED
DIVIDED YET UNIFIED DIVIDED YET UNIFIED
DIVIDED YET UNIFIED DIVIDED YET UNIFIED
DIVIDED YET UNIFIED DIVIDED YET UNIFIED
DIVIDED YET UNIFIED DIVIDED YET UNIFIED
DIVIDED YET UNIFIED DIVIDED YET UNIFIED
DIVIDED YET UNIFIED DIVIDED YET UNIFIED
DIVIDED YET UNIFIED DIVIDED YET UNIFIED
DIVIDED YET UNIFIED DIVIDED YET UNIFIED
DIVIDED YET UNIFIED DIVIDED YET UNIFIED
DIVIDED YET UNIFIED DIVIDED YET UNIFIED
DIVIDED YET UNIFIED DIVIDED YET UNIFIED
DIVIDED YET UNIFIED DIVIDED YET UNIFIED
DIVIDED YET UNIFIED DIVIDED YET UNIFIED
DIVIDED YET UNIFIED DIVIDED YET UNIFIED
DIVIDED YET UNIFIED DIVIDED YET UNIFIED
DIVIDED YET UNIFIED DIVIDED YET UNIFIED
DIVIDED YET UNIFIED DIVIDED YET UNIFIED
DIVIDED YET UNIFIED DIVIDED YET UNIFIED
DIVIDED YET UNIFIED DIVIDED YET UNIFIED
DIVIDED YET UNIFIED DIVIDED YET UNIFIED
DIVIDED YET UNIFIED DIVIDED YET UNIFIED
DIVIDED YET UNIFIED DIVIDED YET UNIFIED
DIVIDED YET UNIFIED DIVIDED YET UNIFIED
DIVIDED YET UNIFIED DIVIDED YET UNIFIED
DIVIDED YET UNIFIED DIVIDED YET UNIFIED
DIVIDED YET UNIFIED DIVIDED YET UNIFIED
DIVIDED YET UNIFIED DIVIDED YET UNIFIED

DIVIDED YET UNIFIED DIVIDED YET UNIFIED
DIVIDED YET UNIFIED DIVIDED YET UNIFIED
DIVIDED YET UNIFIED DIVIDED YET UNIFIED
DIVIDED YET UNIFIED DIVIDED YET UNIFIED
DIVIDED YET UNIFIED DIVIDED YET UNIFIED
DIVIDED YET UNIFIED DIVIDED YET UNIFIED
DIVIDED YET UNIFIED DIVIDED YET UNIFIED
DIVIDED YET UNIFIED DIVIDED YET UNIFIED
DIVIDED YET UNIFIED DIVIDED YET UNIFIED
DIVIDED YET UNIFIED DIVIDED YET UNIFIED
DIVIDED YET UNIFIED DIVIDED YET UNIFIED
DIVIDED YET UNIFIED DIVIDED YET UNIFIED
DIVIDED YET UNIFIED DIVIDED YET UNIFIED
DIVIDED YET UNIFIED DIVIDED YET UNIFIED
DIVIDED YET UNIFIED DIVIDED YET UNIFIED
DIVIDED YET UNIFIED DIVIDED YET UNIFIED
DIVIDED YET UNIFIED DIVIDED YET UNIFIED
DIVIDED YET UNIFIED DIVIDED YET UNIFIED
DIVIDED YET UNIFIED DIVIDED YET UNIFIED
DIVIDED YET UNIFIED DIVIDED YET UNIFIED
DIVIDED YET UNIFIED DIVIDED YET UNIFIED
DIVIDED YET UNIFIED DIVIDED YET UNIFIED
DIVIDED YET UNIFIED DIVIDED YET UNIFIED
DIVIDED YET UNIFIED DIVIDED YET UNIFIED
DIVIDED YET UNIFIED DIVIDED YET UNIFIED
DIVIDED YET UNIFIED DIVIDED YET UNIFIED
DIVIDED YET UNIFIED DIVIDED YET UNIFIED
DIVIDED YET UNIFIED DIVIDED YET UNIFIED
DIVIDED YET UNIFIED DIVIDED YET UNIFIED
DIVIDED YET UNIFIED DIVIDED YET UNIFIED
DIVIDED YET UNIFIED DIVIDED YET UNIFIED
DIVIDED YET UNIFIED DIVIDED YET UNIFIED
DIVIDED YET UNIFIED DIVIDED YET UNIFIED
DIVIDED YET UNIFIED DIVIDED YET UNIFIED
DIVIDED YET UNIFIED DIVIDED YET UNIFIED
DIVIDED YET UNIFIED DIVIDED YET UNIFIED
DIVIDED YET UNIFIED DIVIDED YET UNIFIED
DIVIDED YET UNIFIED DIVIDED YET UNIFIED
DIVIDED YET UNIFIED DIVIDED YET UNIFIED
DIVIDED YET UNIFIED DIVIDED YET UNIFIED
DIVIDED YET UNIFIED DIVIDED YET UNIFIED
DIVIDED YET UNIFIED DIVIDED YET UNIFIED
DIVIDED YET UNIFIED DIVIDED YET UNIFIED
DIVIDED YET UNIFIED DIVIDED YET UNIFIED

DIVIDED YET UNIFIED DIVIDED YET UNIFIED
DIVIDED YET UNIFIED DIVIDED YET UNIFIED
DIVIDED YET UNIFIED DIVIDED YET UNIFIED
DIVIDED YET UNIFIED DIVIDED YET UNIFIED
DIVIDED YET UNIFIED DIVIDED YET UNIFIED
DIVIDED YET UNIFIED DIVIDED YET UNIFIED
DIVIDED YET UNIFIED DIVIDED YET UNIFIED
DIVIDED YET UNIFIED DIVIDED YET UNIFIED
DIVIDED YET UNIFIED DIVIDED YET UNIFIED
DIVIDED YET UNIFIED DIVIDED YET UNIFIED
DIVIDED YET UNIFIED DIVIDED YET UNIFIED
DIVIDED YET UNIFIED DIVIDED YET UNIFIED
DIVIDED YET UNIFIED DIVIDED YET UNIFIED
DIVIDED YET UNIFIED DIVIDED YET UNIFIED
DIVIDED YET UNIFIED DIVIDED YET UNIFIED
DIVIDED YET UNIFIED DIVIDED YET UNIFIED
DIVIDED YET UNIFIED DIVIDED YET UNIFIED
DIVIDED YET UNIFIED DIVIDED YET UNIFIED
DIVIDED YET UNIFIED DIVIDED YET UNIFIED
DIVIDED YET UNIFIED DIVIDED YET UNIFIED
DIVIDED YET UNIFIED DIVIDED YET UNIFIED
DIVIDED YET UNIFIED DIVIDED YET UNIFIED
DIVIDED YET UNIFIED DIVIDED YET UNIFIED
DIVIDED YET UNIFIED DIVIDED YET UNIFIED
DIVIDED YET UNIFIED DIVIDED YET UNIFIED
DIVIDED YET UNIFIED DIVIDED YET UNIFIED
DIVIDED YET UNIFIED DIVIDED YET UNIFIED
DIVIDED YET UNIFIED DIVIDED YET UNIFIED
DIVIDED YET UNIFIED DIVIDED YET UNIFIED
DIVIDED YET UNIFIED DIVIDED YET UNIFIED
DIVIDED YET UNIFIED DIVIDED YET UNIFIED
DIVIDED YET UNIFIED DIVIDED YET UNIFIED
DIVIDED YET UNIFIED DIVIDED YET UNIFIED
DIVIDED YET UNIFIED DIVIDED YET UNIFIED
DIVIDED YET UNIFIED DIVIDED YET UNIFIED
DIVIDED YET UNIFIED DIVIDED YET UNIFIED
DIVIDED YET UNIFIED DIVIDED YET UNIFIED
DIVIDED YET UNIFIED DIVIDED YET UNIFIED
DIVIDED YET UNIFIED DIVIDED YET UNIFIED
DIVIDED YET UNIFIED DIVIDED YET UNIFIED
DIVIDED YET UNIFIED DIVIDED YET UNIFIED
DIVIDED YET UNIFIED DIVIDED YET UNIFIED

DIVIDED YET UNIFIED DIVIDED YET UNIFIED
DIVIDED YET UNIFIED DIVIDED YET UNIFIED
DIVIDED YET UNIFIED DIVIDED YET UNIFIED
DIVIDED YET UNIFIED DIVIDED YET UNIFIED
DIVIDED YET UNIFIED DIVIDED YET UNIFIED
DIVIDED YET UNIFIED DIVIDED YET UNIFIED
DIVIDED YET UNIFIED DIVIDED YET UNIFIED
DIVIDED YET UNIFIED DIVIDED YET UNIFIED
DIVIDED YET UNIFIED DIVIDED YET UNIFIED
DIVIDED YET UNIFIED DIVIDED YET UNIFIED
DIVIDED YET UNIFIED DIVIDED YET UNIFIED
DIVIDED YET UNIFIED DIVIDED YET UNIFIED
DIVIDED YET UNIFIED DIVIDED YET UNIFIED
DIVIDED YET UNIFIED DIVIDED YET UNIFIED
DIVIDED YET UNIFIED DIVIDED YET UNIFIED
DIVIDED YET UNIFIED DIVIDED YET UNIFIED
DIVIDED YET UNIFIED DIVIDED YET UNIFIED
DIVIDED YET UNIFIED DIVIDED YET UNIFIED
DIVIDED YET UNIFIED DIVIDED YET UNIFIED
DIVIDED YET UNIFIED DIVIDED YET UNIFIED
DIVIDED YET UNIFIED DIVIDED YET UNIFIED
DIVIDED YET UNIFIED DIVIDED YET UNIFIED
DIVIDED YET UNIFIED DIVIDED YET UNIFIED
DIVIDED YET UNIFIED DIVIDED YET UNIFIED
DIVIDED YET UNIFIED DIVIDED YET UNIFIED
DIVIDED YET UNIFIED DIVIDED YET UNIFIED
DIVIDED YET UNIFIED DIVIDED YET UNIFIED
DIVIDED YET UNIFIED DIVIDED YET UNIFIED
DIVIDED YET UNIFIED DIVIDED YET UNIFIED
DIVIDED YET UNIFIED DIVIDED YET UNIFIED
DIVIDED YET UNIFIED DIVIDED YET UNIFIED
DIVIDED YET UNIFIED DIVIDED YET UNIFIED
DIVIDED YET UNIFIED DIVIDED YET UNIFIED
DIVIDED YET UNIFIED DIVIDED YET UNIFIED
DIVIDED YET UNIFIED DIVIDED YET UNIFIED
DIVIDED YET UNIFIED DIVIDED YET UNIFIED
DIVIDED YET UNIFIED DIVIDED YET UNIFIED
DIVIDED YET UNIFIED DIVIDED YET UNIFIED
DIVIDED YET UNIFIED DIVIDED YET UNIFIED
DIVIDED YET UNIFIED DIVIDED YET UNIFIED
DIVIDED YET UNIFIED DIVIDED YET UNIFIED
DIVIDED YET UNIFIED DIVIDED YET UNIFIED

DIVIDED YET UNIFIED DIVIDED YET UNIFIED
DIVIDED YET UNIFIED DIVIDED YET UNIFIED
DIVIDED YET UNIFIED DIVIDED YET UNIFIED
DIVIDED YET UNIFIED DIVIDED YET UNIFIED
DIVIDED YET UNIFIED DIVIDED YET UNIFIED
DIVIDED YET UNIFIED DIVIDED YET UNIFIED
DIVIDED YET UNIFIED DIVIDED YET UNIFIED
DIVIDED YET UNIFIED DIVIDED YET UNIFIED
DIVIDED YET UNIFIED DIVIDED YET UNIFIED
DIVIDED YET UNIFIED DIVIDED YET UNIFIED
DIVIDED YET UNIFIED DIVIDED YET UNIFIED
DIVIDED YET UNIFIED DIVIDED YET UNIFIED
DIVIDED YET UNIFIED DIVIDED YET UNIFIED
DIVIDED YET UNIFIED DIVIDED YET UNIFIED
DIVIDED YET UNIFIED DIVIDED YET UNIFIED
DIVIDED YET UNIFIED DIVIDED YET UNIFIED
DIVIDED YET UNIFIED DIVIDED YET UNIFIED
DIVIDED YET UNIFIED DIVIDED YET UNIFIED
DIVIDED YET UNIFIED DIVIDED YET UNIFIED
DIVIDED YET UNIFIED DIVIDED YET UNIFIED
DIVIDED YET UNIFIED DIVIDED YET UNIFIED
DIVIDED YET UNIFIED DIVIDED YET UNIFIED
DIVIDED YET UNIFIED DIVIDED YET UNIFIED
DIVIDED YET UNIFIED DIVIDED YET UNIFIED
DIVIDED YET UNIFIED DIVIDED YET UNIFIED
DIVIDED YET UNIFIED DIVIDED YET UNIFIED
DIVIDED YET UNIFIED DIVIDED YET UNIFIED
DIVIDED YET UNIFIED DIVIDED YET UNIFIED
DIVIDED YET UNIFIED DIVIDED YET UNIFIED
DIVIDED YET UNIFIED DIVIDED YET UNIFIED
DIVIDED YET UNIFIED DIVIDED YET UNIFIED
DIVIDED YET UNIFIED DIVIDED YET UNIFIED
DIVIDED YET UNIFIED DIVIDED YET UNIFIED
DIVIDED YET UNIFIED DIVIDED YET UNIFIED
DIVIDED YET UNIFIED DIVIDED YET UNIFIED
DIVIDED YET UNIFIED DIVIDED YET UNIFIED
DIVIDED YET UNIFIED DIVIDED YET UNIFIED
DIVIDED YET UNIFIED DIVIDED YET UNIFIED
DIVIDED YET UNIFIED DIVIDED YET UNIFIED
DIVIDED YET UNIFIED DIVIDED YET UNIFIED
DIVIDED YET UNIFIED DIVIDED YET UNIFIED
DIVIDED YET UNIFIED DIVIDED YET UNIFIED
DIVIDED YET UNIFIED DIVIDED YET UNIFIED
DIVIDED YET UNIFIED DIVIDED YET UNIFIED

DIVIDED YET UNIFIED DIVIDED YET UNIFIED
DIVIDED YET UNIFIED DIVIDED YET UNIFIED
DIVIDED YET UNIFIED DIVIDED YET UNIFIED
DIVIDED YET UNIFIED DIVIDED YET UNIFIED
DIVIDED YET UNIFIED DIVIDED YET UNIFIED
DIVIDED YET UNIFIED DIVIDED YET UNIFIED
DIVIDED YET UNIFIED DIVIDED YET UNIFIED
DIVIDED YET UNIFIED DIVIDED YET UNIFIED
DIVIDED YET UNIFIED DIVIDED YET UNIFIED
DIVIDED YET UNIFIED DIVIDED YET UNIFIED
DIVIDED YET UNIFIED DIVIDED YET UNIFIED
DIVIDED YET UNIFIED DIVIDED YET UNIFIED
DIVIDED YET UNIFIED DIVIDED YET UNIFIED
DIVIDED YET UNIFIED DIVIDED YET UNIFIED
DIVIDED YET UNIFIED DIVIDED YET UNIFIED
DIVIDED YET UNIFIED DIVIDED YET UNIFIED
DIVIDED YET UNIFIED DIVIDED YET UNIFIED
DIVIDED YET UNIFIED DIVIDED YET UNIFIED
DIVIDED YET UNIFIED DIVIDED YET UNIFIED
DIVIDED YET UNIFIED DIVIDED YET UNIFIED
DIVIDED YET UNIFIED DIVIDED YET UNIFIED
DIVIDED YET UNIFIED DIVIDED YET UNIFIED
DIVIDED YET UNIFIED DIVIDED YET UNIFIED
DIVIDED YET UNIFIED DIVIDED YET UNIFIED
DIVIDED YET UNIFIED DIVIDED YET UNIFIED
DIVIDED YET UNIFIED DIVIDED YET UNIFIED
DIVIDED YET UNIFIED DIVIDED YET UNIFIED
DIVIDED YET UNIFIED DIVIDED YET UNIFIED
DIVIDED YET UNIFIED DIVIDED YET UNIFIED
DIVIDED YET UNIFIED DIVIDED YET UNIFIED
DIVIDED YET UNIFIED DIVIDED YET UNIFIED
DIVIDED YET UNIFIED DIVIDED YET UNIFIED
DIVIDED YET UNIFIED DIVIDED YET UNIFIED
DIVIDED YET UNIFIED DIVIDED YET UNIFIED
DIVIDED YET UNIFIED DIVIDED YET UNIFIED
DIVIDED YET UNIFIED DIVIDED YET UNIFIED
DIVIDED YET UNIFIED DIVIDED YET UNIFIED
DIVIDED YET UNIFIED DIVIDED YET UNIFIED
DIVIDED YET UNIFIED DIVIDED YET UNIFIED
DIVIDED YET UNIFIED DIVIDED YET UNIFIED
DIVIDED YET UNIFIED DIVIDED YET UNIFIED
DIVIDED YET UNIFIED DIVIDED YET UNIFIED
DIVIDED YET UNIFIED DIVIDED YET UNIFIED
DIVIDED YET UNIFIED DIVIDED YET UNIFIED

DIVIDED YET UNIFIED DIVIDED YET UNIFIED
DIVIDED YET UNIFIED DIVIDED YET UNIFIED
DIVIDED YET UNIFIED DIVIDED YET UNIFIED
DIVIDED YET UNIFIED DIVIDED YET UNIFIED
DIVIDED YET UNIFIED DIVIDED YET UNIFIED
DIVIDED YET UNIFIED DIVIDED YET UNIFIED
DIVIDED YET UNIFIED DIVIDED YET UNIFIED
DIVIDED YET UNIFIED DIVIDED YET UNIFIED
DIVIDED YET UNIFIED DIVIDED YET UNIFIED
DIVIDED YET UNIFIED DIVIDED YET UNIFIED
DIVIDED YET UNIFIED DIVIDED YET UNIFIED
DIVIDED YET UNIFIED DIVIDED YET UNIFIED
DIVIDED YET UNIFIED DIVIDED YET UNIFIED
DIVIDED YET UNIFIED DIVIDED YET UNIFIED
DIVIDED YET UNIFIED DIVIDED YET UNIFIED
DIVIDED YET UNIFIED DIVIDED YET UNIFIED
DIVIDED YET UNIFIED DIVIDED YET UNIFIED
DIVIDED YET UNIFIED DIVIDED YET UNIFIED
DIVIDED YET UNIFIED DIVIDED YET UNIFIED
DIVIDED YET UNIFIED DIVIDED YET UNIFIED
DIVIDED YET UNIFIED DIVIDED YET UNIFIED
DIVIDED YET UNIFIED DIVIDED YET UNIFIED
DIVIDED YET UNIFIED DIVIDED YET UNIFIED
DIVIDED YET UNIFIED DIVIDED YET UNIFIED
DIVIDED YET UNIFIED DIVIDED YET UNIFIED
DIVIDED YET UNIFIED DIVIDED YET UNIFIED
DIVIDED YET UNIFIED DIVIDED YET UNIFIED
DIVIDED YET UNIFIED DIVIDED YET UNIFIED
DIVIDED YET UNIFIED DIVIDED YET UNIFIED
DIVIDED YET UNIFIED DIVIDED YET UNIFIED
DIVIDED YET UNIFIED DIVIDED YET UNIFIED
DIVIDED YET UNIFIED DIVIDED YET UNIFIED
DIVIDED YET UNIFIED DIVIDED YET UNIFIED
DIVIDED YET UNIFIED DIVIDED YET UNIFIED
DIVIDED YET UNIFIED DIVIDED YET UNIFIED
DIVIDED YET UNIFIED DIVIDED YET UNIFIED
DIVIDED YET UNIFIED DIVIDED YET UNIFIED
DIVIDED YET UNIFIED DIVIDED YET UNIFIED
DIVIDED YET UNIFIED DIVIDED YET UNIFIED
DIVIDED YET UNIFIED DIVIDED YET UNIFIED

DIVIDED YET UNIFIED DIVIDED YET UNIFIED
DIVIDED YET UNIFIED DIVIDED YET UNIFIED
DIVIDED YET UNIFIED DIVIDED YET UNIFIED
DIVIDED YET UNIFIED DIVIDED YET UNIFIED
DIVIDED YET UNIFIED DIVIDED YET UNIFIED
DIVIDED YET UNIFIED DIVIDED YET UNIFIED
DIVIDED YET UNIFIED DIVIDED YET UNIFIED
DIVIDED YET UNIFIED DIVIDED YET UNIFIED
DIVIDED YET UNIFIED DIVIDED YET UNIFIED
DIVIDED YET UNIFIED DIVIDED YET UNIFIED
DIVIDED YET UNIFIED DIVIDED YET UNIFIED
DIVIDED YET UNIFIED DIVIDED YET UNIFIED
DIVIDED YET UNIFIED DIVIDED YET UNIFIED
DIVIDED YET UNIFIED DIVIDED YET UNIFIED
DIVIDED YET UNIFIED DIVIDED YET UNIFIED
DIVIDED YET UNIFIED DIVIDED YET UNIFIED
DIVIDED YET UNIFIED DIVIDED YET UNIFIED
DIVIDED YET UNIFIED DIVIDED YET UNIFIED
DIVIDED YET UNIFIED DIVIDED YET UNIFIED
DIVIDED YET UNIFIED DIVIDED YET UNIFIED
DIVIDED YET UNIFIED DIVIDED YET UNIFIED
DIVIDED YET UNIFIED DIVIDED YET UNIFIED
DIVIDED YET UNIFIED DIVIDED YET UNIFIED
DIVIDED YET UNIFIED DIVIDED YET UNIFIED
DIVIDED YET UNIFIED DIVIDED YET UNIFIED
DIVIDED YET UNIFIED DIVIDED YET UNIFIED
DIVIDED YET UNIFIED DIVIDED YET UNIFIED
DIVIDED YET UNIFIED DIVIDED YET UNIFIED
DIVIDED YET UNIFIED DIVIDED YET UNIFIED
DIVIDED YET UNIFIED DIVIDED YET UNIFIED
DIVIDED YET UNIFIED DIVIDED YET UNIFIED
DIVIDED YET UNIFIED DIVIDED YET UNIFIED
DIVIDED YET UNIFIED DIVIDED YET UNIFIED
DIVIDED YET UNIFIED DIVIDED YET UNIFIED
DIVIDED YET UNIFIED DIVIDED YET UNIFIED
DIVIDED YET UNIFIED DIVIDED YET UNIFIED
DIVIDED YET UNIFIED DIVIDED YET UNIFIED
DIVIDED YET UNIFIED DIVIDED YET UNIFIED
DIVIDED YET UNIFIED DIVIDED YET UNIFIED
DIVIDED YET UNIFIED DIVIDED YET UNIFIED
DIVIDED YET UNIFIED DIVIDED YET UNIFIED
DIVIDED YET UNIFIED DIVIDED YET UNIFIED
DIVIDED YET UNIFIED DIVIDED YET UNIFIED
DIVIDED YET UNIFIED DIVIDED YET UNIFIED
DIVIDED YET UNIFIED DIVIDED YET UNIFIED

DIVIDED YET UNIFIED DIVIDED YET UNIFIED
DIVIDED YET UNIFIED DIVIDED YET UNIFIED
DIVIDED YET UNIFIED DIVIDED YET UNIFIED
DIVIDED YET UNIFIED DIVIDED YET UNIFIED
DIVIDED YET UNIFIED DIVIDED YET UNIFIED
DIVIDED YET UNIFIED DIVIDED YET UNIFIED
DIVIDED YET UNIFIED DIVIDED YET UNIFIED
DIVIDED YET UNIFIED DIVIDED YET UNIFIED
DIVIDED YET UNIFIED DIVIDED YET UNIFIED
DIVIDED YET UNIFIED DIVIDED YET UNIFIED
DIVIDED YET UNIFIED DIVIDED YET UNIFIED
DIVIDED YET UNIFIED DIVIDED YET UNIFIED
DIVIDED YET UNIFIED DIVIDED YET UNIFIED
DIVIDED YET UNIFIED DIVIDED YET UNIFIED
DIVIDED YET UNIFIED DIVIDED YET UNIFIED
DIVIDED YET UNIFIED DIVIDED YET UNIFIED
DIVIDED YET UNIFIED DIVIDED YET UNIFIED
DIVIDED YET UNIFIED DIVIDED YET UNIFIED
DIVIDED YET UNIFIED DIVIDED YET UNIFIED
DIVIDED YET UNIFIED DIVIDED YET UNIFIED
DIVIDED YET UNIFIED DIVIDED YET UNIFIED
DIVIDED YET UNIFIED DIVIDED YET UNIFIED
DIVIDED YET UNIFIED DIVIDED YET UNIFIED
DIVIDED YET UNIFIED DIVIDED YET UNIFIED
DIVIDED YET UNIFIED DIVIDED YET UNIFIED
DIVIDED YET UNIFIED DIVIDED YET UNIFIED
DIVIDED YET UNIFIED DIVIDED YET UNIFIED
DIVIDED YET UNIFIED DIVIDED YET UNIFIED
DIVIDED YET UNIFIED DIVIDED YET UNIFIED
DIVIDED YET UNIFIED DIVIDED YET UNIFIED
DIVIDED YET UNIFIED DIVIDED YET UNIFIED
DIVIDED YET UNIFIED DIVIDED YET UNIFIED
DIVIDED YET UNIFIED DIVIDED YET UNIFIED
DIVIDED YET UNIFIED DIVIDED YET UNIFIED
DIVIDED YET UNIFIED DIVIDED YET UNIFIED
DIVIDED YET UNIFIED DIVIDED YET UNIFIED
DIVIDED YET UNIFIED DIVIDED YET UNIFIED
DIVIDED YET UNIFIED DIVIDED YET UNIFIED
DIVIDED YET UNIFIED DIVIDED YET UNIFIED
DIVIDED YET UNIFIED DIVIDED YET UNIFIED
DIVIDED YET UNIFIED DIVIDED YET UNIFIED

DIVIDED YET UNIFIED DIVIDED YET UNIFIED
DIVIDED YET UNIFIED DIVIDED YET UNIFIED
DIVIDED YET UNIFIED DIVIDED YET UNIFIED
DIVIDED YET UNIFIED DIVIDED YET UNIFIED
DIVIDED YET UNIFIED DIVIDED YET UNIFIED
DIVIDED YET UNIFIED DIVIDED YET UNIFIED
DIVIDED YET UNIFIED DIVIDED YET UNIFIED
DIVIDED YET UNIFIED DIVIDED YET UNIFIED
DIVIDED YET UNIFIED DIVIDED YET UNIFIED
DIVIDED YET UNIFIED DIVIDED YET UNIFIED
DIVIDED YET UNIFIED DIVIDED YET UNIFIED
DIVIDED YET UNIFIED DIVIDED YET UNIFIED
DIVIDED YET UNIFIED DIVIDED YET UNIFIED
DIVIDED YET UNIFIED DIVIDED YET UNIFIED
DIVIDED YET UNIFIED DIVIDED YET UNIFIED
DIVIDED YET UNIFIED DIVIDED YET UNIFIED
DIVIDED YET UNIFIED DIVIDED YET UNIFIED
DIVIDED YET UNIFIED DIVIDED YET UNIFIED
DIVIDED YET UNIFIED DIVIDED YET UNIFIED
DIVIDED YET UNIFIED DIVIDED YET UNIFIED
DIVIDED YET UNIFIED DIVIDED YET UNIFIED
DIVIDED YET UNIFIED DIVIDED YET UNIFIED
DIVIDED YET UNIFIED DIVIDED YET UNIFIED
DIVIDED YET UNIFIED DIVIDED YET UNIFIED
DIVIDED YET UNIFIED DIVIDED YET UNIFIED
DIVIDED YET UNIFIED DIVIDED YET UNIFIED
DIVIDED YET UNIFIED DIVIDED YET UNIFIED
DIVIDED YET UNIFIED DIVIDED YET UNIFIED
DIVIDED YET UNIFIED DIVIDED YET UNIFIED
DIVIDED YET UNIFIED DIVIDED YET UNIFIED
DIVIDED YET UNIFIED DIVIDED YET UNIFIED
DIVIDED YET UNIFIED DIVIDED YET UNIFIED
DIVIDED YET UNIFIED DIVIDED YET UNIFIED
DIVIDED YET UNIFIED DIVIDED YET UNIFIED
DIVIDED YET UNIFIED DIVIDED YET UNIFIED
DIVIDED YET UNIFIED DIVIDED YET UNIFIED
DIVIDED YET UNIFIED DIVIDED YET UNIFIED
DIVIDED YET UNIFIED DIVIDED YET UNIFIED
DIVIDED YET UNIFIED DIVIDED YET UNIFIED
DIVIDED YET UNIFIED DIVIDED YET UNIFIED
DIVIDED YET UNIFIED DIVIDED YET UNIFIED
DIVIDED YET UNIFIED DIVIDED YET UNIFIED

DIVIDED YET UNIFIED DIVIDED YET UNIFIED
DIVIDED YET UNIFIED DIVIDED YET UNIFIED
DIVIDED YET UNIFIED DIVIDED YET UNIFIED
DIVIDED YET UNIFIED DIVIDED YET UNIFIED
DIVIDED YET UNIFIED DIVIDED YET UNIFIED
DIVIDED YET UNIFIED DIVIDED YET UNIFIED
DIVIDED YET UNIFIED DIVIDED YET UNIFIED
DIVIDED YET UNIFIED DIVIDED YET UNIFIED
DIVIDED YET UNIFIED DIVIDED YET UNIFIED
DIVIDED YET UNIFIED DIVIDED YET UNIFIED
DIVIDED YET UNIFIED DIVIDED YET UNIFIED
DIVIDED YET UNIFIED DIVIDED YET UNIFIED
DIVIDED YET UNIFIED DIVIDED YET UNIFIED
DIVIDED YET UNIFIED DIVIDED YET UNIFIED
DIVIDED YET UNIFIED DIVIDED YET UNIFIED
DIVIDED YET UNIFIED DIVIDED YET UNIFIED
DIVIDED YET UNIFIED DIVIDED YET UNIFIED
DIVIDED YET UNIFIED DIVIDED YET UNIFIED
DIVIDED YET UNIFIED DIVIDED YET UNIFIED
DIVIDED YET UNIFIED DIVIDED YET UNIFIED
DIVIDED YET UNIFIED DIVIDED YET UNIFIED
DIVIDED YET UNIFIED DIVIDED YET UNIFIED
DIVIDED YET UNIFIED DIVIDED YET UNIFIED
DIVIDED YET UNIFIED DIVIDED YET UNIFIED
DIVIDED YET UNIFIED DIVIDED YET UNIFIED
DIVIDED YET UNIFIED DIVIDED YET UNIFIED
DIVIDED YET UNIFIED DIVIDED YET UNIFIED
DIVIDED YET UNIFIED DIVIDED YET UNIFIED
DIVIDED YET UNIFIED DIVIDED YET UNIFIED
DIVIDED YET UNIFIED DIVIDED YET UNIFIED
DIVIDED YET UNIFIED DIVIDED YET UNIFIED
DIVIDED YET UNIFIED DIVIDED YET UNIFIED
DIVIDED YET UNIFIED DIVIDED YET UNIFIED
DIVIDED YET UNIFIED DIVIDED YET UNIFIED
DIVIDED YET UNIFIED DIVIDED YET UNIFIED
DIVIDED YET UNIFIED DIVIDED YET UNIFIED
DIVIDED YET UNIFIED DIVIDED YET UNIFIED
DIVIDED YET UNIFIED DIVIDED YET UNIFIED
DIVIDED YET UNIFIED DIVIDED YET UNIFIED
DIVIDED YET UNIFIED DIVIDED YET UNIFIED

DIVIDED YET UNIFIED DIVIDED YET UNIFIED
DIVIDED YET UNIFIED DIVIDED YET UNIFIED
DIVIDED YET UNIFIED DIVIDED YET UNIFIED
DIVIDED YET UNIFIED DIVIDED YET UNIFIED
DIVIDED YET UNIFIED DIVIDED YET UNIFIED
DIVIDED YET UNIFIED DIVIDED YET UNIFIED
DIVIDED YET UNIFIED DIVIDED YET UNIFIED
DIVIDED YET UNIFIED DIVIDED YET UNIFIED
DIVIDED YET UNIFIED DIVIDED YET UNIFIED
DIVIDED YET UNIFIED DIVIDED YET UNIFIED
DIVIDED YET UNIFIED DIVIDED YET UNIFIED
DIVIDED YET UNIFIED DIVIDED YET UNIFIED
DIVIDED YET UNIFIED DIVIDED YET UNIFIED
DIVIDED YET UNIFIED DIVIDED YET UNIFIED
DIVIDED YET UNIFIED DIVIDED YET UNIFIED
DIVIDED YET UNIFIED DIVIDED YET UNIFIED
DIVIDED YET UNIFIED DIVIDED YET UNIFIED
DIVIDED YET UNIFIED DIVIDED YET UNIFIED
DIVIDED YET UNIFIED DIVIDED YET UNIFIED
DIVIDED YET UNIFIED DIVIDED YET UNIFIED
DIVIDED YET UNIFIED DIVIDED YET UNIFIED
DIVIDED YET UNIFIED DIVIDED YET UNIFIED
DIVIDED YET UNIFIED DIVIDED YET UNIFIED
DIVIDED YET UNIFIED DIVIDED YET UNIFIED
DIVIDED YET UNIFIED DIVIDED YET UNIFIED
DIVIDED YET UNIFIED DIVIDED YET UNIFIED
DIVIDED YET UNIFIED DIVIDED YET UNIFIED
DIVIDED YET UNIFIED DIVIDED YET UNIFIED
DIVIDED YET UNIFIED DIVIDED YET UNIFIED
DIVIDED YET UNIFIED DIVIDED YET UNIFIED
DIVIDED YET UNIFIED DIVIDED YET UNIFIED
DIVIDED YET UNIFIED DIVIDED YET UNIFIED
DIVIDED YET UNIFIED DIVIDED YET UNIFIED
DIVIDED YET UNIFIED DIVIDED YET UNIFIED
DIVIDED YET UNIFIED DIVIDED YET UNIFIED
DIVIDED YET UNIFIED DIVIDED YET UNIFIED
DIVIDED YET UNIFIED DIVIDED YET UNIFIED
DIVIDED YET UNIFIED DIVIDED YET UNIFIED
DIVIDED YET UNIFIED DIVIDED YET UNIFIED
DIVIDED YET UNIFIED DIVIDED YET UNIFIED
DIVIDED YET UNIFIED DIVIDED YET UNIFIED
DIVIDED YET UNIFIED DIVIDED YET UNIFIED
DIVIDED YET UNIFIED DIVIDED YET UNIFIED

DIVIDED YET UNIFIED DIVIDED YET UNIFIED
DIVIDED YET UNIFIED DIVIDED YET UNIFIED
DIVIDED YET UNIFIED DIVIDED YET UNIFIED
DIVIDED YET UNIFIED DIVIDED YET UNIFIED
DIVIDED YET UNIFIED DIVIDED YET UNIFIED
DIVIDED YET UNIFIED DIVIDED YET UNIFIED
DIVIDED YET UNIFIED DIVIDED YET UNIFIED
DIVIDED YET UNIFIED DIVIDED YET UNIFIED
DIVIDED YET UNIFIED DIVIDED YET UNIFIED
DIVIDED YET UNIFIED DIVIDED YET UNIFIED
DIVIDED YET UNIFIED DIVIDED YET UNIFIED
DIVIDED YET UNIFIED DIVIDED YET UNIFIED
DIVIDED YET UNIFIED DIVIDED YET UNIFIED
DIVIDED YET UNIFIED DIVIDED YET UNIFIED
DIVIDED YET UNIFIED DIVIDED YET UNIFIED
DIVIDED YET UNIFIED DIVIDED YET UNIFIED
DIVIDED YET UNIFIED DIVIDED YET UNIFIED
DIVIDED YET UNIFIED DIVIDED YET UNIFIED
DIVIDED YET UNIFIED DIVIDED YET UNIFIED
DIVIDED YET UNIFIED DIVIDED YET UNIFIED
DIVIDED YET UNIFIED DIVIDED YET UNIFIED
DIVIDED YET UNIFIED DIVIDED YET UNIFIED
DIVIDED YET UNIFIED DIVIDED YET UNIFIED
DIVIDED YET UNIFIED DIVIDED YET UNIFIED
DIVIDED YET UNIFIED DIVIDED YET UNIFIED
DIVIDED YET UNIFIED DIVIDED YET UNIFIED
DIVIDED YET UNIFIED DIVIDED YET UNIFIED
DIVIDED YET UNIFIED DIVIDED YET UNIFIED
DIVIDED YET UNIFIED DIVIDED YET UNIFIED
DIVIDED YET UNIFIED DIVIDED YET UNIFIED
DIVIDED YET UNIFIED DIVIDED YET UNIFIED
DIVIDED YET UNIFIED DIVIDED YET UNIFIED
DIVIDED YET UNIFIED DIVIDED YET UNIFIED
DIVIDED YET UNIFIED DIVIDED YET UNIFIED
DIVIDED YET UNIFIED DIVIDED YET UNIFIED
DIVIDED YET UNIFIED DIVIDED YET UNIFIED
DIVIDED YET UNIFIED DIVIDED YET UNIFIED
DIVIDED YET UNIFIED DIVIDED YET UNIFIED
DIVIDED YET UNIFIED DIVIDED YET UNIFIED
DIVIDED YET UNIFIED DIVIDED YET UNIFIED
DIVIDED YET UNIFIED DIVIDED YET UNIFIED
DIVIDED YET UNIFIED DIVIDED YET UNIFIED
DIVIDED YET UNIFIED DIVIDED YET UNIFIED
DIVIDED YET UNIFIED DIVIDED YET UNIFIED
DIVIDED YET UNIFIED DIVIDED YET UNIFIED

DIVIDED YET UNIFIED DIVIDED YET UNIFIED
DIVIDED YET UNIFIED DIVIDED YET UNIFIED
DIVIDED YET UNIFIED DIVIDED YET UNIFIED
DIVIDED YET UNIFIED DIVIDED YET UNIFIED
DIVIDED YET UNIFIED DIVIDED YET UNIFIED
DIVIDED YET UNIFIED DIVIDED YET UNIFIED
DIVIDED YET UNIFIED DIVIDED YET UNIFIED
DIVIDED YET UNIFIED DIVIDED YET UNIFIED
DIVIDED YET UNIFIED DIVIDED YET UNIFIED
DIVIDED YET UNIFIED DIVIDED YET UNIFIED
DIVIDED YET UNIFIED DIVIDED YET UNIFIED
DIVIDED YET UNIFIED DIVIDED YET UNIFIED
DIVIDED YET UNIFIED DIVIDED YET UNIFIED
DIVIDED YET UNIFIED DIVIDED YET UNIFIED
DIVIDED YET UNIFIED DIVIDED YET UNIFIED
DIVIDED YET UNIFIED DIVIDED YET UNIFIED
DIVIDED YET UNIFIED DIVIDED YET UNIFIED
DIVIDED YET UNIFIED DIVIDED YET UNIFIED
DIVIDED YET UNIFIED DIVIDED YET UNIFIED
DIVIDED YET UNIFIED DIVIDED YET UNIFIED
DIVIDED YET UNIFIED DIVIDED YET UNIFIED
DIVIDED YET UNIFIED DIVIDED YET UNIFIED
DIVIDED YET UNIFIED DIVIDED YET UNIFIED
DIVIDED YET UNIFIED DIVIDED YET UNIFIED
DIVIDED YET UNIFIED DIVIDED YET UNIFIED
DIVIDED YET UNIFIED DIVIDED YET UNIFIED
DIVIDED YET UNIFIED DIVIDED YET UNIFIED
DIVIDED YET UNIFIED DIVIDED YET UNIFIED
DIVIDED YET UNIFIED DIVIDED YET UNIFIED
DIVIDED YET UNIFIED DIVIDED YET UNIFIED
DIVIDED YET UNIFIED DIVIDED YET UNIFIED
DIVIDED YET UNIFIED DIVIDED YET UNIFIED
DIVIDED YET UNIFIED DIVIDED YET UNIFIED
DIVIDED YET UNIFIED DIVIDED YET UNIFIED
DIVIDED YET UNIFIED DIVIDED YET UNIFIED
DIVIDED YET UNIFIED DIVIDED YET UNIFIED
DIVIDED YET UNIFIED DIVIDED YET UNIFIED
DIVIDED YET UNIFIED DIVIDED YET UNIFIED
DIVIDED YET UNIFIED DIVIDED YET UNIFIED
DIVIDED YET UNIFIED DIVIDED YET UNIFIED
DIVIDED YET UNIFIED DIVIDED YET UNIFIED
DIVIDED YET UNIFIED DIVIDED YET UNIFIED

DIVIDED YET UNIFIED DIVIDED YET UNIFIED
DIVIDED YET UNIFIED DIVIDED YET UNIFIED
DIVIDED YET UNIFIED DIVIDED YET UNIFIED
DIVIDED YET UNIFIED DIVIDED YET UNIFIED
DIVIDED YET UNIFIED DIVIDED YET UNIFIED
DIVIDED YET UNIFIED DIVIDED YET UNIFIED
DIVIDED YET UNIFIED DIVIDED YET UNIFIED
DIVIDED YET UNIFIED DIVIDED YET UNIFIED
DIVIDED YET UNIFIED DIVIDED YET UNIFIED
DIVIDED YET UNIFIED DIVIDED YET UNIFIED
DIVIDED YET UNIFIED DIVIDED YET UNIFIED
DIVIDED YET UNIFIED DIVIDED YET UNIFIED
DIVIDED YET UNIFIED DIVIDED YET UNIFIED
DIVIDED YET UNIFIED DIVIDED YET UNIFIED
DIVIDED YET UNIFIED DIVIDED YET UNIFIED
DIVIDED YET UNIFIED DIVIDED YET UNIFIED
DIVIDED YET UNIFIED DIVIDED YET UNIFIED
DIVIDED YET UNIFIED DIVIDED YET UNIFIED
DIVIDED YET UNIFIED DIVIDED YET UNIFIED
DIVIDED YET UNIFIED DIVIDED YET UNIFIED
DIVIDED YET UNIFIED DIVIDED YET UNIFIED
DIVIDED YET UNIFIED DIVIDED YET UNIFIED
DIVIDED YET UNIFIED DIVIDED YET UNIFIED
DIVIDED YET UNIFIED DIVIDED YET UNIFIED
DIVIDED YET UNIFIED DIVIDED YET UNIFIED
DIVIDED YET UNIFIED DIVIDED YET UNIFIED
DIVIDED YET UNIFIED DIVIDED YET UNIFIED
DIVIDED YET UNIFIED DIVIDED YET UNIFIED
DIVIDED YET UNIFIED DIVIDED YET UNIFIED
DIVIDED YET UNIFIED DIVIDED YET UNIFIED
DIVIDED YET UNIFIED DIVIDED YET UNIFIED
DIVIDED YET UNIFIED DIVIDED YET UNIFIED
DIVIDED YET UNIFIED DIVIDED YET UNIFIED
DIVIDED YET UNIFIED DIVIDED YET UNIFIED
DIVIDED YET UNIFIED DIVIDED YET UNIFIED
DIVIDED YET UNIFIED DIVIDED YET UNIFIED
DIVIDED YET UNIFIED DIVIDED YET UNIFIED
DIVIDED YET UNIFIED DIVIDED YET UNIFIED
DIVIDED YET UNIFIED DIVIDED YET UNIFIED
DIVIDED YET UNIFIED DIVIDED YET UNIFIED
DIVIDED YET UNIFIED DIVIDED YET UNIFIED

DIVIDED YET UNIFIED DIVIDED YET UNIFIED
DIVIDED YET UNIFIED DIVIDED YET UNIFIED
DIVIDED YET UNIFIED DIVIDED YET UNIFIED
DIVIDED YET UNIFIED DIVIDED YET UNIFIED
DIVIDED YET UNIFIED DIVIDED YET UNIFIED
DIVIDED YET UNIFIED DIVIDED YET UNIFIED
DIVIDED YET UNIFIED DIVIDED YET UNIFIED
DIVIDED YET UNIFIED DIVIDED YET UNIFIED
DIVIDED YET UNIFIED DIVIDED YET UNIFIED
DIVIDED YET UNIFIED DIVIDED YET UNIFIED
DIVIDED YET UNIFIED DIVIDED YET UNIFIED
DIVIDED YET UNIFIED DIVIDED YET UNIFIED
DIVIDED YET UNIFIED DIVIDED YET UNIFIED
DIVIDED YET UNIFIED DIVIDED YET UNIFIED
DIVIDED YET UNIFIED DIVIDED YET UNIFIED
DIVIDED YET UNIFIED DIVIDED YET UNIFIED
DIVIDED YET UNIFIED DIVIDED YET UNIFIED
DIVIDED YET UNIFIED DIVIDED YET UNIFIED
DIVIDED YET UNIFIED DIVIDED YET UNIFIED
DIVIDED YET UNIFIED DIVIDED YET UNIFIED
DIVIDED YET UNIFIED DIVIDED YET UNIFIED
DIVIDED YET UNIFIED DIVIDED YET UNIFIED
DIVIDED YET UNIFIED DIVIDED YET UNIFIED
DIVIDED YET UNIFIED DIVIDED YET UNIFIED
DIVIDED YET UNIFIED DIVIDED YET UNIFIED
DIVIDED YET UNIFIED DIVIDED YET UNIFIED
DIVIDED YET UNIFIED DIVIDED YET UNIFIED
DIVIDED YET UNIFIED DIVIDED YET UNIFIED
DIVIDED YET UNIFIED DIVIDED YET UNIFIED
DIVIDED YET UNIFIED DIVIDED YET UNIFIED
DIVIDED YET UNIFIED DIVIDED YET UNIFIED
DIVIDED YET UNIFIED DIVIDED YET UNIFIED
DIVIDED YET UNIFIED DIVIDED YET UNIFIED
DIVIDED YET UNIFIED DIVIDED YET UNIFIED
DIVIDED YET UNIFIED DIVIDED YET UNIFIED
DIVIDED YET UNIFIED DIVIDED YET UNIFIED
DIVIDED YET UNIFIED DIVIDED YET UNIFIED
DIVIDED YET UNIFIED DIVIDED YET UNIFIED
DIVIDED YET UNIFIED DIVIDED YET UNIFIED
DIVIDED YET UNIFIED DIVIDED YET UNIFIED
DIVIDED YET UNIFIED DIVIDED YET UNIFIED

DIVIDED YET UNIFIED DIVIDED YET UNIFIED
DIVIDED YET UNIFIED DIVIDED YET UNIFIED
DIVIDED YET UNIFIED DIVIDED YET UNIFIED
DIVIDED YET UNIFIED DIVIDED YET UNIFIED
DIVIDED YET UNIFIED DIVIDED YET UNIFIED
DIVIDED YET UNIFIED DIVIDED YET UNIFIED
DIVIDED YET UNIFIED DIVIDED YET UNIFIED
DIVIDED YET UNIFIED DIVIDED YET UNIFIED
DIVIDED YET UNIFIED DIVIDED YET UNIFIED
DIVIDED YET UNIFIED DIVIDED YET UNIFIED
DIVIDED YET UNIFIED DIVIDED YET UNIFIED
DIVIDED YET UNIFIED DIVIDED YET UNIFIED
DIVIDED YET UNIFIED DIVIDED YET UNIFIED
DIVIDED YET UNIFIED DIVIDED YET UNIFIED
DIVIDED YET UNIFIED DIVIDED YET UNIFIED
DIVIDED YET UNIFIED DIVIDED YET UNIFIED
DIVIDED YET UNIFIED DIVIDED YET UNIFIED
DIVIDED YET UNIFIED DIVIDED YET UNIFIED
DIVIDED YET UNIFIED DIVIDED YET UNIFIED
DIVIDED YET UNIFIED DIVIDED YET UNIFIED
DIVIDED YET UNIFIED DIVIDED YET UNIFIED
DIVIDED YET UNIFIED DIVIDED YET UNIFIED
DIVIDED YET UNIFIED DIVIDED YET UNIFIED
DIVIDED YET UNIFIED DIVIDED YET UNIFIED
DIVIDED YET UNIFIED DIVIDED YET UNIFIED
DIVIDED YET UNIFIED DIVIDED YET UNIFIED
DIVIDED YET UNIFIED DIVIDED YET UNIFIED
DIVIDED YET UNIFIED DIVIDED YET UNIFIED
DIVIDED YET UNIFIED DIVIDED YET UNIFIED
DIVIDED YET UNIFIED DIVIDED YET UNIFIED
DIVIDED YET UNIFIED DIVIDED YET UNIFIED
DIVIDED YET UNIFIED DIVIDED YET UNIFIED
DIVIDED YET UNIFIED DIVIDED YET UNIFIED
DIVIDED YET UNIFIED DIVIDED YET UNIFIED
DIVIDED YET UNIFIED DIVIDED YET UNIFIED
DIVIDED YET UNIFIED DIVIDED YET UNIFIED
DIVIDED YET UNIFIED DIVIDED YET UNIFIED
DIVIDED YET UNIFIED DIVIDED YET UNIFIED
DIVIDED YET UNIFIED DIVIDED YET UNIFIED
DIVIDED YET UNIFIED DIVIDED YET UNIFIED

DIVIDED YET UNIFIED DIVIDED YET UNIFIED
DIVIDED YET UNIFIED DIVIDED YET UNIFIED
DIVIDED YET UNIFIED DIVIDED YET UNIFIED
DIVIDED YET UNIFIED DIVIDED YET UNIFIED
DIVIDED YET UNIFIED DIVIDED YET UNIFIED
DIVIDED YET UNIFIED DIVIDED YET UNIFIED
DIVIDED YET UNIFIED DIVIDED YET UNIFIED
DIVIDED YET UNIFIED DIVIDED YET UNIFIED
DIVIDED YET UNIFIED DIVIDED YET UNIFIED
DIVIDED YET UNIFIED DIVIDED YET UNIFIED
DIVIDED YET UNIFIED DIVIDED YET UNIFIED
DIVIDED YET UNIFIED DIVIDED YET UNIFIED
DIVIDED YET UNIFIED DIVIDED YET UNIFIED
DIVIDED YET UNIFIED DIVIDED YET UNIFIED
DIVIDED YET UNIFIED DIVIDED YET UNIFIED
DIVIDED YET UNIFIED DIVIDED YET UNIFIED
DIVIDED YET UNIFIED DIVIDED YET UNIFIED
DIVIDED YET UNIFIED DIVIDED YET UNIFIED
DIVIDED YET UNIFIED DIVIDED YET UNIFIED
DIVIDED YET UNIFIED DIVIDED YET UNIFIED
DIVIDED YET UNIFIED DIVIDED YET UNIFIED
DIVIDED YET UNIFIED DIVIDED YET UNIFIED
DIVIDED YET UNIFIED DIVIDED YET UNIFIED
DIVIDED YET UNIFIED DIVIDED YET UNIFIED
DIVIDED YET UNIFIED DIVIDED YET UNIFIED
DIVIDED YET UNIFIED DIVIDED YET UNIFIED
DIVIDED YET UNIFIED DIVIDED YET UNIFIED
DIVIDED YET UNIFIED DIVIDED YET UNIFIED
DIVIDED YET UNIFIED DIVIDED YET UNIFIED
DIVIDED YET UNIFIED DIVIDED YET UNIFIED
DIVIDED YET UNIFIED DIVIDED YET UNIFIED
DIVIDED YET UNIFIED DIVIDED YET UNIFIED
DIVIDED YET UNIFIED DIVIDED YET UNIFIED
DIVIDED YET UNIFIED DIVIDED YET UNIFIED
DIVIDED YET UNIFIED DIVIDED YET UNIFIED
DIVIDED YET UNIFIED DIVIDED YET UNIFIED
DIVIDED YET UNIFIED DIVIDED YET UNIFIED
DIVIDED YET UNIFIED DIVIDED YET UNIFIED
DIVIDED YET UNIFIED DIVIDED YET UNIFIED
DIVIDED YET UNIFIED DIVIDED YET UNIFIED
DIVIDED YET UNIFIED DIVIDED YET UNIFIED
DIVIDED YET UNIFIED DIVIDED YET UNIFIED
DIVIDED YET UNIFIED DIVIDED YET UNIFIED
DIVIDED YET UNIFIED DIVIDED YET UNIFIED
DIVIDED YET UNIFIED DIVIDED YET UNIFIED
DIVIDED YET UNIFIED DIVIDED YET UNIFIED
DIVIDED YET UNIFIED DIVIDED YET UNIFIED
DIVIDED YET UNIFIED DIVIDED YET UNIFIED

DIVIDED YET UNIFIED DIVIDED YET UNIFIED
DIVIDED YET UNIFIED DIVIDED YET UNIFIED
DIVIDED YET UNIFIED DIVIDED YET UNIFIED
DIVIDED YET UNIFIED DIVIDED YET UNIFIED
DIVIDED YET UNIFIED DIVIDED YET UNIFIED
DIVIDED YET UNIFIED DIVIDED YET UNIFIED
DIVIDED YET UNIFIED DIVIDED YET UNIFIED
DIVIDED YET UNIFIED DIVIDED YET UNIFIED
DIVIDED YET UNIFIED DIVIDED YET UNIFIED
DIVIDED YET UNIFIED DIVIDED YET UNIFIED
DIVIDED YET UNIFIED DIVIDED YET UNIFIED
DIVIDED YET UNIFIED DIVIDED YET UNIFIED
DIVIDED YET UNIFIED DIVIDED YET UNIFIED
DIVIDED YET UNIFIED DIVIDED YET UNIFIED
DIVIDED YET UNIFIED DIVIDED YET UNIFIED
DIVIDED YET UNIFIED DIVIDED YET UNIFIED
DIVIDED YET UNIFIED DIVIDED YET UNIFIED
DIVIDED YET UNIFIED DIVIDED YET UNIFIED
DIVIDED YET UNIFIED DIVIDED YET UNIFIED
DIVIDED YET UNIFIED DIVIDED YET UNIFIED
DIVIDED YET UNIFIED DIVIDED YET UNIFIED
DIVIDED YET UNIFIED DIVIDED YET UNIFIED
DIVIDED YET UNIFIED DIVIDED YET UNIFIED
DIVIDED YET UNIFIED DIVIDED YET UNIFIED
DIVIDED YET UNIFIED DIVIDED YET UNIFIED
DIVIDED YET UNIFIED DIVIDED YET UNIFIED
DIVIDED YET UNIFIED DIVIDED YET UNIFIED
DIVIDED YET UNIFIED DIVIDED YET UNIFIED
DIVIDED YET UNIFIED DIVIDED YET UNIFIED
DIVIDED YET UNIFIED DIVIDED YET UNIFIED
DIVIDED YET UNIFIED DIVIDED YET UNIFIED
DIVIDED YET UNIFIED DIVIDED YET UNIFIED
DIVIDED YET UNIFIED DIVIDED YET UNIFIED
DIVIDED YET UNIFIED DIVIDED YET UNIFIED
DIVIDED YET UNIFIED DIVIDED YET UNIFIED
DIVIDED YET UNIFIED DIVIDED YET UNIFIED
DIVIDED YET UNIFIED DIVIDED YET UNIFIED
DIVIDED YET UNIFIED DIVIDED YET UNIFIED
DIVIDED YET UNIFIED DIVIDED YET UNIFIED
DIVIDED YET UNIFIED DIVIDED YET UNIFIED
DIVIDED YET UNIFIED DIVIDED YET UNIFIED
DIVIDED YET UNIFIED DIVIDED YET UNIFIED
DIVIDED YET UNIFIED DIVIDED YET UNIFIED

DIVIDED YET UNIFIED DIVIDED YET UNIFIED
DIVIDED YET UNIFIED DIVIDED YET UNIFIED
DIVIDED YET UNIFIED DIVIDED YET UNIFIED
DIVIDED YET UNIFIED DIVIDED YET UNIFIED
DIVIDED YET UNIFIED DIVIDED YET UNIFIED
DIVIDED YET UNIFIED DIVIDED YET UNIFIED
DIVIDED YET UNIFIED DIVIDED YET UNIFIED
DIVIDED YET UNIFIED DIVIDED YET UNIFIED
DIVIDED YET UNIFIED DIVIDED YET UNIFIED
DIVIDED YET UNIFIED DIVIDED YET UNIFIED
DIVIDED YET UNIFIED DIVIDED YET UNIFIED
DIVIDED YET UNIFIED DIVIDED YET UNIFIED
DIVIDED YET UNIFIED DIVIDED YET UNIFIED
DIVIDED YET UNIFIED DIVIDED YET UNIFIED
DIVIDED YET UNIFIED DIVIDED YET UNIFIED
DIVIDED YET UNIFIED DIVIDED YET UNIFIED
DIVIDED YET UNIFIED DIVIDED YET UNIFIED
DIVIDED YET UNIFIED DIVIDED YET UNIFIED
DIVIDED YET UNIFIED DIVIDED YET UNIFIED
DIVIDED YET UNIFIED DIVIDED YET UNIFIED
DIVIDED YET UNIFIED DIVIDED YET UNIFIED
DIVIDED YET UNIFIED DIVIDED YET UNIFIED
DIVIDED YET UNIFIED DIVIDED YET UNIFIED
DIVIDED YET UNIFIED DIVIDED YET UNIFIED
DIVIDED YET UNIFIED DIVIDED YET UNIFIED
DIVIDED YET UNIFIED DIVIDED YET UNIFIED
DIVIDED YET UNIFIED DIVIDED YET UNIFIED
DIVIDED YET UNIFIED DIVIDED YET UNIFIED
DIVIDED YET UNIFIED DIVIDED YET UNIFIED
DIVIDED YET UNIFIED DIVIDED YET UNIFIED
DIVIDED YET UNIFIED DIVIDED YET UNIFIED
DIVIDED YET UNIFIED DIVIDED YET UNIFIED
DIVIDED YET UNIFIED DIVIDED YET UNIFIED
DIVIDED YET UNIFIED DIVIDED YET UNIFIED
DIVIDED YET UNIFIED DIVIDED YET UNIFIED
DIVIDED YET UNIFIED DIVIDED YET UNIFIED
DIVIDED YET UNIFIED DIVIDED YET UNIFIED
DIVIDED YET UNIFIED DIVIDED YET UNIFIED
DIVIDED YET UNIFIED DIVIDED YET UNIFIED
DIVIDED YET UNIFIED DIVIDED YET UNIFIED
DIVIDED YET UNIFIED DIVIDED YET UNIFIED
DIVIDED YET UNIFIED DIVIDED YET UNIFIED
DIVIDED YET UNIFIED DIVIDED YET UNIFIED

DIVIDED YET UNIFIED DIVIDED YET UNIFIED
DIVIDED YET UNIFIED DIVIDED YET UNIFIED
DIVIDED YET UNIFIED DIVIDED YET UNIFIED
DIVIDED YET UNIFIED DIVIDED YET UNIFIED
DIVIDED YET UNIFIED DIVIDED YET UNIFIED
DIVIDED YET UNIFIED DIVIDED YET UNIFIED
DIVIDED YET UNIFIED DIVIDED YET UNIFIED
DIVIDED YET UNIFIED DIVIDED YET UNIFIED
DIVIDED YET UNIFIED DIVIDED YET UNIFIED
DIVIDED YET UNIFIED DIVIDED YET UNIFIED
DIVIDED YET UNIFIED DIVIDED YET UNIFIED
DIVIDED YET UNIFIED DIVIDED YET UNIFIED
DIVIDED YET UNIFIED DIVIDED YET UNIFIED
DIVIDED YET UNIFIED DIVIDED YET UNIFIED
DIVIDED YET UNIFIED DIVIDED YET UNIFIED
DIVIDED YET UNIFIED DIVIDED YET UNIFIED
DIVIDED YET UNIFIED DIVIDED YET UNIFIED
DIVIDED YET UNIFIED DIVIDED YET UNIFIED
DIVIDED YET UNIFIED DIVIDED YET UNIFIED
DIVIDED YET UNIFIED DIVIDED YET UNIFIED
DIVIDED YET UNIFIED DIVIDED YET UNIFIED
DIVIDED YET UNIFIED DIVIDED YET UNIFIED
DIVIDED YET UNIFIED DIVIDED YET UNIFIED
DIVIDED YET UNIFIED DIVIDED YET UNIFIED
DIVIDED YET UNIFIED DIVIDED YET UNIFIED
DIVIDED YET UNIFIED DIVIDED YET UNIFIED
DIVIDED YET UNIFIED DIVIDED YET UNIFIED
DIVIDED YET UNIFIED DIVIDED YET UNIFIED
DIVIDED YET UNIFIED DIVIDED YET UNIFIED
DIVIDED YET UNIFIED DIVIDED YET UNIFIED
DIVIDED YET UNIFIED DIVIDED YET UNIFIED
DIVIDED YET UNIFIED DIVIDED YET UNIFIED
DIVIDED YET UNIFIED DIVIDED YET UNIFIED
DIVIDED YET UNIFIED DIVIDED YET UNIFIED
DIVIDED YET UNIFIED DIVIDED YET UNIFIED
DIVIDED YET UNIFIED DIVIDED YET UNIFIED
DIVIDED YET UNIFIED DIVIDED YET UNIFIED
DIVIDED YET UNIFIED DIVIDED YET UNIFIED
DIVIDED YET UNIFIED DIVIDED YET UNIFIED

DIVIDED YET UNIFIED DIVIDED YET UNIFIED
DIVIDED YET UNIFIED DIVIDED YET UNIFIED
DIVIDED YET UNIFIED DIVIDED YET UNIFIED
DIVIDED YET UNIFIED DIVIDED YET UNIFIED
DIVIDED YET UNIFIED DIVIDED YET UNIFIED
DIVIDED YET UNIFIED DIVIDED YET UNIFIED
DIVIDED YET UNIFIED DIVIDED YET UNIFIED
DIVIDED YET UNIFIED DIVIDED YET UNIFIED
DIVIDED YET UNIFIED DIVIDED YET UNIFIED
DIVIDED YET UNIFIED DIVIDED YET UNIFIED
DIVIDED YET UNIFIED DIVIDED YET UNIFIED
DIVIDED YET UNIFIED DIVIDED YET UNIFIED
DIVIDED YET UNIFIED DIVIDED YET UNIFIED
DIVIDED YET UNIFIED DIVIDED YET UNIFIED
DIVIDED YET UNIFIED DIVIDED YET UNIFIED
DIVIDED YET UNIFIED DIVIDED YET UNIFIED
DIVIDED YET UNIFIED DIVIDED YET UNIFIED
DIVIDED YET UNIFIED DIVIDED YET UNIFIED
DIVIDED YET UNIFIED DIVIDED YET UNIFIED
DIVIDED YET UNIFIED DIVIDED YET UNIFIED
DIVIDED YET UNIFIED DIVIDED YET UNIFIED
DIVIDED YET UNIFIED DIVIDED YET UNIFIED
DIVIDED YET UNIFIED DIVIDED YET UNIFIED
DIVIDED YET UNIFIED DIVIDED YET UNIFIED
DIVIDED YET UNIFIED DIVIDED YET UNIFIED
DIVIDED YET UNIFIED DIVIDED YET UNIFIED
DIVIDED YET UNIFIED DIVIDED YET UNIFIED
DIVIDED YET UNIFIED DIVIDED YET UNIFIED
DIVIDED YET UNIFIED DIVIDED YET UNIFIED
DIVIDED YET UNIFIED DIVIDED YET UNIFIED
DIVIDED YET UNIFIED DIVIDED YET UNIFIED
DIVIDED YET UNIFIED DIVIDED YET UNIFIED
DIVIDED YET UNIFIED DIVIDED YET UNIFIED
DIVIDED YET UNIFIED DIVIDED YET UNIFIED
DIVIDED YET UNIFIED DIVIDED YET UNIFIED
DIVIDED YET UNIFIED DIVIDED YET UNIFIED
DIVIDED YET UNIFIED DIVIDED YET UNIFIED
DIVIDED YET UNIFIED DIVIDED YET UNIFIED
DIVIDED YET UNIFIED DIVIDED YET UNIFIED
DIVIDED YET UNIFIED DIVIDED YET UNIFIED

DIVIDED YET UNIFIED DIVIDED YET UNIFIED
DIVIDED YET UNIFIED DIVIDED YET UNIFIED
DIVIDED YET UNIFIED DIVIDED YET UNIFIED
DIVIDED YET UNIFIED DIVIDED YET UNIFIED
DIVIDED YET UNIFIED DIVIDED YET UNIFIED
DIVIDED YET UNIFIED DIVIDED YET UNIFIED
DIVIDED YET UNIFIED DIVIDED YET UNIFIED
DIVIDED YET UNIFIED DIVIDED YET UNIFIED
DIVIDED YET UNIFIED DIVIDED YET UNIFIED
DIVIDED YET UNIFIED DIVIDED YET UNIFIED
DIVIDED YET UNIFIED DIVIDED YET UNIFIED
DIVIDED YET UNIFIED DIVIDED YET UNIFIED
DIVIDED YET UNIFIED DIVIDED YET UNIFIED
DIVIDED YET UNIFIED DIVIDED YET UNIFIED
DIVIDED YET UNIFIED DIVIDED YET UNIFIED
DIVIDED YET UNIFIED DIVIDED YET UNIFIED
DIVIDED YET UNIFIED DIVIDED YET UNIFIED
DIVIDED YET UNIFIED DIVIDED YET UNIFIED
DIVIDED YET UNIFIED DIVIDED YET UNIFIED
DIVIDED YET UNIFIED DIVIDED YET UNIFIED
DIVIDED YET UNIFIED DIVIDED YET UNIFIED
DIVIDED YET UNIFIED DIVIDED YET UNIFIED
DIVIDED YET UNIFIED DIVIDED YET UNIFIED
DIVIDED YET UNIFIED DIVIDED YET UNIFIED
DIVIDED YET UNIFIED DIVIDED YET UNIFIED
DIVIDED YET UNIFIED DIVIDED YET UNIFIED
DIVIDED YET UNIFIED DIVIDED YET UNIFIED
DIVIDED YET UNIFIED DIVIDED YET UNIFIED
DIVIDED YET UNIFIED DIVIDED YET UNIFIED
DIVIDED YET UNIFIED DIVIDED YET UNIFIED
DIVIDED YET UNIFIED DIVIDED YET UNIFIED
DIVIDED YET UNIFIED DIVIDED YET UNIFIED
DIVIDED YET UNIFIED DIVIDED YET UNIFIED
DIVIDED YET UNIFIED DIVIDED YET UNIFIED
DIVIDED YET UNIFIED DIVIDED YET UNIFIED
DIVIDED YET UNIFIED DIVIDED YET UNIFIED
DIVIDED YET UNIFIED DIVIDED YET UNIFIED
DIVIDED YET UNIFIED DIVIDED YET UNIFIED
DIVIDED YET UNIFIED DIVIDED YET UNIFIED
DIVIDED YET UNIFIED DIVIDED YET UNIFIED

DIVIDED YET UNIFIED DIVIDED YET UNIFIED
DIVIDED YET UNIFIED DIVIDED YET UNIFIED
DIVIDED YET UNIFIED DIVIDED YET UNIFIED
DIVIDED YET UNIFIED DIVIDED YET UNIFIED
DIVIDED YET UNIFIED DIVIDED YET UNIFIED
DIVIDED YET UNIFIED DIVIDED YET UNIFIED
DIVIDED YET UNIFIED DIVIDED YET UNIFIED
DIVIDED YET UNIFIED DIVIDED YET UNIFIED
DIVIDED YET UNIFIED DIVIDED YET UNIFIED
DIVIDED YET UNIFIED DIVIDED YET UNIFIED
DIVIDED YET UNIFIED DIVIDED YET UNIFIED
DIVIDED YET UNIFIED DIVIDED YET UNIFIED
DIVIDED YET UNIFIED DIVIDED YET UNIFIED
DIVIDED YET UNIFIED DIVIDED YET UNIFIED
DIVIDED YET UNIFIED DIVIDED YET UNIFIED
DIVIDED YET UNIFIED DIVIDED YET UNIFIED
DIVIDED YET UNIFIED DIVIDED YET UNIFIED
DIVIDED YET UNIFIED DIVIDED YET UNIFIED
DIVIDED YET UNIFIED DIVIDED YET UNIFIED
DIVIDED YET UNIFIED DIVIDED YET UNIFIED
DIVIDED YET UNIFIED DIVIDED YET UNIFIED
DIVIDED YET UNIFIED DIVIDED YET UNIFIED
DIVIDED YET UNIFIED DIVIDED YET UNIFIED
DIVIDED YET UNIFIED DIVIDED YET UNIFIED
DIVIDED YET UNIFIED DIVIDED YET UNIFIED
DIVIDED YET UNIFIED DIVIDED YET UNIFIED
DIVIDED YET UNIFIED DIVIDED YET UNIFIED
DIVIDED YET UNIFIED DIVIDED YET UNIFIED
DIVIDED YET UNIFIED DIVIDED YET UNIFIED
DIVIDED YET UNIFIED DIVIDED YET UNIFIED
DIVIDED YET UNIFIED DIVIDED YET UNIFIED
DIVIDED YET UNIFIED DIVIDED YET UNIFIED
DIVIDED YET UNIFIED DIVIDED YET UNIFIED
DIVIDED YET UNIFIED DIVIDED YET UNIFIED
DIVIDED YET UNIFIED DIVIDED YET UNIFIED
DIVIDED YET UNIFIED DIVIDED YET UNIFIED
DIVIDED YET UNIFIED DIVIDED YET UNIFIED
DIVIDED YET UNIFIED DIVIDED YET UNIFIED
DIVIDED YET UNIFIED DIVIDED YET UNIFIED
DIVIDED YET UNIFIED DIVIDED YET UNIFIED
DIVIDED YET UNIFIED DIVIDED YET UNIFIED
DIVIDED YET UNIFIED DIVIDED YET UNIFIED
DIVIDED YET UNIFIED DIVIDED YET UNIFIED
DIVIDED YET UNIFIED DIVIDED YET UNIFIED
DIVIDED YET UNIFIED DIVIDED YET UNIFIED
DIVIDED YET UNIFIED DIVIDED YET UNIFIED
DIVIDED YET UNIFIED DIVIDED YET UNIFIED

DIVIDED YET UNIFIED DIVIDED YET UNIFIED
DIVIDED YET UNIFIED DIVIDED YET UNIFIED
DIVIDED YET UNIFIED DIVIDED YET UNIFIED
DIVIDED YET UNIFIED DIVIDED YET UNIFIED
DIVIDED YET UNIFIED DIVIDED YET UNIFIED
DIVIDED YET UNIFIED DIVIDED YET UNIFIED
DIVIDED YET UNIFIED DIVIDED YET UNIFIED
DIVIDED YET UNIFIED DIVIDED YET UNIFIED
DIVIDED YET UNIFIED DIVIDED YET UNIFIED
DIVIDED YET UNIFIED DIVIDED YET UNIFIED
DIVIDED YET UNIFIED DIVIDED YET UNIFIED
DIVIDED YET UNIFIED DIVIDED YET UNIFIED
DIVIDED YET UNIFIED DIVIDED YET UNIFIED
DIVIDED YET UNIFIED DIVIDED YET UNIFIED
DIVIDED YET UNIFIED DIVIDED YET UNIFIED
DIVIDED YET UNIFIED DIVIDED YET UNIFIED
DIVIDED YET UNIFIED DIVIDED YET UNIFIED
DIVIDED YET UNIFIED DIVIDED YET UNIFIED
DIVIDED YET UNIFIED DIVIDED YET UNIFIED
DIVIDED YET UNIFIED DIVIDED YET UNIFIED
DIVIDED YET UNIFIED DIVIDED YET UNIFIED
DIVIDED YET UNIFIED DIVIDED YET UNIFIED
DIVIDED YET UNIFIED DIVIDED YET UNIFIED
DIVIDED YET UNIFIED DIVIDED YET UNIFIED
DIVIDED YET UNIFIED DIVIDED YET UNIFIED
DIVIDED YET UNIFIED DIVIDED YET UNIFIED
DIVIDED YET UNIFIED DIVIDED YET UNIFIED
DIVIDED YET UNIFIED DIVIDED YET UNIFIED
DIVIDED YET UNIFIED DIVIDED YET UNIFIED
DIVIDED YET UNIFIED DIVIDED YET UNIFIED
DIVIDED YET UNIFIED DIVIDED YET UNIFIED
DIVIDED YET UNIFIED DIVIDED YET UNIFIED
DIVIDED YET UNIFIED DIVIDED YET UNIFIED
DIVIDED YET UNIFIED DIVIDED YET UNIFIED
DIVIDED YET UNIFIED DIVIDED YET UNIFIED
DIVIDED YET UNIFIED DIVIDED YET UNIFIED
DIVIDED YET UNIFIED DIVIDED YET UNIFIED
DIVIDED YET UNIFIED DIVIDED YET UNIFIED
DIVIDED YET UNIFIED DIVIDED YET UNIFIED
DIVIDED YET UNIFIED DIVIDED YET UNIFIED
DIVIDED YET UNIFIED DIVIDED YET UNIFIED
DIVIDED YET UNIFIED DIVIDED YET UNIFIED
DIVIDED YET UNIFIED DIVIDED YET UNIFIED
DIVIDED YET UNIFIED DIVIDED YET UNIFIED
DIVIDED YET UNIFIED DIVIDED YET UNIFIED
DIVIDED YET UNIFIED DIVIDED YET UNIFIED

DIVIDED YET UNIFIED DIVIDED YET UNIFIED
DIVIDED YET UNIFIED DIVIDED YET UNIFIED
DIVIDED YET UNIFIED DIVIDED YET UNIFIED
DIVIDED YET UNIFIED DIVIDED YET UNIFIED
DIVIDED YET UNIFIED DIVIDED YET UNIFIED
DIVIDED YET UNIFIED DIVIDED YET UNIFIED
DIVIDED YET UNIFIED DIVIDED YET UNIFIED
DIVIDED YET UNIFIED DIVIDED YET UNIFIED
DIVIDED YET UNIFIED DIVIDED YET UNIFIED
DIVIDED YET UNIFIED DIVIDED YET UNIFIED
DIVIDED YET UNIFIED DIVIDED YET UNIFIED
DIVIDED YET UNIFIED DIVIDED YET UNIFIED
DIVIDED YET UNIFIED DIVIDED YET UNIFIED
DIVIDED YET UNIFIED DIVIDED YET UNIFIED
DIVIDED YET UNIFIED DIVIDED YET UNIFIED
DIVIDED YET UNIFIED DIVIDED YET UNIFIED
DIVIDED YET UNIFIED DIVIDED YET UNIFIED
DIVIDED YET UNIFIED DIVIDED YET UNIFIED
DIVIDED YET UNIFIED DIVIDED YET UNIFIED
DIVIDED YET UNIFIED DIVIDED YET UNIFIED
DIVIDED YET UNIFIED DIVIDED YET UNIFIED
DIVIDED YET UNIFIED DIVIDED YET UNIFIED
DIVIDED YET UNIFIED DIVIDED YET UNIFIED
DIVIDED YET UNIFIED DIVIDED YET UNIFIED
DIVIDED YET UNIFIED DIVIDED YET UNIFIED
DIVIDED YET UNIFIED DIVIDED YET UNIFIED
DIVIDED YET UNIFIED DIVIDED YET UNIFIED
DIVIDED YET UNIFIED DIVIDED YET UNIFIED
DIVIDED YET UNIFIED DIVIDED YET UNIFIED
DIVIDED YET UNIFIED DIVIDED YET UNIFIED
DIVIDED YET UNIFIED DIVIDED YET UNIFIED
DIVIDED YET UNIFIED DIVIDED YET UNIFIED
DIVIDED YET UNIFIED DIVIDED YET UNIFIED
DIVIDED YET UNIFIED DIVIDED YET UNIFIED
DIVIDED YET UNIFIED DIVIDED YET UNIFIED
DIVIDED YET UNIFIED DIVIDED YET UNIFIED
DIVIDED YET UNIFIED DIVIDED YET UNIFIED
DIVIDED YET UNIFIED DIVIDED YET UNIFIED
DIVIDED YET UNIFIED DIVIDED YET UNIFIED
DIVIDED YET UNIFIED DIVIDED YET UNIFIED
DIVIDED YET UNIFIED DIVIDED YET UNIFIED
DIVIDED YET UNIFIED DIVIDED YET UNIFIED
DIVIDED YET UNIFIED DIVIDED YET UNIFIED
DIVIDED YET UNIFIED DIVIDED YET UNIFIED

DIVIDED YET UNIFIED DIVIDED YET UNIFIED
DIVIDED YET UNIFIED DIVIDED YET UNIFIED
DIVIDED YET UNIFIED DIVIDED YET UNIFIED
DIVIDED YET UNIFIED DIVIDED YET UNIFIED
DIVIDED YET UNIFIED DIVIDED YET UNIFIED
DIVIDED YET UNIFIED DIVIDED YET UNIFIED
DIVIDED YET UNIFIED DIVIDED YET UNIFIED
DIVIDED YET UNIFIED DIVIDED YET UNIFIED
DIVIDED YET UNIFIED DIVIDED YET UNIFIED
DIVIDED YET UNIFIED DIVIDED YET UNIFIED
DIVIDED YET UNIFIED DIVIDED YET UNIFIED
DIVIDED YET UNIFIED DIVIDED YET UNIFIED
DIVIDED YET UNIFIED DIVIDED YET UNIFIED
DIVIDED YET UNIFIED DIVIDED YET UNIFIED
DIVIDED YET UNIFIED DIVIDED YET UNIFIED
DIVIDED YET UNIFIED DIVIDED YET UNIFIED
DIVIDED YET UNIFIED DIVIDED YET UNIFIED
DIVIDED YET UNIFIED DIVIDED YET UNIFIED
DIVIDED YET UNIFIED DIVIDED YET UNIFIED
DIVIDED YET UNIFIED DIVIDED YET UNIFIED
DIVIDED YET UNIFIED DIVIDED YET UNIFIED
DIVIDED YET UNIFIED DIVIDED YET UNIFIED
DIVIDED YET UNIFIED DIVIDED YET UNIFIED
DIVIDED YET UNIFIED DIVIDED YET UNIFIED
DIVIDED YET UNIFIED DIVIDED YET UNIFIED
DIVIDED YET UNIFIED DIVIDED YET UNIFIED
DIVIDED YET UNIFIED DIVIDED YET UNIFIED
DIVIDED YET UNIFIED DIVIDED YET UNIFIED
DIVIDED YET UNIFIED DIVIDED YET UNIFIED
DIVIDED YET UNIFIED DIVIDED YET UNIFIED
DIVIDED YET UNIFIED DIVIDED YET UNIFIED
DIVIDED YET UNIFIED DIVIDED YET UNIFIED
DIVIDED YET UNIFIED DIVIDED YET UNIFIED
DIVIDED YET UNIFIED DIVIDED YET UNIFIED
DIVIDED YET UNIFIED DIVIDED YET UNIFIED
DIVIDED YET UNIFIED DIVIDED YET UNIFIED
DIVIDED YET UNIFIED DIVIDED YET UNIFIED
DIVIDED YET UNIFIED DIVIDED YET UNIFIED
DIVIDED YET UNIFIED DIVIDED YET UNIFIED
DIVIDED YET UNIFIED DIVIDED YET UNIFIED

DIVIDED YET UNIFIED DIVIDED YET UNIFIED
DIVIDED YET UNIFIED DIVIDED YET UNIFIED
DIVIDED YET UNIFIED DIVIDED YET UNIFIED
DIVIDED YET UNIFIED DIVIDED YET UNIFIED
DIVIDED YET UNIFIED DIVIDED YET UNIFIED
DIVIDED YET UNIFIED DIVIDED YET UNIFIED
DIVIDED YET UNIFIED DIVIDED YET UNIFIED
DIVIDED YET UNIFIED DIVIDED YET UNIFIED
DIVIDED YET UNIFIED DIVIDED YET UNIFIED
DIVIDED YET UNIFIED DIVIDED YET UNIFIED
DIVIDED YET UNIFIED DIVIDED YET UNIFIED
DIVIDED YET UNIFIED DIVIDED YET UNIFIED
DIVIDED YET UNIFIED DIVIDED YET UNIFIED
DIVIDED YET UNIFIED DIVIDED YET UNIFIED
DIVIDED YET UNIFIED DIVIDED YET UNIFIED
DIVIDED YET UNIFIED DIVIDED YET UNIFIED
DIVIDED YET UNIFIED DIVIDED YET UNIFIED
DIVIDED YET UNIFIED DIVIDED YET UNIFIED
DIVIDED YET UNIFIED DIVIDED YET UNIFIED
DIVIDED YET UNIFIED DIVIDED YET UNIFIED
DIVIDED YET UNIFIED DIVIDED YET UNIFIED
DIVIDED YET UNIFIED DIVIDED YET UNIFIED
DIVIDED YET UNIFIED DIVIDED YET UNIFIED
DIVIDED YET UNIFIED DIVIDED YET UNIFIED
DIVIDED YET UNIFIED DIVIDED YET UNIFIED
DIVIDED YET UNIFIED DIVIDED YET UNIFIED
DIVIDED YET UNIFIED DIVIDED YET UNIFIED
DIVIDED YET UNIFIED DIVIDED YET UNIFIED
DIVIDED YET UNIFIED DIVIDED YET UNIFIED
DIVIDED YET UNIFIED DIVIDED YET UNIFIED
DIVIDED YET UNIFIED DIVIDED YET UNIFIED
DIVIDED YET UNIFIED DIVIDED YET UNIFIED
DIVIDED YET UNIFIED DIVIDED YET UNIFIED
DIVIDED YET UNIFIED DIVIDED YET UNIFIED
DIVIDED YET UNIFIED DIVIDED YET UNIFIED
DIVIDED YET UNIFIED DIVIDED YET UNIFIED
DIVIDED YET UNIFIED DIVIDED YET UNIFIED
DIVIDED YET UNIFIED DIVIDED YET UNIFIED
DIVIDED YET UNIFIED DIVIDED YET UNIFIED
DIVIDED YET UNIFIED DIVIDED YET UNIFIED
DIVIDED YET UNIFIED DIVIDED YET UNIFIED
DIVIDED YET UNIFIED DIVIDED YET UNIFIED
DIVIDED YET UNIFIED DIVIDED YET UNIFIED
DIVIDED YET UNIFIED DIVIDED YET UNIFIED

DIVIDED YET UNIFIED DIVIDED YET UNIFIED
DIVIDED YET UNIFIED DIVIDED YET UNIFIED
DIVIDED YET UNIFIED DIVIDED YET UNIFIED
DIVIDED YET UNIFIED DIVIDED YET UNIFIED
DIVIDED YET UNIFIED DIVIDED YET UNIFIED
DIVIDED YET UNIFIED DIVIDED YET UNIFIED
DIVIDED YET UNIFIED DIVIDED YET UNIFIED
DIVIDED YET UNIFIED DIVIDED YET UNIFIED
DIVIDED YET UNIFIED DIVIDED YET UNIFIED
DIVIDED YET UNIFIED DIVIDED YET UNIFIED
DIVIDED YET UNIFIED DIVIDED YET UNIFIED
DIVIDED YET UNIFIED DIVIDED YET UNIFIED
DIVIDED YET UNIFIED DIVIDED YET UNIFIED
DIVIDED YET UNIFIED DIVIDED YET UNIFIED
DIVIDED YET UNIFIED DIVIDED YET UNIFIED
DIVIDED YET UNIFIED DIVIDED YET UNIFIED
DIVIDED YET UNIFIED DIVIDED YET UNIFIED
DIVIDED YET UNIFIED DIVIDED YET UNIFIED
DIVIDED YET UNIFIED DIVIDED YET UNIFIED
DIVIDED YET UNIFIED DIVIDED YET UNIFIED
DIVIDED YET UNIFIED DIVIDED YET UNIFIED
DIVIDED YET UNIFIED DIVIDED YET UNIFIED
DIVIDED YET UNIFIED DIVIDED YET UNIFIED
DIVIDED YET UNIFIED DIVIDED YET UNIFIED
DIVIDED YET UNIFIED DIVIDED YET UNIFIED
DIVIDED YET UNIFIED DIVIDED YET UNIFIED
DIVIDED YET UNIFIED DIVIDED YET UNIFIED
DIVIDED YET UNIFIED DIVIDED YET UNIFIED
DIVIDED YET UNIFIED DIVIDED YET UNIFIED
DIVIDED YET UNIFIED DIVIDED YET UNIFIED
DIVIDED YET UNIFIED DIVIDED YET UNIFIED
DIVIDED YET UNIFIED DIVIDED YET UNIFIED
DIVIDED YET UNIFIED DIVIDED YET UNIFIED
DIVIDED YET UNIFIED DIVIDED YET UNIFIED
DIVIDED YET UNIFIED DIVIDED YET UNIFIED
DIVIDED YET UNIFIED DIVIDED YET UNIFIED
DIVIDED YET UNIFIED DIVIDED YET UNIFIED
DIVIDED YET UNIFIED DIVIDED YET UNIFIED
DIVIDED YET UNIFIED DIVIDED YET UNIFIED
DIVIDED YET UNIFIED DIVIDED YET UNIFIED
DIVIDED YET UNIFIED DIVIDED YET UNIFIED

DIVIDED YET UNIFIED DIVIDED YET UNIFIED
DIVIDED YET UNIFIED DIVIDED YET UNIFIED
DIVIDED YET UNIFIED DIVIDED YET UNIFIED
DIVIDED YET UNIFIED DIVIDED YET UNIFIED
DIVIDED YET UNIFIED DIVIDED YET UNIFIED
DIVIDED YET UNIFIED DIVIDED YET UNIFIED
DIVIDED YET UNIFIED DIVIDED YET UNIFIED
DIVIDED YET UNIFIED DIVIDED YET UNIFIED
DIVIDED YET UNIFIED DIVIDED YET UNIFIED
DIVIDED YET UNIFIED DIVIDED YET UNIFIED
DIVIDED YET UNIFIED DIVIDED YET UNIFIED
DIVIDED YET UNIFIED DIVIDED YET UNIFIED
DIVIDED YET UNIFIED DIVIDED YET UNIFIED
DIVIDED YET UNIFIED DIVIDED YET UNIFIED
DIVIDED YET UNIFIED DIVIDED YET UNIFIED
DIVIDED YET UNIFIED DIVIDED YET UNIFIED
DIVIDED YET UNIFIED DIVIDED YET UNIFIED
DIVIDED YET UNIFIED DIVIDED YET UNIFIED
DIVIDED YET UNIFIED DIVIDED YET UNIFIED
DIVIDED YET UNIFIED DIVIDED YET UNIFIED
DIVIDED YET UNIFIED DIVIDED YET UNIFIED
DIVIDED YET UNIFIED DIVIDED YET UNIFIED
DIVIDED YET UNIFIED DIVIDED YET UNIFIED
DIVIDED YET UNIFIED DIVIDED YET UNIFIED
DIVIDED YET UNIFIED DIVIDED YET UNIFIED
DIVIDED YET UNIFIED DIVIDED YET UNIFIED
DIVIDED YET UNIFIED DIVIDED YET UNIFIED
DIVIDED YET UNIFIED DIVIDED YET UNIFIED
DIVIDED YET UNIFIED DIVIDED YET UNIFIED
DIVIDED YET UNIFIED DIVIDED YET UNIFIED
DIVIDED YET UNIFIED DIVIDED YET UNIFIED
DIVIDED YET UNIFIED DIVIDED YET UNIFIED
DIVIDED YET UNIFIED DIVIDED YET UNIFIED
DIVIDED YET UNIFIED DIVIDED YET UNIFIED
DIVIDED YET UNIFIED DIVIDED YET UNIFIED
DIVIDED YET UNIFIED DIVIDED YET UNIFIED
DIVIDED YET UNIFIED DIVIDED YET UNIFIED
DIVIDED YET UNIFIED DIVIDED YET UNIFIED
DIVIDED YET UNIFIED DIVIDED YET UNIFIED
DIVIDED YET UNIFIED DIVIDED YET UNIFIED
DIVIDED YET UNIFIED DIVIDED YET UNIFIED

DIVIDED YET UNIFIED DIVIDED YET UNIFIED
DIVIDED YET UNIFIED DIVIDED YET UNIFIED
DIVIDED YET UNIFIED DIVIDED YET UNIFIED
DIVIDED YET UNIFIED DIVIDED YET UNIFIED
DIVIDED YET UNIFIED DIVIDED YET UNIFIED
DIVIDED YET UNIFIED DIVIDED YET UNIFIED
DIVIDED YET UNIFIED DIVIDED YET UNIFIED
DIVIDED YET UNIFIED DIVIDED YET UNIFIED
DIVIDED YET UNIFIED DIVIDED YET UNIFIED
DIVIDED YET UNIFIED DIVIDED YET UNIFIED
DIVIDED YET UNIFIED DIVIDED YET UNIFIED
DIVIDED YET UNIFIED DIVIDED YET UNIFIED
DIVIDED YET UNIFIED DIVIDED YET UNIFIED
DIVIDED YET UNIFIED DIVIDED YET UNIFIED
DIVIDED YET UNIFIED DIVIDED YET UNIFIED
DIVIDED YET UNIFIED DIVIDED YET UNIFIED
DIVIDED YET UNIFIED DIVIDED YET UNIFIED
DIVIDED YET UNIFIED DIVIDED YET UNIFIED
DIVIDED YET UNIFIED DIVIDED YET UNIFIED
DIVIDED YET UNIFIED DIVIDED YET UNIFIED
DIVIDED YET UNIFIED DIVIDED YET UNIFIED
DIVIDED YET UNIFIED DIVIDED YET UNIFIED
DIVIDED YET UNIFIED DIVIDED YET UNIFIED
DIVIDED YET UNIFIED DIVIDED YET UNIFIED
DIVIDED YET UNIFIED DIVIDED YET UNIFIED
DIVIDED YET UNIFIED DIVIDED YET UNIFIED
DIVIDED YET UNIFIED DIVIDED YET UNIFIED
DIVIDED YET UNIFIED DIVIDED YET UNIFIED
DIVIDED YET UNIFIED DIVIDED YET UNIFIED
DIVIDED YET UNIFIED DIVIDED YET UNIFIED
DIVIDED YET UNIFIED DIVIDED YET UNIFIED
DIVIDED YET UNIFIED DIVIDED YET UNIFIED
DIVIDED YET UNIFIED DIVIDED YET UNIFIED
DIVIDED YET UNIFIED DIVIDED YET UNIFIED
DIVIDED YET UNIFIED DIVIDED YET UNIFIED
DIVIDED YET UNIFIED DIVIDED YET UNIFIED
DIVIDED YET UNIFIED DIVIDED YET UNIFIED
DIVIDED YET UNIFIED DIVIDED YET UNIFIED
DIVIDED YET UNIFIED DIVIDED YET UNIFIED
DIVIDED YET UNIFIED DIVIDED YET UNIFIED
DIVIDED YET UNIFIED DIVIDED YET UNIFIED
DIVIDED YET UNIFIED DIVIDED YET UNIFIED
DIVIDED YET UNIFIED DIVIDED YET UNIFIED
DIVIDED YET UNIFIED DIVIDED YET UNIFIED

DIVIDED YET UNIFIED DIVIDED YET UNIFIED
DIVIDED YET UNIFIED DIVIDED YET UNIFIED
DIVIDED YET UNIFIED DIVIDED YET UNIFIED
DIVIDED YET UNIFIED DIVIDED YET UNIFIED
DIVIDED YET UNIFIED DIVIDED YET UNIFIED
DIVIDED YET UNIFIED DIVIDED YET UNIFIED
DIVIDED YET UNIFIED DIVIDED YET UNIFIED
DIVIDED YET UNIFIED DIVIDED YET UNIFIED
DIVIDED YET UNIFIED DIVIDED YET UNIFIED
DIVIDED YET UNIFIED DIVIDED YET UNIFIED
DIVIDED YET UNIFIED DIVIDED YET UNIFIED
DIVIDED YET UNIFIED DIVIDED YET UNIFIED
DIVIDED YET UNIFIED DIVIDED YET UNIFIED
DIVIDED YET UNIFIED DIVIDED YET UNIFIED
DIVIDED YET UNIFIED DIVIDED YET UNIFIED
DIVIDED YET UNIFIED DIVIDED YET UNIFIED
DIVIDED YET UNIFIED DIVIDED YET UNIFIED
DIVIDED YET UNIFIED DIVIDED YET UNIFIED
DIVIDED YET UNIFIED DIVIDED YET UNIFIED
DIVIDED YET UNIFIED DIVIDED YET UNIFIED
DIVIDED YET UNIFIED DIVIDED YET UNIFIED
DIVIDED YET UNIFIED DIVIDED YET UNIFIED
DIVIDED YET UNIFIED DIVIDED YET UNIFIED
DIVIDED YET UNIFIED DIVIDED YET UNIFIED
DIVIDED YET UNIFIED DIVIDED YET UNIFIED
DIVIDED YET UNIFIED DIVIDED YET UNIFIED
DIVIDED YET UNIFIED DIVIDED YET UNIFIED
DIVIDED YET UNIFIED DIVIDED YET UNIFIED
DIVIDED YET UNIFIED DIVIDED YET UNIFIED
DIVIDED YET UNIFIED DIVIDED YET UNIFIED
DIVIDED YET UNIFIED DIVIDED YET UNIFIED
DIVIDED YET UNIFIED DIVIDED YET UNIFIED
DIVIDED YET UNIFIED DIVIDED YET UNIFIED
DIVIDED YET UNIFIED DIVIDED YET UNIFIED
DIVIDED YET UNIFIED DIVIDED YET UNIFIED
DIVIDED YET UNIFIED DIVIDED YET UNIFIED
DIVIDED YET UNIFIED DIVIDED YET UNIFIED
DIVIDED YET UNIFIED DIVIDED YET UNIFIED
DIVIDED YET UNIFIED DIVIDED YET UNIFIED
DIVIDED YET UNIFIED DIVIDED YET UNIFIED
DIVIDED YET UNIFIED DIVIDED YET UNIFIED

DIVIDED YET UNIFIED DIVIDED YET UNIFIED
DIVIDED YET UNIFIED DIVIDED YET UNIFIED
DIVIDED YET UNIFIED DIVIDED YET UNIFIED
DIVIDED YET UNIFIED DIVIDED YET UNIFIED
DIVIDED YET UNIFIED DIVIDED YET UNIFIED
DIVIDED YET UNIFIED DIVIDED YET UNIFIED
DIVIDED YET UNIFIED DIVIDED YET UNIFIED
DIVIDED YET UNIFIED DIVIDED YET UNIFIED
DIVIDED YET UNIFIED DIVIDED YET UNIFIED
DIVIDED YET UNIFIED DIVIDED YET UNIFIED
DIVIDED YET UNIFIED DIVIDED YET UNIFIED
DIVIDED YET UNIFIED DIVIDED YET UNIFIED
DIVIDED YET UNIFIED DIVIDED YET UNIFIED
DIVIDED YET UNIFIED DIVIDED YET UNIFIED
DIVIDED YET UNIFIED DIVIDED YET UNIFIED
DIVIDED YET UNIFIED DIVIDED YET UNIFIED
DIVIDED YET UNIFIED DIVIDED YET UNIFIED
DIVIDED YET UNIFIED DIVIDED YET UNIFIED
DIVIDED YET UNIFIED DIVIDED YET UNIFIED
DIVIDED YET UNIFIED DIVIDED YET UNIFIED
DIVIDED YET UNIFIED DIVIDED YET UNIFIED
DIVIDED YET UNIFIED DIVIDED YET UNIFIED
DIVIDED YET UNIFIED DIVIDED YET UNIFIED
DIVIDED YET UNIFIED DIVIDED YET UNIFIED
DIVIDED YET UNIFIED DIVIDED YET UNIFIED
DIVIDED YET UNIFIED DIVIDED YET UNIFIED
DIVIDED YET UNIFIED DIVIDED YET UNIFIED
DIVIDED YET UNIFIED DIVIDED YET UNIFIED
DIVIDED YET UNIFIED DIVIDED YET UNIFIED
DIVIDED YET UNIFIED DIVIDED YET UNIFIED
DIVIDED YET UNIFIED DIVIDED YET UNIFIED
DIVIDED YET UNIFIED DIVIDED YET UNIFIED
DIVIDED YET UNIFIED DIVIDED YET UNIFIED
DIVIDED YET UNIFIED DIVIDED YET UNIFIED
DIVIDED YET UNIFIED DIVIDED YET UNIFIED
DIVIDED YET UNIFIED DIVIDED YET UNIFIED
DIVIDED YET UNIFIED DIVIDED YET UNIFIED
DIVIDED YET UNIFIED DIVIDED YET UNIFIED
DIVIDED YET UNIFIED DIVIDED YET UNIFIED
DIVIDED YET UNIFIED DIVIDED YET UNIFIED
DIVIDED YET UNIFIED DIVIDED YET UNIFIED

DIVIDED YET UNIFIED DIVIDED YET UNIFIED
DIVIDED YET UNIFIED DIVIDED YET UNIFIED
DIVIDED YET UNIFIED DIVIDED YET UNIFIED
DIVIDED YET UNIFIED DIVIDED YET UNIFIED
DIVIDED YET UNIFIED DIVIDED YET UNIFIED
DIVIDED YET UNIFIED DIVIDED YET UNIFIED
DIVIDED YET UNIFIED DIVIDED YET UNIFIED
DIVIDED YET UNIFIED DIVIDED YET UNIFIED
DIVIDED YET UNIFIED DIVIDED YET UNIFIED
DIVIDED YET UNIFIED DIVIDED YET UNIFIED
DIVIDED YET UNIFIED DIVIDED YET UNIFIED
DIVIDED YET UNIFIED DIVIDED YET UNIFIED
DIVIDED YET UNIFIED DIVIDED YET UNIFIED
DIVIDED YET UNIFIED DIVIDED YET UNIFIED
DIVIDED YET UNIFIED DIVIDED YET UNIFIED
DIVIDED YET UNIFIED DIVIDED YET UNIFIED
DIVIDED YET UNIFIED DIVIDED YET UNIFIED
DIVIDED YET UNIFIED DIVIDED YET UNIFIED
DIVIDED YET UNIFIED DIVIDED YET UNIFIED
DIVIDED YET UNIFIED DIVIDED YET UNIFIED
DIVIDED YET UNIFIED DIVIDED YET UNIFIED
DIVIDED YET UNIFIED DIVIDED YET UNIFIED
DIVIDED YET UNIFIED DIVIDED YET UNIFIED
DIVIDED YET UNIFIED DIVIDED YET UNIFIED
DIVIDED YET UNIFIED DIVIDED YET UNIFIED
DIVIDED YET UNIFIED DIVIDED YET UNIFIED
DIVIDED YET UNIFIED DIVIDED YET UNIFIED
DIVIDED YET UNIFIED DIVIDED YET UNIFIED
DIVIDED YET UNIFIED DIVIDED YET UNIFIED
DIVIDED YET UNIFIED DIVIDED YET UNIFIED
DIVIDED YET UNIFIED DIVIDED YET UNIFIED
DIVIDED YET UNIFIED DIVIDED YET UNIFIED
DIVIDED YET UNIFIED DIVIDED YET UNIFIED
DIVIDED YET UNIFIED DIVIDED YET UNIFIED
DIVIDED YET UNIFIED DIVIDED YET UNIFIED
DIVIDED YET UNIFIED DIVIDED YET UNIFIED
DIVIDED YET UNIFIED DIVIDED YET UNIFIED
DIVIDED YET UNIFIED DIVIDED YET UNIFIED
DIVIDED YET UNIFIED DIVIDED YET UNIFIED
DIVIDED YET UNIFIED DIVIDED YET UNIFIED
DIVIDED YET UNIFIED DIVIDED YET UNIFIED
DIVIDED YET UNIFIED DIVIDED YET UNIFIED
DIVIDED YET UNIFIED DIVIDED YET UNIFIED
DIVIDED YET UNIFIED DIVIDED YET UNIFIED
DIVIDED YET UNIFIED DIVIDED YET UNIFIED
DIVIDED YET UNIFIED DIVIDED YET UNIFIED
DIVIDED YET UNIFIED DIVIDED YET UNIFIED
DIVIDED YET UNIFIED DIVIDED YET UNIFIED
DIVIDED YET UNIFIED DIVIDED YET UNIFIED
DIVIDED YET UNIFIED DIVIDED YET UNIFIED

DIVIDED YET UNIFIED DIVIDED YET UNIFIED
DIVIDED YET UNIFIED DIVIDED YET UNIFIED
DIVIDED YET UNIFIED DIVIDED YET UNIFIED
DIVIDED YET UNIFIED DIVIDED YET UNIFIED
DIVIDED YET UNIFIED DIVIDED YET UNIFIED
DIVIDED YET UNIFIED DIVIDED YET UNIFIED
DIVIDED YET UNIFIED DIVIDED YET UNIFIED
DIVIDED YET UNIFIED DIVIDED YET UNIFIED
DIVIDED YET UNIFIED DIVIDED YET UNIFIED
DIVIDED YET UNIFIED DIVIDED YET UNIFIED
DIVIDED YET UNIFIED DIVIDED YET UNIFIED
DIVIDED YET UNIFIED DIVIDED YET UNIFIED
DIVIDED YET UNIFIED DIVIDED YET UNIFIED
DIVIDED YET UNIFIED DIVIDED YET UNIFIED
DIVIDED YET UNIFIED DIVIDED YET UNIFIED
DIVIDED YET UNIFIED DIVIDED YET UNIFIED
DIVIDED YET UNIFIED DIVIDED YET UNIFIED
DIVIDED YET UNIFIED DIVIDED YET UNIFIED
DIVIDED YET UNIFIED DIVIDED YET UNIFIED
DIVIDED YET UNIFIED DIVIDED YET UNIFIED
DIVIDED YET UNIFIED DIVIDED YET UNIFIED
DIVIDED YET UNIFIED DIVIDED YET UNIFIED
DIVIDED YET UNIFIED DIVIDED YET UNIFIED
DIVIDED YET UNIFIED DIVIDED YET UNIFIED
DIVIDED YET UNIFIED DIVIDED YET UNIFIED
DIVIDED YET UNIFIED DIVIDED YET UNIFIED
DIVIDED YET UNIFIED DIVIDED YET UNIFIED
DIVIDED YET UNIFIED DIVIDED YET UNIFIED
DIVIDED YET UNIFIED DIVIDED YET UNIFIED
DIVIDED YET UNIFIED DIVIDED YET UNIFIED
DIVIDED YET UNIFIED DIVIDED YET UNIFIED
DIVIDED YET UNIFIED DIVIDED YET UNIFIED
DIVIDED YET UNIFIED DIVIDED YET UNIFIED
DIVIDED YET UNIFIED DIVIDED YET UNIFIED
DIVIDED YET UNIFIED DIVIDED YET UNIFIED
DIVIDED YET UNIFIED DIVIDED YET UNIFIED
DIVIDED YET UNIFIED DIVIDED YET UNIFIED
DIVIDED YET UNIFIED DIVIDED YET UNIFIED
DIVIDED YET UNIFIED DIVIDED YET UNIFIED
DIVIDED YET UNIFIED DIVIDED YET UNIFIED
DIVIDED YET UNIFIED DIVIDED YET UNIFIED

DIVIDED YET UNIFIED DIVIDED YET UNIFIED
DIVIDED YET UNIFIED DIVIDED YET UNIFIED
DIVIDED YET UNIFIED DIVIDED YET UNIFIED
DIVIDED YET UNIFIED DIVIDED YET UNIFIED
DIVIDED YET UNIFIED DIVIDED YET UNIFIED
DIVIDED YET UNIFIED DIVIDED YET UNIFIED
DIVIDED YET UNIFIED DIVIDED YET UNIFIED
DIVIDED YET UNIFIED DIVIDED YET UNIFIED
DIVIDED YET UNIFIED DIVIDED YET UNIFIED
DIVIDED YET UNIFIED DIVIDED YET UNIFIED
DIVIDED YET UNIFIED DIVIDED YET UNIFIED
DIVIDED YET UNIFIED DIVIDED YET UNIFIED
DIVIDED YET UNIFIED DIVIDED YET UNIFIED
DIVIDED YET UNIFIED DIVIDED YET UNIFIED
DIVIDED YET UNIFIED DIVIDED YET UNIFIED
DIVIDED YET UNIFIED DIVIDED YET UNIFIED
DIVIDED YET UNIFIED DIVIDED YET UNIFIED
DIVIDED YET UNIFIED DIVIDED YET UNIFIED
DIVIDED YET UNIFIED DIVIDED YET UNIFIED
DIVIDED YET UNIFIED DIVIDED YET UNIFIED
DIVIDED YET UNIFIED DIVIDED YET UNIFIED
DIVIDED YET UNIFIED DIVIDED YET UNIFIED
DIVIDED YET UNIFIED DIVIDED YET UNIFIED
DIVIDED YET UNIFIED DIVIDED YET UNIFIED
DIVIDED YET UNIFIED DIVIDED YET UNIFIED
DIVIDED YET UNIFIED DIVIDED YET UNIFIED
DIVIDED YET UNIFIED DIVIDED YET UNIFIED
DIVIDED YET UNIFIED DIVIDED YET UNIFIED
DIVIDED YET UNIFIED DIVIDED YET UNIFIED
DIVIDED YET UNIFIED DIVIDED YET UNIFIED
DIVIDED YET UNIFIED DIVIDED YET UNIFIED
DIVIDED YET UNIFIED DIVIDED YET UNIFIED
DIVIDED YET UNIFIED DIVIDED YET UNIFIED
DIVIDED YET UNIFIED DIVIDED YET UNIFIED
DIVIDED YET UNIFIED DIVIDED YET UNIFIED
DIVIDED YET UNIFIED DIVIDED YET UNIFIED
DIVIDED YET UNIFIED DIVIDED YET UNIFIED
DIVIDED YET UNIFIED DIVIDED YET UNIFIED
DIVIDED YET UNIFIED DIVIDED YET UNIFIED
DIVIDED YET UNIFIED DIVIDED YET UNIFIED
DIVIDED YET UNIFIED DIVIDED YET UNIFIED
DIVIDED YET UNIFIED DIVIDED YET UNIFIED
DIVIDED YET UNIFIED DIVIDED YET UNIFIED
DIVIDED YET UNIFIED DIVIDED YET UNIFIED

DIVIDED YET UNIFIED DIVIDED YET UNIFIED
DIVIDED YET UNIFIED DIVIDED YET UNIFIED
DIVIDED YET UNIFIED DIVIDED YET UNIFIED
DIVIDED YET UNIFIED DIVIDED YET UNIFIED
DIVIDED YET UNIFIED DIVIDED YET UNIFIED
DIVIDED YET UNIFIED DIVIDED YET UNIFIED
DIVIDED YET UNIFIED DIVIDED YET UNIFIED
DIVIDED YET UNIFIED DIVIDED YET UNIFIED
DIVIDED YET UNIFIED DIVIDED YET UNIFIED
DIVIDED YET UNIFIED DIVIDED YET UNIFIED
DIVIDED YET UNIFIED DIVIDED YET UNIFIED
DIVIDED YET UNIFIED DIVIDED YET UNIFIED
DIVIDED YET UNIFIED DIVIDED YET UNIFIED
DIVIDED YET UNIFIED DIVIDED YET UNIFIED
DIVIDED YET UNIFIED DIVIDED YET UNIFIED
DIVIDED YET UNIFIED DIVIDED YET UNIFIED
DIVIDED YET UNIFIED DIVIDED YET UNIFIED
DIVIDED YET UNIFIED DIVIDED YET UNIFIED
DIVIDED YET UNIFIED DIVIDED YET UNIFIED
DIVIDED YET UNIFIED DIVIDED YET UNIFIED
DIVIDED YET UNIFIED DIVIDED YET UNIFIED
DIVIDED YET UNIFIED DIVIDED YET UNIFIED
DIVIDED YET UNIFIED DIVIDED YET UNIFIED
DIVIDED YET UNIFIED DIVIDED YET UNIFIED
DIVIDED YET UNIFIED DIVIDED YET UNIFIED
DIVIDED YET UNIFIED DIVIDED YET UNIFIED
DIVIDED YET UNIFIED DIVIDED YET UNIFIED
DIVIDED YET UNIFIED DIVIDED YET UNIFIED
DIVIDED YET UNIFIED DIVIDED YET UNIFIED
DIVIDED YET UNIFIED DIVIDED YET UNIFIED
DIVIDED YET UNIFIED DIVIDED YET UNIFIED
DIVIDED YET UNIFIED DIVIDED YET UNIFIED
DIVIDED YET UNIFIED DIVIDED YET UNIFIED
DIVIDED YET UNIFIED DIVIDED YET UNIFIED
DIVIDED YET UNIFIED DIVIDED YET UNIFIED
DIVIDED YET UNIFIED DIVIDED YET UNIFIED
DIVIDED YET UNIFIED DIVIDED YET UNIFIED
DIVIDED YET UNIFIED DIVIDED YET UNIFIED
DIVIDED YET UNIFIED DIVIDED YET UNIFIED
DIVIDED YET UNIFIED DIVIDED YET UNIFIED
DIVIDED YET UNIFIED DIVIDED YET UNIFIED
DIVIDED YET UNIFIED DIVIDED YET UNIFIED
DIVIDED YET UNIFIED DIVIDED YET UNIFIED
DIVIDED YET UNIFIED DIVIDED YET UNIFIED

DIVIDED YET UNIFIED DIVIDED YET UNIFIED
DIVIDED YET UNIFIED DIVIDED YET UNIFIED
DIVIDED YET UNIFIED DIVIDED YET UNIFIED
DIVIDED YET UNIFIED DIVIDED YET UNIFIED
DIVIDED YET UNIFIED DIVIDED YET UNIFIED
DIVIDED YET UNIFIED DIVIDED YET UNIFIED
DIVIDED YET UNIFIED DIVIDED YET UNIFIED
DIVIDED YET UNIFIED DIVIDED YET UNIFIED
DIVIDED YET UNIFIED DIVIDED YET UNIFIED
DIVIDED YET UNIFIED DIVIDED YET UNIFIED
DIVIDED YET UNIFIED DIVIDED YET UNIFIED
DIVIDED YET UNIFIED DIVIDED YET UNIFIED
DIVIDED YET UNIFIED DIVIDED YET UNIFIED
DIVIDED YET UNIFIED DIVIDED YET UNIFIED
DIVIDED YET UNIFIED DIVIDED YET UNIFIED
DIVIDED YET UNIFIED DIVIDED YET UNIFIED
DIVIDED YET UNIFIED DIVIDED YET UNIFIED
DIVIDED YET UNIFIED DIVIDED YET UNIFIED
DIVIDED YET UNIFIED DIVIDED YET UNIFIED
DIVIDED YET UNIFIED DIVIDED YET UNIFIED
DIVIDED YET UNIFIED DIVIDED YET UNIFIED
DIVIDED YET UNIFIED DIVIDED YET UNIFIED
DIVIDED YET UNIFIED DIVIDED YET UNIFIED
DIVIDED YET UNIFIED DIVIDED YET UNIFIED
DIVIDED YET UNIFIED DIVIDED YET UNIFIED
DIVIDED YET UNIFIED DIVIDED YET UNIFIED
DIVIDED YET UNIFIED DIVIDED YET UNIFIED
DIVIDED YET UNIFIED DIVIDED YET UNIFIED
DIVIDED YET UNIFIED DIVIDED YET UNIFIED
DIVIDED YET UNIFIED DIVIDED YET UNIFIED
DIVIDED YET UNIFIED DIVIDED YET UNIFIED
DIVIDED YET UNIFIED DIVIDED YET UNIFIED
DIVIDED YET UNIFIED DIVIDED YET UNIFIED
DIVIDED YET UNIFIED DIVIDED YET UNIFIED
DIVIDED YET UNIFIED DIVIDED YET UNIFIED
DIVIDED YET UNIFIED DIVIDED YET UNIFIED
DIVIDED YET UNIFIED DIVIDED YET UNIFIED
DIVIDED YET UNIFIED DIVIDED YET UNIFIED
DIVIDED YET UNIFIED DIVIDED YET UNIFIED
DIVIDED YET UNIFIED DIVIDED YET UNIFIED
DIVIDED YET UNIFIED DIVIDED YET UNIFIED
DIVIDED YET UNIFIED DIVIDED YET UNIFIED
DIVIDED YET UNIFIED DIVIDED YET UNIFIED
DIVIDED YET UNIFIED DIVIDED YET UNIFIED
DIVIDED YET UNIFIED DIVIDED YET UNIFIED
DIVIDED YET UNIFIED DIVIDED YET UNIFIED

DIVIDED YET UNIFIED DIVIDED YET UNIFIED
DIVIDED YET UNIFIED DIVIDED YET UNIFIED
DIVIDED YET UNIFIED DIVIDED YET UNIFIED
DIVIDED YET UNIFIED DIVIDED YET UNIFIED
DIVIDED YET UNIFIED DIVIDED YET UNIFIED
DIVIDED YET UNIFIED DIVIDED YET UNIFIED
DIVIDED YET UNIFIED DIVIDED YET UNIFIED
DIVIDED YET UNIFIED DIVIDED YET UNIFIED
DIVIDED YET UNIFIED DIVIDED YET UNIFIED
DIVIDED YET UNIFIED DIVIDED YET UNIFIED
DIVIDED YET UNIFIED DIVIDED YET UNIFIED
DIVIDED YET UNIFIED DIVIDED YET UNIFIED
DIVIDED YET UNIFIED DIVIDED YET UNIFIED
DIVIDED YET UNIFIED DIVIDED YET UNIFIED
DIVIDED YET UNIFIED DIVIDED YET UNIFIED
DIVIDED YET UNIFIED DIVIDED YET UNIFIED
DIVIDED YET UNIFIED DIVIDED YET UNIFIED
DIVIDED YET UNIFIED DIVIDED YET UNIFIED
DIVIDED YET UNIFIED DIVIDED YET UNIFIED
DIVIDED YET UNIFIED DIVIDED YET UNIFIED
DIVIDED YET UNIFIED DIVIDED YET UNIFIED
DIVIDED YET UNIFIED DIVIDED YET UNIFIED
DIVIDED YET UNIFIED DIVIDED YET UNIFIED
DIVIDED YET UNIFIED DIVIDED YET UNIFIED
DIVIDED YET UNIFIED DIVIDED YET UNIFIED
DIVIDED YET UNIFIED DIVIDED YET UNIFIED
DIVIDED YET UNIFIED DIVIDED YET UNIFIED
DIVIDED YET UNIFIED DIVIDED YET UNIFIED
DIVIDED YET UNIFIED DIVIDED YET UNIFIED
DIVIDED YET UNIFIED DIVIDED YET UNIFIED
DIVIDED YET UNIFIED DIVIDED YET UNIFIED
DIVIDED YET UNIFIED DIVIDED YET UNIFIED
DIVIDED YET UNIFIED DIVIDED YET UNIFIED
DIVIDED YET UNIFIED DIVIDED YET UNIFIED
DIVIDED YET UNIFIED DIVIDED YET UNIFIED
DIVIDED YET UNIFIED DIVIDED YET UNIFIED
DIVIDED YET UNIFIED DIVIDED YET UNIFIED
DIVIDED YET UNIFIED DIVIDED YET UNIFIED
DIVIDED YET UNIFIED DIVIDED YET UNIFIED
DIVIDED YET UNIFIED DIVIDED YET UNIFIED
DIVIDED YET UNIFIED DIVIDED YET UNIFIED
DIVIDED YET UNIFIED DIVIDED YET UNIFIED
DIVIDED YET UNIFIED DIVIDED YET UNIFIED
DIVIDED YET UNIFIED DIVIDED YET UNIFIED
DIVIDED YET UNIFIED DIVIDED YET UNIFIED

DIVIDED YET UNIFIED DIVIDED YET UNIFIED
DIVIDED YET UNIFIED DIVIDED YET UNIFIED
DIVIDED YET UNIFIED DIVIDED YET UNIFIED
DIVIDED YET UNIFIED DIVIDED YET UNIFIED
DIVIDED YET UNIFIED DIVIDED YET UNIFIED
DIVIDED YET UNIFIED DIVIDED YET UNIFIED
DIVIDED YET UNIFIED DIVIDED YET UNIFIED
DIVIDED YET UNIFIED DIVIDED YET UNIFIED
DIVIDED YET UNIFIED DIVIDED YET UNIFIED
DIVIDED YET UNIFIED DIVIDED YET UNIFIED
DIVIDED YET UNIFIED DIVIDED YET UNIFIED
DIVIDED YET UNIFIED DIVIDED YET UNIFIED
DIVIDED YET UNIFIED DIVIDED YET UNIFIED
DIVIDED YET UNIFIED DIVIDED YET UNIFIED
DIVIDED YET UNIFIED DIVIDED YET UNIFIED
DIVIDED YET UNIFIED DIVIDED YET UNIFIED
DIVIDED YET UNIFIED DIVIDED YET UNIFIED
DIVIDED YET UNIFIED DIVIDED YET UNIFIED
DIVIDED YET UNIFIED DIVIDED YET UNIFIED
DIVIDED YET UNIFIED DIVIDED YET UNIFIED
DIVIDED YET UNIFIED DIVIDED YET UNIFIED
DIVIDED YET UNIFIED DIVIDED YET UNIFIED
DIVIDED YET UNIFIED DIVIDED YET UNIFIED
DIVIDED YET UNIFIED DIVIDED YET UNIFIED
DIVIDED YET UNIFIED DIVIDED YET UNIFIED
DIVIDED YET UNIFIED DIVIDED YET UNIFIED
DIVIDED YET UNIFIED DIVIDED YET UNIFIED
DIVIDED YET UNIFIED DIVIDED YET UNIFIED
DIVIDED YET UNIFIED DIVIDED YET UNIFIED
DIVIDED YET UNIFIED DIVIDED YET UNIFIED
DIVIDED YET UNIFIED DIVIDED YET UNIFIED
DIVIDED YET UNIFIED DIVIDED YET UNIFIED
DIVIDED YET UNIFIED DIVIDED YET UNIFIED
DIVIDED YET UNIFIED DIVIDED YET UNIFIED
DIVIDED YET UNIFIED DIVIDED YET UNIFIED
DIVIDED YET UNIFIED DIVIDED YET UNIFIED
DIVIDED YET UNIFIED DIVIDED YET UNIFIED
DIVIDED YET UNIFIED DIVIDED YET UNIFIED
DIVIDED YET UNIFIED DIVIDED YET UNIFIED
DIVIDED YET UNIFIED DIVIDED YET UNIFIED
DIVIDED YET UNIFIED DIVIDED YET UNIFIED

DIVIDED YET UNIFIED DIVIDED YET UNIFIED
DIVIDED YET UNIFIED DIVIDED YET UNIFIED
DIVIDED YET UNIFIED DIVIDED YET UNIFIED
DIVIDED YET UNIFIED DIVIDED YET UNIFIED
DIVIDED YET UNIFIED DIVIDED YET UNIFIED
DIVIDED YET UNIFIED DIVIDED YET UNIFIED
DIVIDED YET UNIFIED DIVIDED YET UNIFIED
DIVIDED YET UNIFIED DIVIDED YET UNIFIED
DIVIDED YET UNIFIED DIVIDED YET UNIFIED
DIVIDED YET UNIFIED DIVIDED YET UNIFIED
DIVIDED YET UNIFIED DIVIDED YET UNIFIED
DIVIDED YET UNIFIED DIVIDED YET UNIFIED
DIVIDED YET UNIFIED DIVIDED YET UNIFIED
DIVIDED YET UNIFIED DIVIDED YET UNIFIED
DIVIDED YET UNIFIED DIVIDED YET UNIFIED
DIVIDED YET UNIFIED DIVIDED YET UNIFIED
DIVIDED YET UNIFIED DIVIDED YET UNIFIED
DIVIDED YET UNIFIED DIVIDED YET UNIFIED
DIVIDED YET UNIFIED DIVIDED YET UNIFIED
DIVIDED YET UNIFIED DIVIDED YET UNIFIED
DIVIDED YET UNIFIED DIVIDED YET UNIFIED
DIVIDED YET UNIFIED DIVIDED YET UNIFIED
DIVIDED YET UNIFIED DIVIDED YET UNIFIED
DIVIDED YET UNIFIED DIVIDED YET UNIFIED
DIVIDED YET UNIFIED DIVIDED YET UNIFIED
DIVIDED YET UNIFIED DIVIDED YET UNIFIED
DIVIDED YET UNIFIED DIVIDED YET UNIFIED
DIVIDED YET UNIFIED DIVIDED YET UNIFIED
DIVIDED YET UNIFIED DIVIDED YET UNIFIED
DIVIDED YET UNIFIED DIVIDED YET UNIFIED
DIVIDED YET UNIFIED DIVIDED YET UNIFIED
DIVIDED YET UNIFIED DIVIDED YET UNIFIED
DIVIDED YET UNIFIED DIVIDED YET UNIFIED
DIVIDED YET UNIFIED DIVIDED YET UNIFIED
DIVIDED YET UNIFIED DIVIDED YET UNIFIED
DIVIDED YET UNIFIED DIVIDED YET UNIFIED
DIVIDED YET UNIFIED DIVIDED YET UNIFIED
DIVIDED YET UNIFIED DIVIDED YET UNIFIED
DIVIDED YET UNIFIED DIVIDED YET UNIFIED
DIVIDED YET UNIFIED DIVIDED YET UNIFIED
DIVIDED YET UNIFIED DIVIDED YET UNIFIED
DIVIDED YET UNIFIED DIVIDED YET UNIFIED
DIVIDED YET UNIFIED DIVIDED YET UNIFIED
DIVIDED YET UNIFIED DIVIDED YET UNIFIED
DIVIDED YET UNIFIED DIVIDED YET UNIFIED
DIVIDED YET UNIFIED DIVIDED YET UNIFIED
DIVIDED YET UNIFIED DIVIDED YET UNIFIED

DIVIDED YET UNIFIED DIVIDED YET UNIFIED
DIVIDED YET UNIFIED DIVIDED YET UNIFIED
DIVIDED YET UNIFIED DIVIDED YET UNIFIED
DIVIDED YET UNIFIED DIVIDED YET UNIFIED
DIVIDED YET UNIFIED DIVIDED YET UNIFIED
DIVIDED YET UNIFIED DIVIDED YET UNIFIED
DIVIDED YET UNIFIED DIVIDED YET UNIFIED
DIVIDED YET UNIFIED DIVIDED YET UNIFIED
DIVIDED YET UNIFIED DIVIDED YET UNIFIED
DIVIDED YET UNIFIED DIVIDED YET UNIFIED
DIVIDED YET UNIFIED DIVIDED YET UNIFIED
DIVIDED YET UNIFIED DIVIDED YET UNIFIED
DIVIDED YET UNIFIED DIVIDED YET UNIFIED
DIVIDED YET UNIFIED DIVIDED YET UNIFIED
DIVIDED YET UNIFIED DIVIDED YET UNIFIED
DIVIDED YET UNIFIED DIVIDED YET UNIFIED
DIVIDED YET UNIFIED DIVIDED YET UNIFIED
DIVIDED YET UNIFIED DIVIDED YET UNIFIED
DIVIDED YET UNIFIED DIVIDED YET UNIFIED
DIVIDED YET UNIFIED DIVIDED YET UNIFIED
DIVIDED YET UNIFIED DIVIDED YET UNIFIED
DIVIDED YET UNIFIED DIVIDED YET UNIFIED
DIVIDED YET UNIFIED DIVIDED YET UNIFIED
DIVIDED YET UNIFIED DIVIDED YET UNIFIED
DIVIDED YET UNIFIED DIVIDED YET UNIFIED
DIVIDED YET UNIFIED DIVIDED YET UNIFIED
DIVIDED YET UNIFIED DIVIDED YET UNIFIED
DIVIDED YET UNIFIED DIVIDED YET UNIFIED
DIVIDED YET UNIFIED DIVIDED YET UNIFIED
DIVIDED YET UNIFIED DIVIDED YET UNIFIED
DIVIDED YET UNIFIED DIVIDED YET UNIFIED
DIVIDED YET UNIFIED DIVIDED YET UNIFIED
DIVIDED YET UNIFIED DIVIDED YET UNIFIED
DIVIDED YET UNIFIED DIVIDED YET UNIFIED
DIVIDED YET UNIFIED DIVIDED YET UNIFIED
DIVIDED YET UNIFIED DIVIDED YET UNIFIED
DIVIDED YET UNIFIED DIVIDED YET UNIFIED
DIVIDED YET UNIFIED DIVIDED YET UNIFIED
DIVIDED YET UNIFIED DIVIDED YET UNIFIED
DIVIDED YET UNIFIED DIVIDED YET UNIFIED
DIVIDED YET UNIFIED DIVIDED YET UNIFIED
DIVIDED YET UNIFIED DIVIDED YET UNIFIED

DIVIDED YET UNIFIED DIVIDED YET UNIFIED
DIVIDED YET UNIFIED DIVIDED YET UNIFIED
DIVIDED YET UNIFIED DIVIDED YET UNIFIED
DIVIDED YET UNIFIED DIVIDED YET UNIFIED
DIVIDED YET UNIFIED DIVIDED YET UNIFIED
DIVIDED YET UNIFIED DIVIDED YET UNIFIED
DIVIDED YET UNIFIED DIVIDED YET UNIFIED
DIVIDED YET UNIFIED DIVIDED YET UNIFIED
DIVIDED YET UNIFIED DIVIDED YET UNIFIED
DIVIDED YET UNIFIED DIVIDED YET UNIFIED
DIVIDED YET UNIFIED DIVIDED YET UNIFIED
DIVIDED YET UNIFIED DIVIDED YET UNIFIED
DIVIDED YET UNIFIED DIVIDED YET UNIFIED
DIVIDED YET UNIFIED DIVIDED YET UNIFIED
DIVIDED YET UNIFIED DIVIDED YET UNIFIED
DIVIDED YET UNIFIED DIVIDED YET UNIFIED
DIVIDED YET UNIFIED DIVIDED YET UNIFIED
DIVIDED YET UNIFIED DIVIDED YET UNIFIED
DIVIDED YET UNIFIED DIVIDED YET UNIFIED
DIVIDED YET UNIFIED DIVIDED YET UNIFIED
DIVIDED YET UNIFIED DIVIDED YET UNIFIED
DIVIDED YET UNIFIED DIVIDED YET UNIFIED
DIVIDED YET UNIFIED DIVIDED YET UNIFIED
DIVIDED YET UNIFIED DIVIDED YET UNIFIED
DIVIDED YET UNIFIED DIVIDED YET UNIFIED
DIVIDED YET UNIFIED DIVIDED YET UNIFIED
DIVIDED YET UNIFIED DIVIDED YET UNIFIED
DIVIDED YET UNIFIED DIVIDED YET UNIFIED
DIVIDED YET UNIFIED DIVIDED YET UNIFIED
DIVIDED YET UNIFIED DIVIDED YET UNIFIED
DIVIDED YET UNIFIED DIVIDED YET UNIFIED
DIVIDED YET UNIFIED DIVIDED YET UNIFIED
DIVIDED YET UNIFIED DIVIDED YET UNIFIED
DIVIDED YET UNIFIED DIVIDED YET UNIFIED
DIVIDED YET UNIFIED DIVIDED YET UNIFIED
DIVIDED YET UNIFIED DIVIDED YET UNIFIED
DIVIDED YET UNIFIED DIVIDED YET UNIFIED
DIVIDED YET UNIFIED DIVIDED YET UNIFIED
DIVIDED YET UNIFIED DIVIDED YET UNIFIED
DIVIDED YET UNIFIED DIVIDED YET UNIFIED

DIVIDED YET UNIFIED DIVIDED YET UNIFIED
DIVIDED YET UNIFIED DIVIDED YET UNIFIED
DIVIDED YET UNIFIED DIVIDED YET UNIFIED
DIVIDED YET UNIFIED DIVIDED YET UNIFIED
DIVIDED YET UNIFIED DIVIDED YET UNIFIED
DIVIDED YET UNIFIED DIVIDED YET UNIFIED
DIVIDED YET UNIFIED DIVIDED YET UNIFIED
DIVIDED YET UNIFIED DIVIDED YET UNIFIED
DIVIDED YET UNIFIED DIVIDED YET UNIFIED
DIVIDED YET UNIFIED DIVIDED YET UNIFIED
DIVIDED YET UNIFIED DIVIDED YET UNIFIED
DIVIDED YET UNIFIED DIVIDED YET UNIFIED
DIVIDED YET UNIFIED DIVIDED YET UNIFIED
DIVIDED YET UNIFIED DIVIDED YET UNIFIED
DIVIDED YET UNIFIED DIVIDED YET UNIFIED
DIVIDED YET UNIFIED DIVIDED YET UNIFIED
DIVIDED YET UNIFIED DIVIDED YET UNIFIED
DIVIDED YET UNIFIED DIVIDED YET UNIFIED
DIVIDED YET UNIFIED DIVIDED YET UNIFIED
DIVIDED YET UNIFIED DIVIDED YET UNIFIED
DIVIDED YET UNIFIED DIVIDED YET UNIFIED
DIVIDED YET UNIFIED DIVIDED YET UNIFIED
DIVIDED YET UNIFIED DIVIDED YET UNIFIED
DIVIDED YET UNIFIED DIVIDED YET UNIFIED
DIVIDED YET UNIFIED DIVIDED YET UNIFIED
DIVIDED YET UNIFIED DIVIDED YET UNIFIED
DIVIDED YET UNIFIED DIVIDED YET UNIFIED
DIVIDED YET UNIFIED DIVIDED YET UNIFIED
DIVIDED YET UNIFIED DIVIDED YET UNIFIED
DIVIDED YET UNIFIED DIVIDED YET UNIFIED
DIVIDED YET UNIFIED DIVIDED YET UNIFIED
DIVIDED YET UNIFIED DIVIDED YET UNIFIED
DIVIDED YET UNIFIED DIVIDED YET UNIFIED
DIVIDED YET UNIFIED DIVIDED YET UNIFIED
DIVIDED YET UNIFIED DIVIDED YET UNIFIED
DIVIDED YET UNIFIED DIVIDED YET UNIFIED
DIVIDED YET UNIFIED DIVIDED YET UNIFIED
DIVIDED YET UNIFIED DIVIDED YET UNIFIED
DIVIDED YET UNIFIED DIVIDED YET UNIFIED
DIVIDED YET UNIFIED DIVIDED YET UNIFIED
DIVIDED YET UNIFIED DIVIDED YET UNIFIED
DIVIDED YET UNIFIED DIVIDED YET UNIFIED

DIVIDED YET UNIFIED DIVIDED YET UNIFIED
DIVIDED YET UNIFIED DIVIDED YET UNIFIED
DIVIDED YET UNIFIED DIVIDED YET UNIFIED
DIVIDED YET UNIFIED DIVIDED YET UNIFIED
DIVIDED YET UNIFIED DIVIDED YET UNIFIED
DIVIDED YET UNIFIED DIVIDED YET UNIFIED
DIVIDED YET UNIFIED DIVIDED YET UNIFIED
DIVIDED YET UNIFIED DIVIDED YET UNIFIED
DIVIDED YET UNIFIED DIVIDED YET UNIFIED
DIVIDED YET UNIFIED DIVIDED YET UNIFIED
DIVIDED YET UNIFIED DIVIDED YET UNIFIED
DIVIDED YET UNIFIED DIVIDED YET UNIFIED
DIVIDED YET UNIFIED DIVIDED YET UNIFIED
DIVIDED YET UNIFIED DIVIDED YET UNIFIED
DIVIDED YET UNIFIED DIVIDED YET UNIFIED
DIVIDED YET UNIFIED DIVIDED YET UNIFIED
DIVIDED YET UNIFIED DIVIDED YET UNIFIED
DIVIDED YET UNIFIED DIVIDED YET UNIFIED
DIVIDED YET UNIFIED DIVIDED YET UNIFIED
DIVIDED YET UNIFIED DIVIDED YET UNIFIED
DIVIDED YET UNIFIED DIVIDED YET UNIFIED
DIVIDED YET UNIFIED DIVIDED YET UNIFIED
DIVIDED YET UNIFIED DIVIDED YET UNIFIED
DIVIDED YET UNIFIED DIVIDED YET UNIFIED
DIVIDED YET UNIFIED DIVIDED YET UNIFIED
DIVIDED YET UNIFIED DIVIDED YET UNIFIED
DIVIDED YET UNIFIED DIVIDED YET UNIFIED
DIVIDED YET UNIFIED DIVIDED YET UNIFIED
DIVIDED YET UNIFIED DIVIDED YET UNIFIED
DIVIDED YET UNIFIED DIVIDED YET UNIFIED
DIVIDED YET UNIFIED DIVIDED YET UNIFIED
DIVIDED YET UNIFIED DIVIDED YET UNIFIED
DIVIDED YET UNIFIED DIVIDED YET UNIFIED
DIVIDED YET UNIFIED DIVIDED YET UNIFIED
DIVIDED YET UNIFIED DIVIDED YET UNIFIED
DIVIDED YET UNIFIED DIVIDED YET UNIFIED
DIVIDED YET UNIFIED DIVIDED YET UNIFIED
DIVIDED YET UNIFIED DIVIDED YET UNIFIED
DIVIDED YET UNIFIED DIVIDED YET UNIFIED
DIVIDED YET UNIFIED DIVIDED YET UNIFIED
DIVIDED YET UNIFIED DIVIDED YET UNIFIED

DIVIDED YET UNIFIED DIVIDED YET UNIFIED
DIVIDED YET UNIFIED DIVIDED YET UNIFIED
DIVIDED YET UNIFIED DIVIDED YET UNIFIED
DIVIDED YET UNIFIED DIVIDED YET UNIFIED
DIVIDED YET UNIFIED DIVIDED YET UNIFIED
DIVIDED YET UNIFIED DIVIDED YET UNIFIED
DIVIDED YET UNIFIED DIVIDED YET UNIFIED
DIVIDED YET UNIFIED DIVIDED YET UNIFIED
DIVIDED YET UNIFIED DIVIDED YET UNIFIED
DIVIDED YET UNIFIED DIVIDED YET UNIFIED
DIVIDED YET UNIFIED DIVIDED YET UNIFIED
DIVIDED YET UNIFIED DIVIDED YET UNIFIED
DIVIDED YET UNIFIED DIVIDED YET UNIFIED
DIVIDED YET UNIFIED DIVIDED YET UNIFIED
DIVIDED YET UNIFIED DIVIDED YET UNIFIED
DIVIDED YET UNIFIED DIVIDED YET UNIFIED
DIVIDED YET UNIFIED DIVIDED YET UNIFIED
DIVIDED YET UNIFIED DIVIDED YET UNIFIED
DIVIDED YET UNIFIED DIVIDED YET UNIFIED
DIVIDED YET UNIFIED DIVIDED YET UNIFIED
DIVIDED YET UNIFIED DIVIDED YET UNIFIED
DIVIDED YET UNIFIED DIVIDED YET UNIFIED
DIVIDED YET UNIFIED DIVIDED YET UNIFIED
DIVIDED YET UNIFIED DIVIDED YET UNIFIED
DIVIDED YET UNIFIED DIVIDED YET UNIFIED
DIVIDED YET UNIFIED DIVIDED YET UNIFIED
DIVIDED YET UNIFIED DIVIDED YET UNIFIED
DIVIDED YET UNIFIED DIVIDED YET UNIFIED
DIVIDED YET UNIFIED DIVIDED YET UNIFIED
DIVIDED YET UNIFIED DIVIDED YET UNIFIED
DIVIDED YET UNIFIED DIVIDED YET UNIFIED
DIVIDED YET UNIFIED DIVIDED YET UNIFIED
DIVIDED YET UNIFIED DIVIDED YET UNIFIED
DIVIDED YET UNIFIED DIVIDED YET UNIFIED
DIVIDED YET UNIFIED DIVIDED YET UNIFIED
DIVIDED YET UNIFIED DIVIDED YET UNIFIED
DIVIDED YET UNIFIED DIVIDED YET UNIFIED
DIVIDED YET UNIFIED DIVIDED YET UNIFIED
DIVIDED YET UNIFIED DIVIDED YET UNIFIED
DIVIDED YET UNIFIED DIVIDED YET UNIFIED
DIVIDED YET UNIFIED DIVIDED YET UNIFIED

DIVIDED YET UNIFIED DIVIDED YET UNIFIED
DIVIDED YET UNIFIED DIVIDED YET UNIFIED
DIVIDED YET UNIFIED DIVIDED YET UNIFIED
DIVIDED YET UNIFIED DIVIDED YET UNIFIED
DIVIDED YET UNIFIED DIVIDED YET UNIFIED
DIVIDED YET UNIFIED DIVIDED YET UNIFIED
DIVIDED YET UNIFIED DIVIDED YET UNIFIED
DIVIDED YET UNIFIED DIVIDED YET UNIFIED
DIVIDED YET UNIFIED DIVIDED YET UNIFIED
DIVIDED YET UNIFIED DIVIDED YET UNIFIED
DIVIDED YET UNIFIED DIVIDED YET UNIFIED
DIVIDED YET UNIFIED DIVIDED YET UNIFIED
DIVIDED YET UNIFIED DIVIDED YET UNIFIED
DIVIDED YET UNIFIED DIVIDED YET UNIFIED
DIVIDED YET UNIFIED DIVIDED YET UNIFIED
DIVIDED YET UNIFIED DIVIDED YET UNIFIED
DIVIDED YET UNIFIED DIVIDED YET UNIFIED
DIVIDED YET UNIFIED DIVIDED YET UNIFIED
DIVIDED YET UNIFIED DIVIDED YET UNIFIED
DIVIDED YET UNIFIED DIVIDED YET UNIFIED
DIVIDED YET UNIFIED DIVIDED YET UNIFIED
DIVIDED YET UNIFIED DIVIDED YET UNIFIED
DIVIDED YET UNIFIED DIVIDED YET UNIFIED
DIVIDED YET UNIFIED DIVIDED YET UNIFIED
DIVIDED YET UNIFIED DIVIDED YET UNIFIED
DIVIDED YET UNIFIED DIVIDED YET UNIFIED
DIVIDED YET UNIFIED DIVIDED YET UNIFIED
DIVIDED YET UNIFIED DIVIDED YET UNIFIED
DIVIDED YET UNIFIED DIVIDED YET UNIFIED
DIVIDED YET UNIFIED DIVIDED YET UNIFIED
DIVIDED YET UNIFIED DIVIDED YET UNIFIED
DIVIDED YET UNIFIED DIVIDED YET UNIFIED
DIVIDED YET UNIFIED DIVIDED YET UNIFIED
DIVIDED YET UNIFIED DIVIDED YET UNIFIED
DIVIDED YET UNIFIED DIVIDED YET UNIFIED
DIVIDED YET UNIFIED DIVIDED YET UNIFIED
DIVIDED YET UNIFIED DIVIDED YET UNIFIED
DIVIDED YET UNIFIED DIVIDED YET UNIFIED
DIVIDED YET UNIFIED DIVIDED YET UNIFIED
DIVIDED YET UNIFIED DIVIDED YET UNIFIED

DIVIDED YET UNIFIED DIVIDED YET UNIFIED
DIVIDED YET UNIFIED DIVIDED YET UNIFIED
DIVIDED YET UNIFIED DIVIDED YET UNIFIED
DIVIDED YET UNIFIED DIVIDED YET UNIFIED
DIVIDED YET UNIFIED DIVIDED YET UNIFIED
DIVIDED YET UNIFIED DIVIDED YET UNIFIED
DIVIDED YET UNIFIED DIVIDED YET UNIFIED
DIVIDED YET UNIFIED DIVIDED YET UNIFIED
DIVIDED YET UNIFIED DIVIDED YET UNIFIED
DIVIDED YET UNIFIED DIVIDED YET UNIFIED
DIVIDED YET UNIFIED DIVIDED YET UNIFIED
DIVIDED YET UNIFIED DIVIDED YET UNIFIED
DIVIDED YET UNIFIED DIVIDED YET UNIFIED
DIVIDED YET UNIFIED DIVIDED YET UNIFIED
DIVIDED YET UNIFIED DIVIDED YET UNIFIED
DIVIDED YET UNIFIED DIVIDED YET UNIFIED
DIVIDED YET UNIFIED DIVIDED YET UNIFIED
DIVIDED YET UNIFIED DIVIDED YET UNIFIED
DIVIDED YET UNIFIED DIVIDED YET UNIFIED
DIVIDED YET UNIFIED DIVIDED YET UNIFIED
DIVIDED YET UNIFIED DIVIDED YET UNIFIED
DIVIDED YET UNIFIED DIVIDED YET UNIFIED
DIVIDED YET UNIFIED DIVIDED YET UNIFIED
DIVIDED YET UNIFIED DIVIDED YET UNIFIED
DIVIDED YET UNIFIED DIVIDED YET UNIFIED
DIVIDED YET UNIFIED DIVIDED YET UNIFIED
DIVIDED YET UNIFIED DIVIDED YET UNIFIED
DIVIDED YET UNIFIED DIVIDED YET UNIFIED
DIVIDED YET UNIFIED DIVIDED YET UNIFIED
DIVIDED YET UNIFIED DIVIDED YET UNIFIED
DIVIDED YET UNIFIED DIVIDED YET UNIFIED
DIVIDED YET UNIFIED DIVIDED YET UNIFIED
DIVIDED YET UNIFIED DIVIDED YET UNIFIED
DIVIDED YET UNIFIED DIVIDED YET UNIFIED
DIVIDED YET UNIFIED DIVIDED YET UNIFIED
DIVIDED YET UNIFIED DIVIDED YET UNIFIED
DIVIDED YET UNIFIED DIVIDED YET UNIFIED
DIVIDED YET UNIFIED DIVIDED YET UNIFIED
DIVIDED YET UNIFIED DIVIDED YET UNIFIED
DIVIDED YET UNIFIED DIVIDED YET UNIFIED
DIVIDED YET UNIFIED DIVIDED YET UNIFIED
DIVIDED YET UNIFIED DIVIDED YET UNIFIED
DIVIDED YET UNIFIED DIVIDED YET UNIFIED
DIVIDED YET UNIFIED DIVIDED YET UNIFIED
DIVIDED YET UNIFIED DIVIDED YET UNIFIED
DIVIDED YET UNIFIED DIVIDED YET UNIFIED
DIVIDED YET UNIFIED DIVIDED YET UNIFIED

DIVIDED YET UNIFIED DIVIDED YET UNIFIED
DIVIDED YET UNIFIED DIVIDED YET UNIFIED
DIVIDED YET UNIFIED DIVIDED YET UNIFIED
DIVIDED YET UNIFIED DIVIDED YET UNIFIED
DIVIDED YET UNIFIED DIVIDED YET UNIFIED
DIVIDED YET UNIFIED DIVIDED YET UNIFIED
DIVIDED YET UNIFIED DIVIDED YET UNIFIED
DIVIDED YET UNIFIED DIVIDED YET UNIFIED
DIVIDED YET UNIFIED DIVIDED YET UNIFIED
DIVIDED YET UNIFIED DIVIDED YET UNIFIED
DIVIDED YET UNIFIED DIVIDED YET UNIFIED
DIVIDED YET UNIFIED DIVIDED YET UNIFIED
DIVIDED YET UNIFIED DIVIDED YET UNIFIED
DIVIDED YET UNIFIED DIVIDED YET UNIFIED
DIVIDED YET UNIFIED DIVIDED YET UNIFIED
DIVIDED YET UNIFIED DIVIDED YET UNIFIED
DIVIDED YET UNIFIED DIVIDED YET UNIFIED
DIVIDED YET UNIFIED DIVIDED YET UNIFIED
DIVIDED YET UNIFIED DIVIDED YET UNIFIED
DIVIDED YET UNIFIED DIVIDED YET UNIFIED
DIVIDED YET UNIFIED DIVIDED YET UNIFIED
DIVIDED YET UNIFIED DIVIDED YET UNIFIED
DIVIDED YET UNIFIED DIVIDED YET UNIFIED
DIVIDED YET UNIFIED DIVIDED YET UNIFIED
DIVIDED YET UNIFIED DIVIDED YET UNIFIED
DIVIDED YET UNIFIED DIVIDED YET UNIFIED
DIVIDED YET UNIFIED DIVIDED YET UNIFIED
DIVIDED YET UNIFIED DIVIDED YET UNIFIED
DIVIDED YET UNIFIED DIVIDED YET UNIFIED
DIVIDED YET UNIFIED DIVIDED YET UNIFIED
DIVIDED YET UNIFIED DIVIDED YET UNIFIED
DIVIDED YET UNIFIED DIVIDED YET UNIFIED
DIVIDED YET UNIFIED DIVIDED YET UNIFIED
DIVIDED YET UNIFIED DIVIDED YET UNIFIED
DIVIDED YET UNIFIED DIVIDED YET UNIFIED
DIVIDED YET UNIFIED DIVIDED YET UNIFIED
DIVIDED YET UNIFIED DIVIDED YET UNIFIED
DIVIDED YET UNIFIED DIVIDED YET UNIFIED
DIVIDED YET UNIFIED DIVIDED YET UNIFIED

DIVIDED YET UNIFIED DIVIDED YET UNIFIED
DIVIDED YET UNIFIED DIVIDED YET UNIFIED
DIVIDED YET UNIFIED DIVIDED YET UNIFIED
DIVIDED YET UNIFIED DIVIDED YET UNIFIED
DIVIDED YET UNIFIED DIVIDED YET UNIFIED
DIVIDED YET UNIFIED DIVIDED YET UNIFIED
DIVIDED YET UNIFIED DIVIDED YET UNIFIED
DIVIDED YET UNIFIED DIVIDED YET UNIFIED
DIVIDED YET UNIFIED DIVIDED YET UNIFIED
DIVIDED YET UNIFIED DIVIDED YET UNIFIED
DIVIDED YET UNIFIED DIVIDED YET UNIFIED
DIVIDED YET UNIFIED DIVIDED YET UNIFIED
DIVIDED YET UNIFIED DIVIDED YET UNIFIED
DIVIDED YET UNIFIED DIVIDED YET UNIFIED
DIVIDED YET UNIFIED DIVIDED YET UNIFIED
DIVIDED YET UNIFIED DIVIDED YET UNIFIED
DIVIDED YET UNIFIED DIVIDED YET UNIFIED
DIVIDED YET UNIFIED DIVIDED YET UNIFIED
DIVIDED YET UNIFIED DIVIDED YET UNIFIED
DIVIDED YET UNIFIED DIVIDED YET UNIFIED
DIVIDED YET UNIFIED DIVIDED YET UNIFIED
DIVIDED YET UNIFIED DIVIDED YET UNIFIED
DIVIDED YET UNIFIED DIVIDED YET UNIFIED
DIVIDED YET UNIFIED DIVIDED YET UNIFIED
DIVIDED YET UNIFIED DIVIDED YET UNIFIED
DIVIDED YET UNIFIED DIVIDED YET UNIFIED
DIVIDED YET UNIFIED DIVIDED YET UNIFIED
DIVIDED YET UNIFIED DIVIDED YET UNIFIED
DIVIDED YET UNIFIED DIVIDED YET UNIFIED
DIVIDED YET UNIFIED DIVIDED YET UNIFIED
DIVIDED YET UNIFIED DIVIDED YET UNIFIED
DIVIDED YET UNIFIED DIVIDED YET UNIFIED
DIVIDED YET UNIFIED DIVIDED YET UNIFIED
DIVIDED YET UNIFIED DIVIDED YET UNIFIED
DIVIDED YET UNIFIED DIVIDED YET UNIFIED
DIVIDED YET UNIFIED DIVIDED YET UNIFIED
DIVIDED YET UNIFIED DIVIDED YET UNIFIED
DIVIDED YET UNIFIED DIVIDED YET UNIFIED
DIVIDED YET UNIFIED DIVIDED YET UNIFIED
DIVIDED YET UNIFIED DIVIDED YET UNIFIED
DIVIDED YET UNIFIED DIVIDED YET UNIFIED

DIVIDED YET UNIFIED DIVIDED YET UNIFIED
DIVIDED YET UNIFIED DIVIDED YET UNIFIED
DIVIDED YET UNIFIED DIVIDED YET UNIFIED
DIVIDED YET UNIFIED DIVIDED YET UNIFIED
DIVIDED YET UNIFIED DIVIDED YET UNIFIED
DIVIDED YET UNIFIED DIVIDED YET UNIFIED
DIVIDED YET UNIFIED DIVIDED YET UNIFIED
DIVIDED YET UNIFIED DIVIDED YET UNIFIED
DIVIDED YET UNIFIED DIVIDED YET UNIFIED
DIVIDED YET UNIFIED DIVIDED YET UNIFIED
DIVIDED YET UNIFIED DIVIDED YET UNIFIED
DIVIDED YET UNIFIED DIVIDED YET UNIFIED
DIVIDED YET UNIFIED DIVIDED YET UNIFIED
DIVIDED YET UNIFIED DIVIDED YET UNIFIED
DIVIDED YET UNIFIED DIVIDED YET UNIFIED
DIVIDED YET UNIFIED DIVIDED YET UNIFIED
DIVIDED YET UNIFIED DIVIDED YET UNIFIED
DIVIDED YET UNIFIED DIVIDED YET UNIFIED
DIVIDED YET UNIFIED DIVIDED YET UNIFIED
DIVIDED YET UNIFIED DIVIDED YET UNIFIED
DIVIDED YET UNIFIED DIVIDED YET UNIFIED
DIVIDED YET UNIFIED DIVIDED YET UNIFIED
DIVIDED YET UNIFIED DIVIDED YET UNIFIED
DIVIDED YET UNIFIED DIVIDED YET UNIFIED
DIVIDED YET UNIFIED DIVIDED YET UNIFIED
DIVIDED YET UNIFIED DIVIDED YET UNIFIED
DIVIDED YET UNIFIED DIVIDED YET UNIFIED
DIVIDED YET UNIFIED DIVIDED YET UNIFIED
DIVIDED YET UNIFIED DIVIDED YET UNIFIED
DIVIDED YET UNIFIED DIVIDED YET UNIFIED
DIVIDED YET UNIFIED DIVIDED YET UNIFIED
DIVIDED YET UNIFIED DIVIDED YET UNIFIED
DIVIDED YET UNIFIED DIVIDED YET UNIFIED
DIVIDED YET UNIFIED DIVIDED YET UNIFIED
DIVIDED YET UNIFIED DIVIDED YET UNIFIED
DIVIDED YET UNIFIED DIVIDED YET UNIFIED
DIVIDED YET UNIFIED DIVIDED YET UNIFIED
DIVIDED YET UNIFIED DIVIDED YET UNIFIED
DIVIDED YET UNIFIED DIVIDED YET UNIFIED
DIVIDED YET UNIFIED DIVIDED YET UNIFIED
DIVIDED YET UNIFIED DIVIDED YET UNIFIED
DIVIDED YET UNIFIED DIVIDED YET UNIFIED
DIVIDED YET UNIFIED DIVIDED YET UNIFIED

DIVIDED YET UNIFIED DIVIDED YET UNIFIED
DIVIDED YET UNIFIED DIVIDED YET UNIFIED
DIVIDED YET UNIFIED DIVIDED YET UNIFIED
DIVIDED YET UNIFIED DIVIDED YET UNIFIED
DIVIDED YET UNIFIED DIVIDED YET UNIFIED
DIVIDED YET UNIFIED DIVIDED YET UNIFIED
DIVIDED YET UNIFIED DIVIDED YET UNIFIED
DIVIDED YET UNIFIED DIVIDED YET UNIFIED
DIVIDED YET UNIFIED DIVIDED YET UNIFIED
DIVIDED YET UNIFIED DIVIDED YET UNIFIED
DIVIDED YET UNIFIED DIVIDED YET UNIFIED
DIVIDED YET UNIFIED DIVIDED YET UNIFIED
DIVIDED YET UNIFIED DIVIDED YET UNIFIED
DIVIDED YET UNIFIED DIVIDED YET UNIFIED
DIVIDED YET UNIFIED DIVIDED YET UNIFIED
DIVIDED YET UNIFIED DIVIDED YET UNIFIED
DIVIDED YET UNIFIED DIVIDED YET UNIFIED
DIVIDED YET UNIFIED DIVIDED YET UNIFIED
DIVIDED YET UNIFIED DIVIDED YET UNIFIED
DIVIDED YET UNIFIED DIVIDED YET UNIFIED
DIVIDED YET UNIFIED DIVIDED YET UNIFIED
DIVIDED YET UNIFIED DIVIDED YET UNIFIED
DIVIDED YET UNIFIED DIVIDED YET UNIFIED
DIVIDED YET UNIFIED DIVIDED YET UNIFIED
DIVIDED YET UNIFIED DIVIDED YET UNIFIED
DIVIDED YET UNIFIED DIVIDED YET UNIFIED
DIVIDED YET UNIFIED DIVIDED YET UNIFIED
DIVIDED YET UNIFIED DIVIDED YET UNIFIED
DIVIDED YET UNIFIED DIVIDED YET UNIFIED
DIVIDED YET UNIFIED DIVIDED YET UNIFIED
DIVIDED YET UNIFIED DIVIDED YET UNIFIED
DIVIDED YET UNIFIED DIVIDED YET UNIFIED
DIVIDED YET UNIFIED DIVIDED YET UNIFIED
DIVIDED YET UNIFIED DIVIDED YET UNIFIED
DIVIDED YET UNIFIED DIVIDED YET UNIFIED
DIVIDED YET UNIFIED DIVIDED YET UNIFIED
DIVIDED YET UNIFIED DIVIDED YET UNIFIED
DIVIDED YET UNIFIED DIVIDED YET UNIFIED
DIVIDED YET UNIFIED DIVIDED YET UNIFIED
DIVIDED YET UNIFIED DIVIDED YET UNIFIED
DIVIDED YET UNIFIED DIVIDED YET UNIFIED
DIVIDED YET UNIFIED DIVIDED YET UNIFIED

DIVIDED YET UNIFIED DIVIDED YET UNIFIED
DIVIDED YET UNIFIED DIVIDED YET UNIFIED
DIVIDED YET UNIFIED DIVIDED YET UNIFIED
DIVIDED YET UNIFIED DIVIDED YET UNIFIED
DIVIDED YET UNIFIED DIVIDED YET UNIFIED
DIVIDED YET UNIFIED DIVIDED YET UNIFIED
DIVIDED YET UNIFIED DIVIDED YET UNIFIED
DIVIDED YET UNIFIED DIVIDED YET UNIFIED
DIVIDED YET UNIFIED DIVIDED YET UNIFIED
DIVIDED YET UNIFIED DIVIDED YET UNIFIED
DIVIDED YET UNIFIED DIVIDED YET UNIFIED
DIVIDED YET UNIFIED DIVIDED YET UNIFIED
DIVIDED YET UNIFIED DIVIDED YET UNIFIED
DIVIDED YET UNIFIED DIVIDED YET UNIFIED
DIVIDED YET UNIFIED DIVIDED YET UNIFIED
DIVIDED YET UNIFIED DIVIDED YET UNIFIED
DIVIDED YET UNIFIED DIVIDED YET UNIFIED
DIVIDED YET UNIFIED DIVIDED YET UNIFIED
DIVIDED YET UNIFIED DIVIDED YET UNIFIED
DIVIDED YET UNIFIED DIVIDED YET UNIFIED
DIVIDED YET UNIFIED DIVIDED YET UNIFIED
DIVIDED YET UNIFIED DIVIDED YET UNIFIED
DIVIDED YET UNIFIED DIVIDED YET UNIFIED
DIVIDED YET UNIFIED DIVIDED YET UNIFIED
DIVIDED YET UNIFIED DIVIDED YET UNIFIED
DIVIDED YET UNIFIED DIVIDED YET UNIFIED
DIVIDED YET UNIFIED DIVIDED YET UNIFIED
DIVIDED YET UNIFIED DIVIDED YET UNIFIED
DIVIDED YET UNIFIED DIVIDED YET UNIFIED
DIVIDED YET UNIFIED DIVIDED YET UNIFIED
DIVIDED YET UNIFIED DIVIDED YET UNIFIED
DIVIDED YET UNIFIED DIVIDED YET UNIFIED
DIVIDED YET UNIFIED DIVIDED YET UNIFIED
DIVIDED YET UNIFIED DIVIDED YET UNIFIED
DIVIDED YET UNIFIED DIVIDED YET UNIFIED
DIVIDED YET UNIFIED DIVIDED YET UNIFIED
DIVIDED YET UNIFIED DIVIDED YET UNIFIED
DIVIDED YET UNIFIED DIVIDED YET UNIFIED
DIVIDED YET UNIFIED DIVIDED YET UNIFIED
DIVIDED YET UNIFIED DIVIDED YET UNIFIED
DIVIDED YET UNIFIED DIVIDED YET UNIFIED
DIVIDED YET UNIFIED DIVIDED YET UNIFIED
DIVIDED YET UNIFIED DIVIDED YET UNIFIED
DIVIDED YET UNIFIED DIVIDED YET UNIFIED
DIVIDED YET UNIFIED DIVIDED YET UNIFIED

DIVIDED YET UNIFIED DIVIDED YET UNIFIED
DIVIDED YET UNIFIED DIVIDED YET UNIFIED
DIVIDED YET UNIFIED DIVIDED YET UNIFIED
DIVIDED YET UNIFIED DIVIDED YET UNIFIED
DIVIDED YET UNIFIED DIVIDED YET UNIFIED
DIVIDED YET UNIFIED DIVIDED YET UNIFIED
DIVIDED YET UNIFIED DIVIDED YET UNIFIED
DIVIDED YET UNIFIED DIVIDED YET UNIFIED
DIVIDED YET UNIFIED DIVIDED YET UNIFIED
DIVIDED YET UNIFIED DIVIDED YET UNIFIED
DIVIDED YET UNIFIED DIVIDED YET UNIFIED
DIVIDED YET UNIFIED DIVIDED YET UNIFIED
DIVIDED YET UNIFIED DIVIDED YET UNIFIED
DIVIDED YET UNIFIED DIVIDED YET UNIFIED
DIVIDED YET UNIFIED DIVIDED YET UNIFIED
DIVIDED YET UNIFIED DIVIDED YET UNIFIED
DIVIDED YET UNIFIED DIVIDED YET UNIFIED
DIVIDED YET UNIFIED DIVIDED YET UNIFIED
DIVIDED YET UNIFIED DIVIDED YET UNIFIED
DIVIDED YET UNIFIED DIVIDED YET UNIFIED
DIVIDED YET UNIFIED DIVIDED YET UNIFIED
DIVIDED YET UNIFIED DIVIDED YET UNIFIED
DIVIDED YET UNIFIED DIVIDED YET UNIFIED
DIVIDED YET UNIFIED DIVIDED YET UNIFIED
DIVIDED YET UNIFIED DIVIDED YET UNIFIED
DIVIDED YET UNIFIED DIVIDED YET UNIFIED
DIVIDED YET UNIFIED DIVIDED YET UNIFIED
DIVIDED YET UNIFIED DIVIDED YET UNIFIED
DIVIDED YET UNIFIED DIVIDED YET UNIFIED
DIVIDED YET UNIFIED DIVIDED YET UNIFIED
DIVIDED YET UNIFIED DIVIDED YET UNIFIED
DIVIDED YET UNIFIED DIVIDED YET UNIFIED
DIVIDED YET UNIFIED DIVIDED YET UNIFIED
DIVIDED YET UNIFIED DIVIDED YET UNIFIED
DIVIDED YET UNIFIED DIVIDED YET UNIFIED
DIVIDED YET UNIFIED DIVIDED YET UNIFIED
DIVIDED YET UNIFIED DIVIDED YET UNIFIED
DIVIDED YET UNIFIED DIVIDED YET UNIFIED
DIVIDED YET UNIFIED DIVIDED YET UNIFIED
DIVIDED YET UNIFIED DIVIDED YET UNIFIED
DIVIDED YET UNIFIED DIVIDED YET UNIFIED
DIVIDED YET UNIFIED DIVIDED YET UNIFIED

DIVIDED YET UNIFIED DIVIDED YET UNIFIED
DIVIDED YET UNIFIED DIVIDED YET UNIFIED
DIVIDED YET UNIFIED DIVIDED YET UNIFIED
DIVIDED YET UNIFIED DIVIDED YET UNIFIED
DIVIDED YET UNIFIED DIVIDED YET UNIFIED
DIVIDED YET UNIFIED DIVIDED YET UNIFIED
DIVIDED YET UNIFIED DIVIDED YET UNIFIED
DIVIDED YET UNIFIED DIVIDED YET UNIFIED
DIVIDED YET UNIFIED DIVIDED YET UNIFIED
DIVIDED YET UNIFIED DIVIDED YET UNIFIED
DIVIDED YET UNIFIED DIVIDED YET UNIFIED
DIVIDED YET UNIFIED DIVIDED YET UNIFIED
DIVIDED YET UNIFIED DIVIDED YET UNIFIED
DIVIDED YET UNIFIED DIVIDED YET UNIFIED
DIVIDED YET UNIFIED DIVIDED YET UNIFIED
DIVIDED YET UNIFIED DIVIDED YET UNIFIED
DIVIDED YET UNIFIED DIVIDED YET UNIFIED
DIVIDED YET UNIFIED DIVIDED YET UNIFIED
DIVIDED YET UNIFIED DIVIDED YET UNIFIED
DIVIDED YET UNIFIED DIVIDED YET UNIFIED
DIVIDED YET UNIFIED DIVIDED YET UNIFIED
DIVIDED YET UNIFIED DIVIDED YET UNIFIED
DIVIDED YET UNIFIED DIVIDED YET UNIFIED
DIVIDED YET UNIFIED DIVIDED YET UNIFIED
DIVIDED YET UNIFIED DIVIDED YET UNIFIED
DIVIDED YET UNIFIED DIVIDED YET UNIFIED
DIVIDED YET UNIFIED DIVIDED YET UNIFIED
DIVIDED YET UNIFIED DIVIDED YET UNIFIED
DIVIDED YET UNIFIED DIVIDED YET UNIFIED
DIVIDED YET UNIFIED DIVIDED YET UNIFIED
DIVIDED YET UNIFIED DIVIDED YET UNIFIED
DIVIDED YET UNIFIED DIVIDED YET UNIFIED
DIVIDED YET UNIFIED DIVIDED YET UNIFIED
DIVIDED YET UNIFIED DIVIDED YET UNIFIED
DIVIDED YET UNIFIED DIVIDED YET UNIFIED
DIVIDED YET UNIFIED DIVIDED YET UNIFIED
DIVIDED YET UNIFIED DIVIDED YET UNIFIED
DIVIDED YET UNIFIED DIVIDED YET UNIFIED
DIVIDED YET UNIFIED DIVIDED YET UNIFIED
DIVIDED YET UNIFIED DIVIDED YET UNIFIED
DIVIDED YET UNIFIED DIVIDED YET UNIFIED
DIVIDED YET UNIFIED DIVIDED YET UNIFIED
DIVIDED YET UNIFIED DIVIDED YET UNIFIED
DIVIDED YET UNIFIED DIVIDED YET UNIFIED
DIVIDED YET UNIFIED DIVIDED YET UNIFIED

DIVIDED YET UNIFIED DIVIDED YET UNIFIED
DIVIDED YET UNIFIED DIVIDED YET UNIFIED
DIVIDED YET UNIFIED DIVIDED YET UNIFIED
DIVIDED YET UNIFIED DIVIDED YET UNIFIED
DIVIDED YET UNIFIED DIVIDED YET UNIFIED
DIVIDED YET UNIFIED DIVIDED YET UNIFIED
DIVIDED YET UNIFIED DIVIDED YET UNIFIED
DIVIDED YET UNIFIED DIVIDED YET UNIFIED
DIVIDED YET UNIFIED DIVIDED YET UNIFIED
DIVIDED YET UNIFIED DIVIDED YET UNIFIED
DIVIDED YET UNIFIED DIVIDED YET UNIFIED
DIVIDED YET UNIFIED DIVIDED YET UNIFIED
DIVIDED YET UNIFIED DIVIDED YET UNIFIED
DIVIDED YET UNIFIED DIVIDED YET UNIFIED
DIVIDED YET UNIFIED DIVIDED YET UNIFIED
DIVIDED YET UNIFIED DIVIDED YET UNIFIED
DIVIDED YET UNIFIED DIVIDED YET UNIFIED
DIVIDED YET UNIFIED DIVIDED YET UNIFIED
DIVIDED YET UNIFIED DIVIDED YET UNIFIED
DIVIDED YET UNIFIED DIVIDED YET UNIFIED
DIVIDED YET UNIFIED DIVIDED YET UNIFIED
DIVIDED YET UNIFIED DIVIDED YET UNIFIED
DIVIDED YET UNIFIED DIVIDED YET UNIFIED
DIVIDED YET UNIFIED DIVIDED YET UNIFIED
DIVIDED YET UNIFIED DIVIDED YET UNIFIED
DIVIDED YET UNIFIED DIVIDED YET UNIFIED
DIVIDED YET UNIFIED DIVIDED YET UNIFIED
DIVIDED YET UNIFIED DIVIDED YET UNIFIED
DIVIDED YET UNIFIED DIVIDED YET UNIFIED
DIVIDED YET UNIFIED DIVIDED YET UNIFIED
DIVIDED YET UNIFIED DIVIDED YET UNIFIED
DIVIDED YET UNIFIED DIVIDED YET UNIFIED
DIVIDED YET UNIFIED DIVIDED YET UNIFIED
DIVIDED YET UNIFIED DIVIDED YET UNIFIED
DIVIDED YET UNIFIED DIVIDED YET UNIFIED
DIVIDED YET UNIFIED DIVIDED YET UNIFIED
DIVIDED YET UNIFIED DIVIDED YET UNIFIED
DIVIDED YET UNIFIED DIVIDED YET UNIFIED
DIVIDED YET UNIFIED DIVIDED YET UNIFIED
DIVIDED YET UNIFIED DIVIDED YET UNIFIED
DIVIDED YET UNIFIED DIVIDED YET UNIFIED
DIVIDED YET UNIFIED DIVIDED YET UNIFIED

DIVIDED YET UNIFIED DIVIDED YET UNIFIED
DIVIDED YET UNIFIED DIVIDED YET UNIFIED
DIVIDED YET UNIFIED DIVIDED YET UNIFIED
DIVIDED YET UNIFIED DIVIDED YET UNIFIED
DIVIDED YET UNIFIED DIVIDED YET UNIFIED
DIVIDED YET UNIFIED DIVIDED YET UNIFIED
DIVIDED YET UNIFIED DIVIDED YET UNIFIED
DIVIDED YET UNIFIED DIVIDED YET UNIFIED
DIVIDED YET UNIFIED DIVIDED YET UNIFIED
DIVIDED YET UNIFIED DIVIDED YET UNIFIED
DIVIDED YET UNIFIED DIVIDED YET UNIFIED
DIVIDED YET UNIFIED DIVIDED YET UNIFIED
DIVIDED YET UNIFIED DIVIDED YET UNIFIED
DIVIDED YET UNIFIED DIVIDED YET UNIFIED
DIVIDED YET UNIFIED DIVIDED YET UNIFIED
DIVIDED YET UNIFIED DIVIDED YET UNIFIED
DIVIDED YET UNIFIED DIVIDED YET UNIFIED
DIVIDED YET UNIFIED DIVIDED YET UNIFIED
DIVIDED YET UNIFIED DIVIDED YET UNIFIED
DIVIDED YET UNIFIED DIVIDED YET UNIFIED
DIVIDED YET UNIFIED DIVIDED YET UNIFIED
DIVIDED YET UNIFIED DIVIDED YET UNIFIED
DIVIDED YET UNIFIED DIVIDED YET UNIFIED
DIVIDED YET UNIFIED DIVIDED YET UNIFIED
DIVIDED YET UNIFIED DIVIDED YET UNIFIED
DIVIDED YET UNIFIED DIVIDED YET UNIFIED
DIVIDED YET UNIFIED DIVIDED YET UNIFIED
DIVIDED YET UNIFIED DIVIDED YET UNIFIED
DIVIDED YET UNIFIED DIVIDED YET UNIFIED
DIVIDED YET UNIFIED DIVIDED YET UNIFIED
DIVIDED YET UNIFIED DIVIDED YET UNIFIED
DIVIDED YET UNIFIED DIVIDED YET UNIFIED
DIVIDED YET UNIFIED DIVIDED YET UNIFIED
DIVIDED YET UNIFIED DIVIDED YET UNIFIED
DIVIDED YET UNIFIED DIVIDED YET UNIFIED
DIVIDED YET UNIFIED DIVIDED YET UNIFIED
DIVIDED YET UNIFIED DIVIDED YET UNIFIED
DIVIDED YET UNIFIED DIVIDED YET UNIFIED
DIVIDED YET UNIFIED DIVIDED YET UNIFIED
DIVIDED YET UNIFIED DIVIDED YET UNIFIED
DIVIDED YET UNIFIED DIVIDED YET UNIFIED
DIVIDED YET UNIFIED DIVIDED YET UNIFIED
DIVIDED YET UNIFIED DIVIDED YET UNIFIED
DIVIDED YET UNIFIED DIVIDED YET UNIFIED
DIVIDED YET UNIFIED DIVIDED YET UNIFIED
DIVIDED YET UNIFIED DIVIDED YET UNIFIED
DIVIDED YET UNIFIED DIVIDED YET UNIFIED

DIVIDED YET UNIFIED DIVIDED YET UNIFIED
DIVIDED YET UNIFIED DIVIDED YET UNIFIED
DIVIDED YET UNIFIED DIVIDED YET UNIFIED
DIVIDED YET UNIFIED DIVIDED YET UNIFIED
DIVIDED YET UNIFIED DIVIDED YET UNIFIED
DIVIDED YET UNIFIED DIVIDED YET UNIFIED
DIVIDED YET UNIFIED DIVIDED YET UNIFIED
DIVIDED YET UNIFIED DIVIDED YET UNIFIED
DIVIDED YET UNIFIED DIVIDED YET UNIFIED
DIVIDED YET UNIFIED DIVIDED YET UNIFIED
DIVIDED YET UNIFIED DIVIDED YET UNIFIED
DIVIDED YET UNIFIED DIVIDED YET UNIFIED
DIVIDED YET UNIFIED DIVIDED YET UNIFIED
DIVIDED YET UNIFIED DIVIDED YET UNIFIED
DIVIDED YET UNIFIED DIVIDED YET UNIFIED
DIVIDED YET UNIFIED DIVIDED YET UNIFIED
DIVIDED YET UNIFIED DIVIDED YET UNIFIED
DIVIDED YET UNIFIED DIVIDED YET UNIFIED
DIVIDED YET UNIFIED DIVIDED YET UNIFIED
DIVIDED YET UNIFIED DIVIDED YET UNIFIED
DIVIDED YET UNIFIED DIVIDED YET UNIFIED
DIVIDED YET UNIFIED DIVIDED YET UNIFIED
DIVIDED YET UNIFIED DIVIDED YET UNIFIED
DIVIDED YET UNIFIED DIVIDED YET UNIFIED
DIVIDED YET UNIFIED DIVIDED YET UNIFIED
DIVIDED YET UNIFIED DIVIDED YET UNIFIED
DIVIDED YET UNIFIED DIVIDED YET UNIFIED
DIVIDED YET UNIFIED DIVIDED YET UNIFIED
DIVIDED YET UNIFIED DIVIDED YET UNIFIED
DIVIDED YET UNIFIED DIVIDED YET UNIFIED
DIVIDED YET UNIFIED DIVIDED YET UNIFIED
DIVIDED YET UNIFIED DIVIDED YET UNIFIED
DIVIDED YET UNIFIED DIVIDED YET UNIFIED
DIVIDED YET UNIFIED DIVIDED YET UNIFIED
DIVIDED YET UNIFIED DIVIDED YET UNIFIED
DIVIDED YET UNIFIED DIVIDED YET UNIFIED
DIVIDED YET UNIFIED DIVIDED YET UNIFIED
DIVIDED YET UNIFIED DIVIDED YET UNIFIED
DIVIDED YET UNIFIED DIVIDED YET UNIFIED
DIVIDED YET UNIFIED DIVIDED YET UNIFIED

DIVIDED YET UNIFIED DIVIDED YET UNIFIED
DIVIDED YET UNIFIED DIVIDED YET UNIFIED
DIVIDED YET UNIFIED DIVIDED YET UNIFIED
DIVIDED YET UNIFIED DIVIDED YET UNIFIED
DIVIDED YET UNIFIED DIVIDED YET UNIFIED
DIVIDED YET UNIFIED DIVIDED YET UNIFIED
DIVIDED YET UNIFIED DIVIDED YET UNIFIED
DIVIDED YET UNIFIED DIVIDED YET UNIFIED
DIVIDED YET UNIFIED DIVIDED YET UNIFIED
DIVIDED YET UNIFIED DIVIDED YET UNIFIED
DIVIDED YET UNIFIED DIVIDED YET UNIFIED
DIVIDED YET UNIFIED DIVIDED YET UNIFIED
DIVIDED YET UNIFIED DIVIDED YET UNIFIED
DIVIDED YET UNIFIED DIVIDED YET UNIFIED
DIVIDED YET UNIFIED DIVIDED YET UNIFIED
DIVIDED YET UNIFIED DIVIDED YET UNIFIED
DIVIDED YET UNIFIED DIVIDED YET UNIFIED
DIVIDED YET UNIFIED DIVIDED YET UNIFIED
DIVIDED YET UNIFIED DIVIDED YET UNIFIED
DIVIDED YET UNIFIED DIVIDED YET UNIFIED
DIVIDED YET UNIFIED DIVIDED YET UNIFIED
DIVIDED YET UNIFIED DIVIDED YET UNIFIED
DIVIDED YET UNIFIED DIVIDED YET UNIFIED
DIVIDED YET UNIFIED DIVIDED YET UNIFIED
DIVIDED YET UNIFIED DIVIDED YET UNIFIED
DIVIDED YET UNIFIED DIVIDED YET UNIFIED
DIVIDED YET UNIFIED DIVIDED YET UNIFIED
DIVIDED YET UNIFIED DIVIDED YET UNIFIED
DIVIDED YET UNIFIED DIVIDED YET UNIFIED
DIVIDED YET UNIFIED DIVIDED YET UNIFIED
DIVIDED YET UNIFIED DIVIDED YET UNIFIED
DIVIDED YET UNIFIED DIVIDED YET UNIFIED
DIVIDED YET UNIFIED DIVIDED YET UNIFIED
DIVIDED YET UNIFIED DIVIDED YET UNIFIED
DIVIDED YET UNIFIED DIVIDED YET UNIFIED
DIVIDED YET UNIFIED DIVIDED YET UNIFIED
DIVIDED YET UNIFIED DIVIDED YET UNIFIED
DIVIDED YET UNIFIED DIVIDED YET UNIFIED
DIVIDED YET UNIFIED DIVIDED YET UNIFIED
DIVIDED YET UNIFIED DIVIDED YET UNIFIED
DIVIDED YET UNIFIED DIVIDED YET UNIFIED
DIVIDED YET UNIFIED DIVIDED YET UNIFIED

DIVIDED YET UNIFIED DIVIDED YET UNIFIED
DIVIDED YET UNIFIED DIVIDED YET UNIFIED
DIVIDED YET UNIFIED DIVIDED YET UNIFIED
DIVIDED YET UNIFIED DIVIDED YET UNIFIED
DIVIDED YET UNIFIED DIVIDED YET UNIFIED
DIVIDED YET UNIFIED DIVIDED YET UNIFIED
DIVIDED YET UNIFIED DIVIDED YET UNIFIED
DIVIDED YET UNIFIED DIVIDED YET UNIFIED
DIVIDED YET UNIFIED DIVIDED YET UNIFIED
DIVIDED YET UNIFIED DIVIDED YET UNIFIED
DIVIDED YET UNIFIED DIVIDED YET UNIFIED
DIVIDED YET UNIFIED DIVIDED YET UNIFIED
DIVIDED YET UNIFIED DIVIDED YET UNIFIED
DIVIDED YET UNIFIED DIVIDED YET UNIFIED
DIVIDED YET UNIFIED DIVIDED YET UNIFIED
DIVIDED YET UNIFIED DIVIDED YET UNIFIED
DIVIDED YET UNIFIED DIVIDED YET UNIFIED
DIVIDED YET UNIFIED DIVIDED YET UNIFIED
DIVIDED YET UNIFIED DIVIDED YET UNIFIED
DIVIDED YET UNIFIED DIVIDED YET UNIFIED
DIVIDED YET UNIFIED DIVIDED YET UNIFIED
DIVIDED YET UNIFIED DIVIDED YET UNIFIED
DIVIDED YET UNIFIED DIVIDED YET UNIFIED
DIVIDED YET UNIFIED DIVIDED YET UNIFIED
DIVIDED YET UNIFIED DIVIDED YET UNIFIED
DIVIDED YET UNIFIED DIVIDED YET UNIFIED
DIVIDED YET UNIFIED DIVIDED YET UNIFIED
DIVIDED YET UNIFIED DIVIDED YET UNIFIED
DIVIDED YET UNIFIED DIVIDED YET UNIFIED
DIVIDED YET UNIFIED DIVIDED YET UNIFIED
DIVIDED YET UNIFIED DIVIDED YET UNIFIED
DIVIDED YET UNIFIED DIVIDED YET UNIFIED
DIVIDED YET UNIFIED DIVIDED YET UNIFIED
DIVIDED YET UNIFIED DIVIDED YET UNIFIED
DIVIDED YET UNIFIED DIVIDED YET UNIFIED
DIVIDED YET UNIFIED DIVIDED YET UNIFIED
DIVIDED YET UNIFIED DIVIDED YET UNIFIED
DIVIDED YET UNIFIED DIVIDED YET UNIFIED
DIVIDED YET UNIFIED DIVIDED YET UNIFIED
DIVIDED YET UNIFIED DIVIDED YET UNIFIED
DIVIDED YET UNIFIED DIVIDED YET UNIFIED

DIVIDED YET UNIFIED DIVIDED YET UNIFIED
DIVIDED YET UNIFIED DIVIDED YET UNIFIED
DIVIDED YET UNIFIED DIVIDED YET UNIFIED
DIVIDED YET UNIFIED DIVIDED YET UNIFIED
DIVIDED YET UNIFIED DIVIDED YET UNIFIED
DIVIDED YET UNIFIED DIVIDED YET UNIFIED
DIVIDED YET UNIFIED DIVIDED YET UNIFIED
DIVIDED YET UNIFIED DIVIDED YET UNIFIED
DIVIDED YET UNIFIED DIVIDED YET UNIFIED
DIVIDED YET UNIFIED DIVIDED YET UNIFIED
DIVIDED YET UNIFIED DIVIDED YET UNIFIED
DIVIDED YET UNIFIED DIVIDED YET UNIFIED
DIVIDED YET UNIFIED DIVIDED YET UNIFIED
DIVIDED YET UNIFIED DIVIDED YET UNIFIED
DIVIDED YET UNIFIED DIVIDED YET UNIFIED
DIVIDED YET UNIFIED DIVIDED YET UNIFIED
DIVIDED YET UNIFIED DIVIDED YET UNIFIED
DIVIDED YET UNIFIED DIVIDED YET UNIFIED
DIVIDED YET UNIFIED DIVIDED YET UNIFIED
DIVIDED YET UNIFIED DIVIDED YET UNIFIED
DIVIDED YET UNIFIED DIVIDED YET UNIFIED
DIVIDED YET UNIFIED DIVIDED YET UNIFIED
DIVIDED YET UNIFIED DIVIDED YET UNIFIED
DIVIDED YET UNIFIED DIVIDED YET UNIFIED
DIVIDED YET UNIFIED DIVIDED YET UNIFIED
DIVIDED YET UNIFIED DIVIDED YET UNIFIED
DIVIDED YET UNIFIED DIVIDED YET UNIFIED
DIVIDED YET UNIFIED DIVIDED YET UNIFIED
DIVIDED YET UNIFIED DIVIDED YET UNIFIED
DIVIDED YET UNIFIED DIVIDED YET UNIFIED
DIVIDED YET UNIFIED DIVIDED YET UNIFIED
DIVIDED YET UNIFIED DIVIDED YET UNIFIED
DIVIDED YET UNIFIED DIVIDED YET UNIFIED
DIVIDED YET UNIFIED DIVIDED YET UNIFIED
DIVIDED YET UNIFIED DIVIDED YET UNIFIED
DIVIDED YET UNIFIED DIVIDED YET UNIFIED
DIVIDED YET UNIFIED DIVIDED YET UNIFIED
DIVIDED YET UNIFIED DIVIDED YET UNIFIED
DIVIDED YET UNIFIED DIVIDED YET UNIFIED
DIVIDED YET UNIFIED DIVIDED YET UNIFIED

DIVIDED YET UNIFIED DIVIDED YET UNIFIED
DIVIDED YET UNIFIED DIVIDED YET UNIFIED
DIVIDED YET UNIFIED DIVIDED YET UNIFIED
DIVIDED YET UNIFIED DIVIDED YET UNIFIED
DIVIDED YET UNIFIED DIVIDED YET UNIFIED
DIVIDED YET UNIFIED DIVIDED YET UNIFIED
DIVIDED YET UNIFIED DIVIDED YET UNIFIED
DIVIDED YET UNIFIED DIVIDED YET UNIFIED
DIVIDED YET UNIFIED DIVIDED YET UNIFIED
DIVIDED YET UNIFIED DIVIDED YET UNIFIED
DIVIDED YET UNIFIED DIVIDED YET UNIFIED
DIVIDED YET UNIFIED DIVIDED YET UNIFIED
DIVIDED YET UNIFIED DIVIDED YET UNIFIED
DIVIDED YET UNIFIED DIVIDED YET UNIFIED
DIVIDED YET UNIFIED DIVIDED YET UNIFIED
DIVIDED YET UNIFIED DIVIDED YET UNIFIED
DIVIDED YET UNIFIED DIVIDED YET UNIFIED
DIVIDED YET UNIFIED DIVIDED YET UNIFIED
DIVIDED YET UNIFIED DIVIDED YET UNIFIED
DIVIDED YET UNIFIED DIVIDED YET UNIFIED
DIVIDED YET UNIFIED DIVIDED YET UNIFIED
DIVIDED YET UNIFIED DIVIDED YET UNIFIED
DIVIDED YET UNIFIED DIVIDED YET UNIFIED
DIVIDED YET UNIFIED DIVIDED YET UNIFIED
DIVIDED YET UNIFIED DIVIDED YET UNIFIED
DIVIDED YET UNIFIED DIVIDED YET UNIFIED
DIVIDED YET UNIFIED DIVIDED YET UNIFIED
DIVIDED YET UNIFIED DIVIDED YET UNIFIED
DIVIDED YET UNIFIED DIVIDED YET UNIFIED
DIVIDED YET UNIFIED DIVIDED YET UNIFIED
DIVIDED YET UNIFIED DIVIDED YET UNIFIED
DIVIDED YET UNIFIED DIVIDED YET UNIFIED
DIVIDED YET UNIFIED DIVIDED YET UNIFIED
DIVIDED YET UNIFIED DIVIDED YET UNIFIED
DIVIDED YET UNIFIED DIVIDED YET UNIFIED
DIVIDED YET UNIFIED DIVIDED YET UNIFIED
DIVIDED YET UNIFIED DIVIDED YET UNIFIED
DIVIDED YET UNIFIED DIVIDED YET UNIFIED
DIVIDED YET UNIFIED DIVIDED YET UNIFIED
DIVIDED YET UNIFIED DIVIDED YET UNIFIED

DIVIDED YET UNIFIED DIVIDED YET UNIFIED
DIVIDED YET UNIFIED DIVIDED YET UNIFIED
DIVIDED YET UNIFIED DIVIDED YET UNIFIED
DIVIDED YET UNIFIED DIVIDED YET UNIFIED
DIVIDED YET UNIFIED DIVIDED YET UNIFIED
DIVIDED YET UNIFIED DIVIDED YET UNIFIED
DIVIDED YET UNIFIED DIVIDED YET UNIFIED
DIVIDED YET UNIFIED DIVIDED YET UNIFIED
DIVIDED YET UNIFIED DIVIDED YET UNIFIED
DIVIDED YET UNIFIED DIVIDED YET UNIFIED
DIVIDED YET UNIFIED DIVIDED YET UNIFIED
DIVIDED YET UNIFIED DIVIDED YET UNIFIED
DIVIDED YET UNIFIED DIVIDED YET UNIFIED
DIVIDED YET UNIFIED DIVIDED YET UNIFIED
DIVIDED YET UNIFIED DIVIDED YET UNIFIED
DIVIDED YET UNIFIED DIVIDED YET UNIFIED
DIVIDED YET UNIFIED DIVIDED YET UNIFIED
DIVIDED YET UNIFIED DIVIDED YET UNIFIED
DIVIDED YET UNIFIED DIVIDED YET UNIFIED
DIVIDED YET UNIFIED DIVIDED YET UNIFIED
DIVIDED YET UNIFIED DIVIDED YET UNIFIED
DIVIDED YET UNIFIED DIVIDED YET UNIFIED
DIVIDED YET UNIFIED DIVIDED YET UNIFIED
DIVIDED YET UNIFIED DIVIDED YET UNIFIED
DIVIDED YET UNIFIED DIVIDED YET UNIFIED
DIVIDED YET UNIFIED DIVIDED YET UNIFIED
DIVIDED YET UNIFIED DIVIDED YET UNIFIED
DIVIDED YET UNIFIED DIVIDED YET UNIFIED
DIVIDED YET UNIFIED DIVIDED YET UNIFIED
DIVIDED YET UNIFIED DIVIDED YET UNIFIED
DIVIDED YET UNIFIED DIVIDED YET UNIFIED
DIVIDED YET UNIFIED DIVIDED YET UNIFIED
DIVIDED YET UNIFIED DIVIDED YET UNIFIED
DIVIDED YET UNIFIED DIVIDED YET UNIFIED
DIVIDED YET UNIFIED DIVIDED YET UNIFIED
DIVIDED YET UNIFIED DIVIDED YET UNIFIED
DIVIDED YET UNIFIED DIVIDED YET UNIFIED
DIVIDED YET UNIFIED DIVIDED YET UNIFIED
DIVIDED YET UNIFIED DIVIDED YET UNIFIED
DIVIDED YET UNIFIED DIVIDED YET UNIFIED

DIVIDED YET UNIFIED DIVIDED YET UNIFIED
DIVIDED YET UNIFIED DIVIDED YET UNIFIED
DIVIDED YET UNIFIED DIVIDED YET UNIFIED
DIVIDED YET UNIFIED DIVIDED YET UNIFIED
DIVIDED YET UNIFIED DIVIDED YET UNIFIED
DIVIDED YET UNIFIED DIVIDED YET UNIFIED
DIVIDED YET UNIFIED DIVIDED YET UNIFIED
DIVIDED YET UNIFIED DIVIDED YET UNIFIED
DIVIDED YET UNIFIED DIVIDED YET UNIFIED
DIVIDED YET UNIFIED DIVIDED YET UNIFIED
DIVIDED YET UNIFIED DIVIDED YET UNIFIED
DIVIDED YET UNIFIED DIVIDED YET UNIFIED
DIVIDED YET UNIFIED DIVIDED YET UNIFIED
DIVIDED YET UNIFIED DIVIDED YET UNIFIED
DIVIDED YET UNIFIED DIVIDED YET UNIFIED
DIVIDED YET UNIFIED DIVIDED YET UNIFIED
DIVIDED YET UNIFIED DIVIDED YET UNIFIED
DIVIDED YET UNIFIED DIVIDED YET UNIFIED
DIVIDED YET UNIFIED DIVIDED YET UNIFIED
DIVIDED YET UNIFIED DIVIDED YET UNIFIED
DIVIDED YET UNIFIED DIVIDED YET UNIFIED
DIVIDED YET UNIFIED DIVIDED YET UNIFIED
DIVIDED YET UNIFIED DIVIDED YET UNIFIED
DIVIDED YET UNIFIED DIVIDED YET UNIFIED
DIVIDED YET UNIFIED DIVIDED YET UNIFIED
DIVIDED YET UNIFIED DIVIDED YET UNIFIED
DIVIDED YET UNIFIED DIVIDED YET UNIFIED
DIVIDED YET UNIFIED DIVIDED YET UNIFIED
DIVIDED YET UNIFIED DIVIDED YET UNIFIED
DIVIDED YET UNIFIED DIVIDED YET UNIFIED
DIVIDED YET UNIFIED DIVIDED YET UNIFIED
DIVIDED YET UNIFIED DIVIDED YET UNIFIED
DIVIDED YET UNIFIED DIVIDED YET UNIFIED
DIVIDED YET UNIFIED DIVIDED YET UNIFIED
DIVIDED YET UNIFIED DIVIDED YET UNIFIED
DIVIDED YET UNIFIED DIVIDED YET UNIFIED
DIVIDED YET UNIFIED DIVIDED YET UNIFIED
DIVIDED YET UNIFIED DIVIDED YET UNIFIED
DIVIDED YET UNIFIED DIVIDED YET UNIFIED
DIVIDED YET UNIFIED DIVIDED YET UNIFIED
DIVIDED YET UNIFIED DIVIDED YET UNIFIED
DIVIDED YET UNIFIED DIVIDED YET UNIFIED
DIVIDED YET UNIFIED DIVIDED YET UNIFIED

DIVIDED YET UNIFIED DIVIDED YET UNIFIED
DIVIDED YET UNIFIED DIVIDED YET UNIFIED
DIVIDED YET UNIFIED DIVIDED YET UNIFIED
DIVIDED YET UNIFIED DIVIDED YET UNIFIED
DIVIDED YET UNIFIED DIVIDED YET UNIFIED
DIVIDED YET UNIFIED DIVIDED YET UNIFIED
DIVIDED YET UNIFIED DIVIDED YET UNIFIED
DIVIDED YET UNIFIED DIVIDED YET UNIFIED
DIVIDED YET UNIFIED DIVIDED YET UNIFIED
DIVIDED YET UNIFIED DIVIDED YET UNIFIED
DIVIDED YET UNIFIED DIVIDED YET UNIFIED
DIVIDED YET UNIFIED DIVIDED YET UNIFIED
DIVIDED YET UNIFIED DIVIDED YET UNIFIED
DIVIDED YET UNIFIED DIVIDED YET UNIFIED
DIVIDED YET UNIFIED DIVIDED YET UNIFIED
DIVIDED YET UNIFIED DIVIDED YET UNIFIED
DIVIDED YET UNIFIED DIVIDED YET UNIFIED
DIVIDED YET UNIFIED DIVIDED YET UNIFIED
DIVIDED YET UNIFIED DIVIDED YET UNIFIED
DIVIDED YET UNIFIED DIVIDED YET UNIFIED
DIVIDED YET UNIFIED DIVIDED YET UNIFIED
DIVIDED YET UNIFIED DIVIDED YET UNIFIED
DIVIDED YET UNIFIED DIVIDED YET UNIFIED
DIVIDED YET UNIFIED DIVIDED YET UNIFIED
DIVIDED YET UNIFIED DIVIDED YET UNIFIED
DIVIDED YET UNIFIED DIVIDED YET UNIFIED
DIVIDED YET UNIFIED DIVIDED YET UNIFIED
DIVIDED YET UNIFIED DIVIDED YET UNIFIED
DIVIDED YET UNIFIED DIVIDED YET UNIFIED
DIVIDED YET UNIFIED DIVIDED YET UNIFIED
DIVIDED YET UNIFIED DIVIDED YET UNIFIED
DIVIDED YET UNIFIED DIVIDED YET UNIFIED
DIVIDED YET UNIFIED DIVIDED YET UNIFIED
DIVIDED YET UNIFIED DIVIDED YET UNIFIED
DIVIDED YET UNIFIED DIVIDED YET UNIFIED
DIVIDED YET UNIFIED DIVIDED YET UNIFIED
DIVIDED YET UNIFIED DIVIDED YET UNIFIED
DIVIDED YET UNIFIED DIVIDED YET UNIFIED
DIVIDED YET UNIFIED DIVIDED YET UNIFIED
DIVIDED YET UNIFIED DIVIDED YET UNIFIED
DIVIDED YET UNIFIED DIVIDED YET UNIFIED
DIVIDED YET UNIFIED DIVIDED YET UNIFIED

DIVIDED YET UNIFIED DIVIDED YET UNIFIED
DIVIDED YET UNIFIED DIVIDED YET UNIFIED
DIVIDED YET UNIFIED DIVIDED YET UNIFIED
DIVIDED YET UNIFIED DIVIDED YET UNIFIED
DIVIDED YET UNIFIED DIVIDED YET UNIFIED
DIVIDED YET UNIFIED DIVIDED YET UNIFIED
DIVIDED YET UNIFIED DIVIDED YET UNIFIED
DIVIDED YET UNIFIED DIVIDED YET UNIFIED
DIVIDED YET UNIFIED DIVIDED YET UNIFIED
DIVIDED YET UNIFIED DIVIDED YET UNIFIED
DIVIDED YET UNIFIED DIVIDED YET UNIFIED
DIVIDED YET UNIFIED DIVIDED YET UNIFIED
DIVIDED YET UNIFIED DIVIDED YET UNIFIED
DIVIDED YET UNIFIED DIVIDED YET UNIFIED
DIVIDED YET UNIFIED DIVIDED YET UNIFIED
DIVIDED YET UNIFIED DIVIDED YET UNIFIED
DIVIDED YET UNIFIED DIVIDED YET UNIFIED
DIVIDED YET UNIFIED DIVIDED YET UNIFIED
DIVIDED YET UNIFIED DIVIDED YET UNIFIED
DIVIDED YET UNIFIED DIVIDED YET UNIFIED
DIVIDED YET UNIFIED DIVIDED YET UNIFIED
DIVIDED YET UNIFIED DIVIDED YET UNIFIED
DIVIDED YET UNIFIED DIVIDED YET UNIFIED
DIVIDED YET UNIFIED DIVIDED YET UNIFIED
DIVIDED YET UNIFIED DIVIDED YET UNIFIED
DIVIDED YET UNIFIED DIVIDED YET UNIFIED
DIVIDED YET UNIFIED DIVIDED YET UNIFIED
DIVIDED YET UNIFIED DIVIDED YET UNIFIED
DIVIDED YET UNIFIED DIVIDED YET UNIFIED
DIVIDED YET UNIFIED DIVIDED YET UNIFIED
DIVIDED YET UNIFIED DIVIDED YET UNIFIED
DIVIDED YET UNIFIED DIVIDED YET UNIFIED
DIVIDED YET UNIFIED DIVIDED YET UNIFIED
DIVIDED YET UNIFIED DIVIDED YET UNIFIED
DIVIDED YET UNIFIED DIVIDED YET UNIFIED
DIVIDED YET UNIFIED DIVIDED YET UNIFIED
DIVIDED YET UNIFIED DIVIDED YET UNIFIED
DIVIDED YET UNIFIED DIVIDED YET UNIFIED
DIVIDED YET UNIFIED DIVIDED YET UNIFIED
DIVIDED YET UNIFIED DIVIDED YET UNIFIED
DIVIDED YET UNIFIED DIVIDED YET UNIFIED
DIVIDED YET UNIFIED DIVIDED YET UNIFIED
DIVIDED YET UNIFIED DIVIDED YET UNIFIED
DIVIDED YET UNIFIED DIVIDED YET UNIFIED

DIVIDED YET UNIFIED DIVIDED YET UNIFIED
DIVIDED YET UNIFIED DIVIDED YET UNIFIED
DIVIDED YET UNIFIED DIVIDED YET UNIFIED
DIVIDED YET UNIFIED DIVIDED YET UNIFIED
DIVIDED YET UNIFIED DIVIDED YET UNIFIED
DIVIDED YET UNIFIED DIVIDED YET UNIFIED
DIVIDED YET UNIFIED DIVIDED YET UNIFIED
DIVIDED YET UNIFIED DIVIDED YET UNIFIED
DIVIDED YET UNIFIED DIVIDED YET UNIFIED
DIVIDED YET UNIFIED DIVIDED YET UNIFIED
DIVIDED YET UNIFIED DIVIDED YET UNIFIED
DIVIDED YET UNIFIED DIVIDED YET UNIFIED
DIVIDED YET UNIFIED DIVIDED YET UNIFIED
DIVIDED YET UNIFIED DIVIDED YET UNIFIED
DIVIDED YET UNIFIED DIVIDED YET UNIFIED
DIVIDED YET UNIFIED DIVIDED YET UNIFIED
DIVIDED YET UNIFIED DIVIDED YET UNIFIED
DIVIDED YET UNIFIED DIVIDED YET UNIFIED
DIVIDED YET UNIFIED DIVIDED YET UNIFIED
DIVIDED YET UNIFIED DIVIDED YET UNIFIED
DIVIDED YET UNIFIED DIVIDED YET UNIFIED
DIVIDED YET UNIFIED DIVIDED YET UNIFIED
DIVIDED YET UNIFIED DIVIDED YET UNIFIED
DIVIDED YET UNIFIED DIVIDED YET UNIFIED
DIVIDED YET UNIFIED DIVIDED YET UNIFIED
DIVIDED YET UNIFIED DIVIDED YET UNIFIED
DIVIDED YET UNIFIED DIVIDED YET UNIFIED
DIVIDED YET UNIFIED DIVIDED YET UNIFIED
DIVIDED YET UNIFIED DIVIDED YET UNIFIED
DIVIDED YET UNIFIED DIVIDED YET UNIFIED
DIVIDED YET UNIFIED DIVIDED YET UNIFIED
DIVIDED YET UNIFIED DIVIDED YET UNIFIED
DIVIDED YET UNIFIED DIVIDED YET UNIFIED
DIVIDED YET UNIFIED DIVIDED YET UNIFIED
DIVIDED YET UNIFIED DIVIDED YET UNIFIED
DIVIDED YET UNIFIED DIVIDED YET UNIFIED
DIVIDED YET UNIFIED DIVIDED YET UNIFIED
DIVIDED YET UNIFIED DIVIDED YET UNIFIED
DIVIDED YET UNIFIED DIVIDED YET UNIFIED
DIVIDED YET UNIFIED DIVIDED YET UNIFIED

DIVIDED YET UNIFIED DIVIDED YET UNIFIED
DIVIDED YET UNIFIED DIVIDED YET UNIFIED
DIVIDED YET UNIFIED DIVIDED YET UNIFIED
DIVIDED YET UNIFIED DIVIDED YET UNIFIED
DIVIDED YET UNIFIED DIVIDED YET UNIFIED
DIVIDED YET UNIFIED DIVIDED YET UNIFIED
DIVIDED YET UNIFIED DIVIDED YET UNIFIED
DIVIDED YET UNIFIED DIVIDED YET UNIFIED
DIVIDED YET UNIFIED DIVIDED YET UNIFIED
DIVIDED YET UNIFIED DIVIDED YET UNIFIED
DIVIDED YET UNIFIED DIVIDED YET UNIFIED
DIVIDED YET UNIFIED DIVIDED YET UNIFIED
DIVIDED YET UNIFIED DIVIDED YET UNIFIED
DIVIDED YET UNIFIED DIVIDED YET UNIFIED
DIVIDED YET UNIFIED DIVIDED YET UNIFIED
DIVIDED YET UNIFIED DIVIDED YET UNIFIED
DIVIDED YET UNIFIED DIVIDED YET UNIFIED
DIVIDED YET UNIFIED DIVIDED YET UNIFIED
DIVIDED YET UNIFIED DIVIDED YET UNIFIED
DIVIDED YET UNIFIED DIVIDED YET UNIFIED
DIVIDED YET UNIFIED DIVIDED YET UNIFIED
DIVIDED YET UNIFIED DIVIDED YET UNIFIED
DIVIDED YET UNIFIED DIVIDED YET UNIFIED
DIVIDED YET UNIFIED DIVIDED YET UNIFIED
DIVIDED YET UNIFIED DIVIDED YET UNIFIED
DIVIDED YET UNIFIED DIVIDED YET UNIFIED
DIVIDED YET UNIFIED DIVIDED YET UNIFIED
DIVIDED YET UNIFIED DIVIDED YET UNIFIED
DIVIDED YET UNIFIED DIVIDED YET UNIFIED
DIVIDED YET UNIFIED DIVIDED YET UNIFIED
DIVIDED YET UNIFIED DIVIDED YET UNIFIED
DIVIDED YET UNIFIED DIVIDED YET UNIFIED
DIVIDED YET UNIFIED DIVIDED YET UNIFIED
DIVIDED YET UNIFIED DIVIDED YET UNIFIED
DIVIDED YET UNIFIED DIVIDED YET UNIFIED
DIVIDED YET UNIFIED DIVIDED YET UNIFIED
DIVIDED YET UNIFIED DIVIDED YET UNIFIED
DIVIDED YET UNIFIED DIVIDED YET UNIFIED
DIVIDED YET UNIFIED DIVIDED YET UNIFIED
DIVIDED YET UNIFIED DIVIDED YET UNIFIED
DIVIDED YET UNIFIED DIVIDED YET UNIFIED
DIVIDED YET UNIFIED DIVIDED YET UNIFIED
DIVIDED YET UNIFIED DIVIDED YET UNIFIED
DIVIDED YET UNIFIED DIVIDED YET UNIFIED
DIVIDED YET UNIFIED DIVIDED YET UNIFIED

DIVIDED YET UNIFIED DIVIDED YET UNIFIED
DIVIDED YET UNIFIED DIVIDED YET UNIFIED
DIVIDED YET UNIFIED DIVIDED YET UNIFIED
DIVIDED YET UNIFIED DIVIDED YET UNIFIED
DIVIDED YET UNIFIED DIVIDED YET UNIFIED
DIVIDED YET UNIFIED DIVIDED YET UNIFIED
DIVIDED YET UNIFIED DIVIDED YET UNIFIED
DIVIDED YET UNIFIED DIVIDED YET UNIFIED
DIVIDED YET UNIFIED DIVIDED YET UNIFIED
DIVIDED YET UNIFIED DIVIDED YET UNIFIED
DIVIDED YET UNIFIED DIVIDED YET UNIFIED
DIVIDED YET UNIFIED DIVIDED YET UNIFIED
DIVIDED YET UNIFIED DIVIDED YET UNIFIED
DIVIDED YET UNIFIED DIVIDED YET UNIFIED
DIVIDED YET UNIFIED DIVIDED YET UNIFIED
DIVIDED YET UNIFIED DIVIDED YET UNIFIED
DIVIDED YET UNIFIED DIVIDED YET UNIFIED
DIVIDED YET UNIFIED DIVIDED YET UNIFIED
DIVIDED YET UNIFIED DIVIDED YET UNIFIED
DIVIDED YET UNIFIED DIVIDED YET UNIFIED
DIVIDED YET UNIFIED DIVIDED YET UNIFIED
DIVIDED YET UNIFIED DIVIDED YET UNIFIED
DIVIDED YET UNIFIED DIVIDED YET UNIFIED
DIVIDED YET UNIFIED DIVIDED YET UNIFIED
DIVIDED YET UNIFIED DIVIDED YET UNIFIED
DIVIDED YET UNIFIED DIVIDED YET UNIFIED
DIVIDED YET UNIFIED DIVIDED YET UNIFIED
DIVIDED YET UNIFIED DIVIDED YET UNIFIED
DIVIDED YET UNIFIED DIVIDED YET UNIFIED
DIVIDED YET UNIFIED DIVIDED YET UNIFIED
DIVIDED YET UNIFIED DIVIDED YET UNIFIED
DIVIDED YET UNIFIED DIVIDED YET UNIFIED
DIVIDED YET UNIFIED DIVIDED YET UNIFIED
DIVIDED YET UNIFIED DIVIDED YET UNIFIED
DIVIDED YET UNIFIED DIVIDED YET UNIFIED
DIVIDED YET UNIFIED DIVIDED YET UNIFIED
DIVIDED YET UNIFIED DIVIDED YET UNIFIED
DIVIDED YET UNIFIED DIVIDED YET UNIFIED
DIVIDED YET UNIFIED DIVIDED YET UNIFIED
DIVIDED YET UNIFIED DIVIDED YET UNIFIED
DIVIDED YET UNIFIED DIVIDED YET UNIFIED
DIVIDED YET UNIFIED DIVIDED YET UNIFIED
DIVIDED YET UNIFIED DIVIDED YET UNIFIED
DIVIDED YET UNIFIED DIVIDED YET UNIFIED
DIVIDED YET UNIFIED DIVIDED YET UNIFIED
DIVIDED YET UNIFIED DIVIDED YET UNIFIED

DIVIDED YET UNIFIED DIVIDED YET UNIFIED
DIVIDED YET UNIFIED DIVIDED YET UNIFIED
DIVIDED YET UNIFIED DIVIDED YET UNIFIED
DIVIDED YET UNIFIED DIVIDED YET UNIFIED
DIVIDED YET UNIFIED DIVIDED YET UNIFIED
DIVIDED YET UNIFIED DIVIDED YET UNIFIED
DIVIDED YET UNIFIED DIVIDED YET UNIFIED
DIVIDED YET UNIFIED DIVIDED YET UNIFIED
DIVIDED YET UNIFIED DIVIDED YET UNIFIED
DIVIDED YET UNIFIED DIVIDED YET UNIFIED
DIVIDED YET UNIFIED DIVIDED YET UNIFIED
DIVIDED YET UNIFIED DIVIDED YET UNIFIED
DIVIDED YET UNIFIED DIVIDED YET UNIFIED
DIVIDED YET UNIFIED DIVIDED YET UNIFIED
DIVIDED YET UNIFIED DIVIDED YET UNIFIED
DIVIDED YET UNIFIED DIVIDED YET UNIFIED
DIVIDED YET UNIFIED DIVIDED YET UNIFIED
DIVIDED YET UNIFIED DIVIDED YET UNIFIED
DIVIDED YET UNIFIED DIVIDED YET UNIFIED
DIVIDED YET UNIFIED DIVIDED YET UNIFIED
DIVIDED YET UNIFIED DIVIDED YET UNIFIED
DIVIDED YET UNIFIED DIVIDED YET UNIFIED
DIVIDED YET UNIFIED DIVIDED YET UNIFIED
DIVIDED YET UNIFIED DIVIDED YET UNIFIED
DIVIDED YET UNIFIED DIVIDED YET UNIFIED
DIVIDED YET UNIFIED DIVIDED YET UNIFIED
DIVIDED YET UNIFIED DIVIDED YET UNIFIED
DIVIDED YET UNIFIED DIVIDED YET UNIFIED
DIVIDED YET UNIFIED DIVIDED YET UNIFIED
DIVIDED YET UNIFIED DIVIDED YET UNIFIED
DIVIDED YET UNIFIED DIVIDED YET UNIFIED
DIVIDED YET UNIFIED DIVIDED YET UNIFIED
DIVIDED YET UNIFIED DIVIDED YET UNIFIED
DIVIDED YET UNIFIED DIVIDED YET UNIFIED
DIVIDED YET UNIFIED DIVIDED YET UNIFIED
DIVIDED YET UNIFIED DIVIDED YET UNIFIED
DIVIDED YET UNIFIED DIVIDED YET UNIFIED
DIVIDED YET UNIFIED DIVIDED YET UNIFIED
DIVIDED YET UNIFIED DIVIDED YET UNIFIED
DIVIDED YET UNIFIED DIVIDED YET UNIFIED
DIVIDED YET UNIFIED DIVIDED YET UNIFIED
DIVIDED YET UNIFIED DIVIDED YET UNIFIED
DIVIDED YET UNIFIED DIVIDED YET UNIFIED
DIVIDED YET UNIFIED DIVIDED YET UNIFIED

DIVIDED YET UNIFIED DIVIDED YET UNIFIED
DIVIDED YET UNIFIED DIVIDED YET UNIFIED
DIVIDED YET UNIFIED DIVIDED YET UNIFIED
DIVIDED YET UNIFIED DIVIDED YET UNIFIED
DIVIDED YET UNIFIED DIVIDED YET UNIFIED
DIVIDED YET UNIFIED DIVIDED YET UNIFIED
DIVIDED YET UNIFIED DIVIDED YET UNIFIED
DIVIDED YET UNIFIED DIVIDED YET UNIFIED
DIVIDED YET UNIFIED DIVIDED YET UNIFIED
DIVIDED YET UNIFIED DIVIDED YET UNIFIED
DIVIDED YET UNIFIED DIVIDED YET UNIFIED
DIVIDED YET UNIFIED DIVIDED YET UNIFIED
DIVIDED YET UNIFIED DIVIDED YET UNIFIED
DIVIDED YET UNIFIED DIVIDED YET UNIFIED
DIVIDED YET UNIFIED DIVIDED YET UNIFIED
DIVIDED YET UNIFIED DIVIDED YET UNIFIED
DIVIDED YET UNIFIED DIVIDED YET UNIFIED
DIVIDED YET UNIFIED DIVIDED YET UNIFIED
DIVIDED YET UNIFIED DIVIDED YET UNIFIED
DIVIDED YET UNIFIED DIVIDED YET UNIFIED
DIVIDED YET UNIFIED DIVIDED YET UNIFIED
DIVIDED YET UNIFIED DIVIDED YET UNIFIED
DIVIDED YET UNIFIED DIVIDED YET UNIFIED
DIVIDED YET UNIFIED DIVIDED YET UNIFIED
DIVIDED YET UNIFIED DIVIDED YET UNIFIED
DIVIDED YET UNIFIED DIVIDED YET UNIFIED
DIVIDED YET UNIFIED DIVIDED YET UNIFIED
DIVIDED YET UNIFIED DIVIDED YET UNIFIED
DIVIDED YET UNIFIED DIVIDED YET UNIFIED
DIVIDED YET UNIFIED DIVIDED YET UNIFIED
DIVIDED YET UNIFIED DIVIDED YET UNIFIED
DIVIDED YET UNIFIED DIVIDED YET UNIFIED
DIVIDED YET UNIFIED DIVIDED YET UNIFIED
DIVIDED YET UNIFIED DIVIDED YET UNIFIED
DIVIDED YET UNIFIED DIVIDED YET UNIFIED
DIVIDED YET UNIFIED DIVIDED YET UNIFIED
DIVIDED YET UNIFIED DIVIDED YET UNIFIED
DIVIDED YET UNIFIED DIVIDED YET UNIFIED
DIVIDED YET UNIFIED DIVIDED YET UNIFIED
DIVIDED YET UNIFIED DIVIDED YET UNIFIED
DIVIDED YET UNIFIED DIVIDED YET UNIFIED
DIVIDED YET UNIFIED DIVIDED YET UNIFIED
DIVIDED YET UNIFIED DIVIDED YET UNIFIED
DIVIDED YET UNIFIED DIVIDED YET UNIFIED
DIVIDED YET UNIFIED DIVIDED YET UNIFIED
DIVIDED YET UNIFIED DIVIDED YET UNIFIED
DIVIDED YET UNIFIED DIVIDED YET UNIFIED

DIVIDED YET UNIFIED DIVIDED YET UNIFIED
DIVIDED YET UNIFIED DIVIDED YET UNIFIED
DIVIDED YET UNIFIED DIVIDED YET UNIFIED
DIVIDED YET UNIFIED DIVIDED YET UNIFIED
DIVIDED YET UNIFIED DIVIDED YET UNIFIED
DIVIDED YET UNIFIED DIVIDED YET UNIFIED
DIVIDED YET UNIFIED DIVIDED YET UNIFIED
DIVIDED YET UNIFIED DIVIDED YET UNIFIED
DIVIDED YET UNIFIED DIVIDED YET UNIFIED
DIVIDED YET UNIFIED DIVIDED YET UNIFIED
DIVIDED YET UNIFIED DIVIDED YET UNIFIED
DIVIDED YET UNIFIED DIVIDED YET UNIFIED
DIVIDED YET UNIFIED DIVIDED YET UNIFIED
DIVIDED YET UNIFIED DIVIDED YET UNIFIED
DIVIDED YET UNIFIED DIVIDED YET UNIFIED
DIVIDED YET UNIFIED DIVIDED YET UNIFIED
DIVIDED YET UNIFIED DIVIDED YET UNIFIED
DIVIDED YET UNIFIED DIVIDED YET UNIFIED
DIVIDED YET UNIFIED DIVIDED YET UNIFIED
DIVIDED YET UNIFIED DIVIDED YET UNIFIED
DIVIDED YET UNIFIED DIVIDED YET UNIFIED
DIVIDED YET UNIFIED DIVIDED YET UNIFIED
DIVIDED YET UNIFIED DIVIDED YET UNIFIED
DIVIDED YET UNIFIED DIVIDED YET UNIFIED
DIVIDED YET UNIFIED DIVIDED YET UNIFIED
DIVIDED YET UNIFIED DIVIDED YET UNIFIED
DIVIDED YET UNIFIED DIVIDED YET UNIFIED
DIVIDED YET UNIFIED DIVIDED YET UNIFIED
DIVIDED YET UNIFIED DIVIDED YET UNIFIED
DIVIDED YET UNIFIED DIVIDED YET UNIFIED
DIVIDED YET UNIFIED DIVIDED YET UNIFIED
DIVIDED YET UNIFIED DIVIDED YET UNIFIED
DIVIDED YET UNIFIED DIVIDED YET UNIFIED
DIVIDED YET UNIFIED DIVIDED YET UNIFIED
DIVIDED YET UNIFIED DIVIDED YET UNIFIED
DIVIDED YET UNIFIED DIVIDED YET UNIFIED
DIVIDED YET UNIFIED DIVIDED YET UNIFIED
DIVIDED YET UNIFIED DIVIDED YET UNIFIED
DIVIDED YET UNIFIED DIVIDED YET UNIFIED
DIVIDED YET UNIFIED DIVIDED YET UNIFIED
DIVIDED YET UNIFIED DIVIDED YET UNIFIED
DIVIDED YET UNIFIED DIVIDED YET UNIFIED
DIVIDED YET UNIFIED DIVIDED YET UNIFIED
DIVIDED YET UNIFIED DIVIDED YET UNIFIED
DIVIDED YET UNIFIED DIVIDED YET UNIFIED
DIVIDED YET UNIFIED DIVIDED YET UNIFIED
DIVIDED YET UNIFIED DIVIDED YET UNIFIED
DIVIDED YET UNIFIED DIVIDED YET UNIFIED
DIVIDED YET UNIFIED DIVIDED YET UNIFIED
DIVIDED YET UNIFIED DIVIDED YET UNIFIED
DIVIDED YET UNIFIED DIVIDED YET UNIFIED

DIVIDED YET UNIFIED DIVIDED YET UNIFIED
DIVIDED YET UNIFIED DIVIDED YET UNIFIED
DIVIDED YET UNIFIED DIVIDED YET UNIFIED
DIVIDED YET UNIFIED DIVIDED YET UNIFIED
DIVIDED YET UNIFIED DIVIDED YET UNIFIED
DIVIDED YET UNIFIED DIVIDED YET UNIFIED
DIVIDED YET UNIFIED DIVIDED YET UNIFIED
DIVIDED YET UNIFIED DIVIDED YET UNIFIED
DIVIDED YET UNIFIED DIVIDED YET UNIFIED
DIVIDED YET UNIFIED DIVIDED YET UNIFIED
DIVIDED YET UNIFIED DIVIDED YET UNIFIED
DIVIDED YET UNIFIED DIVIDED YET UNIFIED
DIVIDED YET UNIFIED DIVIDED YET UNIFIED
DIVIDED YET UNIFIED DIVIDED YET UNIFIED
DIVIDED YET UNIFIED DIVIDED YET UNIFIED
DIVIDED YET UNIFIED DIVIDED YET UNIFIED
DIVIDED YET UNIFIED DIVIDED YET UNIFIED
DIVIDED YET UNIFIED DIVIDED YET UNIFIED
DIVIDED YET UNIFIED DIVIDED YET UNIFIED
DIVIDED YET UNIFIED DIVIDED YET UNIFIED
DIVIDED YET UNIFIED DIVIDED YET UNIFIED
DIVIDED YET UNIFIED DIVIDED YET UNIFIED
DIVIDED YET UNIFIED DIVIDED YET UNIFIED
DIVIDED YET UNIFIED DIVIDED YET UNIFIED
DIVIDED YET UNIFIED DIVIDED YET UNIFIED
DIVIDED YET UNIFIED DIVIDED YET UNIFIED
DIVIDED YET UNIFIED DIVIDED YET UNIFIED
DIVIDED YET UNIFIED DIVIDED YET UNIFIED
DIVIDED YET UNIFIED DIVIDED YET UNIFIED
DIVIDED YET UNIFIED DIVIDED YET UNIFIED
DIVIDED YET UNIFIED DIVIDED YET UNIFIED
DIVIDED YET UNIFIED DIVIDED YET UNIFIED
DIVIDED YET UNIFIED DIVIDED YET UNIFIED
DIVIDED YET UNIFIED DIVIDED YET UNIFIED
DIVIDED YET UNIFIED DIVIDED YET UNIFIED
DIVIDED YET UNIFIED DIVIDED YET UNIFIED
DIVIDED YET UNIFIED DIVIDED YET UNIFIED
DIVIDED YET UNIFIED DIVIDED YET UNIFIED
DIVIDED YET UNIFIED DIVIDED YET UNIFIED
DIVIDED YET UNIFIED DIVIDED YET UNIFIED
DIVIDED YET UNIFIED DIVIDED YET UNIFIED
DIVIDED YET UNIFIED DIVIDED YET UNIFIED

DIVIDED YET UNIFIED DIVIDED YET UNIFIED
DIVIDED YET UNIFIED DIVIDED YET UNIFIED
DIVIDED YET UNIFIED DIVIDED YET UNIFIED
DIVIDED YET UNIFIED DIVIDED YET UNIFIED
DIVIDED YET UNIFIED DIVIDED YET UNIFIED
DIVIDED YET UNIFIED DIVIDED YET UNIFIED
DIVIDED YET UNIFIED DIVIDED YET UNIFIED
DIVIDED YET UNIFIED DIVIDED YET UNIFIED
DIVIDED YET UNIFIED DIVIDED YET UNIFIED
DIVIDED YET UNIFIED DIVIDED YET UNIFIED
DIVIDED YET UNIFIED DIVIDED YET UNIFIED
DIVIDED YET UNIFIED DIVIDED YET UNIFIED
DIVIDED YET UNIFIED DIVIDED YET UNIFIED
DIVIDED YET UNIFIED DIVIDED YET UNIFIED
DIVIDED YET UNIFIED DIVIDED YET UNIFIED
DIVIDED YET UNIFIED DIVIDED YET UNIFIED
DIVIDED YET UNIFIED DIVIDED YET UNIFIED
DIVIDED YET UNIFIED DIVIDED YET UNIFIED
DIVIDED YET UNIFIED DIVIDED YET UNIFIED
DIVIDED YET UNIFIED DIVIDED YET UNIFIED
DIVIDED YET UNIFIED DIVIDED YET UNIFIED
DIVIDED YET UNIFIED DIVIDED YET UNIFIED
DIVIDED YET UNIFIED DIVIDED YET UNIFIED
DIVIDED YET UNIFIED DIVIDED YET UNIFIED
DIVIDED YET UNIFIED DIVIDED YET UNIFIED
DIVIDED YET UNIFIED DIVIDED YET UNIFIED
DIVIDED YET UNIFIED DIVIDED YET UNIFIED
DIVIDED YET UNIFIED DIVIDED YET UNIFIED
DIVIDED YET UNIFIED DIVIDED YET UNIFIED
DIVIDED YET UNIFIED DIVIDED YET UNIFIED
DIVIDED YET UNIFIED DIVIDED YET UNIFIED
DIVIDED YET UNIFIED DIVIDED YET UNIFIED
DIVIDED YET UNIFIED DIVIDED YET UNIFIED
DIVIDED YET UNIFIED DIVIDED YET UNIFIED
DIVIDED YET UNIFIED DIVIDED YET UNIFIED
DIVIDED YET UNIFIED DIVIDED YET UNIFIED
DIVIDED YET UNIFIED DIVIDED YET UNIFIED
DIVIDED YET UNIFIED DIVIDED YET UNIFIED
DIVIDED YET UNIFIED DIVIDED YET UNIFIED
DIVIDED YET UNIFIED DIVIDED YET UNIFIED
DIVIDED YET UNIFIED DIVIDED YET UNIFIED
DIVIDED YET UNIFIED DIVIDED YET UNIFIED

DIVIDED YET UNIFIED DIVIDED YET UNIFIED
DIVIDED YET UNIFIED DIVIDED YET UNIFIED
DIVIDED YET UNIFIED DIVIDED YET UNIFIED
DIVIDED YET UNIFIED DIVIDED YET UNIFIED
DIVIDED YET UNIFIED DIVIDED YET UNIFIED
DIVIDED YET UNIFIED DIVIDED YET UNIFIED
DIVIDED YET UNIFIED DIVIDED YET UNIFIED
DIVIDED YET UNIFIED DIVIDED YET UNIFIED
DIVIDED YET UNIFIED DIVIDED YET UNIFIED
DIVIDED YET UNIFIED DIVIDED YET UNIFIED
DIVIDED YET UNIFIED DIVIDED YET UNIFIED
DIVIDED YET UNIFIED DIVIDED YET UNIFIED
DIVIDED YET UNIFIED DIVIDED YET UNIFIED
DIVIDED YET UNIFIED DIVIDED YET UNIFIED
DIVIDED YET UNIFIED DIVIDED YET UNIFIED
DIVIDED YET UNIFIED DIVIDED YET UNIFIED
DIVIDED YET UNIFIED DIVIDED YET UNIFIED
DIVIDED YET UNIFIED DIVIDED YET UNIFIED
DIVIDED YET UNIFIED DIVIDED YET UNIFIED
DIVIDED YET UNIFIED DIVIDED YET UNIFIED
DIVIDED YET UNIFIED DIVIDED YET UNIFIED
DIVIDED YET UNIFIED DIVIDED YET UNIFIED
DIVIDED YET UNIFIED DIVIDED YET UNIFIED
DIVIDED YET UNIFIED DIVIDED YET UNIFIED
DIVIDED YET UNIFIED DIVIDED YET UNIFIED
DIVIDED YET UNIFIED DIVIDED YET UNIFIED
DIVIDED YET UNIFIED DIVIDED YET UNIFIED
DIVIDED YET UNIFIED DIVIDED YET UNIFIED
DIVIDED YET UNIFIED DIVIDED YET UNIFIED
DIVIDED YET UNIFIED DIVIDED YET UNIFIED
DIVIDED YET UNIFIED DIVIDED YET UNIFIED
DIVIDED YET UNIFIED DIVIDED YET UNIFIED
DIVIDED YET UNIFIED DIVIDED YET UNIFIED
DIVIDED YET UNIFIED DIVIDED YET UNIFIED
DIVIDED YET UNIFIED DIVIDED YET UNIFIED
DIVIDED YET UNIFIED DIVIDED YET UNIFIED
DIVIDED YET UNIFIED DIVIDED YET UNIFIED
DIVIDED YET UNIFIED DIVIDED YET UNIFIED
DIVIDED YET UNIFIED DIVIDED YET UNIFIED
DIVIDED YET UNIFIED DIVIDED YET UNIFIED
DIVIDED YET UNIFIED DIVIDED YET UNIFIED
DIVIDED YET UNIFIED DIVIDED YET UNIFIED
DIVIDED YET UNIFIED DIVIDED YET UNIFIED
DIVIDED YET UNIFIED DIVIDED YET UNIFIED

DIVIDED YET UNIFIED DIVIDED YET UNIFIED
DIVIDED YET UNIFIED DIVIDED YET UNIFIED
DIVIDED YET UNIFIED DIVIDED YET UNIFIED
DIVIDED YET UNIFIED DIVIDED YET UNIFIED
DIVIDED YET UNIFIED DIVIDED YET UNIFIED
DIVIDED YET UNIFIED DIVIDED YET UNIFIED
DIVIDED YET UNIFIED DIVIDED YET UNIFIED
DIVIDED YET UNIFIED DIVIDED YET UNIFIED
DIVIDED YET UNIFIED DIVIDED YET UNIFIED
DIVIDED YET UNIFIED DIVIDED YET UNIFIED
DIVIDED YET UNIFIED DIVIDED YET UNIFIED
DIVIDED YET UNIFIED DIVIDED YET UNIFIED
DIVIDED YET UNIFIED DIVIDED YET UNIFIED
DIVIDED YET UNIFIED DIVIDED YET UNIFIED
DIVIDED YET UNIFIED DIVIDED YET UNIFIED
DIVIDED YET UNIFIED DIVIDED YET UNIFIED
DIVIDED YET UNIFIED DIVIDED YET UNIFIED
DIVIDED YET UNIFIED DIVIDED YET UNIFIED
DIVIDED YET UNIFIED DIVIDED YET UNIFIED
DIVIDED YET UNIFIED DIVIDED YET UNIFIED
DIVIDED YET UNIFIED DIVIDED YET UNIFIED
DIVIDED YET UNIFIED DIVIDED YET UNIFIED
DIVIDED YET UNIFIED DIVIDED YET UNIFIED
DIVIDED YET UNIFIED DIVIDED YET UNIFIED
DIVIDED YET UNIFIED DIVIDED YET UNIFIED
DIVIDED YET UNIFIED DIVIDED YET UNIFIED
DIVIDED YET UNIFIED DIVIDED YET UNIFIED
DIVIDED YET UNIFIED DIVIDED YET UNIFIED
DIVIDED YET UNIFIED DIVIDED YET UNIFIED
DIVIDED YET UNIFIED DIVIDED YET UNIFIED
DIVIDED YET UNIFIED DIVIDED YET UNIFIED
DIVIDED YET UNIFIED DIVIDED YET UNIFIED
DIVIDED YET UNIFIED DIVIDED YET UNIFIED
DIVIDED YET UNIFIED DIVIDED YET UNIFIED
DIVIDED YET UNIFIED DIVIDED YET UNIFIED
DIVIDED YET UNIFIED DIVIDED YET UNIFIED
DIVIDED YET UNIFIED DIVIDED YET UNIFIED
DIVIDED YET UNIFIED DIVIDED YET UNIFIED
DIVIDED YET UNIFIED DIVIDED YET UNIFIED
DIVIDED YET UNIFIED DIVIDED YET UNIFIED
DIVIDED YET UNIFIED DIVIDED YET UNIFIED
DIVIDED YET UNIFIED DIVIDED YET UNIFIED
DIVIDED YET UNIFIED DIVIDED YET UNIFIED
DIVIDED YET UNIFIED DIVIDED YET UNIFIED

DIVIDED YET UNIFIED DIVIDED YET UNIFIED
DIVIDED YET UNIFIED DIVIDED YET UNIFIED
DIVIDED YET UNIFIED DIVIDED YET UNIFIED
DIVIDED YET UNIFIED DIVIDED YET UNIFIED
DIVIDED YET UNIFIED DIVIDED YET UNIFIED
DIVIDED YET UNIFIED DIVIDED YET UNIFIED
DIVIDED YET UNIFIED DIVIDED YET UNIFIED
DIVIDED YET UNIFIED DIVIDED YET UNIFIED
DIVIDED YET UNIFIED DIVIDED YET UNIFIED
DIVIDED YET UNIFIED DIVIDED YET UNIFIED
DIVIDED YET UNIFIED DIVIDED YET UNIFIED
DIVIDED YET UNIFIED DIVIDED YET UNIFIED
DIVIDED YET UNIFIED DIVIDED YET UNIFIED
DIVIDED YET UNIFIED DIVIDED YET UNIFIED
DIVIDED YET UNIFIED DIVIDED YET UNIFIED
DIVIDED YET UNIFIED DIVIDED YET UNIFIED
DIVIDED YET UNIFIED DIVIDED YET UNIFIED
DIVIDED YET UNIFIED DIVIDED YET UNIFIED
DIVIDED YET UNIFIED DIVIDED YET UNIFIED
DIVIDED YET UNIFIED DIVIDED YET UNIFIED
DIVIDED YET UNIFIED DIVIDED YET UNIFIED
DIVIDED YET UNIFIED DIVIDED YET UNIFIED
DIVIDED YET UNIFIED DIVIDED YET UNIFIED
DIVIDED YET UNIFIED DIVIDED YET UNIFIED
DIVIDED YET UNIFIED DIVIDED YET UNIFIED
DIVIDED YET UNIFIED DIVIDED YET UNIFIED
DIVIDED YET UNIFIED DIVIDED YET UNIFIED
DIVIDED YET UNIFIED DIVIDED YET UNIFIED
DIVIDED YET UNIFIED DIVIDED YET UNIFIED
DIVIDED YET UNIFIED DIVIDED YET UNIFIED
DIVIDED YET UNIFIED DIVIDED YET UNIFIED
DIVIDED YET UNIFIED DIVIDED YET UNIFIED
DIVIDED YET UNIFIED DIVIDED YET UNIFIED
DIVIDED YET UNIFIED DIVIDED YET UNIFIED
DIVIDED YET UNIFIED DIVIDED YET UNIFIED
DIVIDED YET UNIFIED DIVIDED YET UNIFIED
DIVIDED YET UNIFIED DIVIDED YET UNIFIED
DIVIDED YET UNIFIED DIVIDED YET UNIFIED
DIVIDED YET UNIFIED DIVIDED YET UNIFIED
DIVIDED YET UNIFIED DIVIDED YET UNIFIED
DIVIDED YET UNIFIED DIVIDED YET UNIFIED

DIVIDED YET UNIFIED DIVIDED YET UNIFIED
DIVIDED YET UNIFIED DIVIDED YET UNIFIED
DIVIDED YET UNIFIED DIVIDED YET UNIFIED
DIVIDED YET UNIFIED DIVIDED YET UNIFIED
DIVIDED YET UNIFIED DIVIDED YET UNIFIED
DIVIDED YET UNIFIED DIVIDED YET UNIFIED
DIVIDED YET UNIFIED DIVIDED YET UNIFIED
DIVIDED YET UNIFIED DIVIDED YET UNIFIED
DIVIDED YET UNIFIED DIVIDED YET UNIFIED
DIVIDED YET UNIFIED DIVIDED YET UNIFIED
DIVIDED YET UNIFIED DIVIDED YET UNIFIED
DIVIDED YET UNIFIED DIVIDED YET UNIFIED
DIVIDED YET UNIFIED DIVIDED YET UNIFIED
DIVIDED YET UNIFIED DIVIDED YET UNIFIED
DIVIDED YET UNIFIED DIVIDED YET UNIFIED
DIVIDED YET UNIFIED DIVIDED YET UNIFIED
DIVIDED YET UNIFIED DIVIDED YET UNIFIED
DIVIDED YET UNIFIED DIVIDED YET UNIFIED
DIVIDED YET UNIFIED DIVIDED YET UNIFIED
DIVIDED YET UNIFIED DIVIDED YET UNIFIED
DIVIDED YET UNIFIED DIVIDED YET UNIFIED
DIVIDED YET UNIFIED DIVIDED YET UNIFIED
DIVIDED YET UNIFIED DIVIDED YET UNIFIED
DIVIDED YET UNIFIED DIVIDED YET UNIFIED
DIVIDED YET UNIFIED DIVIDED YET UNIFIED
DIVIDED YET UNIFIED DIVIDED YET UNIFIED
DIVIDED YET UNIFIED DIVIDED YET UNIFIED
DIVIDED YET UNIFIED DIVIDED YET UNIFIED
DIVIDED YET UNIFIED DIVIDED YET UNIFIED
DIVIDED YET UNIFIED DIVIDED YET UNIFIED
DIVIDED YET UNIFIED DIVIDED YET UNIFIED
DIVIDED YET UNIFIED DIVIDED YET UNIFIED
DIVIDED YET UNIFIED DIVIDED YET UNIFIED
DIVIDED YET UNIFIED DIVIDED YET UNIFIED
DIVIDED YET UNIFIED DIVIDED YET UNIFIED
DIVIDED YET UNIFIED DIVIDED YET UNIFIED
DIVIDED YET UNIFIED DIVIDED YET UNIFIED
DIVIDED YET UNIFIED DIVIDED YET UNIFIED
DIVIDED YET UNIFIED DIVIDED YET UNIFIED
DIVIDED YET UNIFIED DIVIDED YET UNIFIED
DIVIDED YET UNIFIED DIVIDED YET UNIFIED
DIVIDED YET UNIFIED DIVIDED YET UNIFIED
DIVIDED YET UNIFIED DIVIDED YET UNIFIED
DIVIDED YET UNIFIED DIVIDED YET UNIFIED
DIVIDED YET UNIFIED DIVIDED YET UNIFIED
DIVIDED YET UNIFIED DIVIDED YET UNIFIED

DIVIDED YET UNIFIED DIVIDED YET UNIFIED
DIVIDED YET UNIFIED DIVIDED YET UNIFIED
DIVIDED YET UNIFIED DIVIDED YET UNIFIED
DIVIDED YET UNIFIED DIVIDED YET UNIFIED
DIVIDED YET UNIFIED DIVIDED YET UNIFIED
DIVIDED YET UNIFIED DIVIDED YET UNIFIED
DIVIDED YET UNIFIED DIVIDED YET UNIFIED
DIVIDED YET UNIFIED DIVIDED YET UNIFIED
DIVIDED YET UNIFIED DIVIDED YET UNIFIED
DIVIDED YET UNIFIED DIVIDED YET UNIFIED
DIVIDED YET UNIFIED DIVIDED YET UNIFIED
DIVIDED YET UNIFIED DIVIDED YET UNIFIED
DIVIDED YET UNIFIED DIVIDED YET UNIFIED
DIVIDED YET UNIFIED DIVIDED YET UNIFIED
DIVIDED YET UNIFIED DIVIDED YET UNIFIED
DIVIDED YET UNIFIED DIVIDED YET UNIFIED
DIVIDED YET UNIFIED DIVIDED YET UNIFIED
DIVIDED YET UNIFIED DIVIDED YET UNIFIED
DIVIDED YET UNIFIED DIVIDED YET UNIFIED
DIVIDED YET UNIFIED DIVIDED YET UNIFIED
DIVIDED YET UNIFIED DIVIDED YET UNIFIED
DIVIDED YET UNIFIED DIVIDED YET UNIFIED
DIVIDED YET UNIFIED DIVIDED YET UNIFIED
DIVIDED YET UNIFIED DIVIDED YET UNIFIED
DIVIDED YET UNIFIED DIVIDED YET UNIFIED
DIVIDED YET UNIFIED DIVIDED YET UNIFIED
DIVIDED YET UNIFIED DIVIDED YET UNIFIED
DIVIDED YET UNIFIED DIVIDED YET UNIFIED
DIVIDED YET UNIFIED DIVIDED YET UNIFIED
DIVIDED YET UNIFIED DIVIDED YET UNIFIED
DIVIDED YET UNIFIED DIVIDED YET UNIFIED
DIVIDED YET UNIFIED DIVIDED YET UNIFIED
DIVIDED YET UNIFIED DIVIDED YET UNIFIED
DIVIDED YET UNIFIED DIVIDED YET UNIFIED
DIVIDED YET UNIFIED DIVIDED YET UNIFIED
DIVIDED YET UNIFIED DIVIDED YET UNIFIED
DIVIDED YET UNIFIED DIVIDED YET UNIFIED
DIVIDED YET UNIFIED DIVIDED YET UNIFIED
DIVIDED YET UNIFIED DIVIDED YET UNIFIED
DIVIDED YET UNIFIED DIVIDED YET UNIFIED
DIVIDED YET UNIFIED DIVIDED YET UNIFIED
DIVIDED YET UNIFIED DIVIDED YET UNIFIED

DIVIDED YET UNIFIED DIVIDED YET UNIFIED
DIVIDED YET UNIFIED DIVIDED YET UNIFIED
DIVIDED YET UNIFIED DIVIDED YET UNIFIED
DIVIDED YET UNIFIED DIVIDED YET UNIFIED
DIVIDED YET UNIFIED DIVIDED YET UNIFIED
DIVIDED YET UNIFIED DIVIDED YET UNIFIED
DIVIDED YET UNIFIED DIVIDED YET UNIFIED
DIVIDED YET UNIFIED DIVIDED YET UNIFIED
DIVIDED YET UNIFIED DIVIDED YET UNIFIED
DIVIDED YET UNIFIED DIVIDED YET UNIFIED
DIVIDED YET UNIFIED DIVIDED YET UNIFIED
DIVIDED YET UNIFIED DIVIDED YET UNIFIED
DIVIDED YET UNIFIED DIVIDED YET UNIFIED
DIVIDED YET UNIFIED DIVIDED YET UNIFIED
DIVIDED YET UNIFIED DIVIDED YET UNIFIED
DIVIDED YET UNIFIED DIVIDED YET UNIFIED
DIVIDED YET UNIFIED DIVIDED YET UNIFIED
DIVIDED YET UNIFIED DIVIDED YET UNIFIED
DIVIDED YET UNIFIED DIVIDED YET UNIFIED
DIVIDED YET UNIFIED DIVIDED YET UNIFIED
DIVIDED YET UNIFIED DIVIDED YET UNIFIED
DIVIDED YET UNIFIED DIVIDED YET UNIFIED
DIVIDED YET UNIFIED DIVIDED YET UNIFIED
DIVIDED YET UNIFIED DIVIDED YET UNIFIED
DIVIDED YET UNIFIED DIVIDED YET UNIFIED
DIVIDED YET UNIFIED DIVIDED YET UNIFIED
DIVIDED YET UNIFIED DIVIDED YET UNIFIED
DIVIDED YET UNIFIED DIVIDED YET UNIFIED
DIVIDED YET UNIFIED DIVIDED YET UNIFIED
DIVIDED YET UNIFIED DIVIDED YET UNIFIED
DIVIDED YET UNIFIED DIVIDED YET UNIFIED
DIVIDED YET UNIFIED DIVIDED YET UNIFIED
DIVIDED YET UNIFIED DIVIDED YET UNIFIED
DIVIDED YET UNIFIED DIVIDED YET UNIFIED
DIVIDED YET UNIFIED DIVIDED YET UNIFIED
DIVIDED YET UNIFIED DIVIDED YET UNIFIED
DIVIDED YET UNIFIED DIVIDED YET UNIFIED
DIVIDED YET UNIFIED DIVIDED YET UNIFIED
DIVIDED YET UNIFIED DIVIDED YET UNIFIED
DIVIDED YET UNIFIED DIVIDED YET UNIFIED
DIVIDED YET UNIFIED DIVIDED YET UNIFIED
DIVIDED YET UNIFIED DIVIDED YET UNIFIED
DIVIDED YET UNIFIED DIVIDED YET UNIFIED

DIVIDED YET UNIFIED DIVIDED YET UNIFIED
DIVIDED YET UNIFIED DIVIDED YET UNIFIED
DIVIDED YET UNIFIED DIVIDED YET UNIFIED
DIVIDED YET UNIFIED DIVIDED YET UNIFIED
DIVIDED YET UNIFIED DIVIDED YET UNIFIED
DIVIDED YET UNIFIED DIVIDED YET UNIFIED
DIVIDED YET UNIFIED DIVIDED YET UNIFIED
DIVIDED YET UNIFIED DIVIDED YET UNIFIED
DIVIDED YET UNIFIED DIVIDED YET UNIFIED
DIVIDED YET UNIFIED DIVIDED YET UNIFIED
DIVIDED YET UNIFIED DIVIDED YET UNIFIED
DIVIDED YET UNIFIED DIVIDED YET UNIFIED
DIVIDED YET UNIFIED DIVIDED YET UNIFIED
DIVIDED YET UNIFIED DIVIDED YET UNIFIED
DIVIDED YET UNIFIED DIVIDED YET UNIFIED
DIVIDED YET UNIFIED DIVIDED YET UNIFIED
DIVIDED YET UNIFIED DIVIDED YET UNIFIED
DIVIDED YET UNIFIED DIVIDED YET UNIFIED
DIVIDED YET UNIFIED DIVIDED YET UNIFIED
DIVIDED YET UNIFIED DIVIDED YET UNIFIED
DIVIDED YET UNIFIED DIVIDED YET UNIFIED
DIVIDED YET UNIFIED DIVIDED YET UNIFIED
DIVIDED YET UNIFIED DIVIDED YET UNIFIED
DIVIDED YET UNIFIED DIVIDED YET UNIFIED
DIVIDED YET UNIFIED DIVIDED YET UNIFIED
DIVIDED YET UNIFIED DIVIDED YET UNIFIED
DIVIDED YET UNIFIED DIVIDED YET UNIFIED
DIVIDED YET UNIFIED DIVIDED YET UNIFIED
DIVIDED YET UNIFIED DIVIDED YET UNIFIED
DIVIDED YET UNIFIED DIVIDED YET UNIFIED
DIVIDED YET UNIFIED DIVIDED YET UNIFIED
DIVIDED YET UNIFIED DIVIDED YET UNIFIED
DIVIDED YET UNIFIED DIVIDED YET UNIFIED
DIVIDED YET UNIFIED DIVIDED YET UNIFIED
DIVIDED YET UNIFIED DIVIDED YET UNIFIED
DIVIDED YET UNIFIED DIVIDED YET UNIFIED
DIVIDED YET UNIFIED DIVIDED YET UNIFIED
DIVIDED YET UNIFIED DIVIDED YET UNIFIED
DIVIDED YET UNIFIED DIVIDED YET UNIFIED
DIVIDED YET UNIFIED DIVIDED YET UNIFIED
DIVIDED YET UNIFIED DIVIDED YET UNIFIED
DIVIDED YET UNIFIED DIVIDED YET UNIFIED
DIVIDED YET UNIFIED DIVIDED YET UNIFIED
DIVIDED YET UNIFIED DIVIDED YET UNIFIED
DIVIDED YET UNIFIED DIVIDED YET UNIFIED
DIVIDED YET UNIFIED DIVIDED YET UNIFIED
DIVIDED YET UNIFIED DIVIDED YET UNIFIED
DIVIDED YET UNIFIED DIVIDED YET UNIFIED
DIVIDED YET UNIFIED DIVIDED YET UNIFIED
DIVIDED YET UNIFIED DIVIDED YET UNIFIED

DIVIDED YET UNIFIED DIVIDED YET UNIFIED
DIVIDED YET UNIFIED DIVIDED YET UNIFIED
DIVIDED YET UNIFIED DIVIDED YET UNIFIED
DIVIDED YET UNIFIED DIVIDED YET UNIFIED
DIVIDED YET UNIFIED DIVIDED YET UNIFIED
DIVIDED YET UNIFIED DIVIDED YET UNIFIED
DIVIDED YET UNIFIED DIVIDED YET UNIFIED
DIVIDED YET UNIFIED DIVIDED YET UNIFIED
DIVIDED YET UNIFIED DIVIDED YET UNIFIED
DIVIDED YET UNIFIED DIVIDED YET UNIFIED
DIVIDED YET UNIFIED DIVIDED YET UNIFIED
DIVIDED YET UNIFIED DIVIDED YET UNIFIED
DIVIDED YET UNIFIED DIVIDED YET UNIFIED
DIVIDED YET UNIFIED DIVIDED YET UNIFIED
DIVIDED YET UNIFIED DIVIDED YET UNIFIED
DIVIDED YET UNIFIED DIVIDED YET UNIFIED
DIVIDED YET UNIFIED DIVIDED YET UNIFIED
DIVIDED YET UNIFIED DIVIDED YET UNIFIED
DIVIDED YET UNIFIED DIVIDED YET UNIFIED
DIVIDED YET UNIFIED DIVIDED YET UNIFIED
DIVIDED YET UNIFIED DIVIDED YET UNIFIED
DIVIDED YET UNIFIED DIVIDED YET UNIFIED
DIVIDED YET UNIFIED DIVIDED YET UNIFIED
DIVIDED YET UNIFIED DIVIDED YET UNIFIED
DIVIDED YET UNIFIED DIVIDED YET UNIFIED
DIVIDED YET UNIFIED DIVIDED YET UNIFIED
DIVIDED YET UNIFIED DIVIDED YET UNIFIED
DIVIDED YET UNIFIED DIVIDED YET UNIFIED
DIVIDED YET UNIFIED DIVIDED YET UNIFIED
DIVIDED YET UNIFIED DIVIDED YET UNIFIED
DIVIDED YET UNIFIED DIVIDED YET UNIFIED
DIVIDED YET UNIFIED DIVIDED YET UNIFIED
DIVIDED YET UNIFIED DIVIDED YET UNIFIED
DIVIDED YET UNIFIED DIVIDED YET UNIFIED
DIVIDED YET UNIFIED DIVIDED YET UNIFIED
DIVIDED YET UNIFIED DIVIDED YET UNIFIED
DIVIDED YET UNIFIED DIVIDED YET UNIFIED
DIVIDED YET UNIFIED DIVIDED YET UNIFIED
DIVIDED YET UNIFIED DIVIDED YET UNIFIED
DIVIDED YET UNIFIED DIVIDED YET UNIFIED
DIVIDED YET UNIFIED DIVIDED YET UNIFIED
DIVIDED YET UNIFIED DIVIDED YET UNIFIED
DIVIDED YET UNIFIED DIVIDED YET UNIFIED

DIVIDED YET UNIFIED DIVIDED YET UNIFIED
DIVIDED YET UNIFIED DIVIDED YET UNIFIED
DIVIDED YET UNIFIED DIVIDED YET UNIFIED
DIVIDED YET UNIFIED DIVIDED YET UNIFIED
DIVIDED YET UNIFIED DIVIDED YET UNIFIED
DIVIDED YET UNIFIED DIVIDED YET UNIFIED
DIVIDED YET UNIFIED DIVIDED YET UNIFIED
DIVIDED YET UNIFIED DIVIDED YET UNIFIED
DIVIDED YET UNIFIED DIVIDED YET UNIFIED
DIVIDED YET UNIFIED DIVIDED YET UNIFIED
DIVIDED YET UNIFIED DIVIDED YET UNIFIED
DIVIDED YET UNIFIED DIVIDED YET UNIFIED
DIVIDED YET UNIFIED DIVIDED YET UNIFIED
DIVIDED YET UNIFIED DIVIDED YET UNIFIED
DIVIDED YET UNIFIED DIVIDED YET UNIFIED
DIVIDED YET UNIFIED DIVIDED YET UNIFIED
DIVIDED YET UNIFIED DIVIDED YET UNIFIED
DIVIDED YET UNIFIED DIVIDED YET UNIFIED
DIVIDED YET UNIFIED DIVIDED YET UNIFIED
DIVIDED YET UNIFIED DIVIDED YET UNIFIED
DIVIDED YET UNIFIED DIVIDED YET UNIFIED
DIVIDED YET UNIFIED DIVIDED YET UNIFIED
DIVIDED YET UNIFIED DIVIDED YET UNIFIED
DIVIDED YET UNIFIED DIVIDED YET UNIFIED
DIVIDED YET UNIFIED DIVIDED YET UNIFIED
DIVIDED YET UNIFIED DIVIDED YET UNIFIED
DIVIDED YET UNIFIED DIVIDED YET UNIFIED
DIVIDED YET UNIFIED DIVIDED YET UNIFIED
DIVIDED YET UNIFIED DIVIDED YET UNIFIED
DIVIDED YET UNIFIED DIVIDED YET UNIFIED
DIVIDED YET UNIFIED DIVIDED YET UNIFIED
DIVIDED YET UNIFIED DIVIDED YET UNIFIED
DIVIDED YET UNIFIED DIVIDED YET UNIFIED
DIVIDED YET UNIFIED DIVIDED YET UNIFIED
DIVIDED YET UNIFIED DIVIDED YET UNIFIED
DIVIDED YET UNIFIED DIVIDED YET UNIFIED
DIVIDED YET UNIFIED DIVIDED YET UNIFIED
DIVIDED YET UNIFIED DIVIDED YET UNIFIED
DIVIDED YET UNIFIED DIVIDED YET UNIFIED
DIVIDED YET UNIFIED DIVIDED YET UNIFIED
DIVIDED YET UNIFIED DIVIDED YET UNIFIED
DIVIDED YET UNIFIED DIVIDED YET UNIFIED
DIVIDED YET UNIFIED DIVIDED YET UNIFIED
DIVIDED YET UNIFIED DIVIDED YET UNIFIED
DIVIDED YET UNIFIED DIVIDED YET UNIFIED
DIVIDED YET UNIFIED DIVIDED YET UNIFIED
DIVIDED YET UNIFIED DIVIDED YET UNIFIED

DIVIDED YET UNIFIED DIVIDED YET UNIFIED
DIVIDED YET UNIFIED DIVIDED YET UNIFIED
DIVIDED YET UNIFIED DIVIDED YET UNIFIED
DIVIDED YET UNIFIED DIVIDED YET UNIFIED
DIVIDED YET UNIFIED DIVIDED YET UNIFIED
DIVIDED YET UNIFIED DIVIDED YET UNIFIED
DIVIDED YET UNIFIED DIVIDED YET UNIFIED
DIVIDED YET UNIFIED DIVIDED YET UNIFIED
DIVIDED YET UNIFIED DIVIDED YET UNIFIED
DIVIDED YET UNIFIED DIVIDED YET UNIFIED
DIVIDED YET UNIFIED DIVIDED YET UNIFIED
DIVIDED YET UNIFIED DIVIDED YET UNIFIED
DIVIDED YET UNIFIED DIVIDED YET UNIFIED
DIVIDED YET UNIFIED DIVIDED YET UNIFIED
DIVIDED YET UNIFIED DIVIDED YET UNIFIED
DIVIDED YET UNIFIED DIVIDED YET UNIFIED
DIVIDED YET UNIFIED DIVIDED YET UNIFIED
DIVIDED YET UNIFIED DIVIDED YET UNIFIED
DIVIDED YET UNIFIED DIVIDED YET UNIFIED
DIVIDED YET UNIFIED DIVIDED YET UNIFIED
DIVIDED YET UNIFIED DIVIDED YET UNIFIED
DIVIDED YET UNIFIED DIVIDED YET UNIFIED
DIVIDED YET UNIFIED DIVIDED YET UNIFIED
DIVIDED YET UNIFIED DIVIDED YET UNIFIED
DIVIDED YET UNIFIED DIVIDED YET UNIFIED
DIVIDED YET UNIFIED DIVIDED YET UNIFIED
DIVIDED YET UNIFIED DIVIDED YET UNIFIED
DIVIDED YET UNIFIED DIVIDED YET UNIFIED
DIVIDED YET UNIFIED DIVIDED YET UNIFIED
DIVIDED YET UNIFIED DIVIDED YET UNIFIED
DIVIDED YET UNIFIED DIVIDED YET UNIFIED
DIVIDED YET UNIFIED DIVIDED YET UNIFIED
DIVIDED YET UNIFIED DIVIDED YET UNIFIED
DIVIDED YET UNIFIED DIVIDED YET UNIFIED
DIVIDED YET UNIFIED DIVIDED YET UNIFIED
DIVIDED YET UNIFIED DIVIDED YET UNIFIED
DIVIDED YET UNIFIED DIVIDED YET UNIFIED
DIVIDED YET UNIFIED DIVIDED YET UNIFIED
DIVIDED YET UNIFIED DIVIDED YET UNIFIED
DIVIDED YET UNIFIED DIVIDED YET UNIFIED
DIVIDED YET UNIFIED DIVIDED YET UNIFIED
DIVIDED YET UNIFIED DIVIDED YET UNIFIED
DIVIDED YET UNIFIED DIVIDED YET UNIFIED
DIVIDED YET UNIFIED DIVIDED YET UNIFIED
DIVIDED YET UNIFIED DIVIDED YET UNIFIED
DIVIDED YET UNIFIED DIVIDED YET UNIFIED

DIVIDED YET UNIFIED DIVIDED YET UNIFIED
DIVIDED YET UNIFIED DIVIDED YET UNIFIED
DIVIDED YET UNIFIED DIVIDED YET UNIFIED
DIVIDED YET UNIFIED DIVIDED YET UNIFIED
DIVIDED YET UNIFIED DIVIDED YET UNIFIED
DIVIDED YET UNIFIED DIVIDED YET UNIFIED
DIVIDED YET UNIFIED DIVIDED YET UNIFIED
DIVIDED YET UNIFIED DIVIDED YET UNIFIED
DIVIDED YET UNIFIED DIVIDED YET UNIFIED
DIVIDED YET UNIFIED DIVIDED YET UNIFIED
DIVIDED YET UNIFIED DIVIDED YET UNIFIED
DIVIDED YET UNIFIED DIVIDED YET UNIFIED
DIVIDED YET UNIFIED DIVIDED YET UNIFIED
DIVIDED YET UNIFIED DIVIDED YET UNIFIED
DIVIDED YET UNIFIED DIVIDED YET UNIFIED
DIVIDED YET UNIFIED DIVIDED YET UNIFIED
DIVIDED YET UNIFIED DIVIDED YET UNIFIED
DIVIDED YET UNIFIED DIVIDED YET UNIFIED
DIVIDED YET UNIFIED DIVIDED YET UNIFIED
DIVIDED YET UNIFIED DIVIDED YET UNIFIED
DIVIDED YET UNIFIED DIVIDED YET UNIFIED
DIVIDED YET UNIFIED DIVIDED YET UNIFIED
DIVIDED YET UNIFIED DIVIDED YET UNIFIED
DIVIDED YET UNIFIED DIVIDED YET UNIFIED
DIVIDED YET UNIFIED DIVIDED YET UNIFIED
DIVIDED YET UNIFIED DIVIDED YET UNIFIED
DIVIDED YET UNIFIED DIVIDED YET UNIFIED
DIVIDED YET UNIFIED DIVIDED YET UNIFIED
DIVIDED YET UNIFIED DIVIDED YET UNIFIED
DIVIDED YET UNIFIED DIVIDED YET UNIFIED
DIVIDED YET UNIFIED DIVIDED YET UNIFIED
DIVIDED YET UNIFIED DIVIDED YET UNIFIED
DIVIDED YET UNIFIED DIVIDED YET UNIFIED
DIVIDED YET UNIFIED DIVIDED YET UNIFIED
DIVIDED YET UNIFIED DIVIDED YET UNIFIED
DIVIDED YET UNIFIED DIVIDED YET UNIFIED
DIVIDED YET UNIFIED DIVIDED YET UNIFIED
DIVIDED YET UNIFIED DIVIDED YET UNIFIED
DIVIDED YET UNIFIED DIVIDED YET UNIFIED
DIVIDED YET UNIFIED DIVIDED YET UNIFIED
DIVIDED YET UNIFIED DIVIDED YET UNIFIED
DIVIDED YET UNIFIED DIVIDED YET UNIFIED

DIVIDED YET UNIFIED DIVIDED YET UNIFIED
DIVIDED YET UNIFIED DIVIDED YET UNIFIED
DIVIDED YET UNIFIED DIVIDED YET UNIFIED
DIVIDED YET UNIFIED DIVIDED YET UNIFIED
DIVIDED YET UNIFIED DIVIDED YET UNIFIED
DIVIDED YET UNIFIED DIVIDED YET UNIFIED
DIVIDED YET UNIFIED DIVIDED YET UNIFIED
DIVIDED YET UNIFIED DIVIDED YET UNIFIED
DIVIDED YET UNIFIED DIVIDED YET UNIFIED
DIVIDED YET UNIFIED DIVIDED YET UNIFIED
DIVIDED YET UNIFIED DIVIDED YET UNIFIED
DIVIDED YET UNIFIED DIVIDED YET UNIFIED
DIVIDED YET UNIFIED DIVIDED YET UNIFIED
DIVIDED YET UNIFIED DIVIDED YET UNIFIED
DIVIDED YET UNIFIED DIVIDED YET UNIFIED
DIVIDED YET UNIFIED DIVIDED YET UNIFIED
DIVIDED YET UNIFIED DIVIDED YET UNIFIED
DIVIDED YET UNIFIED DIVIDED YET UNIFIED
DIVIDED YET UNIFIED DIVIDED YET UNIFIED
DIVIDED YET UNIFIED DIVIDED YET UNIFIED
DIVIDED YET UNIFIED DIVIDED YET UNIFIED
DIVIDED YET UNIFIED DIVIDED YET UNIFIED
DIVIDED YET UNIFIED DIVIDED YET UNIFIED
DIVIDED YET UNIFIED DIVIDED YET UNIFIED
DIVIDED YET UNIFIED DIVIDED YET UNIFIED
DIVIDED YET UNIFIED DIVIDED YET UNIFIED
DIVIDED YET UNIFIED DIVIDED YET UNIFIED
DIVIDED YET UNIFIED DIVIDED YET UNIFIED
DIVIDED YET UNIFIED DIVIDED YET UNIFIED
DIVIDED YET UNIFIED DIVIDED YET UNIFIED
DIVIDED YET UNIFIED DIVIDED YET UNIFIED
DIVIDED YET UNIFIED DIVIDED YET UNIFIED
DIVIDED YET UNIFIED DIVIDED YET UNIFIED
DIVIDED YET UNIFIED DIVIDED YET UNIFIED
DIVIDED YET UNIFIED DIVIDED YET UNIFIED
DIVIDED YET UNIFIED DIVIDED YET UNIFIED
DIVIDED YET UNIFIED DIVIDED YET UNIFIED
DIVIDED YET UNIFIED DIVIDED YET UNIFIED
DIVIDED YET UNIFIED DIVIDED YET UNIFIED
DIVIDED YET UNIFIED DIVIDED YET UNIFIED
DIVIDED YET UNIFIED DIVIDED YET UNIFIED
DIVIDED YET UNIFIED DIVIDED YET UNIFIED
DIVIDED YET UNIFIED DIVIDED YET UNIFIED
DIVIDED YET UNIFIED DIVIDED YET UNIFIED
DIVIDED YET UNIFIED DIVIDED YET UNIFIED
DIVIDED YET UNIFIED DIVIDED YET UNIFIED
DIVIDED YET UNIFIED DIVIDED YET UNIFIED

DIVIDED YET UNIFIED DIVIDED YET UNIFIED
DIVIDED YET UNIFIED DIVIDED YET UNIFIED
DIVIDED YET UNIFIED DIVIDED YET UNIFIED
DIVIDED YET UNIFIED DIVIDED YET UNIFIED
DIVIDED YET UNIFIED DIVIDED YET UNIFIED
DIVIDED YET UNIFIED DIVIDED YET UNIFIED
DIVIDED YET UNIFIED DIVIDED YET UNIFIED
DIVIDED YET UNIFIED DIVIDED YET UNIFIED
DIVIDED YET UNIFIED DIVIDED YET UNIFIED
DIVIDED YET UNIFIED DIVIDED YET UNIFIED
DIVIDED YET UNIFIED DIVIDED YET UNIFIED
DIVIDED YET UNIFIED DIVIDED YET UNIFIED
DIVIDED YET UNIFIED DIVIDED YET UNIFIED
DIVIDED YET UNIFIED DIVIDED YET UNIFIED
DIVIDED YET UNIFIED DIVIDED YET UNIFIED
DIVIDED YET UNIFIED DIVIDED YET UNIFIED
DIVIDED YET UNIFIED DIVIDED YET UNIFIED
DIVIDED YET UNIFIED DIVIDED YET UNIFIED
DIVIDED YET UNIFIED DIVIDED YET UNIFIED
DIVIDED YET UNIFIED DIVIDED YET UNIFIED
DIVIDED YET UNIFIED DIVIDED YET UNIFIED
DIVIDED YET UNIFIED DIVIDED YET UNIFIED
DIVIDED YET UNIFIED DIVIDED YET UNIFIED
DIVIDED YET UNIFIED DIVIDED YET UNIFIED
DIVIDED YET UNIFIED DIVIDED YET UNIFIED
DIVIDED YET UNIFIED DIVIDED YET UNIFIED
DIVIDED YET UNIFIED DIVIDED YET UNIFIED
DIVIDED YET UNIFIED DIVIDED YET UNIFIED
DIVIDED YET UNIFIED DIVIDED YET UNIFIED
DIVIDED YET UNIFIED DIVIDED YET UNIFIED
DIVIDED YET UNIFIED DIVIDED YET UNIFIED
DIVIDED YET UNIFIED DIVIDED YET UNIFIED
DIVIDED YET UNIFIED DIVIDED YET UNIFIED
DIVIDED YET UNIFIED DIVIDED YET UNIFIED
DIVIDED YET UNIFIED DIVIDED YET UNIFIED
DIVIDED YET UNIFIED DIVIDED YET UNIFIED
DIVIDED YET UNIFIED DIVIDED YET UNIFIED
DIVIDED YET UNIFIED DIVIDED YET UNIFIED
DIVIDED YET UNIFIED DIVIDED YET UNIFIED
DIVIDED YET UNIFIED DIVIDED YET UNIFIED
DIVIDED YET UNIFIED DIVIDED YET UNIFIED
DIVIDED YET UNIFIED DIVIDED YET UNIFIED
DIVIDED YET UNIFIED DIVIDED YET UNIFIED

DIVIDED YET UNIFIED DIVIDED YET UNIFIED
DIVIDED YET UNIFIED DIVIDED YET UNIFIED
DIVIDED YET UNIFIED DIVIDED YET UNIFIED
DIVIDED YET UNIFIED DIVIDED YET UNIFIED
DIVIDED YET UNIFIED DIVIDED YET UNIFIED
DIVIDED YET UNIFIED DIVIDED YET UNIFIED
DIVIDED YET UNIFIED DIVIDED YET UNIFIED
DIVIDED YET UNIFIED DIVIDED YET UNIFIED
DIVIDED YET UNIFIED DIVIDED YET UNIFIED
DIVIDED YET UNIFIED DIVIDED YET UNIFIED
DIVIDED YET UNIFIED DIVIDED YET UNIFIED
DIVIDED YET UNIFIED DIVIDED YET UNIFIED
DIVIDED YET UNIFIED DIVIDED YET UNIFIED
DIVIDED YET UNIFIED DIVIDED YET UNIFIED
DIVIDED YET UNIFIED DIVIDED YET UNIFIED
DIVIDED YET UNIFIED DIVIDED YET UNIFIED
DIVIDED YET UNIFIED DIVIDED YET UNIFIED
DIVIDED YET UNIFIED DIVIDED YET UNIFIED
DIVIDED YET UNIFIED DIVIDED YET UNIFIED
DIVIDED YET UNIFIED DIVIDED YET UNIFIED
DIVIDED YET UNIFIED DIVIDED YET UNIFIED
DIVIDED YET UNIFIED DIVIDED YET UNIFIED
DIVIDED YET UNIFIED DIVIDED YET UNIFIED
DIVIDED YET UNIFIED DIVIDED YET UNIFIED
DIVIDED YET UNIFIED DIVIDED YET UNIFIED
DIVIDED YET UNIFIED DIVIDED YET UNIFIED
DIVIDED YET UNIFIED DIVIDED YET UNIFIED
DIVIDED YET UNIFIED DIVIDED YET UNIFIED
DIVIDED YET UNIFIED DIVIDED YET UNIFIED
DIVIDED YET UNIFIED DIVIDED YET UNIFIED
DIVIDED YET UNIFIED DIVIDED YET UNIFIED
DIVIDED YET UNIFIED DIVIDED YET UNIFIED
DIVIDED YET UNIFIED DIVIDED YET UNIFIED
DIVIDED YET UNIFIED DIVIDED YET UNIFIED
DIVIDED YET UNIFIED DIVIDED YET UNIFIED
DIVIDED YET UNIFIED DIVIDED YET UNIFIED
DIVIDED YET UNIFIED DIVIDED YET UNIFIED
DIVIDED YET UNIFIED DIVIDED YET UNIFIED
DIVIDED YET UNIFIED DIVIDED YET UNIFIED
DIVIDED YET UNIFIED DIVIDED YET UNIFIED
DIVIDED YET UNIFIED DIVIDED YET UNIFIED
DIVIDED YET UNIFIED DIVIDED YET UNIFIED
DIVIDED YET UNIFIED DIVIDED YET UNIFIED

DIVIDED YET UNIFIED DIVIDED YET UNIFIED
DIVIDED YET UNIFIED DIVIDED YET UNIFIED
DIVIDED YET UNIFIED DIVIDED YET UNIFIED
DIVIDED YET UNIFIED DIVIDED YET UNIFIED
DIVIDED YET UNIFIED DIVIDED YET UNIFIED
DIVIDED YET UNIFIED DIVIDED YET UNIFIED
DIVIDED YET UNIFIED DIVIDED YET UNIFIED
DIVIDED YET UNIFIED DIVIDED YET UNIFIED
DIVIDED YET UNIFIED DIVIDED YET UNIFIED
DIVIDED YET UNIFIED DIVIDED YET UNIFIED
DIVIDED YET UNIFIED DIVIDED YET UNIFIED
DIVIDED YET UNIFIED DIVIDED YET UNIFIED
DIVIDED YET UNIFIED DIVIDED YET UNIFIED
DIVIDED YET UNIFIED DIVIDED YET UNIFIED
DIVIDED YET UNIFIED DIVIDED YET UNIFIED
DIVIDED YET UNIFIED DIVIDED YET UNIFIED
DIVIDED YET UNIFIED DIVIDED YET UNIFIED
DIVIDED YET UNIFIED DIVIDED YET UNIFIED
DIVIDED YET UNIFIED DIVIDED YET UNIFIED
DIVIDED YET UNIFIED DIVIDED YET UNIFIED
DIVIDED YET UNIFIED DIVIDED YET UNIFIED
DIVIDED YET UNIFIED DIVIDED YET UNIFIED
DIVIDED YET UNIFIED DIVIDED YET UNIFIED
DIVIDED YET UNIFIED DIVIDED YET UNIFIED
DIVIDED YET UNIFIED DIVIDED YET UNIFIED
DIVIDED YET UNIFIED DIVIDED YET UNIFIED
DIVIDED YET UNIFIED DIVIDED YET UNIFIED
DIVIDED YET UNIFIED DIVIDED YET UNIFIED
DIVIDED YET UNIFIED DIVIDED YET UNIFIED
DIVIDED YET UNIFIED DIVIDED YET UNIFIED
DIVIDED YET UNIFIED DIVIDED YET UNIFIED
DIVIDED YET UNIFIED DIVIDED YET UNIFIED
DIVIDED YET UNIFIED DIVIDED YET UNIFIED
DIVIDED YET UNIFIED DIVIDED YET UNIFIED
DIVIDED YET UNIFIED DIVIDED YET UNIFIED
DIVIDED YET UNIFIED DIVIDED YET UNIFIED
DIVIDED YET UNIFIED DIVIDED YET UNIFIED
DIVIDED YET UNIFIED DIVIDED YET UNIFIED
DIVIDED YET UNIFIED DIVIDED YET UNIFIED
DIVIDED YET UNIFIED DIVIDED YET UNIFIED

DIVIDED YET UNIFIED DIVIDED YET UNIFIED
DIVIDED YET UNIFIED DIVIDED YET UNIFIED
DIVIDED YET UNIFIED DIVIDED YET UNIFIED
DIVIDED YET UNIFIED DIVIDED YET UNIFIED
DIVIDED YET UNIFIED DIVIDED YET UNIFIED
DIVIDED YET UNIFIED DIVIDED YET UNIFIED
DIVIDED YET UNIFIED DIVIDED YET UNIFIED
DIVIDED YET UNIFIED DIVIDED YET UNIFIED
DIVIDED YET UNIFIED DIVIDED YET UNIFIED
DIVIDED YET UNIFIED DIVIDED YET UNIFIED
DIVIDED YET UNIFIED DIVIDED YET UNIFIED
DIVIDED YET UNIFIED DIVIDED YET UNIFIED
DIVIDED YET UNIFIED DIVIDED YET UNIFIED
DIVIDED YET UNIFIED DIVIDED YET UNIFIED
DIVIDED YET UNIFIED DIVIDED YET UNIFIED
DIVIDED YET UNIFIED DIVIDED YET UNIFIED
DIVIDED YET UNIFIED DIVIDED YET UNIFIED
DIVIDED YET UNIFIED DIVIDED YET UNIFIED
DIVIDED YET UNIFIED DIVIDED YET UNIFIED
DIVIDED YET UNIFIED DIVIDED YET UNIFIED
DIVIDED YET UNIFIED DIVIDED YET UNIFIED
DIVIDED YET UNIFIED DIVIDED YET UNIFIED
DIVIDED YET UNIFIED DIVIDED YET UNIFIED
DIVIDED YET UNIFIED DIVIDED YET UNIFIED
DIVIDED YET UNIFIED DIVIDED YET UNIFIED
DIVIDED YET UNIFIED DIVIDED YET UNIFIED
DIVIDED YET UNIFIED DIVIDED YET UNIFIED
DIVIDED YET UNIFIED DIVIDED YET UNIFIED
DIVIDED YET UNIFIED DIVIDED YET UNIFIED
DIVIDED YET UNIFIED DIVIDED YET UNIFIED
DIVIDED YET UNIFIED DIVIDED YET UNIFIED
DIVIDED YET UNIFIED DIVIDED YET UNIFIED
DIVIDED YET UNIFIED DIVIDED YET UNIFIED
DIVIDED YET UNIFIED DIVIDED YET UNIFIED
DIVIDED YET UNIFIED DIVIDED YET UNIFIED
DIVIDED YET UNIFIED DIVIDED YET UNIFIED
DIVIDED YET UNIFIED DIVIDED YET UNIFIED
DIVIDED YET UNIFIED DIVIDED YET UNIFIED
DIVIDED YET UNIFIED DIVIDED YET UNIFIED
DIVIDED YET UNIFIED DIVIDED YET UNIFIED
DIVIDED YET UNIFIED DIVIDED YET UNIFIED

DIVIDED YET UNIFIED DIVIDED YET UNIFIED
DIVIDED YET UNIFIED DIVIDED YET UNIFIED
DIVIDED YET UNIFIED DIVIDED YET UNIFIED
DIVIDED YET UNIFIED DIVIDED YET UNIFIED
DIVIDED YET UNIFIED DIVIDED YET UNIFIED
DIVIDED YET UNIFIED DIVIDED YET UNIFIED
DIVIDED YET UNIFIED DIVIDED YET UNIFIED
DIVIDED YET UNIFIED DIVIDED YET UNIFIED
DIVIDED YET UNIFIED DIVIDED YET UNIFIED
DIVIDED YET UNIFIED DIVIDED YET UNIFIED
DIVIDED YET UNIFIED DIVIDED YET UNIFIED
DIVIDED YET UNIFIED DIVIDED YET UNIFIED
DIVIDED YET UNIFIED DIVIDED YET UNIFIED
DIVIDED YET UNIFIED DIVIDED YET UNIFIED
DIVIDED YET UNIFIED DIVIDED YET UNIFIED
DIVIDED YET UNIFIED DIVIDED YET UNIFIED
DIVIDED YET UNIFIED DIVIDED YET UNIFIED
DIVIDED YET UNIFIED DIVIDED YET UNIFIED
DIVIDED YET UNIFIED DIVIDED YET UNIFIED
DIVIDED YET UNIFIED DIVIDED YET UNIFIED
DIVIDED YET UNIFIED DIVIDED YET UNIFIED
DIVIDED YET UNIFIED DIVIDED YET UNIFIED
DIVIDED YET UNIFIED DIVIDED YET UNIFIED
DIVIDED YET UNIFIED DIVIDED YET UNIFIED
DIVIDED YET UNIFIED DIVIDED YET UNIFIED
DIVIDED YET UNIFIED DIVIDED YET UNIFIED
DIVIDED YET UNIFIED DIVIDED YET UNIFIED
DIVIDED YET UNIFIED DIVIDED YET UNIFIED
DIVIDED YET UNIFIED DIVIDED YET UNIFIED
DIVIDED YET UNIFIED DIVIDED YET UNIFIED
DIVIDED YET UNIFIED DIVIDED YET UNIFIED
DIVIDED YET UNIFIED DIVIDED YET UNIFIED
DIVIDED YET UNIFIED DIVIDED YET UNIFIED
DIVIDED YET UNIFIED DIVIDED YET UNIFIED
DIVIDED YET UNIFIED DIVIDED YET UNIFIED
DIVIDED YET UNIFIED DIVIDED YET UNIFIED
DIVIDED YET UNIFIED DIVIDED YET UNIFIED
DIVIDED YET UNIFIED DIVIDED YET UNIFIED
DIVIDED YET UNIFIED DIVIDED YET UNIFIED
DIVIDED YET UNIFIED DIVIDED YET UNIFIED
DIVIDED YET UNIFIED DIVIDED YET UNIFIED

DIVIDED YET UNIFIED DIVIDED YET UNIFIED
DIVIDED YET UNIFIED DIVIDED YET UNIFIED
DIVIDED YET UNIFIED DIVIDED YET UNIFIED
DIVIDED YET UNIFIED DIVIDED YET UNIFIED
DIVIDED YET UNIFIED DIVIDED YET UNIFIED
DIVIDED YET UNIFIED DIVIDED YET UNIFIED
DIVIDED YET UNIFIED DIVIDED YET UNIFIED
DIVIDED YET UNIFIED DIVIDED YET UNIFIED
DIVIDED YET UNIFIED DIVIDED YET UNIFIED
DIVIDED YET UNIFIED DIVIDED YET UNIFIED
DIVIDED YET UNIFIED DIVIDED YET UNIFIED
DIVIDED YET UNIFIED DIVIDED YET UNIFIED
DIVIDED YET UNIFIED DIVIDED YET UNIFIED
DIVIDED YET UNIFIED DIVIDED YET UNIFIED
DIVIDED YET UNIFIED DIVIDED YET UNIFIED
DIVIDED YET UNIFIED DIVIDED YET UNIFIED
DIVIDED YET UNIFIED DIVIDED YET UNIFIED
DIVIDED YET UNIFIED DIVIDED YET UNIFIED
DIVIDED YET UNIFIED DIVIDED YET UNIFIED
DIVIDED YET UNIFIED DIVIDED YET UNIFIED
DIVIDED YET UNIFIED DIVIDED YET UNIFIED
DIVIDED YET UNIFIED DIVIDED YET UNIFIED
DIVIDED YET UNIFIED DIVIDED YET UNIFIED
DIVIDED YET UNIFIED DIVIDED YET UNIFIED
DIVIDED YET UNIFIED DIVIDED YET UNIFIED
DIVIDED YET UNIFIED DIVIDED YET UNIFIED
DIVIDED YET UNIFIED DIVIDED YET UNIFIED
DIVIDED YET UNIFIED DIVIDED YET UNIFIED
DIVIDED YET UNIFIED DIVIDED YET UNIFIED
DIVIDED YET UNIFIED DIVIDED YET UNIFIED
DIVIDED YET UNIFIED DIVIDED YET UNIFIED
DIVIDED YET UNIFIED DIVIDED YET UNIFIED
DIVIDED YET UNIFIED DIVIDED YET UNIFIED
DIVIDED YET UNIFIED DIVIDED YET UNIFIED
DIVIDED YET UNIFIED DIVIDED YET UNIFIED
DIVIDED YET UNIFIED DIVIDED YET UNIFIED
DIVIDED YET UNIFIED DIVIDED YET UNIFIED
DIVIDED YET UNIFIED DIVIDED YET UNIFIED
DIVIDED YET UNIFIED DIVIDED YET UNIFIED
DIVIDED YET UNIFIED DIVIDED YET UNIFIED
DIVIDED YET UNIFIED DIVIDED YET UNIFIED
DIVIDED YET UNIFIED DIVIDED YET UNIFIED

DIVIDED YET UNIFIED DIVIDED YET UNIFIED
DIVIDED YET UNIFIED DIVIDED YET UNIFIED
DIVIDED YET UNIFIED DIVIDED YET UNIFIED
DIVIDED YET UNIFIED DIVIDED YET UNIFIED
DIVIDED YET UNIFIED DIVIDED YET UNIFIED
DIVIDED YET UNIFIED DIVIDED YET UNIFIED
DIVIDED YET UNIFIED DIVIDED YET UNIFIED
DIVIDED YET UNIFIED DIVIDED YET UNIFIED
DIVIDED YET UNIFIED DIVIDED YET UNIFIED
DIVIDED YET UNIFIED DIVIDED YET UNIFIED
DIVIDED YET UNIFIED DIVIDED YET UNIFIED
DIVIDED YET UNIFIED DIVIDED YET UNIFIED
DIVIDED YET UNIFIED DIVIDED YET UNIFIED
DIVIDED YET UNIFIED DIVIDED YET UNIFIED
DIVIDED YET UNIFIED DIVIDED YET UNIFIED
DIVIDED YET UNIFIED DIVIDED YET UNIFIED
DIVIDED YET UNIFIED DIVIDED YET UNIFIED
DIVIDED YET UNIFIED DIVIDED YET UNIFIED
DIVIDED YET UNIFIED DIVIDED YET UNIFIED
DIVIDED YET UNIFIED DIVIDED YET UNIFIED
DIVIDED YET UNIFIED DIVIDED YET UNIFIED
DIVIDED YET UNIFIED DIVIDED YET UNIFIED
DIVIDED YET UNIFIED DIVIDED YET UNIFIED
DIVIDED YET UNIFIED DIVIDED YET UNIFIED
DIVIDED YET UNIFIED DIVIDED YET UNIFIED
DIVIDED YET UNIFIED DIVIDED YET UNIFIED
DIVIDED YET UNIFIED DIVIDED YET UNIFIED
DIVIDED YET UNIFIED DIVIDED YET UNIFIED
DIVIDED YET UNIFIED DIVIDED YET UNIFIED
DIVIDED YET UNIFIED DIVIDED YET UNIFIED
DIVIDED YET UNIFIED DIVIDED YET UNIFIED
DIVIDED YET UNIFIED DIVIDED YET UNIFIED
DIVIDED YET UNIFIED DIVIDED YET UNIFIED
DIVIDED YET UNIFIED DIVIDED YET UNIFIED
DIVIDED YET UNIFIED DIVIDED YET UNIFIED
DIVIDED YET UNIFIED DIVIDED YET UNIFIED
DIVIDED YET UNIFIED DIVIDED YET UNIFIED
DIVIDED YET UNIFIED DIVIDED YET UNIFIED
DIVIDED YET UNIFIED DIVIDED YET UNIFIED
DIVIDED YET UNIFIED DIVIDED YET UNIFIED
DIVIDED YET UNIFIED DIVIDED YET UNIFIED

DIVIDED YET UNIFIED DIVIDED YET UNIFIED
DIVIDED YET UNIFIED DIVIDED YET UNIFIED
DIVIDED YET UNIFIED DIVIDED YET UNIFIED
DIVIDED YET UNIFIED DIVIDED YET UNIFIED
DIVIDED YET UNIFIED DIVIDED YET UNIFIED
DIVIDED YET UNIFIED DIVIDED YET UNIFIED
DIVIDED YET UNIFIED DIVIDED YET UNIFIED
DIVIDED YET UNIFIED DIVIDED YET UNIFIED
DIVIDED YET UNIFIED DIVIDED YET UNIFIED
DIVIDED YET UNIFIED DIVIDED YET UNIFIED
DIVIDED YET UNIFIED DIVIDED YET UNIFIED
DIVIDED YET UNIFIED DIVIDED YET UNIFIED
DIVIDED YET UNIFIED DIVIDED YET UNIFIED
DIVIDED YET UNIFIED DIVIDED YET UNIFIED
DIVIDED YET UNIFIED DIVIDED YET UNIFIED
DIVIDED YET UNIFIED DIVIDED YET UNIFIED
DIVIDED YET UNIFIED DIVIDED YET UNIFIED
DIVIDED YET UNIFIED DIVIDED YET UNIFIED
DIVIDED YET UNIFIED DIVIDED YET UNIFIED
DIVIDED YET UNIFIED DIVIDED YET UNIFIED
DIVIDED YET UNIFIED DIVIDED YET UNIFIED
DIVIDED YET UNIFIED DIVIDED YET UNIFIED
DIVIDED YET UNIFIED DIVIDED YET UNIFIED
DIVIDED YET UNIFIED DIVIDED YET UNIFIED
DIVIDED YET UNIFIED DIVIDED YET UNIFIED
DIVIDED YET UNIFIED DIVIDED YET UNIFIED
DIVIDED YET UNIFIED DIVIDED YET UNIFIED
DIVIDED YET UNIFIED DIVIDED YET UNIFIED
DIVIDED YET UNIFIED DIVIDED YET UNIFIED
DIVIDED YET UNIFIED DIVIDED YET UNIFIED
DIVIDED YET UNIFIED DIVIDED YET UNIFIED
DIVIDED YET UNIFIED DIVIDED YET UNIFIED
DIVIDED YET UNIFIED DIVIDED YET UNIFIED
DIVIDED YET UNIFIED DIVIDED YET UNIFIED
DIVIDED YET UNIFIED DIVIDED YET UNIFIED
DIVIDED YET UNIFIED DIVIDED YET UNIFIED
DIVIDED YET UNIFIED DIVIDED YET UNIFIED
DIVIDED YET UNIFIED DIVIDED YET UNIFIED
DIVIDED YET UNIFIED DIVIDED YET UNIFIED
DIVIDED YET UNIFIED DIVIDED YET UNIFIED
DIVIDED YET UNIFIED DIVIDED YET UNIFIED
DIVIDED YET UNIFIED DIVIDED YET UNIFIED
DIVIDED YET UNIFIED DIVIDED YET UNIFIED
DIVIDED YET UNIFIED DIVIDED YET UNIFIED
DIVIDED YET UNIFIED DIVIDED YET UNIFIED

DIVIDED YET UNIFIED DIVIDED YET UNIFIED
DIVIDED YET UNIFIED DIVIDED YET UNIFIED
DIVIDED YET UNIFIED DIVIDED YET UNIFIED
DIVIDED YET UNIFIED DIVIDED YET UNIFIED
DIVIDED YET UNIFIED DIVIDED YET UNIFIED
DIVIDED YET UNIFIED DIVIDED YET UNIFIED
DIVIDED YET UNIFIED DIVIDED YET UNIFIED
DIVIDED YET UNIFIED DIVIDED YET UNIFIED
DIVIDED YET UNIFIED DIVIDED YET UNIFIED
DIVIDED YET UNIFIED DIVIDED YET UNIFIED
DIVIDED YET UNIFIED DIVIDED YET UNIFIED
DIVIDED YET UNIFIED DIVIDED YET UNIFIED
DIVIDED YET UNIFIED DIVIDED YET UNIFIED
DIVIDED YET UNIFIED DIVIDED YET UNIFIED
DIVIDED YET UNIFIED DIVIDED YET UNIFIED
DIVIDED YET UNIFIED DIVIDED YET UNIFIED
DIVIDED YET UNIFIED DIVIDED YET UNIFIED
DIVIDED YET UNIFIED DIVIDED YET UNIFIED
DIVIDED YET UNIFIED DIVIDED YET UNIFIED
DIVIDED YET UNIFIED DIVIDED YET UNIFIED
DIVIDED YET UNIFIED DIVIDED YET UNIFIED
DIVIDED YET UNIFIED DIVIDED YET UNIFIED
DIVIDED YET UNIFIED DIVIDED YET UNIFIED
DIVIDED YET UNIFIED DIVIDED YET UNIFIED
DIVIDED YET UNIFIED DIVIDED YET UNIFIED
DIVIDED YET UNIFIED DIVIDED YET UNIFIED
DIVIDED YET UNIFIED DIVIDED YET UNIFIED
DIVIDED YET UNIFIED DIVIDED YET UNIFIED
DIVIDED YET UNIFIED DIVIDED YET UNIFIED
DIVIDED YET UNIFIED DIVIDED YET UNIFIED
DIVIDED YET UNIFIED DIVIDED YET UNIFIED
DIVIDED YET UNIFIED DIVIDED YET UNIFIED
DIVIDED YET UNIFIED DIVIDED YET UNIFIED
DIVIDED YET UNIFIED DIVIDED YET UNIFIED
DIVIDED YET UNIFIED DIVIDED YET UNIFIED
DIVIDED YET UNIFIED DIVIDED YET UNIFIED
DIVIDED YET UNIFIED DIVIDED YET UNIFIED
DIVIDED YET UNIFIED DIVIDED YET UNIFIED
DIVIDED YET UNIFIED DIVIDED YET UNIFIED
DIVIDED YET UNIFIED DIVIDED YET UNIFIED
DIVIDED YET UNIFIED DIVIDED YET UNIFIED
DIVIDED YET UNIFIED DIVIDED YET UNIFIED

DIVIDED YET UNIFIED DIVIDED YET UNIFIED
DIVIDED YET UNIFIED DIVIDED YET UNIFIED
DIVIDED YET UNIFIED DIVIDED YET UNIFIED
DIVIDED YET UNIFIED DIVIDED YET UNIFIED
DIVIDED YET UNIFIED DIVIDED YET UNIFIED
DIVIDED YET UNIFIED DIVIDED YET UNIFIED
DIVIDED YET UNIFIED DIVIDED YET UNIFIED
DIVIDED YET UNIFIED DIVIDED YET UNIFIED
DIVIDED YET UNIFIED DIVIDED YET UNIFIED
DIVIDED YET UNIFIED DIVIDED YET UNIFIED
DIVIDED YET UNIFIED DIVIDED YET UNIFIED
DIVIDED YET UNIFIED DIVIDED YET UNIFIED
DIVIDED YET UNIFIED DIVIDED YET UNIFIED
DIVIDED YET UNIFIED DIVIDED YET UNIFIED
DIVIDED YET UNIFIED DIVIDED YET UNIFIED
DIVIDED YET UNIFIED DIVIDED YET UNIFIED
DIVIDED YET UNIFIED DIVIDED YET UNIFIED
DIVIDED YET UNIFIED DIVIDED YET UNIFIED
DIVIDED YET UNIFIED DIVIDED YET UNIFIED
DIVIDED YET UNIFIED DIVIDED YET UNIFIED
DIVIDED YET UNIFIED DIVIDED YET UNIFIED
DIVIDED YET UNIFIED DIVIDED YET UNIFIED
DIVIDED YET UNIFIED DIVIDED YET UNIFIED
DIVIDED YET UNIFIED DIVIDED YET UNIFIED
DIVIDED YET UNIFIED DIVIDED YET UNIFIED
DIVIDED YET UNIFIED DIVIDED YET UNIFIED
DIVIDED YET UNIFIED DIVIDED YET UNIFIED
DIVIDED YET UNIFIED DIVIDED YET UNIFIED
DIVIDED YET UNIFIED DIVIDED YET UNIFIED
DIVIDED YET UNIFIED DIVIDED YET UNIFIED
DIVIDED YET UNIFIED DIVIDED YET UNIFIED
DIVIDED YET UNIFIED DIVIDED YET UNIFIED
DIVIDED YET UNIFIED DIVIDED YET UNIFIED
DIVIDED YET UNIFIED DIVIDED YET UNIFIED
DIVIDED YET UNIFIED DIVIDED YET UNIFIED
DIVIDED YET UNIFIED DIVIDED YET UNIFIED
DIVIDED YET UNIFIED DIVIDED YET UNIFIED
DIVIDED YET UNIFIED DIVIDED YET UNIFIED
DIVIDED YET UNIFIED DIVIDED YET UNIFIED
DIVIDED YET UNIFIED DIVIDED YET UNIFIED
DIVIDED YET UNIFIED DIVIDED YET UNIFIED
DIVIDED YET UNIFIED DIVIDED YET UNIFIED
DIVIDED YET UNIFIED DIVIDED YET UNIFIED

DIVIDED YET UNIFIED DIVIDED YET UNIFIED
DIVIDED YET UNIFIED DIVIDED YET UNIFIED
DIVIDED YET UNIFIED DIVIDED YET UNIFIED
DIVIDED YET UNIFIED DIVIDED YET UNIFIED
DIVIDED YET UNIFIED DIVIDED YET UNIFIED
DIVIDED YET UNIFIED DIVIDED YET UNIFIED
DIVIDED YET UNIFIED DIVIDED YET UNIFIED
DIVIDED YET UNIFIED DIVIDED YET UNIFIED
DIVIDED YET UNIFIED DIVIDED YET UNIFIED
DIVIDED YET UNIFIED DIVIDED YET UNIFIED
DIVIDED YET UNIFIED DIVIDED YET UNIFIED
DIVIDED YET UNIFIED DIVIDED YET UNIFIED
DIVIDED YET UNIFIED DIVIDED YET UNIFIED
DIVIDED YET UNIFIED DIVIDED YET UNIFIED
DIVIDED YET UNIFIED DIVIDED YET UNIFIED
DIVIDED YET UNIFIED DIVIDED YET UNIFIED
DIVIDED YET UNIFIED DIVIDED YET UNIFIED
DIVIDED YET UNIFIED DIVIDED YET UNIFIED
DIVIDED YET UNIFIED DIVIDED YET UNIFIED
DIVIDED YET UNIFIED DIVIDED YET UNIFIED
DIVIDED YET UNIFIED DIVIDED YET UNIFIED
DIVIDED YET UNIFIED DIVIDED YET UNIFIED
DIVIDED YET UNIFIED DIVIDED YET UNIFIED
DIVIDED YET UNIFIED DIVIDED YET UNIFIED
DIVIDED YET UNIFIED DIVIDED YET UNIFIED
DIVIDED YET UNIFIED DIVIDED YET UNIFIED
DIVIDED YET UNIFIED DIVIDED YET UNIFIED
DIVIDED YET UNIFIED DIVIDED YET UNIFIED
DIVIDED YET UNIFIED DIVIDED YET UNIFIED
DIVIDED YET UNIFIED DIVIDED YET UNIFIED
DIVIDED YET UNIFIED DIVIDED YET UNIFIED
DIVIDED YET UNIFIED DIVIDED YET UNIFIED
DIVIDED YET UNIFIED DIVIDED YET UNIFIED
DIVIDED YET UNIFIED DIVIDED YET UNIFIED
DIVIDED YET UNIFIED DIVIDED YET UNIFIED
DIVIDED YET UNIFIED DIVIDED YET UNIFIED
DIVIDED YET UNIFIED DIVIDED YET UNIFIED
DIVIDED YET UNIFIED DIVIDED YET UNIFIED
DIVIDED YET UNIFIED DIVIDED YET UNIFIED
DIVIDED YET UNIFIED DIVIDED YET UNIFIED
DIVIDED YET UNIFIED DIVIDED YET UNIFIED
DIVIDED YET UNIFIED DIVIDED YET UNIFIED
DIVIDED YET UNIFIED DIVIDED YET UNIFIED
DIVIDED YET UNIFIED DIVIDED YET UNIFIED

DIVIDED YET UNIFIED DIVIDED YET UNIFIED
DIVIDED YET UNIFIED DIVIDED YET UNIFIED
DIVIDED YET UNIFIED DIVIDED YET UNIFIED
DIVIDED YET UNIFIED DIVIDED YET UNIFIED
DIVIDED YET UNIFIED DIVIDED YET UNIFIED
DIVIDED YET UNIFIED DIVIDED YET UNIFIED
DIVIDED YET UNIFIED DIVIDED YET UNIFIED
DIVIDED YET UNIFIED DIVIDED YET UNIFIED
DIVIDED YET UNIFIED DIVIDED YET UNIFIED
DIVIDED YET UNIFIED DIVIDED YET UNIFIED
DIVIDED YET UNIFIED DIVIDED YET UNIFIED
DIVIDED YET UNIFIED DIVIDED YET UNIFIED
DIVIDED YET UNIFIED DIVIDED YET UNIFIED
DIVIDED YET UNIFIED DIVIDED YET UNIFIED
DIVIDED YET UNIFIED DIVIDED YET UNIFIED
DIVIDED YET UNIFIED DIVIDED YET UNIFIED
DIVIDED YET UNIFIED DIVIDED YET UNIFIED
DIVIDED YET UNIFIED DIVIDED YET UNIFIED
DIVIDED YET UNIFIED DIVIDED YET UNIFIED
DIVIDED YET UNIFIED DIVIDED YET UNIFIED
DIVIDED YET UNIFIED DIVIDED YET UNIFIED
DIVIDED YET UNIFIED DIVIDED YET UNIFIED
DIVIDED YET UNIFIED DIVIDED YET UNIFIED
DIVIDED YET UNIFIED DIVIDED YET UNIFIED
DIVIDED YET UNIFIED DIVIDED YET UNIFIED
DIVIDED YET UNIFIED DIVIDED YET UNIFIED
DIVIDED YET UNIFIED DIVIDED YET UNIFIED
DIVIDED YET UNIFIED DIVIDED YET UNIFIED
DIVIDED YET UNIFIED DIVIDED YET UNIFIED
DIVIDED YET UNIFIED DIVIDED YET UNIFIED
DIVIDED YET UNIFIED DIVIDED YET UNIFIED
DIVIDED YET UNIFIED DIVIDED YET UNIFIED
DIVIDED YET UNIFIED DIVIDED YET UNIFIED
DIVIDED YET UNIFIED DIVIDED YET UNIFIED
DIVIDED YET UNIFIED DIVIDED YET UNIFIED
DIVIDED YET UNIFIED DIVIDED YET UNIFIED
DIVIDED YET UNIFIED DIVIDED YET UNIFIED
DIVIDED YET UNIFIED DIVIDED YET UNIFIED
DIVIDED YET UNIFIED DIVIDED YET UNIFIED
DIVIDED YET UNIFIED DIVIDED YET UNIFIED
DIVIDED YET UNIFIED DIVIDED YET UNIFIED
DIVIDED YET UNIFIED DIVIDED YET UNIFIED

DIVIDED YET UNIFIED DIVIDED YET UNIFIED
DIVIDED YET UNIFIED DIVIDED YET UNIFIED
DIVIDED YET UNIFIED DIVIDED YET UNIFIED
DIVIDED YET UNIFIED DIVIDED YET UNIFIED
DIVIDED YET UNIFIED DIVIDED YET UNIFIED
DIVIDED YET UNIFIED DIVIDED YET UNIFIED
DIVIDED YET UNIFIED DIVIDED YET UNIFIED
DIVIDED YET UNIFIED DIVIDED YET UNIFIED
DIVIDED YET UNIFIED DIVIDED YET UNIFIED
DIVIDED YET UNIFIED DIVIDED YET UNIFIED
DIVIDED YET UNIFIED DIVIDED YET UNIFIED
DIVIDED YET UNIFIED DIVIDED YET UNIFIED
DIVIDED YET UNIFIED DIVIDED YET UNIFIED
DIVIDED YET UNIFIED DIVIDED YET UNIFIED
DIVIDED YET UNIFIED DIVIDED YET UNIFIED
DIVIDED YET UNIFIED DIVIDED YET UNIFIED
DIVIDED YET UNIFIED DIVIDED YET UNIFIED
DIVIDED YET UNIFIED DIVIDED YET UNIFIED
DIVIDED YET UNIFIED DIVIDED YET UNIFIED
DIVIDED YET UNIFIED DIVIDED YET UNIFIED
DIVIDED YET UNIFIED DIVIDED YET UNIFIED
DIVIDED YET UNIFIED DIVIDED YET UNIFIED
DIVIDED YET UNIFIED DIVIDED YET UNIFIED
DIVIDED YET UNIFIED DIVIDED YET UNIFIED
DIVIDED YET UNIFIED DIVIDED YET UNIFIED
DIVIDED YET UNIFIED DIVIDED YET UNIFIED
DIVIDED YET UNIFIED DIVIDED YET UNIFIED
DIVIDED YET UNIFIED DIVIDED YET UNIFIED
DIVIDED YET UNIFIED DIVIDED YET UNIFIED
DIVIDED YET UNIFIED DIVIDED YET UNIFIED
DIVIDED YET UNIFIED DIVIDED YET UNIFIED
DIVIDED YET UNIFIED DIVIDED YET UNIFIED
DIVIDED YET UNIFIED DIVIDED YET UNIFIED
DIVIDED YET UNIFIED DIVIDED YET UNIFIED
DIVIDED YET UNIFIED DIVIDED YET UNIFIED
DIVIDED YET UNIFIED DIVIDED YET UNIFIED
DIVIDED YET UNIFIED DIVIDED YET UNIFIED
DIVIDED YET UNIFIED DIVIDED YET UNIFIED
DIVIDED YET UNIFIED DIVIDED YET UNIFIED
DIVIDED YET UNIFIED DIVIDED YET UNIFIED
DIVIDED YET UNIFIED DIVIDED YET UNIFIED
DIVIDED YET UNIFIED DIVIDED YET UNIFIED

DIVIDED YET UNIFIED DIVIDED YET UNIFIED
DIVIDED YET UNIFIED DIVIDED YET UNIFIED
DIVIDED YET UNIFIED DIVIDED YET UNIFIED
DIVIDED YET UNIFIED DIVIDED YET UNIFIED
DIVIDED YET UNIFIED DIVIDED YET UNIFIED
DIVIDED YET UNIFIED DIVIDED YET UNIFIED
DIVIDED YET UNIFIED DIVIDED YET UNIFIED
DIVIDED YET UNIFIED DIVIDED YET UNIFIED
DIVIDED YET UNIFIED DIVIDED YET UNIFIED
DIVIDED YET UNIFIED DIVIDED YET UNIFIED
DIVIDED YET UNIFIED DIVIDED YET UNIFIED
DIVIDED YET UNIFIED DIVIDED YET UNIFIED
DIVIDED YET UNIFIED DIVIDED YET UNIFIED
DIVIDED YET UNIFIED DIVIDED YET UNIFIED
DIVIDED YET UNIFIED DIVIDED YET UNIFIED
DIVIDED YET UNIFIED DIVIDED YET UNIFIED
DIVIDED YET UNIFIED DIVIDED YET UNIFIED
DIVIDED YET UNIFIED DIVIDED YET UNIFIED
DIVIDED YET UNIFIED DIVIDED YET UNIFIED
DIVIDED YET UNIFIED DIVIDED YET UNIFIED
DIVIDED YET UNIFIED DIVIDED YET UNIFIED
DIVIDED YET UNIFIED DIVIDED YET UNIFIED
DIVIDED YET UNIFIED DIVIDED YET UNIFIED
DIVIDED YET UNIFIED DIVIDED YET UNIFIED
DIVIDED YET UNIFIED DIVIDED YET UNIFIED
DIVIDED YET UNIFIED DIVIDED YET UNIFIED
DIVIDED YET UNIFIED DIVIDED YET UNIFIED
DIVIDED YET UNIFIED DIVIDED YET UNIFIED
DIVIDED YET UNIFIED DIVIDED YET UNIFIED
DIVIDED YET UNIFIED DIVIDED YET UNIFIED
DIVIDED YET UNIFIED DIVIDED YET UNIFIED
DIVIDED YET UNIFIED DIVIDED YET UNIFIED
DIVIDED YET UNIFIED DIVIDED YET UNIFIED
DIVIDED YET UNIFIED DIVIDED YET UNIFIED
DIVIDED YET UNIFIED DIVIDED YET UNIFIED
DIVIDED YET UNIFIED DIVIDED YET UNIFIED
DIVIDED YET UNIFIED DIVIDED YET UNIFIED
DIVIDED YET UNIFIED DIVIDED YET UNIFIED
DIVIDED YET UNIFIED DIVIDED YET UNIFIED
DIVIDED YET UNIFIED DIVIDED YET UNIFIED
DIVIDED YET UNIFIED DIVIDED YET UNIFIED
DIVIDED YET UNIFIED DIVIDED YET UNIFIED
DIVIDED YET UNIFIED DIVIDED YET UNIFIED
DIVIDED YET UNIFIED DIVIDED YET UNIFIED
DIVIDED YET UNIFIED DIVIDED YET UNIFIED
DIVIDED YET UNIFIED DIVIDED YET UNIFIED
DIVIDED YET UNIFIED DIVIDED YET UNIFIED

DIVIDED YET UNIFIED DIVIDED YET UNIFIED
DIVIDED YET UNIFIED DIVIDED YET UNIFIED
DIVIDED YET UNIFIED DIVIDED YET UNIFIED
DIVIDED YET UNIFIED DIVIDED YET UNIFIED
DIVIDED YET UNIFIED DIVIDED YET UNIFIED
DIVIDED YET UNIFIED DIVIDED YET UNIFIED
DIVIDED YET UNIFIED DIVIDED YET UNIFIED
DIVIDED YET UNIFIED DIVIDED YET UNIFIED
DIVIDED YET UNIFIED DIVIDED YET UNIFIED
DIVIDED YET UNIFIED DIVIDED YET UNIFIED
DIVIDED YET UNIFIED DIVIDED YET UNIFIED
DIVIDED YET UNIFIED DIVIDED YET UNIFIED
DIVIDED YET UNIFIED DIVIDED YET UNIFIED
DIVIDED YET UNIFIED DIVIDED YET UNIFIED
DIVIDED YET UNIFIED DIVIDED YET UNIFIED
DIVIDED YET UNIFIED DIVIDED YET UNIFIED
DIVIDED YET UNIFIED DIVIDED YET UNIFIED
DIVIDED YET UNIFIED DIVIDED YET UNIFIED
DIVIDED YET UNIFIED DIVIDED YET UNIFIED
DIVIDED YET UNIFIED DIVIDED YET UNIFIED
DIVIDED YET UNIFIED DIVIDED YET UNIFIED
DIVIDED YET UNIFIED DIVIDED YET UNIFIED
DIVIDED YET UNIFIED DIVIDED YET UNIFIED
DIVIDED YET UNIFIED DIVIDED YET UNIFIED
DIVIDED YET UNIFIED DIVIDED YET UNIFIED
DIVIDED YET UNIFIED DIVIDED YET UNIFIED
DIVIDED YET UNIFIED DIVIDED YET UNIFIED
DIVIDED YET UNIFIED DIVIDED YET UNIFIED
DIVIDED YET UNIFIED DIVIDED YET UNIFIED
DIVIDED YET UNIFIED DIVIDED YET UNIFIED
DIVIDED YET UNIFIED DIVIDED YET UNIFIED
DIVIDED YET UNIFIED DIVIDED YET UNIFIED
DIVIDED YET UNIFIED DIVIDED YET UNIFIED
DIVIDED YET UNIFIED DIVIDED YET UNIFIED
DIVIDED YET UNIFIED DIVIDED YET UNIFIED
DIVIDED YET UNIFIED DIVIDED YET UNIFIED
DIVIDED YET UNIFIED DIVIDED YET UNIFIED
DIVIDED YET UNIFIED DIVIDED YET UNIFIED
DIVIDED YET UNIFIED DIVIDED YET UNIFIED

DIVIDED YET UNIFIED DIVIDED YET UNIFIED
DIVIDED YET UNIFIED DIVIDED YET UNIFIED
DIVIDED YET UNIFIED DIVIDED YET UNIFIED
DIVIDED YET UNIFIED DIVIDED YET UNIFIED
DIVIDED YET UNIFIED DIVIDED YET UNIFIED
DIVIDED YET UNIFIED DIVIDED YET UNIFIED
DIVIDED YET UNIFIED DIVIDED YET UNIFIED
DIVIDED YET UNIFIED DIVIDED YET UNIFIED
DIVIDED YET UNIFIED DIVIDED YET UNIFIED
DIVIDED YET UNIFIED DIVIDED YET UNIFIED
DIVIDED YET UNIFIED DIVIDED YET UNIFIED
DIVIDED YET UNIFIED DIVIDED YET UNIFIED
DIVIDED YET UNIFIED DIVIDED YET UNIFIED
DIVIDED YET UNIFIED DIVIDED YET UNIFIED
DIVIDED YET UNIFIED DIVIDED YET UNIFIED
DIVIDED YET UNIFIED DIVIDED YET UNIFIED
DIVIDED YET UNIFIED DIVIDED YET UNIFIED
DIVIDED YET UNIFIED DIVIDED YET UNIFIED
DIVIDED YET UNIFIED DIVIDED YET UNIFIED
DIVIDED YET UNIFIED DIVIDED YET UNIFIED
DIVIDED YET UNIFIED DIVIDED YET UNIFIED
DIVIDED YET UNIFIED DIVIDED YET UNIFIED
DIVIDED YET UNIFIED DIVIDED YET UNIFIED
DIVIDED YET UNIFIED DIVIDED YET UNIFIED
DIVIDED YET UNIFIED DIVIDED YET UNIFIED
DIVIDED YET UNIFIED DIVIDED YET UNIFIED
DIVIDED YET UNIFIED DIVIDED YET UNIFIED
DIVIDED YET UNIFIED DIVIDED YET UNIFIED
DIVIDED YET UNIFIED DIVIDED YET UNIFIED
DIVIDED YET UNIFIED DIVIDED YET UNIFIED
DIVIDED YET UNIFIED DIVIDED YET UNIFIED
DIVIDED YET UNIFIED DIVIDED YET UNIFIED
DIVIDED YET UNIFIED DIVIDED YET UNIFIED
DIVIDED YET UNIFIED DIVIDED YET UNIFIED
DIVIDED YET UNIFIED DIVIDED YET UNIFIED
DIVIDED YET UNIFIED DIVIDED YET UNIFIED
DIVIDED YET UNIFIED DIVIDED YET UNIFIED
DIVIDED YET UNIFIED DIVIDED YET UNIFIED
DIVIDED YET UNIFIED DIVIDED YET UNIFIED
DIVIDED YET UNIFIED DIVIDED YET UNIFIED
DIVIDED YET UNIFIED DIVIDED YET UNIFIED
DIVIDED YET UNIFIED DIVIDED YET UNIFIED
DIVIDED YET UNIFIED DIVIDED YET UNIFIED
DIVIDED YET UNIFIED DIVIDED YET UNIFIED
DIVIDED YET UNIFIED DIVIDED YET UNIFIED
DIVIDED YET UNIFIED DIVIDED YET UNIFIED
DIVIDED YET UNIFIED DIVIDED YET UNIFIED
DIVIDED YET UNIFIED DIVIDED YET UNIFIED

DIVIDED YET UNIFIED DIVIDED YET UNIFIED
DIVIDED YET UNIFIED DIVIDED YET UNIFIED
DIVIDED YET UNIFIED DIVIDED YET UNIFIED
DIVIDED YET UNIFIED DIVIDED YET UNIFIED
DIVIDED YET UNIFIED DIVIDED YET UNIFIED
DIVIDED YET UNIFIED DIVIDED YET UNIFIED
DIVIDED YET UNIFIED DIVIDED YET UNIFIED
DIVIDED YET UNIFIED DIVIDED YET UNIFIED
DIVIDED YET UNIFIED DIVIDED YET UNIFIED
DIVIDED YET UNIFIED DIVIDED YET UNIFIED
DIVIDED YET UNIFIED DIVIDED YET UNIFIED
DIVIDED YET UNIFIED DIVIDED YET UNIFIED
DIVIDED YET UNIFIED DIVIDED YET UNIFIED
DIVIDED YET UNIFIED DIVIDED YET UNIFIED
DIVIDED YET UNIFIED DIVIDED YET UNIFIED
DIVIDED YET UNIFIED DIVIDED YET UNIFIED
DIVIDED YET UNIFIED DIVIDED YET UNIFIED
DIVIDED YET UNIFIED DIVIDED YET UNIFIED
DIVIDED YET UNIFIED DIVIDED YET UNIFIED
DIVIDED YET UNIFIED DIVIDED YET UNIFIED
DIVIDED YET UNIFIED DIVIDED YET UNIFIED
DIVIDED YET UNIFIED DIVIDED YET UNIFIED
DIVIDED YET UNIFIED DIVIDED YET UNIFIED
DIVIDED YET UNIFIED DIVIDED YET UNIFIED
DIVIDED YET UNIFIED DIVIDED YET UNIFIED
DIVIDED YET UNIFIED DIVIDED YET UNIFIED
DIVIDED YET UNIFIED DIVIDED YET UNIFIED
DIVIDED YET UNIFIED DIVIDED YET UNIFIED
DIVIDED YET UNIFIED DIVIDED YET UNIFIED
DIVIDED YET UNIFIED DIVIDED YET UNIFIED
DIVIDED YET UNIFIED DIVIDED YET UNIFIED
DIVIDED YET UNIFIED DIVIDED YET UNIFIED
DIVIDED YET UNIFIED DIVIDED YET UNIFIED
DIVIDED YET UNIFIED DIVIDED YET UNIFIED
DIVIDED YET UNIFIED DIVIDED YET UNIFIED
DIVIDED YET UNIFIED DIVIDED YET UNIFIED
DIVIDED YET UNIFIED DIVIDED YET UNIFIED
DIVIDED YET UNIFIED DIVIDED YET UNIFIED
DIVIDED YET UNIFIED DIVIDED YET UNIFIED
DIVIDED YET UNIFIED DIVIDED YET UNIFIED
DIVIDED YET UNIFIED DIVIDED YET UNIFIED
DIVIDED YET UNIFIED DIVIDED YET UNIFIED
DIVIDED YET UNIFIED DIVIDED YET UNIFIED

DIVIDED YET UNIFIED DIVIDED YET UNIFIED
DIVIDED YET UNIFIED DIVIDED YET UNIFIED
DIVIDED YET UNIFIED DIVIDED YET UNIFIED
DIVIDED YET UNIFIED DIVIDED YET UNIFIED
DIVIDED YET UNIFIED DIVIDED YET UNIFIED
DIVIDED YET UNIFIED DIVIDED YET UNIFIED
DIVIDED YET UNIFIED DIVIDED YET UNIFIED
DIVIDED YET UNIFIED DIVIDED YET UNIFIED
DIVIDED YET UNIFIED DIVIDED YET UNIFIED
DIVIDED YET UNIFIED DIVIDED YET UNIFIED
DIVIDED YET UNIFIED DIVIDED YET UNIFIED
DIVIDED YET UNIFIED DIVIDED YET UNIFIED
DIVIDED YET UNIFIED DIVIDED YET UNIFIED
DIVIDED YET UNIFIED DIVIDED YET UNIFIED
DIVIDED YET UNIFIED DIVIDED YET UNIFIED
DIVIDED YET UNIFIED DIVIDED YET UNIFIED
DIVIDED YET UNIFIED DIVIDED YET UNIFIED
DIVIDED YET UNIFIED DIVIDED YET UNIFIED
DIVIDED YET UNIFIED DIVIDED YET UNIFIED
DIVIDED YET UNIFIED DIVIDED YET UNIFIED
DIVIDED YET UNIFIED DIVIDED YET UNIFIED
DIVIDED YET UNIFIED DIVIDED YET UNIFIED
DIVIDED YET UNIFIED DIVIDED YET UNIFIED
DIVIDED YET UNIFIED DIVIDED YET UNIFIED
DIVIDED YET UNIFIED DIVIDED YET UNIFIED
DIVIDED YET UNIFIED DIVIDED YET UNIFIED
DIVIDED YET UNIFIED DIVIDED YET UNIFIED
DIVIDED YET UNIFIED DIVIDED YET UNIFIED
DIVIDED YET UNIFIED DIVIDED YET UNIFIED
DIVIDED YET UNIFIED DIVIDED YET UNIFIED
DIVIDED YET UNIFIED DIVIDED YET UNIFIED
DIVIDED YET UNIFIED DIVIDED YET UNIFIED
DIVIDED YET UNIFIED DIVIDED YET UNIFIED
DIVIDED YET UNIFIED DIVIDED YET UNIFIED
DIVIDED YET UNIFIED DIVIDED YET UNIFIED
DIVIDED YET UNIFIED DIVIDED YET UNIFIED
DIVIDED YET UNIFIED DIVIDED YET UNIFIED
DIVIDED YET UNIFIED DIVIDED YET UNIFIED
DIVIDED YET UNIFIED DIVIDED YET UNIFIED
DIVIDED YET UNIFIED DIVIDED YET UNIFIED
DIVIDED YET UNIFIED DIVIDED YET UNIFIED
DIVIDED YET UNIFIED DIVIDED YET UNIFIED

DIVIDED YET UNIFIED DIVIDED YET UNIFIED
DIVIDED YET UNIFIED DIVIDED YET UNIFIED
DIVIDED YET UNIFIED DIVIDED YET UNIFIED
DIVIDED YET UNIFIED DIVIDED YET UNIFIED
DIVIDED YET UNIFIED DIVIDED YET UNIFIED
DIVIDED YET UNIFIED DIVIDED YET UNIFIED
DIVIDED YET UNIFIED DIVIDED YET UNIFIED
DIVIDED YET UNIFIED DIVIDED YET UNIFIED
DIVIDED YET UNIFIED DIVIDED YET UNIFIED
DIVIDED YET UNIFIED DIVIDED YET UNIFIED
DIVIDED YET UNIFIED DIVIDED YET UNIFIED
DIVIDED YET UNIFIED DIVIDED YET UNIFIED
DIVIDED YET UNIFIED DIVIDED YET UNIFIED
DIVIDED YET UNIFIED DIVIDED YET UNIFIED
DIVIDED YET UNIFIED DIVIDED YET UNIFIED
DIVIDED YET UNIFIED DIVIDED YET UNIFIED
DIVIDED YET UNIFIED DIVIDED YET UNIFIED
DIVIDED YET UNIFIED DIVIDED YET UNIFIED
DIVIDED YET UNIFIED DIVIDED YET UNIFIED
DIVIDED YET UNIFIED DIVIDED YET UNIFIED
DIVIDED YET UNIFIED DIVIDED YET UNIFIED
DIVIDED YET UNIFIED DIVIDED YET UNIFIED
DIVIDED YET UNIFIED DIVIDED YET UNIFIED
DIVIDED YET UNIFIED DIVIDED YET UNIFIED
DIVIDED YET UNIFIED DIVIDED YET UNIFIED
DIVIDED YET UNIFIED DIVIDED YET UNIFIED
DIVIDED YET UNIFIED DIVIDED YET UNIFIED
DIVIDED YET UNIFIED DIVIDED YET UNIFIED
DIVIDED YET UNIFIED DIVIDED YET UNIFIED
DIVIDED YET UNIFIED DIVIDED YET UNIFIED
DIVIDED YET UNIFIED DIVIDED YET UNIFIED
DIVIDED YET UNIFIED DIVIDED YET UNIFIED
DIVIDED YET UNIFIED DIVIDED YET UNIFIED
DIVIDED YET UNIFIED DIVIDED YET UNIFIED
DIVIDED YET UNIFIED DIVIDED YET UNIFIED
DIVIDED YET UNIFIED DIVIDED YET UNIFIED
DIVIDED YET UNIFIED DIVIDED YET UNIFIED
DIVIDED YET UNIFIED DIVIDED YET UNIFIED
DIVIDED YET UNIFIED DIVIDED YET UNIFIED
DIVIDED YET UNIFIED DIVIDED YET UNIFIED
DIVIDED YET UNIFIED DIVIDED YET UNIFIED
DIVIDED YET UNIFIED DIVIDED YET UNIFIED
DIVIDED YET UNIFIED DIVIDED YET UNIFIED
DIVIDED YET UNIFIED DIVIDED YET UNIFIED
DIVIDED YET UNIFIED DIVIDED YET UNIFIED
DIVIDED YET UNIFIED DIVIDED YET UNIFIED
DIVIDED YET UNIFIED DIVIDED YET UNIFIED
DIVIDED YET UNIFIED DIVIDED YET UNIFIED
DIVIDED YET UNIFIED DIVIDED YET UNIFIED

DIVIDED YET UNIFIED DIVIDED YET UNIFIED
DIVIDED YET UNIFIED DIVIDED YET UNIFIED
DIVIDED YET UNIFIED DIVIDED YET UNIFIED
DIVIDED YET UNIFIED DIVIDED YET UNIFIED
DIVIDED YET UNIFIED DIVIDED YET UNIFIED
DIVIDED YET UNIFIED DIVIDED YET UNIFIED
DIVIDED YET UNIFIED DIVIDED YET UNIFIED
DIVIDED YET UNIFIED DIVIDED YET UNIFIED
DIVIDED YET UNIFIED DIVIDED YET UNIFIED
DIVIDED YET UNIFIED DIVIDED YET UNIFIED
DIVIDED YET UNIFIED DIVIDED YET UNIFIED
DIVIDED YET UNIFIED DIVIDED YET UNIFIED
DIVIDED YET UNIFIED DIVIDED YET UNIFIED
DIVIDED YET UNIFIED DIVIDED YET UNIFIED
DIVIDED YET UNIFIED DIVIDED YET UNIFIED
DIVIDED YET UNIFIED DIVIDED YET UNIFIED
DIVIDED YET UNIFIED DIVIDED YET UNIFIED
DIVIDED YET UNIFIED DIVIDED YET UNIFIED
DIVIDED YET UNIFIED DIVIDED YET UNIFIED
DIVIDED YET UNIFIED DIVIDED YET UNIFIED
DIVIDED YET UNIFIED DIVIDED YET UNIFIED
DIVIDED YET UNIFIED DIVIDED YET UNIFIED
DIVIDED YET UNIFIED DIVIDED YET UNIFIED
DIVIDED YET UNIFIED DIVIDED YET UNIFIED
DIVIDED YET UNIFIED DIVIDED YET UNIFIED
DIVIDED YET UNIFIED DIVIDED YET UNIFIED
DIVIDED YET UNIFIED DIVIDED YET UNIFIED
DIVIDED YET UNIFIED DIVIDED YET UNIFIED
DIVIDED YET UNIFIED DIVIDED YET UNIFIED
DIVIDED YET UNIFIED DIVIDED YET UNIFIED
DIVIDED YET UNIFIED DIVIDED YET UNIFIED
DIVIDED YET UNIFIED DIVIDED YET UNIFIED
DIVIDED YET UNIFIED DIVIDED YET UNIFIED
DIVIDED YET UNIFIED DIVIDED YET UNIFIED
DIVIDED YET UNIFIED DIVIDED YET UNIFIED
DIVIDED YET UNIFIED DIVIDED YET UNIFIED
DIVIDED YET UNIFIED DIVIDED YET UNIFIED
DIVIDED YET UNIFIED DIVIDED YET UNIFIED
DIVIDED YET UNIFIED DIVIDED YET UNIFIED
DIVIDED YET UNIFIED DIVIDED YET UNIFIED
DIVIDED YET UNIFIED DIVIDED YET UNIFIED
DIVIDED YET UNIFIED DIVIDED YET UNIFIED
DIVIDED YET UNIFIED DIVIDED YET UNIFIED
DIVIDED YET UNIFIED DIVIDED YET UNIFIED
DIVIDED YET UNIFIED DIVIDED YET UNIFIED
DIVIDED YET UNIFIED DIVIDED YET UNIFIED
DIVIDED YET UNIFIED DIVIDED YET UNIFIED
DIVIDED YET UNIFIED DIVIDED YET UNIFIED

DIVIDED YET UNIFIED DIVIDED YET UNIFIED
DIVIDED YET UNIFIED DIVIDED YET UNIFIED
DIVIDED YET UNIFIED DIVIDED YET UNIFIED
DIVIDED YET UNIFIED DIVIDED YET UNIFIED
DIVIDED YET UNIFIED DIVIDED YET UNIFIED
DIVIDED YET UNIFIED DIVIDED YET UNIFIED
DIVIDED YET UNIFIED DIVIDED YET UNIFIED
DIVIDED YET UNIFIED DIVIDED YET UNIFIED
DIVIDED YET UNIFIED DIVIDED YET UNIFIED
DIVIDED YET UNIFIED DIVIDED YET UNIFIED
DIVIDED YET UNIFIED DIVIDED YET UNIFIED
DIVIDED YET UNIFIED DIVIDED YET UNIFIED
DIVIDED YET UNIFIED DIVIDED YET UNIFIED
DIVIDED YET UNIFIED DIVIDED YET UNIFIED
DIVIDED YET UNIFIED DIVIDED YET UNIFIED
DIVIDED YET UNIFIED DIVIDED YET UNIFIED
DIVIDED YET UNIFIED DIVIDED YET UNIFIED
DIVIDED YET UNIFIED DIVIDED YET UNIFIED
DIVIDED YET UNIFIED DIVIDED YET UNIFIED
DIVIDED YET UNIFIED DIVIDED YET UNIFIED
DIVIDED YET UNIFIED DIVIDED YET UNIFIED
DIVIDED YET UNIFIED DIVIDED YET UNIFIED
DIVIDED YET UNIFIED DIVIDED YET UNIFIED
DIVIDED YET UNIFIED DIVIDED YET UNIFIED
DIVIDED YET UNIFIED DIVIDED YET UNIFIED
DIVIDED YET UNIFIED DIVIDED YET UNIFIED
DIVIDED YET UNIFIED DIVIDED YET UNIFIED
DIVIDED YET UNIFIED DIVIDED YET UNIFIED
DIVIDED YET UNIFIED DIVIDED YET UNIFIED
DIVIDED YET UNIFIED DIVIDED YET UNIFIED
DIVIDED YET UNIFIED DIVIDED YET UNIFIED
DIVIDED YET UNIFIED DIVIDED YET UNIFIED
DIVIDED YET UNIFIED DIVIDED YET UNIFIED
DIVIDED YET UNIFIED DIVIDED YET UNIFIED
DIVIDED YET UNIFIED DIVIDED YET UNIFIED
DIVIDED YET UNIFIED DIVIDED YET UNIFIED
DIVIDED YET UNIFIED DIVIDED YET UNIFIED
DIVIDED YET UNIFIED DIVIDED YET UNIFIED
DIVIDED YET UNIFIED DIVIDED YET UNIFIED
DIVIDED YET UNIFIED DIVIDED YET UNIFIED

DIVIDED YET UNIFIED DIVIDED YET UNIFIED
DIVIDED YET UNIFIED DIVIDED YET UNIFIED
DIVIDED YET UNIFIED DIVIDED YET UNIFIED
DIVIDED YET UNIFIED DIVIDED YET UNIFIED
DIVIDED YET UNIFIED DIVIDED YET UNIFIED
DIVIDED YET UNIFIED DIVIDED YET UNIFIED
DIVIDED YET UNIFIED DIVIDED YET UNIFIED
DIVIDED YET UNIFIED DIVIDED YET UNIFIED
DIVIDED YET UNIFIED DIVIDED YET UNIFIED
DIVIDED YET UNIFIED DIVIDED YET UNIFIED
DIVIDED YET UNIFIED DIVIDED YET UNIFIED
DIVIDED YET UNIFIED DIVIDED YET UNIFIED
DIVIDED YET UNIFIED DIVIDED YET UNIFIED
DIVIDED YET UNIFIED DIVIDED YET UNIFIED
DIVIDED YET UNIFIED DIVIDED YET UNIFIED
DIVIDED YET UNIFIED DIVIDED YET UNIFIED
DIVIDED YET UNIFIED DIVIDED YET UNIFIED
DIVIDED YET UNIFIED DIVIDED YET UNIFIED
DIVIDED YET UNIFIED DIVIDED YET UNIFIED
DIVIDED YET UNIFIED DIVIDED YET UNIFIED
DIVIDED YET UNIFIED DIVIDED YET UNIFIED
DIVIDED YET UNIFIED DIVIDED YET UNIFIED
DIVIDED YET UNIFIED DIVIDED YET UNIFIED
DIVIDED YET UNIFIED DIVIDED YET UNIFIED
DIVIDED YET UNIFIED DIVIDED YET UNIFIED
DIVIDED YET UNIFIED DIVIDED YET UNIFIED
DIVIDED YET UNIFIED DIVIDED YET UNIFIED
DIVIDED YET UNIFIED DIVIDED YET UNIFIED
DIVIDED YET UNIFIED DIVIDED YET UNIFIED
DIVIDED YET UNIFIED DIVIDED YET UNIFIED
DIVIDED YET UNIFIED DIVIDED YET UNIFIED
DIVIDED YET UNIFIED DIVIDED YET UNIFIED
DIVIDED YET UNIFIED DIVIDED YET UNIFIED
DIVIDED YET UNIFIED DIVIDED YET UNIFIED
DIVIDED YET UNIFIED DIVIDED YET UNIFIED
DIVIDED YET UNIFIED DIVIDED YET UNIFIED
DIVIDED YET UNIFIED DIVIDED YET UNIFIED
DIVIDED YET UNIFIED DIVIDED YET UNIFIED
DIVIDED YET UNIFIED DIVIDED YET UNIFIED
DIVIDED YET UNIFIED DIVIDED YET UNIFIED
DIVIDED YET UNIFIED DIVIDED YET UNIFIED
DIVIDED YET UNIFIED DIVIDED YET UNIFIED
DIVIDED YET UNIFIED DIVIDED YET UNIFIED
DIVIDED YET UNIFIED DIVIDED YET UNIFIED

DIVIDED YET UNIFIED DIVIDED YET UNIFIED
DIVIDED YET UNIFIED DIVIDED YET UNIFIED
DIVIDED YET UNIFIED DIVIDED YET UNIFIED
DIVIDED YET UNIFIED DIVIDED YET UNIFIED
DIVIDED YET UNIFIED DIVIDED YET UNIFIED
DIVIDED YET UNIFIED DIVIDED YET UNIFIED
DIVIDED YET UNIFIED DIVIDED YET UNIFIED
DIVIDED YET UNIFIED DIVIDED YET UNIFIED
DIVIDED YET UNIFIED DIVIDED YET UNIFIED
DIVIDED YET UNIFIED DIVIDED YET UNIFIED
DIVIDED YET UNIFIED DIVIDED YET UNIFIED
DIVIDED YET UNIFIED DIVIDED YET UNIFIED
DIVIDED YET UNIFIED DIVIDED YET UNIFIED
DIVIDED YET UNIFIED DIVIDED YET UNIFIED
DIVIDED YET UNIFIED DIVIDED YET UNIFIED
DIVIDED YET UNIFIED DIVIDED YET UNIFIED
DIVIDED YET UNIFIED DIVIDED YET UNIFIED
DIVIDED YET UNIFIED DIVIDED YET UNIFIED
DIVIDED YET UNIFIED DIVIDED YET UNIFIED
DIVIDED YET UNIFIED DIVIDED YET UNIFIED
DIVIDED YET UNIFIED DIVIDED YET UNIFIED
DIVIDED YET UNIFIED DIVIDED YET UNIFIED
DIVIDED YET UNIFIED DIVIDED YET UNIFIED
DIVIDED YET UNIFIED DIVIDED YET UNIFIED
DIVIDED YET UNIFIED DIVIDED YET UNIFIED
DIVIDED YET UNIFIED DIVIDED YET UNIFIED
DIVIDED YET UNIFIED DIVIDED YET UNIFIED
DIVIDED YET UNIFIED DIVIDED YET UNIFIED
DIVIDED YET UNIFIED DIVIDED YET UNIFIED
DIVIDED YET UNIFIED DIVIDED YET UNIFIED
DIVIDED YET UNIFIED DIVIDED YET UNIFIED
DIVIDED YET UNIFIED DIVIDED YET UNIFIED
DIVIDED YET UNIFIED DIVIDED YET UNIFIED
DIVIDED YET UNIFIED DIVIDED YET UNIFIED
DIVIDED YET UNIFIED DIVIDED YET UNIFIED
DIVIDED YET UNIFIED DIVIDED YET UNIFIED
DIVIDED YET UNIFIED DIVIDED YET UNIFIED
DIVIDED YET UNIFIED DIVIDED YET UNIFIED
DIVIDED YET UNIFIED DIVIDED YET UNIFIED
DIVIDED YET UNIFIED DIVIDED YET UNIFIED
DIVIDED YET UNIFIED DIVIDED YET UNIFIED
DIVIDED YET UNIFIED DIVIDED YET UNIFIED
DIVIDED YET UNIFIED DIVIDED YET UNIFIED
DIVIDED YET UNIFIED DIVIDED YET UNIFIED
DIVIDED YET UNIFIED DIVIDED YET UNIFIED

DIVIDED YET UNIFIED DIVIDED YET UNIFIED
DIVIDED YET UNIFIED DIVIDED YET UNIFIED
DIVIDED YET UNIFIED DIVIDED YET UNIFIED
DIVIDED YET UNIFIED DIVIDED YET UNIFIED
DIVIDED YET UNIFIED DIVIDED YET UNIFIED
DIVIDED YET UNIFIED DIVIDED YET UNIFIED
DIVIDED YET UNIFIED DIVIDED YET UNIFIED
DIVIDED YET UNIFIED DIVIDED YET UNIFIED
DIVIDED YET UNIFIED DIVIDED YET UNIFIED
DIVIDED YET UNIFIED DIVIDED YET UNIFIED
DIVIDED YET UNIFIED DIVIDED YET UNIFIED
DIVIDED YET UNIFIED DIVIDED YET UNIFIED
DIVIDED YET UNIFIED DIVIDED YET UNIFIED
DIVIDED YET UNIFIED DIVIDED YET UNIFIED
DIVIDED YET UNIFIED DIVIDED YET UNIFIED
DIVIDED YET UNIFIED DIVIDED YET UNIFIED
DIVIDED YET UNIFIED DIVIDED YET UNIFIED
DIVIDED YET UNIFIED DIVIDED YET UNIFIED
DIVIDED YET UNIFIED DIVIDED YET UNIFIED
DIVIDED YET UNIFIED DIVIDED YET UNIFIED
DIVIDED YET UNIFIED DIVIDED YET UNIFIED
DIVIDED YET UNIFIED DIVIDED YET UNIFIED
DIVIDED YET UNIFIED DIVIDED YET UNIFIED
DIVIDED YET UNIFIED DIVIDED YET UNIFIED
DIVIDED YET UNIFIED DIVIDED YET UNIFIED
DIVIDED YET UNIFIED DIVIDED YET UNIFIED
DIVIDED YET UNIFIED DIVIDED YET UNIFIED
DIVIDED YET UNIFIED DIVIDED YET UNIFIED
DIVIDED YET UNIFIED DIVIDED YET UNIFIED
DIVIDED YET UNIFIED DIVIDED YET UNIFIED
DIVIDED YET UNIFIED DIVIDED YET UNIFIED
DIVIDED YET UNIFIED DIVIDED YET UNIFIED
DIVIDED YET UNIFIED DIVIDED YET UNIFIED
DIVIDED YET UNIFIED DIVIDED YET UNIFIED
DIVIDED YET UNIFIED DIVIDED YET UNIFIED
DIVIDED YET UNIFIED DIVIDED YET UNIFIED
DIVIDED YET UNIFIED DIVIDED YET UNIFIED
DIVIDED YET UNIFIED DIVIDED YET UNIFIED
DIVIDED YET UNIFIED DIVIDED YET UNIFIED
DIVIDED YET UNIFIED DIVIDED YET UNIFIED
DIVIDED YET UNIFIED DIVIDED YET UNIFIED
DIVIDED YET UNIFIED DIVIDED YET UNIFIED
DIVIDED YET UNIFIED DIVIDED YET UNIFIED
DIVIDED YET UNIFIED DIVIDED YET UNIFIED

DIVIDED YET UNIFIED DIVIDED YET UNIFIED
DIVIDED YET UNIFIED DIVIDED YET UNIFIED
DIVIDED YET UNIFIED DIVIDED YET UNIFIED
DIVIDED YET UNIFIED DIVIDED YET UNIFIED
DIVIDED YET UNIFIED DIVIDED YET UNIFIED
DIVIDED YET UNIFIED DIVIDED YET UNIFIED
DIVIDED YET UNIFIED DIVIDED YET UNIFIED
DIVIDED YET UNIFIED DIVIDED YET UNIFIED
DIVIDED YET UNIFIED DIVIDED YET UNIFIED
DIVIDED YET UNIFIED DIVIDED YET UNIFIED
DIVIDED YET UNIFIED DIVIDED YET UNIFIED
DIVIDED YET UNIFIED DIVIDED YET UNIFIED
DIVIDED YET UNIFIED DIVIDED YET UNIFIED
DIVIDED YET UNIFIED DIVIDED YET UNIFIED
DIVIDED YET UNIFIED DIVIDED YET UNIFIED
DIVIDED YET UNIFIED DIVIDED YET UNIFIED
DIVIDED YET UNIFIED DIVIDED YET UNIFIED
DIVIDED YET UNIFIED DIVIDED YET UNIFIED
DIVIDED YET UNIFIED DIVIDED YET UNIFIED
DIVIDED YET UNIFIED DIVIDED YET UNIFIED
DIVIDED YET UNIFIED DIVIDED YET UNIFIED
DIVIDED YET UNIFIED DIVIDED YET UNIFIED
DIVIDED YET UNIFIED DIVIDED YET UNIFIED
DIVIDED YET UNIFIED DIVIDED YET UNIFIED
DIVIDED YET UNIFIED DIVIDED YET UNIFIED
DIVIDED YET UNIFIED DIVIDED YET UNIFIED
DIVIDED YET UNIFIED DIVIDED YET UNIFIED
DIVIDED YET UNIFIED DIVIDED YET UNIFIED
DIVIDED YET UNIFIED DIVIDED YET UNIFIED
DIVIDED YET UNIFIED DIVIDED YET UNIFIED
DIVIDED YET UNIFIED DIVIDED YET UNIFIED
DIVIDED YET UNIFIED DIVIDED YET UNIFIED
DIVIDED YET UNIFIED DIVIDED YET UNIFIED
DIVIDED YET UNIFIED DIVIDED YET UNIFIED
DIVIDED YET UNIFIED DIVIDED YET UNIFIED
DIVIDED YET UNIFIED DIVIDED YET UNIFIED
DIVIDED YET UNIFIED DIVIDED YET UNIFIED
DIVIDED YET UNIFIED DIVIDED YET UNIFIED
DIVIDED YET UNIFIED DIVIDED YET UNIFIED
DIVIDED YET UNIFIED DIVIDED YET UNIFIED

DIVIDED YET UNIFIED DIVIDED YET UNIFIED
DIVIDED YET UNIFIED DIVIDED YET UNIFIED
DIVIDED YET UNIFIED DIVIDED YET UNIFIED
DIVIDED YET UNIFIED DIVIDED YET UNIFIED
DIVIDED YET UNIFIED DIVIDED YET UNIFIED
DIVIDED YET UNIFIED DIVIDED YET UNIFIED
DIVIDED YET UNIFIED DIVIDED YET UNIFIED
DIVIDED YET UNIFIED DIVIDED YET UNIFIED
DIVIDED YET UNIFIED DIVIDED YET UNIFIED
DIVIDED YET UNIFIED DIVIDED YET UNIFIED
DIVIDED YET UNIFIED DIVIDED YET UNIFIED
DIVIDED YET UNIFIED DIVIDED YET UNIFIED
DIVIDED YET UNIFIED DIVIDED YET UNIFIED
DIVIDED YET UNIFIED DIVIDED YET UNIFIED
DIVIDED YET UNIFIED DIVIDED YET UNIFIED
DIVIDED YET UNIFIED DIVIDED YET UNIFIED
DIVIDED YET UNIFIED DIVIDED YET UNIFIED
DIVIDED YET UNIFIED DIVIDED YET UNIFIED
DIVIDED YET UNIFIED DIVIDED YET UNIFIED
DIVIDED YET UNIFIED DIVIDED YET UNIFIED
DIVIDED YET UNIFIED DIVIDED YET UNIFIED
DIVIDED YET UNIFIED DIVIDED YET UNIFIED
DIVIDED YET UNIFIED DIVIDED YET UNIFIED
DIVIDED YET UNIFIED DIVIDED YET UNIFIED
DIVIDED YET UNIFIED DIVIDED YET UNIFIED
DIVIDED YET UNIFIED DIVIDED YET UNIFIED
DIVIDED YET UNIFIED DIVIDED YET UNIFIED
DIVIDED YET UNIFIED DIVIDED YET UNIFIED
DIVIDED YET UNIFIED DIVIDED YET UNIFIED
DIVIDED YET UNIFIED DIVIDED YET UNIFIED
DIVIDED YET UNIFIED DIVIDED YET UNIFIED
DIVIDED YET UNIFIED DIVIDED YET UNIFIED
DIVIDED YET UNIFIED DIVIDED YET UNIFIED
DIVIDED YET UNIFIED DIVIDED YET UNIFIED
DIVIDED YET UNIFIED DIVIDED YET UNIFIED
DIVIDED YET UNIFIED DIVIDED YET UNIFIED
DIVIDED YET UNIFIED DIVIDED YET UNIFIED
DIVIDED YET UNIFIED DIVIDED YET UNIFIED
DIVIDED YET UNIFIED DIVIDED YET UNIFIED
DIVIDED YET UNIFIED DIVIDED YET UNIFIED
DIVIDED YET UNIFIED DIVIDED YET UNIFIED
DIVIDED YET UNIFIED DIVIDED YET UNIFIED
DIVIDED YET UNIFIED DIVIDED YET UNIFIED

DIVIDED YET UNIFIED DIVIDED YET UNIFIED
DIVIDED YET UNIFIED DIVIDED YET UNIFIED
DIVIDED YET UNIFIED DIVIDED YET UNIFIED
DIVIDED YET UNIFIED DIVIDED YET UNIFIED
DIVIDED YET UNIFIED DIVIDED YET UNIFIED
DIVIDED YET UNIFIED DIVIDED YET UNIFIED
DIVIDED YET UNIFIED DIVIDED YET UNIFIED
DIVIDED YET UNIFIED DIVIDED YET UNIFIED
DIVIDED YET UNIFIED DIVIDED YET UNIFIED
DIVIDED YET UNIFIED DIVIDED YET UNIFIED
DIVIDED YET UNIFIED DIVIDED YET UNIFIED
DIVIDED YET UNIFIED DIVIDED YET UNIFIED
DIVIDED YET UNIFIED DIVIDED YET UNIFIED
DIVIDED YET UNIFIED DIVIDED YET UNIFIED
DIVIDED YET UNIFIED DIVIDED YET UNIFIED
DIVIDED YET UNIFIED DIVIDED YET UNIFIED
DIVIDED YET UNIFIED DIVIDED YET UNIFIED
DIVIDED YET UNIFIED DIVIDED YET UNIFIED
DIVIDED YET UNIFIED DIVIDED YET UNIFIED
DIVIDED YET UNIFIED DIVIDED YET UNIFIED
DIVIDED YET UNIFIED DIVIDED YET UNIFIED
DIVIDED YET UNIFIED DIVIDED YET UNIFIED
DIVIDED YET UNIFIED DIVIDED YET UNIFIED
DIVIDED YET UNIFIED DIVIDED YET UNIFIED
DIVIDED YET UNIFIED DIVIDED YET UNIFIED
DIVIDED YET UNIFIED DIVIDED YET UNIFIED
DIVIDED YET UNIFIED DIVIDED YET UNIFIED
DIVIDED YET UNIFIED DIVIDED YET UNIFIED
DIVIDED YET UNIFIED DIVIDED YET UNIFIED
DIVIDED YET UNIFIED DIVIDED YET UNIFIED
DIVIDED YET UNIFIED DIVIDED YET UNIFIED
DIVIDED YET UNIFIED DIVIDED YET UNIFIED
DIVIDED YET UNIFIED DIVIDED YET UNIFIED
DIVIDED YET UNIFIED DIVIDED YET UNIFIED
DIVIDED YET UNIFIED DIVIDED YET UNIFIED
DIVIDED YET UNIFIED DIVIDED YET UNIFIED
DIVIDED YET UNIFIED DIVIDED YET UNIFIED
DIVIDED YET UNIFIED DIVIDED YET UNIFIED
DIVIDED YET UNIFIED DIVIDED YET UNIFIED
DIVIDED YET UNIFIED DIVIDED YET UNIFIED
DIVIDED YET UNIFIED DIVIDED YET UNIFIED
DIVIDED YET UNIFIED DIVIDED YET UNIFIED
DIVIDED YET UNIFIED DIVIDED YET UNIFIED
DIVIDED YET UNIFIED DIVIDED YET UNIFIED

DIVIDED YET UNIFIED DIVIDED YET UNIFIED
DIVIDED YET UNIFIED DIVIDED YET UNIFIED
DIVIDED YET UNIFIED DIVIDED YET UNIFIED
DIVIDED YET UNIFIED DIVIDED YET UNIFIED
DIVIDED YET UNIFIED DIVIDED YET UNIFIED
DIVIDED YET UNIFIED DIVIDED YET UNIFIED
DIVIDED YET UNIFIED DIVIDED YET UNIFIED
DIVIDED YET UNIFIED DIVIDED YET UNIFIED
DIVIDED YET UNIFIED DIVIDED YET UNIFIED
DIVIDED YET UNIFIED DIVIDED YET UNIFIED
DIVIDED YET UNIFIED DIVIDED YET UNIFIED
DIVIDED YET UNIFIED DIVIDED YET UNIFIED
DIVIDED YET UNIFIED DIVIDED YET UNIFIED
DIVIDED YET UNIFIED DIVIDED YET UNIFIED
DIVIDED YET UNIFIED DIVIDED YET UNIFIED
DIVIDED YET UNIFIED DIVIDED YET UNIFIED
DIVIDED YET UNIFIED DIVIDED YET UNIFIED
DIVIDED YET UNIFIED DIVIDED YET UNIFIED
DIVIDED YET UNIFIED DIVIDED YET UNIFIED
DIVIDED YET UNIFIED DIVIDED YET UNIFIED
DIVIDED YET UNIFIED DIVIDED YET UNIFIED
DIVIDED YET UNIFIED DIVIDED YET UNIFIED
DIVIDED YET UNIFIED DIVIDED YET UNIFIED
DIVIDED YET UNIFIED DIVIDED YET UNIFIED
DIVIDED YET UNIFIED DIVIDED YET UNIFIED
DIVIDED YET UNIFIED DIVIDED YET UNIFIED
DIVIDED YET UNIFIED DIVIDED YET UNIFIED
DIVIDED YET UNIFIED DIVIDED YET UNIFIED
DIVIDED YET UNIFIED DIVIDED YET UNIFIED
DIVIDED YET UNIFIED DIVIDED YET UNIFIED
DIVIDED YET UNIFIED DIVIDED YET UNIFIED
DIVIDED YET UNIFIED DIVIDED YET UNIFIED
DIVIDED YET UNIFIED DIVIDED YET UNIFIED
DIVIDED YET UNIFIED DIVIDED YET UNIFIED
DIVIDED YET UNIFIED DIVIDED YET UNIFIED
DIVIDED YET UNIFIED DIVIDED YET UNIFIED
DIVIDED YET UNIFIED DIVIDED YET UNIFIED
DIVIDED YET UNIFIED DIVIDED YET UNIFIED
DIVIDED YET UNIFIED DIVIDED YET UNIFIED
DIVIDED YET UNIFIED DIVIDED YET UNIFIED
DIVIDED YET UNIFIED DIVIDED YET UNIFIED
DIVIDED YET UNIFIED DIVIDED YET UNIFIED
DIVIDED YET UNIFIED DIVIDED YET UNIFIED

DIVIDED YET UNIFIED DIVIDED YET UNIFIED
DIVIDED YET UNIFIED DIVIDED YET UNIFIED
DIVIDED YET UNIFIED DIVIDED YET UNIFIED
DIVIDED YET UNIFIED DIVIDED YET UNIFIED
DIVIDED YET UNIFIED DIVIDED YET UNIFIED
DIVIDED YET UNIFIED DIVIDED YET UNIFIED
DIVIDED YET UNIFIED DIVIDED YET UNIFIED
DIVIDED YET UNIFIED DIVIDED YET UNIFIED
DIVIDED YET UNIFIED DIVIDED YET UNIFIED
DIVIDED YET UNIFIED DIVIDED YET UNIFIED
DIVIDED YET UNIFIED DIVIDED YET UNIFIED
DIVIDED YET UNIFIED DIVIDED YET UNIFIED
DIVIDED YET UNIFIED DIVIDED YET UNIFIED
DIVIDED YET UNIFIED DIVIDED YET UNIFIED
DIVIDED YET UNIFIED DIVIDED YET UNIFIED
DIVIDED YET UNIFIED DIVIDED YET UNIFIED
DIVIDED YET UNIFIED DIVIDED YET UNIFIED
DIVIDED YET UNIFIED DIVIDED YET UNIFIED
DIVIDED YET UNIFIED DIVIDED YET UNIFIED
DIVIDED YET UNIFIED DIVIDED YET UNIFIED
DIVIDED YET UNIFIED DIVIDED YET UNIFIED
DIVIDED YET UNIFIED DIVIDED YET UNIFIED
DIVIDED YET UNIFIED DIVIDED YET UNIFIED
DIVIDED YET UNIFIED DIVIDED YET UNIFIED
DIVIDED YET UNIFIED DIVIDED YET UNIFIED
DIVIDED YET UNIFIED DIVIDED YET UNIFIED
DIVIDED YET UNIFIED DIVIDED YET UNIFIED
DIVIDED YET UNIFIED DIVIDED YET UNIFIED
DIVIDED YET UNIFIED DIVIDED YET UNIFIED
DIVIDED YET UNIFIED DIVIDED YET UNIFIED
DIVIDED YET UNIFIED DIVIDED YET UNIFIED
DIVIDED YET UNIFIED DIVIDED YET UNIFIED
DIVIDED YET UNIFIED DIVIDED YET UNIFIED
DIVIDED YET UNIFIED DIVIDED YET UNIFIED
DIVIDED YET UNIFIED DIVIDED YET UNIFIED
DIVIDED YET UNIFIED DIVIDED YET UNIFIED
DIVIDED YET UNIFIED DIVIDED YET UNIFIED
DIVIDED YET UNIFIED DIVIDED YET UNIFIED
DIVIDED YET UNIFIED DIVIDED YET UNIFIED
DIVIDED YET UNIFIED DIVIDED YET UNIFIED

DIVIDED YET UNIFIED DIVIDED YET UNIFIED
DIVIDED YET UNIFIED DIVIDED YET UNIFIED
DIVIDED YET UNIFIED DIVIDED YET UNIFIED
DIVIDED YET UNIFIED DIVIDED YET UNIFIED
DIVIDED YET UNIFIED DIVIDED YET UNIFIED
DIVIDED YET UNIFIED DIVIDED YET UNIFIED
DIVIDED YET UNIFIED DIVIDED YET UNIFIED
DIVIDED YET UNIFIED DIVIDED YET UNIFIED
DIVIDED YET UNIFIED DIVIDED YET UNIFIED
DIVIDED YET UNIFIED DIVIDED YET UNIFIED
DIVIDED YET UNIFIED DIVIDED YET UNIFIED
DIVIDED YET UNIFIED DIVIDED YET UNIFIED
DIVIDED YET UNIFIED DIVIDED YET UNIFIED
DIVIDED YET UNIFIED DIVIDED YET UNIFIED
DIVIDED YET UNIFIED DIVIDED YET UNIFIED
DIVIDED YET UNIFIED DIVIDED YET UNIFIED
DIVIDED YET UNIFIED DIVIDED YET UNIFIED
DIVIDED YET UNIFIED DIVIDED YET UNIFIED
DIVIDED YET UNIFIED DIVIDED YET UNIFIED
DIVIDED YET UNIFIED DIVIDED YET UNIFIED
DIVIDED YET UNIFIED DIVIDED YET UNIFIED
DIVIDED YET UNIFIED DIVIDED YET UNIFIED
DIVIDED YET UNIFIED DIVIDED YET UNIFIED
DIVIDED YET UNIFIED DIVIDED YET UNIFIED
DIVIDED YET UNIFIED DIVIDED YET UNIFIED
DIVIDED YET UNIFIED DIVIDED YET UNIFIED
DIVIDED YET UNIFIED DIVIDED YET UNIFIED
DIVIDED YET UNIFIED DIVIDED YET UNIFIED
DIVIDED YET UNIFIED DIVIDED YET UNIFIED
DIVIDED YET UNIFIED DIVIDED YET UNIFIED
DIVIDED YET UNIFIED DIVIDED YET UNIFIED
DIVIDED YET UNIFIED DIVIDED YET UNIFIED
DIVIDED YET UNIFIED DIVIDED YET UNIFIED
DIVIDED YET UNIFIED DIVIDED YET UNIFIED
DIVIDED YET UNIFIED DIVIDED YET UNIFIED
DIVIDED YET UNIFIED DIVIDED YET UNIFIED
DIVIDED YET UNIFIED DIVIDED YET UNIFIED
DIVIDED YET UNIFIED DIVIDED YET UNIFIED
DIVIDED YET UNIFIED DIVIDED YET UNIFIED
DIVIDED YET UNIFIED DIVIDED YET UNIFIED
DIVIDED YET UNIFIED DIVIDED YET UNIFIED
DIVIDED YET UNIFIED DIVIDED YET UNIFIED

DIVIDED YET UNIFIED DIVIDED YET UNIFIED
DIVIDED YET UNIFIED DIVIDED YET UNIFIED
DIVIDED YET UNIFIED DIVIDED YET UNIFIED
DIVIDED YET UNIFIED DIVIDED YET UNIFIED
DIVIDED YET UNIFIED DIVIDED YET UNIFIED
DIVIDED YET UNIFIED DIVIDED YET UNIFIED
DIVIDED YET UNIFIED DIVIDED YET UNIFIED
DIVIDED YET UNIFIED DIVIDED YET UNIFIED
DIVIDED YET UNIFIED DIVIDED YET UNIFIED
DIVIDED YET UNIFIED DIVIDED YET UNIFIED
DIVIDED YET UNIFIED DIVIDED YET UNIFIED
DIVIDED YET UNIFIED DIVIDED YET UNIFIED
DIVIDED YET UNIFIED DIVIDED YET UNIFIED
DIVIDED YET UNIFIED DIVIDED YET UNIFIED
DIVIDED YET UNIFIED DIVIDED YET UNIFIED
DIVIDED YET UNIFIED DIVIDED YET UNIFIED
DIVIDED YET UNIFIED DIVIDED YET UNIFIED
DIVIDED YET UNIFIED DIVIDED YET UNIFIED
DIVIDED YET UNIFIED DIVIDED YET UNIFIED
DIVIDED YET UNIFIED DIVIDED YET UNIFIED
DIVIDED YET UNIFIED DIVIDED YET UNIFIED
DIVIDED YET UNIFIED DIVIDED YET UNIFIED
DIVIDED YET UNIFIED DIVIDED YET UNIFIED
DIVIDED YET UNIFIED DIVIDED YET UNIFIED
DIVIDED YET UNIFIED DIVIDED YET UNIFIED
DIVIDED YET UNIFIED DIVIDED YET UNIFIED
DIVIDED YET UNIFIED DIVIDED YET UNIFIED
DIVIDED YET UNIFIED DIVIDED YET UNIFIED
DIVIDED YET UNIFIED DIVIDED YET UNIFIED
DIVIDED YET UNIFIED DIVIDED YET UNIFIED
DIVIDED YET UNIFIED DIVIDED YET UNIFIED
DIVIDED YET UNIFIED DIVIDED YET UNIFIED
DIVIDED YET UNIFIED DIVIDED YET UNIFIED
DIVIDED YET UNIFIED DIVIDED YET UNIFIED
DIVIDED YET UNIFIED DIVIDED YET UNIFIED
DIVIDED YET UNIFIED DIVIDED YET UNIFIED
DIVIDED YET UNIFIED DIVIDED YET UNIFIED
DIVIDED YET UNIFIED DIVIDED YET UNIFIED
DIVIDED YET UNIFIED DIVIDED YET UNIFIED
DIVIDED YET UNIFIED DIVIDED YET UNIFIED

DIVIDED YET UNIFIED DIVIDED YET UNIFIED
DIVIDED YET UNIFIED DIVIDED YET UNIFIED
DIVIDED YET UNIFIED DIVIDED YET UNIFIED
DIVIDED YET UNIFIED DIVIDED YET UNIFIED
DIVIDED YET UNIFIED DIVIDED YET UNIFIED
DIVIDED YET UNIFIED DIVIDED YET UNIFIED
DIVIDED YET UNIFIED DIVIDED YET UNIFIED
DIVIDED YET UNIFIED DIVIDED YET UNIFIED
DIVIDED YET UNIFIED DIVIDED YET UNIFIED
DIVIDED YET UNIFIED DIVIDED YET UNIFIED
DIVIDED YET UNIFIED DIVIDED YET UNIFIED
DIVIDED YET UNIFIED DIVIDED YET UNIFIED
DIVIDED YET UNIFIED DIVIDED YET UNIFIED
DIVIDED YET UNIFIED DIVIDED YET UNIFIED
DIVIDED YET UNIFIED DIVIDED YET UNIFIED
DIVIDED YET UNIFIED DIVIDED YET UNIFIED
DIVIDED YET UNIFIED DIVIDED YET UNIFIED
DIVIDED YET UNIFIED DIVIDED YET UNIFIED
DIVIDED YET UNIFIED DIVIDED YET UNIFIED
DIVIDED YET UNIFIED DIVIDED YET UNIFIED
DIVIDED YET UNIFIED DIVIDED YET UNIFIED
DIVIDED YET UNIFIED DIVIDED YET UNIFIED
DIVIDED YET UNIFIED DIVIDED YET UNIFIED
DIVIDED YET UNIFIED DIVIDED YET UNIFIED
DIVIDED YET UNIFIED DIVIDED YET UNIFIED
DIVIDED YET UNIFIED DIVIDED YET UNIFIED
DIVIDED YET UNIFIED DIVIDED YET UNIFIED
DIVIDED YET UNIFIED DIVIDED YET UNIFIED
DIVIDED YET UNIFIED DIVIDED YET UNIFIED
DIVIDED YET UNIFIED DIVIDED YET UNIFIED
DIVIDED YET UNIFIED DIVIDED YET UNIFIED
DIVIDED YET UNIFIED DIVIDED YET UNIFIED
DIVIDED YET UNIFIED DIVIDED YET UNIFIED
DIVIDED YET UNIFIED DIVIDED YET UNIFIED
DIVIDED YET UNIFIED DIVIDED YET UNIFIED
DIVIDED YET UNIFIED DIVIDED YET UNIFIED
DIVIDED YET UNIFIED DIVIDED YET UNIFIED
DIVIDED YET UNIFIED DIVIDED YET UNIFIED
DIVIDED YET UNIFIED DIVIDED YET UNIFIED
DIVIDED YET UNIFIED DIVIDED YET UNIFIED
DIVIDED YET UNIFIED DIVIDED YET UNIFIED

DIVIDED YET UNIFIED DIVIDED YET UNIFIED
DIVIDED YET UNIFIED DIVIDED YET UNIFIED
DIVIDED YET UNIFIED DIVIDED YET UNIFIED
DIVIDED YET UNIFIED DIVIDED YET UNIFIED
DIVIDED YET UNIFIED DIVIDED YET UNIFIED
DIVIDED YET UNIFIED DIVIDED YET UNIFIED
DIVIDED YET UNIFIED DIVIDED YET UNIFIED
DIVIDED YET UNIFIED DIVIDED YET UNIFIED
DIVIDED YET UNIFIED DIVIDED YET UNIFIED
DIVIDED YET UNIFIED DIVIDED YET UNIFIED
DIVIDED YET UNIFIED DIVIDED YET UNIFIED
DIVIDED YET UNIFIED DIVIDED YET UNIFIED
DIVIDED YET UNIFIED DIVIDED YET UNIFIED
DIVIDED YET UNIFIED DIVIDED YET UNIFIED
DIVIDED YET UNIFIED DIVIDED YET UNIFIED
DIVIDED YET UNIFIED DIVIDED YET UNIFIED
DIVIDED YET UNIFIED DIVIDED YET UNIFIED
DIVIDED YET UNIFIED DIVIDED YET UNIFIED
DIVIDED YET UNIFIED DIVIDED YET UNIFIED
DIVIDED YET UNIFIED DIVIDED YET UNIFIED
DIVIDED YET UNIFIED DIVIDED YET UNIFIED
DIVIDED YET UNIFIED DIVIDED YET UNIFIED
DIVIDED YET UNIFIED DIVIDED YET UNIFIED
DIVIDED YET UNIFIED DIVIDED YET UNIFIED
DIVIDED YET UNIFIED DIVIDED YET UNIFIED
DIVIDED YET UNIFIED DIVIDED YET UNIFIED
DIVIDED YET UNIFIED DIVIDED YET UNIFIED
DIVIDED YET UNIFIED DIVIDED YET UNIFIED
DIVIDED YET UNIFIED DIVIDED YET UNIFIED
DIVIDED YET UNIFIED DIVIDED YET UNIFIED
DIVIDED YET UNIFIED DIVIDED YET UNIFIED
DIVIDED YET UNIFIED DIVIDED YET UNIFIED
DIVIDED YET UNIFIED DIVIDED YET UNIFIED
DIVIDED YET UNIFIED DIVIDED YET UNIFIED
DIVIDED YET UNIFIED DIVIDED YET UNIFIED
DIVIDED YET UNIFIED DIVIDED YET UNIFIED
DIVIDED YET UNIFIED DIVIDED YET UNIFIED
DIVIDED YET UNIFIED DIVIDED YET UNIFIED
DIVIDED YET UNIFIED DIVIDED YET UNIFIED
DIVIDED YET UNIFIED DIVIDED YET UNIFIED

DIVIDED YET UNIFIED DIVIDED YET UNIFIED
DIVIDED YET UNIFIED DIVIDED YET UNIFIED
DIVIDED YET UNIFIED DIVIDED YET UNIFIED
DIVIDED YET UNIFIED DIVIDED YET UNIFIED
DIVIDED YET UNIFIED DIVIDED YET UNIFIED
DIVIDED YET UNIFIED DIVIDED YET UNIFIED
DIVIDED YET UNIFIED DIVIDED YET UNIFIED
DIVIDED YET UNIFIED DIVIDED YET UNIFIED
DIVIDED YET UNIFIED DIVIDED YET UNIFIED
DIVIDED YET UNIFIED DIVIDED YET UNIFIED
DIVIDED YET UNIFIED DIVIDED YET UNIFIED
DIVIDED YET UNIFIED DIVIDED YET UNIFIED
DIVIDED YET UNIFIED DIVIDED YET UNIFIED
DIVIDED YET UNIFIED DIVIDED YET UNIFIED
DIVIDED YET UNIFIED DIVIDED YET UNIFIED
DIVIDED YET UNIFIED DIVIDED YET UNIFIED
DIVIDED YET UNIFIED DIVIDED YET UNIFIED
DIVIDED YET UNIFIED DIVIDED YET UNIFIED
DIVIDED YET UNIFIED DIVIDED YET UNIFIED
DIVIDED YET UNIFIED DIVIDED YET UNIFIED
DIVIDED YET UNIFIED DIVIDED YET UNIFIED
DIVIDED YET UNIFIED DIVIDED YET UNIFIED
DIVIDED YET UNIFIED DIVIDED YET UNIFIED
DIVIDED YET UNIFIED DIVIDED YET UNIFIED
DIVIDED YET UNIFIED DIVIDED YET UNIFIED
DIVIDED YET UNIFIED DIVIDED YET UNIFIED
DIVIDED YET UNIFIED DIVIDED YET UNIFIED
DIVIDED YET UNIFIED DIVIDED YET UNIFIED
DIVIDED YET UNIFIED DIVIDED YET UNIFIED
DIVIDED YET UNIFIED DIVIDED YET UNIFIED
DIVIDED YET UNIFIED DIVIDED YET UNIFIED
DIVIDED YET UNIFIED DIVIDED YET UNIFIED
DIVIDED YET UNIFIED DIVIDED YET UNIFIED
DIVIDED YET UNIFIED DIVIDED YET UNIFIED
DIVIDED YET UNIFIED DIVIDED YET UNIFIED
DIVIDED YET UNIFIED DIVIDED YET UNIFIED
DIVIDED YET UNIFIED DIVIDED YET UNIFIED
DIVIDED YET UNIFIED DIVIDED YET UNIFIED
DIVIDED YET UNIFIED DIVIDED YET UNIFIED
DIVIDED YET UNIFIED DIVIDED YET UNIFIED
DIVIDED YET UNIFIED DIVIDED YET UNIFIED
DIVIDED YET UNIFIED DIVIDED YET UNIFIED
DIVIDED YET UNIFIED DIVIDED YET UNIFIED
DIVIDED YET UNIFIED DIVIDED YET UNIFIED

DIVIDED YET UNIFIED DIVIDED YET UNIFIED
DIVIDED YET UNIFIED DIVIDED YET UNIFIED
DIVIDED YET UNIFIED DIVIDED YET UNIFIED
DIVIDED YET UNIFIED DIVIDED YET UNIFIED
DIVIDED YET UNIFIED DIVIDED YET UNIFIED
DIVIDED YET UNIFIED DIVIDED YET UNIFIED
DIVIDED YET UNIFIED DIVIDED YET UNIFIED
DIVIDED YET UNIFIED DIVIDED YET UNIFIED
DIVIDED YET UNIFIED DIVIDED YET UNIFIED
DIVIDED YET UNIFIED DIVIDED YET UNIFIED
DIVIDED YET UNIFIED DIVIDED YET UNIFIED
DIVIDED YET UNIFIED DIVIDED YET UNIFIED
DIVIDED YET UNIFIED DIVIDED YET UNIFIED
DIVIDED YET UNIFIED DIVIDED YET UNIFIED
DIVIDED YET UNIFIED DIVIDED YET UNIFIED
DIVIDED YET UNIFIED DIVIDED YET UNIFIED
DIVIDED YET UNIFIED DIVIDED YET UNIFIED
DIVIDED YET UNIFIED DIVIDED YET UNIFIED
DIVIDED YET UNIFIED DIVIDED YET UNIFIED
DIVIDED YET UNIFIED DIVIDED YET UNIFIED
DIVIDED YET UNIFIED DIVIDED YET UNIFIED
DIVIDED YET UNIFIED DIVIDED YET UNIFIED
DIVIDED YET UNIFIED DIVIDED YET UNIFIED
DIVIDED YET UNIFIED DIVIDED YET UNIFIED
DIVIDED YET UNIFIED DIVIDED YET UNIFIED
DIVIDED YET UNIFIED DIVIDED YET UNIFIED
DIVIDED YET UNIFIED DIVIDED YET UNIFIED
DIVIDED YET UNIFIED DIVIDED YET UNIFIED
DIVIDED YET UNIFIED DIVIDED YET UNIFIED
DIVIDED YET UNIFIED DIVIDED YET UNIFIED
DIVIDED YET UNIFIED DIVIDED YET UNIFIED
DIVIDED YET UNIFIED DIVIDED YET UNIFIED
DIVIDED YET UNIFIED DIVIDED YET UNIFIED
DIVIDED YET UNIFIED DIVIDED YET UNIFIED
DIVIDED YET UNIFIED DIVIDED YET UNIFIED
DIVIDED YET UNIFIED DIVIDED YET UNIFIED
DIVIDED YET UNIFIED DIVIDED YET UNIFIED
DIVIDED YET UNIFIED DIVIDED YET UNIFIED
DIVIDED YET UNIFIED DIVIDED YET UNIFIED
DIVIDED YET UNIFIED DIVIDED YET UNIFIED
DIVIDED YET UNIFIED DIVIDED YET UNIFIED

DIVIDED YET UNIFIED DIVIDED YET UNIFIED
DIVIDED YET UNIFIED DIVIDED YET UNIFIED
DIVIDED YET UNIFIED DIVIDED YET UNIFIED
DIVIDED YET UNIFIED DIVIDED YET UNIFIED
DIVIDED YET UNIFIED DIVIDED YET UNIFIED
DIVIDED YET UNIFIED DIVIDED YET UNIFIED
DIVIDED YET UNIFIED DIVIDED YET UNIFIED
DIVIDED YET UNIFIED DIVIDED YET UNIFIED
DIVIDED YET UNIFIED DIVIDED YET UNIFIED
DIVIDED YET UNIFIED DIVIDED YET UNIFIED
DIVIDED YET UNIFIED DIVIDED YET UNIFIED
DIVIDED YET UNIFIED DIVIDED YET UNIFIED
DIVIDED YET UNIFIED DIVIDED YET UNIFIED
DIVIDED YET UNIFIED DIVIDED YET UNIFIED
DIVIDED YET UNIFIED DIVIDED YET UNIFIED
DIVIDED YET UNIFIED DIVIDED YET UNIFIED
DIVIDED YET UNIFIED DIVIDED YET UNIFIED
DIVIDED YET UNIFIED DIVIDED YET UNIFIED
DIVIDED YET UNIFIED DIVIDED YET UNIFIED
DIVIDED YET UNIFIED DIVIDED YET UNIFIED
DIVIDED YET UNIFIED DIVIDED YET UNIFIED
DIVIDED YET UNIFIED DIVIDED YET UNIFIED
DIVIDED YET UNIFIED DIVIDED YET UNIFIED
DIVIDED YET UNIFIED DIVIDED YET UNIFIED
DIVIDED YET UNIFIED DIVIDED YET UNIFIED
DIVIDED YET UNIFIED DIVIDED YET UNIFIED
DIVIDED YET UNIFIED DIVIDED YET UNIFIED
DIVIDED YET UNIFIED DIVIDED YET UNIFIED
DIVIDED YET UNIFIED DIVIDED YET UNIFIED
DIVIDED YET UNIFIED DIVIDED YET UNIFIED
DIVIDED YET UNIFIED DIVIDED YET UNIFIED
DIVIDED YET UNIFIED DIVIDED YET UNIFIED
DIVIDED YET UNIFIED DIVIDED YET UNIFIED
DIVIDED YET UNIFIED DIVIDED YET UNIFIED
DIVIDED YET UNIFIED DIVIDED YET UNIFIED
DIVIDED YET UNIFIED DIVIDED YET UNIFIED
DIVIDED YET UNIFIED DIVIDED YET UNIFIED
DIVIDED YET UNIFIED DIVIDED YET UNIFIED
DIVIDED YET UNIFIED DIVIDED YET UNIFIED
DIVIDED YET UNIFIED DIVIDED YET UNIFIED
DIVIDED YET UNIFIED DIVIDED YET UNIFIED

DIVIDED YET UNIFIED DIVIDED YET UNIFIED
DIVIDED YET UNIFIED DIVIDED YET UNIFIED
DIVIDED YET UNIFIED DIVIDED YET UNIFIED
DIVIDED YET UNIFIED DIVIDED YET UNIFIED
DIVIDED YET UNIFIED DIVIDED YET UNIFIED
DIVIDED YET UNIFIED DIVIDED YET UNIFIED
DIVIDED YET UNIFIED DIVIDED YET UNIFIED
DIVIDED YET UNIFIED DIVIDED YET UNIFIED
DIVIDED YET UNIFIED DIVIDED YET UNIFIED
DIVIDED YET UNIFIED DIVIDED YET UNIFIED
DIVIDED YET UNIFIED DIVIDED YET UNIFIED
DIVIDED YET UNIFIED DIVIDED YET UNIFIED
DIVIDED YET UNIFIED DIVIDED YET UNIFIED
DIVIDED YET UNIFIED DIVIDED YET UNIFIED
DIVIDED YET UNIFIED DIVIDED YET UNIFIED
DIVIDED YET UNIFIED DIVIDED YET UNIFIED
DIVIDED YET UNIFIED DIVIDED YET UNIFIED
DIVIDED YET UNIFIED DIVIDED YET UNIFIED
DIVIDED YET UNIFIED DIVIDED YET UNIFIED
DIVIDED YET UNIFIED DIVIDED YET UNIFIED
DIVIDED YET UNIFIED DIVIDED YET UNIFIED
DIVIDED YET UNIFIED DIVIDED YET UNIFIED
DIVIDED YET UNIFIED DIVIDED YET UNIFIED
DIVIDED YET UNIFIED DIVIDED YET UNIFIED
DIVIDED YET UNIFIED DIVIDED YET UNIFIED
DIVIDED YET UNIFIED DIVIDED YET UNIFIED
DIVIDED YET UNIFIED DIVIDED YET UNIFIED
DIVIDED YET UNIFIED DIVIDED YET UNIFIED
DIVIDED YET UNIFIED DIVIDED YET UNIFIED
DIVIDED YET UNIFIED DIVIDED YET UNIFIED
DIVIDED YET UNIFIED DIVIDED YET UNIFIED
DIVIDED YET UNIFIED DIVIDED YET UNIFIED
DIVIDED YET UNIFIED DIVIDED YET UNIFIED
DIVIDED YET UNIFIED DIVIDED YET UNIFIED
DIVIDED YET UNIFIED DIVIDED YET UNIFIED
DIVIDED YET UNIFIED DIVIDED YET UNIFIED
DIVIDED YET UNIFIED DIVIDED YET UNIFIED
DIVIDED YET UNIFIED DIVIDED YET UNIFIED
DIVIDED YET UNIFIED DIVIDED YET UNIFIED
DIVIDED YET UNIFIED DIVIDED YET UNIFIED
DIVIDED YET UNIFIED DIVIDED YET UNIFIED

DIVIDED YET UNIFIED DIVIDED YET UNIFIED
DIVIDED YET UNIFIED DIVIDED YET UNIFIED
DIVIDED YET UNIFIED DIVIDED YET UNIFIED
DIVIDED YET UNIFIED DIVIDED YET UNIFIED
DIVIDED YET UNIFIED DIVIDED YET UNIFIED
DIVIDED YET UNIFIED DIVIDED YET UNIFIED
DIVIDED YET UNIFIED DIVIDED YET UNIFIED
DIVIDED YET UNIFIED DIVIDED YET UNIFIED
DIVIDED YET UNIFIED DIVIDED YET UNIFIED
DIVIDED YET UNIFIED DIVIDED YET UNIFIED
DIVIDED YET UNIFIED DIVIDED YET UNIFIED
DIVIDED YET UNIFIED DIVIDED YET UNIFIED
DIVIDED YET UNIFIED DIVIDED YET UNIFIED
DIVIDED YET UNIFIED DIVIDED YET UNIFIED
DIVIDED YET UNIFIED DIVIDED YET UNIFIED
DIVIDED YET UNIFIED DIVIDED YET UNIFIED
DIVIDED YET UNIFIED DIVIDED YET UNIFIED
DIVIDED YET UNIFIED DIVIDED YET UNIFIED
DIVIDED YET UNIFIED DIVIDED YET UNIFIED
DIVIDED YET UNIFIED DIVIDED YET UNIFIED
DIVIDED YET UNIFIED DIVIDED YET UNIFIED
DIVIDED YET UNIFIED DIVIDED YET UNIFIED
DIVIDED YET UNIFIED DIVIDED YET UNIFIED
DIVIDED YET UNIFIED DIVIDED YET UNIFIED
DIVIDED YET UNIFIED DIVIDED YET UNIFIED
DIVIDED YET UNIFIED DIVIDED YET UNIFIED
DIVIDED YET UNIFIED DIVIDED YET UNIFIED
DIVIDED YET UNIFIED DIVIDED YET UNIFIED
DIVIDED YET UNIFIED DIVIDED YET UNIFIED
DIVIDED YET UNIFIED DIVIDED YET UNIFIED
DIVIDED YET UNIFIED DIVIDED YET UNIFIED
DIVIDED YET UNIFIED DIVIDED YET UNIFIED
DIVIDED YET UNIFIED DIVIDED YET UNIFIED
DIVIDED YET UNIFIED DIVIDED YET UNIFIED
DIVIDED YET UNIFIED DIVIDED YET UNIFIED
DIVIDED YET UNIFIED DIVIDED YET UNIFIED
DIVIDED YET UNIFIED DIVIDED YET UNIFIED
DIVIDED YET UNIFIED DIVIDED YET UNIFIED
DIVIDED YET UNIFIED DIVIDED YET UNIFIED
DIVIDED YET UNIFIED DIVIDED YET UNIFIED
DIVIDED YET UNIFIED DIVIDED YET UNIFIED
DIVIDED YET UNIFIED DIVIDED YET UNIFIED
DIVIDED YET UNIFIED DIVIDED YET UNIFIED
DIVIDED YET UNIFIED DIVIDED YET UNIFIED
DIVIDED YET UNIFIED DIVIDED YET UNIFIED

DIVIDED YET UNIFIED DIVIDED YET UNIFIED
DIVIDED YET UNIFIED DIVIDED YET UNIFIED
DIVIDED YET UNIFIED DIVIDED YET UNIFIED
DIVIDED YET UNIFIED DIVIDED YET UNIFIED
DIVIDED YET UNIFIED DIVIDED YET UNIFIED
DIVIDED YET UNIFIED DIVIDED YET UNIFIED
DIVIDED YET UNIFIED DIVIDED YET UNIFIED
DIVIDED YET UNIFIED DIVIDED YET UNIFIED
DIVIDED YET UNIFIED DIVIDED YET UNIFIED
DIVIDED YET UNIFIED DIVIDED YET UNIFIED
DIVIDED YET UNIFIED DIVIDED YET UNIFIED
DIVIDED YET UNIFIED DIVIDED YET UNIFIED
DIVIDED YET UNIFIED DIVIDED YET UNIFIED
DIVIDED YET UNIFIED DIVIDED YET UNIFIED
DIVIDED YET UNIFIED DIVIDED YET UNIFIED
DIVIDED YET UNIFIED DIVIDED YET UNIFIED
DIVIDED YET UNIFIED DIVIDED YET UNIFIED
DIVIDED YET UNIFIED DIVIDED YET UNIFIED
DIVIDED YET UNIFIED DIVIDED YET UNIFIED
DIVIDED YET UNIFIED DIVIDED YET UNIFIED
DIVIDED YET UNIFIED DIVIDED YET UNIFIED
DIVIDED YET UNIFIED DIVIDED YET UNIFIED
DIVIDED YET UNIFIED DIVIDED YET UNIFIED
DIVIDED YET UNIFIED DIVIDED YET UNIFIED
DIVIDED YET UNIFIED DIVIDED YET UNIFIED
DIVIDED YET UNIFIED DIVIDED YET UNIFIED
DIVIDED YET UNIFIED DIVIDED YET UNIFIED
DIVIDED YET UNIFIED DIVIDED YET UNIFIED
DIVIDED YET UNIFIED DIVIDED YET UNIFIED
DIVIDED YET UNIFIED DIVIDED YET UNIFIED
DIVIDED YET UNIFIED DIVIDED YET UNIFIED
DIVIDED YET UNIFIED DIVIDED YET UNIFIED
DIVIDED YET UNIFIED DIVIDED YET UNIFIED
DIVIDED YET UNIFIED DIVIDED YET UNIFIED
DIVIDED YET UNIFIED DIVIDED YET UNIFIED
DIVIDED YET UNIFIED DIVIDED YET UNIFIED
DIVIDED YET UNIFIED DIVIDED YET UNIFIED
DIVIDED YET UNIFIED DIVIDED YET UNIFIED
DIVIDED YET UNIFIED DIVIDED YET UNIFIED

DIVIDED YET UNIFIED DIVIDED YET UNIFIED
DIVIDED YET UNIFIED DIVIDED YET UNIFIED
DIVIDED YET UNIFIED DIVIDED YET UNIFIED
DIVIDED YET UNIFIED DIVIDED YET UNIFIED
DIVIDED YET UNIFIED DIVIDED YET UNIFIED
DIVIDED YET UNIFIED DIVIDED YET UNIFIED
DIVIDED YET UNIFIED DIVIDED YET UNIFIED
DIVIDED YET UNIFIED DIVIDED YET UNIFIED
DIVIDED YET UNIFIED DIVIDED YET UNIFIED
DIVIDED YET UNIFIED DIVIDED YET UNIFIED
DIVIDED YET UNIFIED DIVIDED YET UNIFIED
DIVIDED YET UNIFIED DIVIDED YET UNIFIED
DIVIDED YET UNIFIED DIVIDED YET UNIFIED
DIVIDED YET UNIFIED DIVIDED YET UNIFIED
DIVIDED YET UNIFIED DIVIDED YET UNIFIED
DIVIDED YET UNIFIED DIVIDED YET UNIFIED
DIVIDED YET UNIFIED DIVIDED YET UNIFIED
DIVIDED YET UNIFIED DIVIDED YET UNIFIED
DIVIDED YET UNIFIED DIVIDED YET UNIFIED
DIVIDED YET UNIFIED DIVIDED YET UNIFIED
DIVIDED YET UNIFIED DIVIDED YET UNIFIED
DIVIDED YET UNIFIED DIVIDED YET UNIFIED
DIVIDED YET UNIFIED DIVIDED YET UNIFIED
DIVIDED YET UNIFIED DIVIDED YET UNIFIED
DIVIDED YET UNIFIED DIVIDED YET UNIFIED
DIVIDED YET UNIFIED DIVIDED YET UNIFIED
DIVIDED YET UNIFIED DIVIDED YET UNIFIED
DIVIDED YET UNIFIED DIVIDED YET UNIFIED
DIVIDED YET UNIFIED DIVIDED YET UNIFIED
DIVIDED YET UNIFIED DIVIDED YET UNIFIED
DIVIDED YET UNIFIED DIVIDED YET UNIFIED
DIVIDED YET UNIFIED DIVIDED YET UNIFIED
DIVIDED YET UNIFIED DIVIDED YET UNIFIED
DIVIDED YET UNIFIED DIVIDED YET UNIFIED
DIVIDED YET UNIFIED DIVIDED YET UNIFIED
DIVIDED YET UNIFIED DIVIDED YET UNIFIED
DIVIDED YET UNIFIED DIVIDED YET UNIFIED
DIVIDED YET UNIFIED DIVIDED YET UNIFIED
DIVIDED YET UNIFIED DIVIDED YET UNIFIED
DIVIDED YET UNIFIED DIVIDED YET UNIFIED
DIVIDED YET UNIFIED DIVIDED YET UNIFIED
DIVIDED YET UNIFIED DIVIDED YET UNIFIED
DIVIDED YET UNIFIED DIVIDED YET UNIFIED

DIVIDED YET UNIFIED DIVIDED YET UNIFIED
DIVIDED YET UNIFIED DIVIDED YET UNIFIED
DIVIDED YET UNIFIED DIVIDED YET UNIFIED
DIVIDED YET UNIFIED DIVIDED YET UNIFIED
DIVIDED YET UNIFIED DIVIDED YET UNIFIED
DIVIDED YET UNIFIED DIVIDED YET UNIFIED
DIVIDED YET UNIFIED DIVIDED YET UNIFIED
DIVIDED YET UNIFIED DIVIDED YET UNIFIED
DIVIDED YET UNIFIED DIVIDED YET UNIFIED
DIVIDED YET UNIFIED DIVIDED YET UNIFIED
DIVIDED YET UNIFIED DIVIDED YET UNIFIED
DIVIDED YET UNIFIED DIVIDED YET UNIFIED
DIVIDED YET UNIFIED DIVIDED YET UNIFIED
DIVIDED YET UNIFIED DIVIDED YET UNIFIED
DIVIDED YET UNIFIED DIVIDED YET UNIFIED
DIVIDED YET UNIFIED DIVIDED YET UNIFIED
DIVIDED YET UNIFIED DIVIDED YET UNIFIED
DIVIDED YET UNIFIED DIVIDED YET UNIFIED
DIVIDED YET UNIFIED DIVIDED YET UNIFIED
DIVIDED YET UNIFIED DIVIDED YET UNIFIED
DIVIDED YET UNIFIED DIVIDED YET UNIFIED
DIVIDED YET UNIFIED DIVIDED YET UNIFIED
DIVIDED YET UNIFIED DIVIDED YET UNIFIED
DIVIDED YET UNIFIED DIVIDED YET UNIFIED
DIVIDED YET UNIFIED DIVIDED YET UNIFIED
DIVIDED YET UNIFIED DIVIDED YET UNIFIED
DIVIDED YET UNIFIED DIVIDED YET UNIFIED
DIVIDED YET UNIFIED DIVIDED YET UNIFIED
DIVIDED YET UNIFIED DIVIDED YET UNIFIED
DIVIDED YET UNIFIED DIVIDED YET UNIFIED
DIVIDED YET UNIFIED DIVIDED YET UNIFIED
DIVIDED YET UNIFIED DIVIDED YET UNIFIED
DIVIDED YET UNIFIED DIVIDED YET UNIFIED
DIVIDED YET UNIFIED DIVIDED YET UNIFIED
DIVIDED YET UNIFIED DIVIDED YET UNIFIED
DIVIDED YET UNIFIED DIVIDED YET UNIFIED
DIVIDED YET UNIFIED DIVIDED YET UNIFIED
DIVIDED YET UNIFIED DIVIDED YET UNIFIED
DIVIDED YET UNIFIED DIVIDED YET UNIFIED

DIVIDED YET UNIFIED DIVIDED YET UNIFIED
DIVIDED YET UNIFIED DIVIDED YET UNIFIED
DIVIDED YET UNIFIED DIVIDED YET UNIFIED
DIVIDED YET UNIFIED DIVIDED YET UNIFIED
DIVIDED YET UNIFIED DIVIDED YET UNIFIED
DIVIDED YET UNIFIED DIVIDED YET UNIFIED
DIVIDED YET UNIFIED DIVIDED YET UNIFIED
DIVIDED YET UNIFIED DIVIDED YET UNIFIED
DIVIDED YET UNIFIED DIVIDED YET UNIFIED
DIVIDED YET UNIFIED DIVIDED YET UNIFIED
DIVIDED YET UNIFIED DIVIDED YET UNIFIED
DIVIDED YET UNIFIED DIVIDED YET UNIFIED
DIVIDED YET UNIFIED DIVIDED YET UNIFIED
DIVIDED YET UNIFIED DIVIDED YET UNIFIED
DIVIDED YET UNIFIED DIVIDED YET UNIFIED
DIVIDED YET UNIFIED DIVIDED YET UNIFIED
DIVIDED YET UNIFIED DIVIDED YET UNIFIED
DIVIDED YET UNIFIED DIVIDED YET UNIFIED
DIVIDED YET UNIFIED DIVIDED YET UNIFIED
DIVIDED YET UNIFIED DIVIDED YET UNIFIED
DIVIDED YET UNIFIED DIVIDED YET UNIFIED
DIVIDED YET UNIFIED DIVIDED YET UNIFIED
DIVIDED YET UNIFIED DIVIDED YET UNIFIED
DIVIDED YET UNIFIED DIVIDED YET UNIFIED
DIVIDED YET UNIFIED DIVIDED YET UNIFIED
DIVIDED YET UNIFIED DIVIDED YET UNIFIED
DIVIDED YET UNIFIED DIVIDED YET UNIFIED
DIVIDED YET UNIFIED DIVIDED YET UNIFIED
DIVIDED YET UNIFIED DIVIDED YET UNIFIED
DIVIDED YET UNIFIED DIVIDED YET UNIFIED
DIVIDED YET UNIFIED DIVIDED YET UNIFIED
DIVIDED YET UNIFIED DIVIDED YET UNIFIED
DIVIDED YET UNIFIED DIVIDED YET UNIFIED
DIVIDED YET UNIFIED DIVIDED YET UNIFIED
DIVIDED YET UNIFIED DIVIDED YET UNIFIED
DIVIDED YET UNIFIED DIVIDED YET UNIFIED
DIVIDED YET UNIFIED DIVIDED YET UNIFIED
DIVIDED YET UNIFIED DIVIDED YET UNIFIED
DIVIDED YET UNIFIED DIVIDED YET UNIFIED
DIVIDED YET UNIFIED DIVIDED YET UNIFIED
DIVIDED YET UNIFIED DIVIDED YET UNIFIED

DIVIDED YET UNIFIED DIVIDED YET UNIFIED
DIVIDED YET UNIFIED DIVIDED YET UNIFIED
DIVIDED YET UNIFIED DIVIDED YET UNIFIED
DIVIDED YET UNIFIED DIVIDED YET UNIFIED
DIVIDED YET UNIFIED DIVIDED YET UNIFIED
DIVIDED YET UNIFIED DIVIDED YET UNIFIED
DIVIDED YET UNIFIED DIVIDED YET UNIFIED
DIVIDED YET UNIFIED DIVIDED YET UNIFIED
DIVIDED YET UNIFIED DIVIDED YET UNIFIED
DIVIDED YET UNIFIED DIVIDED YET UNIFIED
DIVIDED YET UNIFIED DIVIDED YET UNIFIED
DIVIDED YET UNIFIED DIVIDED YET UNIFIED
DIVIDED YET UNIFIED DIVIDED YET UNIFIED
DIVIDED YET UNIFIED DIVIDED YET UNIFIED
DIVIDED YET UNIFIED DIVIDED YET UNIFIED
DIVIDED YET UNIFIED DIVIDED YET UNIFIED
DIVIDED YET UNIFIED DIVIDED YET UNIFIED
DIVIDED YET UNIFIED DIVIDED YET UNIFIED
DIVIDED YET UNIFIED DIVIDED YET UNIFIED
DIVIDED YET UNIFIED DIVIDED YET UNIFIED
DIVIDED YET UNIFIED DIVIDED YET UNIFIED
DIVIDED YET UNIFIED DIVIDED YET UNIFIED
DIVIDED YET UNIFIED DIVIDED YET UNIFIED
DIVIDED YET UNIFIED DIVIDED YET UNIFIED
DIVIDED YET UNIFIED DIVIDED YET UNIFIED
DIVIDED YET UNIFIED DIVIDED YET UNIFIED
DIVIDED YET UNIFIED DIVIDED YET UNIFIED
DIVIDED YET UNIFIED DIVIDED YET UNIFIED
DIVIDED YET UNIFIED DIVIDED YET UNIFIED
DIVIDED YET UNIFIED DIVIDED YET UNIFIED
DIVIDED YET UNIFIED DIVIDED YET UNIFIED
DIVIDED YET UNIFIED DIVIDED YET UNIFIED
DIVIDED YET UNIFIED DIVIDED YET UNIFIED
DIVIDED YET UNIFIED DIVIDED YET UNIFIED
DIVIDED YET UNIFIED DIVIDED YET UNIFIED
DIVIDED YET UNIFIED DIVIDED YET UNIFIED
DIVIDED YET UNIFIED DIVIDED YET UNIFIED
DIVIDED YET UNIFIED DIVIDED YET UNIFIED
DIVIDED YET UNIFIED DIVIDED YET UNIFIED
DIVIDED YET UNIFIED DIVIDED YET UNIFIED
DIVIDED YET UNIFIED DIVIDED YET UNIFIED
DIVIDED YET UNIFIED DIVIDED YET UNIFIED
DIVIDED YET UNIFIED DIVIDED YET UNIFIED
DIVIDED YET UNIFIED DIVIDED YET UNIFIED
DIVIDED YET UNIFIED DIVIDED YET UNIFIED
DIVIDED YET UNIFIED DIVIDED YET UNIFIED
DIVIDED YET UNIFIED DIVIDED YET UNIFIED
DIVIDED YET UNIFIED DIVIDED YET UNIFIED

DIVIDED YET UNIFIED DIVIDED YET UNIFIED
DIVIDED YET UNIFIED DIVIDED YET UNIFIED
DIVIDED YET UNIFIED DIVIDED YET UNIFIED
DIVIDED YET UNIFIED DIVIDED YET UNIFIED
DIVIDED YET UNIFIED DIVIDED YET UNIFIED
DIVIDED YET UNIFIED DIVIDED YET UNIFIED
DIVIDED YET UNIFIED DIVIDED YET UNIFIED
DIVIDED YET UNIFIED DIVIDED YET UNIFIED
DIVIDED YET UNIFIED DIVIDED YET UNIFIED
DIVIDED YET UNIFIED DIVIDED YET UNIFIED
DIVIDED YET UNIFIED DIVIDED YET UNIFIED
DIVIDED YET UNIFIED DIVIDED YET UNIFIED
DIVIDED YET UNIFIED DIVIDED YET UNIFIED
DIVIDED YET UNIFIED DIVIDED YET UNIFIED
DIVIDED YET UNIFIED DIVIDED YET UNIFIED
DIVIDED YET UNIFIED DIVIDED YET UNIFIED
DIVIDED YET UNIFIED DIVIDED YET UNIFIED
DIVIDED YET UNIFIED DIVIDED YET UNIFIED
DIVIDED YET UNIFIED DIVIDED YET UNIFIED
DIVIDED YET UNIFIED DIVIDED YET UNIFIED
DIVIDED YET UNIFIED DIVIDED YET UNIFIED
DIVIDED YET UNIFIED DIVIDED YET UNIFIED
DIVIDED YET UNIFIED DIVIDED YET UNIFIED
DIVIDED YET UNIFIED DIVIDED YET UNIFIED
DIVIDED YET UNIFIED DIVIDED YET UNIFIED
DIVIDED YET UNIFIED DIVIDED YET UNIFIED
DIVIDED YET UNIFIED DIVIDED YET UNIFIED
DIVIDED YET UNIFIED DIVIDED YET UNIFIED
DIVIDED YET UNIFIED DIVIDED YET UNIFIED
DIVIDED YET UNIFIED DIVIDED YET UNIFIED
DIVIDED YET UNIFIED DIVIDED YET UNIFIED
DIVIDED YET UNIFIED DIVIDED YET UNIFIED
DIVIDED YET UNIFIED DIVIDED YET UNIFIED
DIVIDED YET UNIFIED DIVIDED YET UNIFIED
DIVIDED YET UNIFIED DIVIDED YET UNIFIED
DIVIDED YET UNIFIED DIVIDED YET UNIFIED
DIVIDED YET UNIFIED DIVIDED YET UNIFIED
DIVIDED YET UNIFIED DIVIDED YET UNIFIED
DIVIDED YET UNIFIED DIVIDED YET UNIFIED
DIVIDED YET UNIFIED DIVIDED YET UNIFIED
DIVIDED YET UNIFIED DIVIDED YET UNIFIED
DIVIDED YET UNIFIED DIVIDED YET UNIFIED

DIVIDED YET UNIFIED DIVIDED YET UNIFIED
DIVIDED YET UNIFIED DIVIDED YET UNIFIED
DIVIDED YET UNIFIED DIVIDED YET UNIFIED
DIVIDED YET UNIFIED DIVIDED YET UNIFIED
DIVIDED YET UNIFIED DIVIDED YET UNIFIED
DIVIDED YET UNIFIED DIVIDED YET UNIFIED
DIVIDED YET UNIFIED DIVIDED YET UNIFIED
DIVIDED YET UNIFIED DIVIDED YET UNIFIED
DIVIDED YET UNIFIED DIVIDED YET UNIFIED
DIVIDED YET UNIFIED DIVIDED YET UNIFIED
DIVIDED YET UNIFIED DIVIDED YET UNIFIED
DIVIDED YET UNIFIED DIVIDED YET UNIFIED
DIVIDED YET UNIFIED DIVIDED YET UNIFIED
DIVIDED YET UNIFIED DIVIDED YET UNIFIED
DIVIDED YET UNIFIED DIVIDED YET UNIFIED
DIVIDED YET UNIFIED DIVIDED YET UNIFIED
DIVIDED YET UNIFIED DIVIDED YET UNIFIED
DIVIDED YET UNIFIED DIVIDED YET UNIFIED
DIVIDED YET UNIFIED DIVIDED YET UNIFIED
DIVIDED YET UNIFIED DIVIDED YET UNIFIED
DIVIDED YET UNIFIED DIVIDED YET UNIFIED
DIVIDED YET UNIFIED DIVIDED YET UNIFIED
DIVIDED YET UNIFIED DIVIDED YET UNIFIED
DIVIDED YET UNIFIED DIVIDED YET UNIFIED
DIVIDED YET UNIFIED DIVIDED YET UNIFIED
DIVIDED YET UNIFIED DIVIDED YET UNIFIED
DIVIDED YET UNIFIED DIVIDED YET UNIFIED
DIVIDED YET UNIFIED DIVIDED YET UNIFIED
DIVIDED YET UNIFIED DIVIDED YET UNIFIED
DIVIDED YET UNIFIED DIVIDED YET UNIFIED
DIVIDED YET UNIFIED DIVIDED YET UNIFIED
DIVIDED YET UNIFIED DIVIDED YET UNIFIED
DIVIDED YET UNIFIED DIVIDED YET UNIFIED
DIVIDED YET UNIFIED DIVIDED YET UNIFIED
DIVIDED YET UNIFIED DIVIDED YET UNIFIED
DIVIDED YET UNIFIED DIVIDED YET UNIFIED
DIVIDED YET UNIFIED DIVIDED YET UNIFIED
DIVIDED YET UNIFIED DIVIDED YET UNIFIED
DIVIDED YET UNIFIED DIVIDED YET UNIFIED
DIVIDED YET UNIFIED DIVIDED YET UNIFIED

DIVIDED YET UNIFIED DIVIDED YET UNIFIED
DIVIDED YET UNIFIED DIVIDED YET UNIFIED
DIVIDED YET UNIFIED DIVIDED YET UNIFIED
DIVIDED YET UNIFIED DIVIDED YET UNIFIED
DIVIDED YET UNIFIED DIVIDED YET UNIFIED
DIVIDED YET UNIFIED DIVIDED YET UNIFIED
DIVIDED YET UNIFIED DIVIDED YET UNIFIED
DIVIDED YET UNIFIED DIVIDED YET UNIFIED
DIVIDED YET UNIFIED DIVIDED YET UNIFIED
DIVIDED YET UNIFIED DIVIDED YET UNIFIED
DIVIDED YET UNIFIED DIVIDED YET UNIFIED
DIVIDED YET UNIFIED DIVIDED YET UNIFIED
DIVIDED YET UNIFIED DIVIDED YET UNIFIED
DIVIDED YET UNIFIED DIVIDED YET UNIFIED
DIVIDED YET UNIFIED DIVIDED YET UNIFIED
DIVIDED YET UNIFIED DIVIDED YET UNIFIED
DIVIDED YET UNIFIED DIVIDED YET UNIFIED
DIVIDED YET UNIFIED DIVIDED YET UNIFIED
DIVIDED YET UNIFIED DIVIDED YET UNIFIED
DIVIDED YET UNIFIED DIVIDED YET UNIFIED
DIVIDED YET UNIFIED DIVIDED YET UNIFIED
DIVIDED YET UNIFIED DIVIDED YET UNIFIED
DIVIDED YET UNIFIED DIVIDED YET UNIFIED
DIVIDED YET UNIFIED DIVIDED YET UNIFIED
DIVIDED YET UNIFIED DIVIDED YET UNIFIED
DIVIDED YET UNIFIED DIVIDED YET UNIFIED
DIVIDED YET UNIFIED DIVIDED YET UNIFIED
DIVIDED YET UNIFIED DIVIDED YET UNIFIED
DIVIDED YET UNIFIED DIVIDED YET UNIFIED
DIVIDED YET UNIFIED DIVIDED YET UNIFIED
DIVIDED YET UNIFIED DIVIDED YET UNIFIED
DIVIDED YET UNIFIED DIVIDED YET UNIFIED
DIVIDED YET UNIFIED DIVIDED YET UNIFIED
DIVIDED YET UNIFIED DIVIDED YET UNIFIED
DIVIDED YET UNIFIED DIVIDED YET UNIFIED
DIVIDED YET UNIFIED DIVIDED YET UNIFIED
DIVIDED YET UNIFIED DIVIDED YET UNIFIED
DIVIDED YET UNIFIED DIVIDED YET UNIFIED
DIVIDED YET UNIFIED DIVIDED YET UNIFIED
DIVIDED YET UNIFIED DIVIDED YET UNIFIED
DIVIDED YET UNIFIED DIVIDED YET UNIFIED
DIVIDED YET UNIFIED DIVIDED YET UNIFIED
DIVIDED YET UNIFIED DIVIDED YET UNIFIED

DIVIDED YET UNIFIED DIVIDED YET UNIFIED
DIVIDED YET UNIFIED DIVIDED YET UNIFIED
DIVIDED YET UNIFIED DIVIDED YET UNIFIED
DIVIDED YET UNIFIED DIVIDED YET UNIFIED
DIVIDED YET UNIFIED DIVIDED YET UNIFIED
DIVIDED YET UNIFIED DIVIDED YET UNIFIED
DIVIDED YET UNIFIED DIVIDED YET UNIFIED
DIVIDED YET UNIFIED DIVIDED YET UNIFIED
DIVIDED YET UNIFIED DIVIDED YET UNIFIED
DIVIDED YET UNIFIED DIVIDED YET UNIFIED
DIVIDED YET UNIFIED DIVIDED YET UNIFIED
DIVIDED YET UNIFIED DIVIDED YET UNIFIED
DIVIDED YET UNIFIED DIVIDED YET UNIFIED
DIVIDED YET UNIFIED DIVIDED YET UNIFIED
DIVIDED YET UNIFIED DIVIDED YET UNIFIED
DIVIDED YET UNIFIED DIVIDED YET UNIFIED
DIVIDED YET UNIFIED DIVIDED YET UNIFIED
DIVIDED YET UNIFIED DIVIDED YET UNIFIED
DIVIDED YET UNIFIED DIVIDED YET UNIFIED
DIVIDED YET UNIFIED DIVIDED YET UNIFIED
DIVIDED YET UNIFIED DIVIDED YET UNIFIED
DIVIDED YET UNIFIED DIVIDED YET UNIFIED
DIVIDED YET UNIFIED DIVIDED YET UNIFIED
DIVIDED YET UNIFIED DIVIDED YET UNIFIED
DIVIDED YET UNIFIED DIVIDED YET UNIFIED
DIVIDED YET UNIFIED DIVIDED YET UNIFIED
DIVIDED YET UNIFIED DIVIDED YET UNIFIED
DIVIDED YET UNIFIED DIVIDED YET UNIFIED
DIVIDED YET UNIFIED DIVIDED YET UNIFIED
DIVIDED YET UNIFIED DIVIDED YET UNIFIED
DIVIDED YET UNIFIED DIVIDED YET UNIFIED
DIVIDED YET UNIFIED DIVIDED YET UNIFIED
DIVIDED YET UNIFIED DIVIDED YET UNIFIED
DIVIDED YET UNIFIED DIVIDED YET UNIFIED
DIVIDED YET UNIFIED DIVIDED YET UNIFIED
DIVIDED YET UNIFIED DIVIDED YET UNIFIED
DIVIDED YET UNIFIED DIVIDED YET UNIFIED
DIVIDED YET UNIFIED DIVIDED YET UNIFIED
DIVIDED YET UNIFIED DIVIDED YET UNIFIED
DIVIDED YET UNIFIED DIVIDED YET UNIFIED
DIVIDED YET UNIFIED DIVIDED YET UNIFIED

DIVIDED YET UNIFIED DIVIDED YET UNIFIED
DIVIDED YET UNIFIED DIVIDED YET UNIFIED
DIVIDED YET UNIFIED DIVIDED YET UNIFIED
DIVIDED YET UNIFIED DIVIDED YET UNIFIED
DIVIDED YET UNIFIED DIVIDED YET UNIFIED
DIVIDED YET UNIFIED DIVIDED YET UNIFIED
DIVIDED YET UNIFIED DIVIDED YET UNIFIED
DIVIDED YET UNIFIED DIVIDED YET UNIFIED
DIVIDED YET UNIFIED DIVIDED YET UNIFIED
DIVIDED YET UNIFIED DIVIDED YET UNIFIED
DIVIDED YET UNIFIED DIVIDED YET UNIFIED
DIVIDED YET UNIFIED DIVIDED YET UNIFIED
DIVIDED YET UNIFIED DIVIDED YET UNIFIED
DIVIDED YET UNIFIED DIVIDED YET UNIFIED
DIVIDED YET UNIFIED DIVIDED YET UNIFIED
DIVIDED YET UNIFIED DIVIDED YET UNIFIED
DIVIDED YET UNIFIED DIVIDED YET UNIFIED
DIVIDED YET UNIFIED DIVIDED YET UNIFIED
DIVIDED YET UNIFIED DIVIDED YET UNIFIED
DIVIDED YET UNIFIED DIVIDED YET UNIFIED
DIVIDED YET UNIFIED DIVIDED YET UNIFIED
DIVIDED YET UNIFIED DIVIDED YET UNIFIED
DIVIDED YET UNIFIED DIVIDED YET UNIFIED
DIVIDED YET UNIFIED DIVIDED YET UNIFIED
DIVIDED YET UNIFIED DIVIDED YET UNIFIED
DIVIDED YET UNIFIED DIVIDED YET UNIFIED
DIVIDED YET UNIFIED DIVIDED YET UNIFIED
DIVIDED YET UNIFIED DIVIDED YET UNIFIED
DIVIDED YET UNIFIED DIVIDED YET UNIFIED
DIVIDED YET UNIFIED DIVIDED YET UNIFIED
DIVIDED YET UNIFIED DIVIDED YET UNIFIED
DIVIDED YET UNIFIED DIVIDED YET UNIFIED
DIVIDED YET UNIFIED DIVIDED YET UNIFIED
DIVIDED YET UNIFIED DIVIDED YET UNIFIED
DIVIDED YET UNIFIED DIVIDED YET UNIFIED
DIVIDED YET UNIFIED DIVIDED YET UNIFIED
DIVIDED YET UNIFIED DIVIDED YET UNIFIED
DIVIDED YET UNIFIED DIVIDED YET UNIFIED
DIVIDED YET UNIFIED DIVIDED YET UNIFIED
DIVIDED YET UNIFIED DIVIDED YET UNIFIED
DIVIDED YET UNIFIED DIVIDED YET UNIFIED
DIVIDED YET UNIFIED DIVIDED YET UNIFIED

DIVIDED YET UNIFIED DIVIDED YET UNIFIED
DIVIDED YET UNIFIED DIVIDED YET UNIFIED
DIVIDED YET UNIFIED DIVIDED YET UNIFIED
DIVIDED YET UNIFIED DIVIDED YET UNIFIED
DIVIDED YET UNIFIED DIVIDED YET UNIFIED
DIVIDED YET UNIFIED DIVIDED YET UNIFIED
DIVIDED YET UNIFIED DIVIDED YET UNIFIED
DIVIDED YET UNIFIED DIVIDED YET UNIFIED
DIVIDED YET UNIFIED DIVIDED YET UNIFIED
DIVIDED YET UNIFIED DIVIDED YET UNIFIED
DIVIDED YET UNIFIED DIVIDED YET UNIFIED
DIVIDED YET UNIFIED DIVIDED YET UNIFIED
DIVIDED YET UNIFIED DIVIDED YET UNIFIED
DIVIDED YET UNIFIED DIVIDED YET UNIFIED
DIVIDED YET UNIFIED DIVIDED YET UNIFIED
DIVIDED YET UNIFIED DIVIDED YET UNIFIED
DIVIDED YET UNIFIED DIVIDED YET UNIFIED
DIVIDED YET UNIFIED DIVIDED YET UNIFIED
DIVIDED YET UNIFIED DIVIDED YET UNIFIED
DIVIDED YET UNIFIED DIVIDED YET UNIFIED
DIVIDED YET UNIFIED DIVIDED YET UNIFIED
DIVIDED YET UNIFIED DIVIDED YET UNIFIED
DIVIDED YET UNIFIED DIVIDED YET UNIFIED
DIVIDED YET UNIFIED DIVIDED YET UNIFIED
DIVIDED YET UNIFIED DIVIDED YET UNIFIED
DIVIDED YET UNIFIED DIVIDED YET UNIFIED
DIVIDED YET UNIFIED DIVIDED YET UNIFIED
DIVIDED YET UNIFIED DIVIDED YET UNIFIED
DIVIDED YET UNIFIED DIVIDED YET UNIFIED
DIVIDED YET UNIFIED DIVIDED YET UNIFIED
DIVIDED YET UNIFIED DIVIDED YET UNIFIED
DIVIDED YET UNIFIED DIVIDED YET UNIFIED
DIVIDED YET UNIFIED DIVIDED YET UNIFIED
DIVIDED YET UNIFIED DIVIDED YET UNIFIED
DIVIDED YET UNIFIED DIVIDED YET UNIFIED
DIVIDED YET UNIFIED DIVIDED YET UNIFIED
DIVIDED YET UNIFIED DIVIDED YET UNIFIED
DIVIDED YET UNIFIED DIVIDED YET UNIFIED
DIVIDED YET UNIFIED DIVIDED YET UNIFIED
DIVIDED YET UNIFIED DIVIDED YET UNIFIED
DIVIDED YET UNIFIED DIVIDED YET UNIFIED
DIVIDED YET UNIFIED DIVIDED YET UNIFIED
DIVIDED YET UNIFIED DIVIDED YET UNIFIED
DIVIDED YET UNIFIED DIVIDED YET UNIFIED

DIVIDED YET UNIFIED DIVIDED YET UNIFIED
DIVIDED YET UNIFIED DIVIDED YET UNIFIED
DIVIDED YET UNIFIED DIVIDED YET UNIFIED
DIVIDED YET UNIFIED DIVIDED YET UNIFIED
DIVIDED YET UNIFIED DIVIDED YET UNIFIED
DIVIDED YET UNIFIED DIVIDED YET UNIFIED
DIVIDED YET UNIFIED DIVIDED YET UNIFIED
DIVIDED YET UNIFIED DIVIDED YET UNIFIED
DIVIDED YET UNIFIED DIVIDED YET UNIFIED
DIVIDED YET UNIFIED DIVIDED YET UNIFIED
DIVIDED YET UNIFIED DIVIDED YET UNIFIED
DIVIDED YET UNIFIED DIVIDED YET UNIFIED
DIVIDED YET UNIFIED DIVIDED YET UNIFIED
DIVIDED YET UNIFIED DIVIDED YET UNIFIED
DIVIDED YET UNIFIED DIVIDED YET UNIFIED
DIVIDED YET UNIFIED DIVIDED YET UNIFIED
DIVIDED YET UNIFIED DIVIDED YET UNIFIED
DIVIDED YET UNIFIED DIVIDED YET UNIFIED
DIVIDED YET UNIFIED DIVIDED YET UNIFIED
DIVIDED YET UNIFIED DIVIDED YET UNIFIED
DIVIDED YET UNIFIED DIVIDED YET UNIFIED
DIVIDED YET UNIFIED DIVIDED YET UNIFIED
DIVIDED YET UNIFIED DIVIDED YET UNIFIED
DIVIDED YET UNIFIED DIVIDED YET UNIFIED
DIVIDED YET UNIFIED DIVIDED YET UNIFIED
DIVIDED YET UNIFIED DIVIDED YET UNIFIED
DIVIDED YET UNIFIED DIVIDED YET UNIFIED
DIVIDED YET UNIFIED DIVIDED YET UNIFIED
DIVIDED YET UNIFIED DIVIDED YET UNIFIED
DIVIDED YET UNIFIED DIVIDED YET UNIFIED
DIVIDED YET UNIFIED DIVIDED YET UNIFIED
DIVIDED YET UNIFIED DIVIDED YET UNIFIED
DIVIDED YET UNIFIED DIVIDED YET UNIFIED
DIVIDED YET UNIFIED DIVIDED YET UNIFIED
DIVIDED YET UNIFIED DIVIDED YET UNIFIED
DIVIDED YET UNIFIED DIVIDED YET UNIFIED
DIVIDED YET UNIFIED DIVIDED YET UNIFIED
DIVIDED YET UNIFIED DIVIDED YET UNIFIED
DIVIDED YET UNIFIED DIVIDED YET UNIFIED
DIVIDED YET UNIFIED DIVIDED YET UNIFIED
DIVIDED YET UNIFIED DIVIDED YET UNIFIED
DIVIDED YET UNIFIED DIVIDED YET UNIFIED

DIVIDED YET UNIFIED DIVIDED YET UNIFIED
DIVIDED YET UNIFIED DIVIDED YET UNIFIED
DIVIDED YET UNIFIED DIVIDED YET UNIFIED
DIVIDED YET UNIFIED DIVIDED YET UNIFIED
DIVIDED YET UNIFIED DIVIDED YET UNIFIED
DIVIDED YET UNIFIED DIVIDED YET UNIFIED
DIVIDED YET UNIFIED DIVIDED YET UNIFIED
DIVIDED YET UNIFIED DIVIDED YET UNIFIED
DIVIDED YET UNIFIED DIVIDED YET UNIFIED
DIVIDED YET UNIFIED DIVIDED YET UNIFIED
DIVIDED YET UNIFIED DIVIDED YET UNIFIED
DIVIDED YET UNIFIED DIVIDED YET UNIFIED
DIVIDED YET UNIFIED DIVIDED YET UNIFIED
DIVIDED YET UNIFIED DIVIDED YET UNIFIED
DIVIDED YET UNIFIED DIVIDED YET UNIFIED
DIVIDED YET UNIFIED DIVIDED YET UNIFIED
DIVIDED YET UNIFIED DIVIDED YET UNIFIED
DIVIDED YET UNIFIED DIVIDED YET UNIFIED
DIVIDED YET UNIFIED DIVIDED YET UNIFIED
DIVIDED YET UNIFIED DIVIDED YET UNIFIED
DIVIDED YET UNIFIED DIVIDED YET UNIFIED
DIVIDED YET UNIFIED DIVIDED YET UNIFIED
DIVIDED YET UNIFIED DIVIDED YET UNIFIED
DIVIDED YET UNIFIED DIVIDED YET UNIFIED
DIVIDED YET UNIFIED DIVIDED YET UNIFIED
DIVIDED YET UNIFIED DIVIDED YET UNIFIED
DIVIDED YET UNIFIED DIVIDED YET UNIFIED
DIVIDED YET UNIFIED DIVIDED YET UNIFIED
DIVIDED YET UNIFIED DIVIDED YET UNIFIED
DIVIDED YET UNIFIED DIVIDED YET UNIFIED
DIVIDED YET UNIFIED DIVIDED YET UNIFIED
DIVIDED YET UNIFIED DIVIDED YET UNIFIED
DIVIDED YET UNIFIED DIVIDED YET UNIFIED
DIVIDED YET UNIFIED DIVIDED YET UNIFIED
DIVIDED YET UNIFIED DIVIDED YET UNIFIED
DIVIDED YET UNIFIED DIVIDED YET UNIFIED
DIVIDED YET UNIFIED DIVIDED YET UNIFIED
DIVIDED YET UNIFIED DIVIDED YET UNIFIED
DIVIDED YET UNIFIED DIVIDED YET UNIFIED
DIVIDED YET UNIFIED DIVIDED YET UNIFIED
DIVIDED YET UNIFIED DIVIDED YET UNIFIED
DIVIDED YET UNIFIED DIVIDED YET UNIFIED
DIVIDED YET UNIFIED DIVIDED YET UNIFIED
DIVIDED YET UNIFIED DIVIDED YET UNIFIED
DIVIDED YET UNIFIED DIVIDED YET UNIFIED

DIVIDED YET UNIFIED DIVIDED YET UNIFIED
DIVIDED YET UNIFIED DIVIDED YET UNIFIED
DIVIDED YET UNIFIED DIVIDED YET UNIFIED
DIVIDED YET UNIFIED DIVIDED YET UNIFIED
DIVIDED YET UNIFIED DIVIDED YET UNIFIED
DIVIDED YET UNIFIED DIVIDED YET UNIFIED
DIVIDED YET UNIFIED DIVIDED YET UNIFIED
DIVIDED YET UNIFIED DIVIDED YET UNIFIED
DIVIDED YET UNIFIED DIVIDED YET UNIFIED
DIVIDED YET UNIFIED DIVIDED YET UNIFIED
DIVIDED YET UNIFIED DIVIDED YET UNIFIED
DIVIDED YET UNIFIED DIVIDED YET UNIFIED
DIVIDED YET UNIFIED DIVIDED YET UNIFIED
DIVIDED YET UNIFIED DIVIDED YET UNIFIED
DIVIDED YET UNIFIED DIVIDED YET UNIFIED
DIVIDED YET UNIFIED DIVIDED YET UNIFIED
DIVIDED YET UNIFIED DIVIDED YET UNIFIED
DIVIDED YET UNIFIED DIVIDED YET UNIFIED
DIVIDED YET UNIFIED DIVIDED YET UNIFIED
DIVIDED YET UNIFIED DIVIDED YET UNIFIED
DIVIDED YET UNIFIED DIVIDED YET UNIFIED
DIVIDED YET UNIFIED DIVIDED YET UNIFIED
DIVIDED YET UNIFIED DIVIDED YET UNIFIED
DIVIDED YET UNIFIED DIVIDED YET UNIFIED
DIVIDED YET UNIFIED DIVIDED YET UNIFIED
DIVIDED YET UNIFIED DIVIDED YET UNIFIED
DIVIDED YET UNIFIED DIVIDED YET UNIFIED
DIVIDED YET UNIFIED DIVIDED YET UNIFIED
DIVIDED YET UNIFIED DIVIDED YET UNIFIED
DIVIDED YET UNIFIED DIVIDED YET UNIFIED
DIVIDED YET UNIFIED DIVIDED YET UNIFIED
DIVIDED YET UNIFIED DIVIDED YET UNIFIED
DIVIDED YET UNIFIED DIVIDED YET UNIFIED
DIVIDED YET UNIFIED DIVIDED YET UNIFIED
DIVIDED YET UNIFIED DIVIDED YET UNIFIED
DIVIDED YET UNIFIED DIVIDED YET UNIFIED
DIVIDED YET UNIFIED DIVIDED YET UNIFIED
DIVIDED YET UNIFIED DIVIDED YET UNIFIED
DIVIDED YET UNIFIED DIVIDED YET UNIFIED
DIVIDED YET UNIFIED DIVIDED YET UNIFIED

DIVIDED YET UNIFIED DIVIDED YET UNIFIED
DIVIDED YET UNIFIED DIVIDED YET UNIFIED
DIVIDED YET UNIFIED DIVIDED YET UNIFIED
DIVIDED YET UNIFIED DIVIDED YET UNIFIED
DIVIDED YET UNIFIED DIVIDED YET UNIFIED
DIVIDED YET UNIFIED DIVIDED YET UNIFIED
DIVIDED YET UNIFIED DIVIDED YET UNIFIED
DIVIDED YET UNIFIED DIVIDED YET UNIFIED
DIVIDED YET UNIFIED DIVIDED YET UNIFIED
DIVIDED YET UNIFIED DIVIDED YET UNIFIED
DIVIDED YET UNIFIED DIVIDED YET UNIFIED
DIVIDED YET UNIFIED DIVIDED YET UNIFIED
DIVIDED YET UNIFIED DIVIDED YET UNIFIED
DIVIDED YET UNIFIED DIVIDED YET UNIFIED
DIVIDED YET UNIFIED DIVIDED YET UNIFIED
DIVIDED YET UNIFIED DIVIDED YET UNIFIED
DIVIDED YET UNIFIED DIVIDED YET UNIFIED
DIVIDED YET UNIFIED DIVIDED YET UNIFIED
DIVIDED YET UNIFIED DIVIDED YET UNIFIED
DIVIDED YET UNIFIED DIVIDED YET UNIFIED
DIVIDED YET UNIFIED DIVIDED YET UNIFIED
DIVIDED YET UNIFIED DIVIDED YET UNIFIED
DIVIDED YET UNIFIED DIVIDED YET UNIFIED
DIVIDED YET UNIFIED DIVIDED YET UNIFIED
DIVIDED YET UNIFIED DIVIDED YET UNIFIED
DIVIDED YET UNIFIED DIVIDED YET UNIFIED
DIVIDED YET UNIFIED DIVIDED YET UNIFIED
DIVIDED YET UNIFIED DIVIDED YET UNIFIED
DIVIDED YET UNIFIED DIVIDED YET UNIFIED
DIVIDED YET UNIFIED DIVIDED YET UNIFIED
DIVIDED YET UNIFIED DIVIDED YET UNIFIED
DIVIDED YET UNIFIED DIVIDED YET UNIFIED
DIVIDED YET UNIFIED DIVIDED YET UNIFIED
DIVIDED YET UNIFIED DIVIDED YET UNIFIED
DIVIDED YET UNIFIED DIVIDED YET UNIFIED
DIVIDED YET UNIFIED DIVIDED YET UNIFIED
DIVIDED YET UNIFIED DIVIDED YET UNIFIED
DIVIDED YET UNIFIED DIVIDED YET UNIFIED

DIVIDED YET UNIFIED DIVIDED YET UNIFIED
DIVIDED YET UNIFIED DIVIDED YET UNIFIED
DIVIDED YET UNIFIED DIVIDED YET UNIFIED
DIVIDED YET UNIFIED DIVIDED YET UNIFIED
DIVIDED YET UNIFIED DIVIDED YET UNIFIED
DIVIDED YET UNIFIED DIVIDED YET UNIFIED
DIVIDED YET UNIFIED DIVIDED YET UNIFIED
DIVIDED YET UNIFIED DIVIDED YET UNIFIED
DIVIDED YET UNIFIED DIVIDED YET UNIFIED
DIVIDED YET UNIFIED DIVIDED YET UNIFIED
DIVIDED YET UNIFIED DIVIDED YET UNIFIED
DIVIDED YET UNIFIED DIVIDED YET UNIFIED
DIVIDED YET UNIFIED DIVIDED YET UNIFIED
DIVIDED YET UNIFIED DIVIDED YET UNIFIED
DIVIDED YET UNIFIED DIVIDED YET UNIFIED
DIVIDED YET UNIFIED DIVIDED YET UNIFIED
DIVIDED YET UNIFIED DIVIDED YET UNIFIED
DIVIDED YET UNIFIED DIVIDED YET UNIFIED
DIVIDED YET UNIFIED DIVIDED YET UNIFIED
DIVIDED YET UNIFIED DIVIDED YET UNIFIED
DIVIDED YET UNIFIED DIVIDED YET UNIFIED
DIVIDED YET UNIFIED DIVIDED YET UNIFIED
DIVIDED YET UNIFIED DIVIDED YET UNIFIED
DIVIDED YET UNIFIED DIVIDED YET UNIFIED
DIVIDED YET UNIFIED DIVIDED YET UNIFIED
DIVIDED YET UNIFIED DIVIDED YET UNIFIED
DIVIDED YET UNIFIED DIVIDED YET UNIFIED
DIVIDED YET UNIFIED DIVIDED YET UNIFIED
DIVIDED YET UNIFIED DIVIDED YET UNIFIED
DIVIDED YET UNIFIED DIVIDED YET UNIFIED
DIVIDED YET UNIFIED DIVIDED YET UNIFIED
DIVIDED YET UNIFIED DIVIDED YET UNIFIED
DIVIDED YET UNIFIED DIVIDED YET UNIFIED
DIVIDED YET UNIFIED DIVIDED YET UNIFIED
DIVIDED YET UNIFIED DIVIDED YET UNIFIED
DIVIDED YET UNIFIED DIVIDED YET UNIFIED
DIVIDED YET UNIFIED DIVIDED YET UNIFIED
DIVIDED YET UNIFIED DIVIDED YET UNIFIED
DIVIDED YET UNIFIED DIVIDED YET UNIFIED
DIVIDED YET UNIFIED DIVIDED YET UNIFIED
DIVIDED YET UNIFIED DIVIDED YET UNIFIED
DIVIDED YET UNIFIED DIVIDED YET UNIFIED
DIVIDED YET UNIFIED DIVIDED YET UNIFIED
DIVIDED YET UNIFIED DIVIDED YET UNIFIED
DIVIDED YET UNIFIED DIVIDED YET UNIFIED

DIVIDED YET UNIFIED DIVIDED YET UNIFIED
DIVIDED YET UNIFIED DIVIDED YET UNIFIED
DIVIDED YET UNIFIED DIVIDED YET UNIFIED
DIVIDED YET UNIFIED DIVIDED YET UNIFIED
DIVIDED YET UNIFIED DIVIDED YET UNIFIED
DIVIDED YET UNIFIED DIVIDED YET UNIFIED
DIVIDED YET UNIFIED DIVIDED YET UNIFIED
DIVIDED YET UNIFIED DIVIDED YET UNIFIED
DIVIDED YET UNIFIED DIVIDED YET UNIFIED
DIVIDED YET UNIFIED DIVIDED YET UNIFIED
DIVIDED YET UNIFIED DIVIDED YET UNIFIED
DIVIDED YET UNIFIED DIVIDED YET UNIFIED
DIVIDED YET UNIFIED DIVIDED YET UNIFIED
DIVIDED YET UNIFIED DIVIDED YET UNIFIED
DIVIDED YET UNIFIED DIVIDED YET UNIFIED
DIVIDED YET UNIFIED DIVIDED YET UNIFIED
DIVIDED YET UNIFIED DIVIDED YET UNIFIED
DIVIDED YET UNIFIED DIVIDED YET UNIFIED
DIVIDED YET UNIFIED DIVIDED YET UNIFIED
DIVIDED YET UNIFIED DIVIDED YET UNIFIED
DIVIDED YET UNIFIED DIVIDED YET UNIFIED
DIVIDED YET UNIFIED DIVIDED YET UNIFIED
DIVIDED YET UNIFIED DIVIDED YET UNIFIED
DIVIDED YET UNIFIED DIVIDED YET UNIFIED
DIVIDED YET UNIFIED DIVIDED YET UNIFIED
DIVIDED YET UNIFIED DIVIDED YET UNIFIED
DIVIDED YET UNIFIED DIVIDED YET UNIFIED
DIVIDED YET UNIFIED DIVIDED YET UNIFIED
DIVIDED YET UNIFIED DIVIDED YET UNIFIED
DIVIDED YET UNIFIED DIVIDED YET UNIFIED
DIVIDED YET UNIFIED DIVIDED YET UNIFIED
DIVIDED YET UNIFIED DIVIDED YET UNIFIED
DIVIDED YET UNIFIED DIVIDED YET UNIFIED
DIVIDED YET UNIFIED DIVIDED YET UNIFIED
DIVIDED YET UNIFIED DIVIDED YET UNIFIED
DIVIDED YET UNIFIED DIVIDED YET UNIFIED
DIVIDED YET UNIFIED DIVIDED YET UNIFIED
DIVIDED YET UNIFIED DIVIDED YET UNIFIED
DIVIDED YET UNIFIED DIVIDED YET UNIFIED
DIVIDED YET UNIFIED DIVIDED YET UNIFIED
DIVIDED YET UNIFIED DIVIDED YET UNIFIED
DIVIDED YET UNIFIED DIVIDED YET UNIFIED

DIVIDED YET UNIFIED DIVIDED YET UNIFIED
DIVIDED YET UNIFIED DIVIDED YET UNIFIED
DIVIDED YET UNIFIED DIVIDED YET UNIFIED
DIVIDED YET UNIFIED DIVIDED YET UNIFIED
DIVIDED YET UNIFIED DIVIDED YET UNIFIED
DIVIDED YET UNIFIED DIVIDED YET UNIFIED
DIVIDED YET UNIFIED DIVIDED YET UNIFIED
DIVIDED YET UNIFIED DIVIDED YET UNIFIED
DIVIDED YET UNIFIED DIVIDED YET UNIFIED
DIVIDED YET UNIFIED DIVIDED YET UNIFIED
DIVIDED YET UNIFIED DIVIDED YET UNIFIED
DIVIDED YET UNIFIED DIVIDED YET UNIFIED
DIVIDED YET UNIFIED DIVIDED YET UNIFIED
DIVIDED YET UNIFIED DIVIDED YET UNIFIED
DIVIDED YET UNIFIED DIVIDED YET UNIFIED
DIVIDED YET UNIFIED DIVIDED YET UNIFIED
DIVIDED YET UNIFIED DIVIDED YET UNIFIED
DIVIDED YET UNIFIED DIVIDED YET UNIFIED
DIVIDED YET UNIFIED DIVIDED YET UNIFIED
DIVIDED YET UNIFIED DIVIDED YET UNIFIED
DIVIDED YET UNIFIED DIVIDED YET UNIFIED
DIVIDED YET UNIFIED DIVIDED YET UNIFIED
DIVIDED YET UNIFIED DIVIDED YET UNIFIED
DIVIDED YET UNIFIED DIVIDED YET UNIFIED
DIVIDED YET UNIFIED DIVIDED YET UNIFIED
DIVIDED YET UNIFIED DIVIDED YET UNIFIED
DIVIDED YET UNIFIED DIVIDED YET UNIFIED
DIVIDED YET UNIFIED DIVIDED YET UNIFIED
DIVIDED YET UNIFIED DIVIDED YET UNIFIED
DIVIDED YET UNIFIED DIVIDED YET UNIFIED
DIVIDED YET UNIFIED DIVIDED YET UNIFIED
DIVIDED YET UNIFIED DIVIDED YET UNIFIED
DIVIDED YET UNIFIED DIVIDED YET UNIFIED
DIVIDED YET UNIFIED DIVIDED YET UNIFIED
DIVIDED YET UNIFIED DIVIDED YET UNIFIED
DIVIDED YET UNIFIED DIVIDED YET UNIFIED
DIVIDED YET UNIFIED DIVIDED YET UNIFIED
DIVIDED YET UNIFIED DIVIDED YET UNIFIED
DIVIDED YET UNIFIED DIVIDED YET UNIFIED
DIVIDED YET UNIFIED DIVIDED YET UNIFIED
DIVIDED YET UNIFIED DIVIDED YET UNIFIED
DIVIDED YET UNIFIED DIVIDED YET UNIFIED
DIVIDED YET UNIFIED DIVIDED YET UNIFIED

DIVIDED YET UNIFIED DIVIDED YET UNIFIED
DIVIDED YET UNIFIED DIVIDED YET UNIFIED
DIVIDED YET UNIFIED DIVIDED YET UNIFIED
DIVIDED YET UNIFIED DIVIDED YET UNIFIED
DIVIDED YET UNIFIED DIVIDED YET UNIFIED
DIVIDED YET UNIFIED DIVIDED YET UNIFIED
DIVIDED YET UNIFIED DIVIDED YET UNIFIED
DIVIDED YET UNIFIED DIVIDED YET UNIFIED
DIVIDED YET UNIFIED DIVIDED YET UNIFIED
DIVIDED YET UNIFIED DIVIDED YET UNIFIED
DIVIDED YET UNIFIED DIVIDED YET UNIFIED
DIVIDED YET UNIFIED DIVIDED YET UNIFIED
DIVIDED YET UNIFIED DIVIDED YET UNIFIED
DIVIDED YET UNIFIED DIVIDED YET UNIFIED
DIVIDED YET UNIFIED DIVIDED YET UNIFIED
DIVIDED YET UNIFIED DIVIDED YET UNIFIED
DIVIDED YET UNIFIED DIVIDED YET UNIFIED
DIVIDED YET UNIFIED DIVIDED YET UNIFIED
DIVIDED YET UNIFIED DIVIDED YET UNIFIED
DIVIDED YET UNIFIED DIVIDED YET UNIFIED
DIVIDED YET UNIFIED DIVIDED YET UNIFIED
DIVIDED YET UNIFIED DIVIDED YET UNIFIED
DIVIDED YET UNIFIED DIVIDED YET UNIFIED
DIVIDED YET UNIFIED DIVIDED YET UNIFIED
DIVIDED YET UNIFIED DIVIDED YET UNIFIED
DIVIDED YET UNIFIED DIVIDED YET UNIFIED
DIVIDED YET UNIFIED DIVIDED YET UNIFIED
DIVIDED YET UNIFIED DIVIDED YET UNIFIED
DIVIDED YET UNIFIED DIVIDED YET UNIFIED
DIVIDED YET UNIFIED DIVIDED YET UNIFIED
DIVIDED YET UNIFIED DIVIDED YET UNIFIED
DIVIDED YET UNIFIED DIVIDED YET UNIFIED
DIVIDED YET UNIFIED DIVIDED YET UNIFIED
DIVIDED YET UNIFIED DIVIDED YET UNIFIED
DIVIDED YET UNIFIED DIVIDED YET UNIFIED
DIVIDED YET UNIFIED DIVIDED YET UNIFIED
DIVIDED YET UNIFIED DIVIDED YET UNIFIED
DIVIDED YET UNIFIED DIVIDED YET UNIFIED
DIVIDED YET UNIFIED DIVIDED YET UNIFIED
DIVIDED YET UNIFIED DIVIDED YET UNIFIED
DIVIDED YET UNIFIED DIVIDED YET UNIFIED
DIVIDED YET UNIFIED DIVIDED YET UNIFIED

DIVIDED YET UNIFIED DIVIDED YET UNIFIED
DIVIDED YET UNIFIED DIVIDED YET UNIFIED
DIVIDED YET UNIFIED DIVIDED YET UNIFIED
DIVIDED YET UNIFIED DIVIDED YET UNIFIED
DIVIDED YET UNIFIED DIVIDED YET UNIFIED
DIVIDED YET UNIFIED DIVIDED YET UNIFIED
DIVIDED YET UNIFIED DIVIDED YET UNIFIED
DIVIDED YET UNIFIED DIVIDED YET UNIFIED
DIVIDED YET UNIFIED DIVIDED YET UNIFIED
DIVIDED YET UNIFIED DIVIDED YET UNIFIED
DIVIDED YET UNIFIED DIVIDED YET UNIFIED
DIVIDED YET UNIFIED DIVIDED YET UNIFIED
DIVIDED YET UNIFIED DIVIDED YET UNIFIED
DIVIDED YET UNIFIED DIVIDED YET UNIFIED
DIVIDED YET UNIFIED DIVIDED YET UNIFIED
DIVIDED YET UNIFIED DIVIDED YET UNIFIED
DIVIDED YET UNIFIED DIVIDED YET UNIFIED
DIVIDED YET UNIFIED DIVIDED YET UNIFIED
DIVIDED YET UNIFIED DIVIDED YET UNIFIED
DIVIDED YET UNIFIED DIVIDED YET UNIFIED
DIVIDED YET UNIFIED DIVIDED YET UNIFIED
DIVIDED YET UNIFIED DIVIDED YET UNIFIED
DIVIDED YET UNIFIED DIVIDED YET UNIFIED
DIVIDED YET UNIFIED DIVIDED YET UNIFIED
DIVIDED YET UNIFIED DIVIDED YET UNIFIED
DIVIDED YET UNIFIED DIVIDED YET UNIFIED
DIVIDED YET UNIFIED DIVIDED YET UNIFIED
DIVIDED YET UNIFIED DIVIDED YET UNIFIED
DIVIDED YET UNIFIED DIVIDED YET UNIFIED
DIVIDED YET UNIFIED DIVIDED YET UNIFIED
DIVIDED YET UNIFIED DIVIDED YET UNIFIED
DIVIDED YET UNIFIED DIVIDED YET UNIFIED
DIVIDED YET UNIFIED DIVIDED YET UNIFIED
DIVIDED YET UNIFIED DIVIDED YET UNIFIED
DIVIDED YET UNIFIED DIVIDED YET UNIFIED
DIVIDED YET UNIFIED DIVIDED YET UNIFIED
DIVIDED YET UNIFIED DIVIDED YET UNIFIED
DIVIDED YET UNIFIED DIVIDED YET UNIFIED
DIVIDED YET UNIFIED DIVIDED YET UNIFIED
DIVIDED YET UNIFIED DIVIDED YET UNIFIED

DIVIDED YET UNIFIED DIVIDED YET UNIFIED
DIVIDED YET UNIFIED DIVIDED YET UNIFIED
DIVIDED YET UNIFIED DIVIDED YET UNIFIED
DIVIDED YET UNIFIED DIVIDED YET UNIFIED
DIVIDED YET UNIFIED DIVIDED YET UNIFIED
DIVIDED YET UNIFIED DIVIDED YET UNIFIED
DIVIDED YET UNIFIED DIVIDED YET UNIFIED
DIVIDED YET UNIFIED DIVIDED YET UNIFIED
DIVIDED YET UNIFIED DIVIDED YET UNIFIED
DIVIDED YET UNIFIED DIVIDED YET UNIFIED
DIVIDED YET UNIFIED DIVIDED YET UNIFIED
DIVIDED YET UNIFIED DIVIDED YET UNIFIED
DIVIDED YET UNIFIED DIVIDED YET UNIFIED
DIVIDED YET UNIFIED DIVIDED YET UNIFIED
DIVIDED YET UNIFIED DIVIDED YET UNIFIED
DIVIDED YET UNIFIED DIVIDED YET UNIFIED
DIVIDED YET UNIFIED DIVIDED YET UNIFIED
DIVIDED YET UNIFIED DIVIDED YET UNIFIED
DIVIDED YET UNIFIED DIVIDED YET UNIFIED
DIVIDED YET UNIFIED DIVIDED YET UNIFIED
DIVIDED YET UNIFIED DIVIDED YET UNIFIED
DIVIDED YET UNIFIED DIVIDED YET UNIFIED
DIVIDED YET UNIFIED DIVIDED YET UNIFIED
DIVIDED YET UNIFIED DIVIDED YET UNIFIED
DIVIDED YET UNIFIED DIVIDED YET UNIFIED
DIVIDED YET UNIFIED DIVIDED YET UNIFIED
DIVIDED YET UNIFIED DIVIDED YET UNIFIED
DIVIDED YET UNIFIED DIVIDED YET UNIFIED
DIVIDED YET UNIFIED DIVIDED YET UNIFIED
DIVIDED YET UNIFIED DIVIDED YET UNIFIED
DIVIDED YET UNIFIED DIVIDED YET UNIFIED
DIVIDED YET UNIFIED DIVIDED YET UNIFIED
DIVIDED YET UNIFIED DIVIDED YET UNIFIED
DIVIDED YET UNIFIED DIVIDED YET UNIFIED
DIVIDED YET UNIFIED DIVIDED YET UNIFIED
DIVIDED YET UNIFIED DIVIDED YET UNIFIED
DIVIDED YET UNIFIED DIVIDED YET UNIFIED
DIVIDED YET UNIFIED DIVIDED YET UNIFIED
DIVIDED YET UNIFIED DIVIDED YET UNIFIED

DIVIDED YET UNIFIED DIVIDED YET UNIFIED
DIVIDED YET UNIFIED DIVIDED YET UNIFIED
DIVIDED YET UNIFIED DIVIDED YET UNIFIED
DIVIDED YET UNIFIED DIVIDED YET UNIFIED
DIVIDED YET UNIFIED DIVIDED YET UNIFIED
DIVIDED YET UNIFIED DIVIDED YET UNIFIED
DIVIDED YET UNIFIED DIVIDED YET UNIFIED
DIVIDED YET UNIFIED DIVIDED YET UNIFIED
DIVIDED YET UNIFIED DIVIDED YET UNIFIED
DIVIDED YET UNIFIED DIVIDED YET UNIFIED
DIVIDED YET UNIFIED DIVIDED YET UNIFIED
DIVIDED YET UNIFIED DIVIDED YET UNIFIED
DIVIDED YET UNIFIED DIVIDED YET UNIFIED
DIVIDED YET UNIFIED DIVIDED YET UNIFIED
DIVIDED YET UNIFIED DIVIDED YET UNIFIED
DIVIDED YET UNIFIED DIVIDED YET UNIFIED
DIVIDED YET UNIFIED DIVIDED YET UNIFIED
DIVIDED YET UNIFIED DIVIDED YET UNIFIED
DIVIDED YET UNIFIED DIVIDED YET UNIFIED
DIVIDED YET UNIFIED DIVIDED YET UNIFIED
DIVIDED YET UNIFIED DIVIDED YET UNIFIED
DIVIDED YET UNIFIED DIVIDED YET UNIFIED
DIVIDED YET UNIFIED DIVIDED YET UNIFIED
DIVIDED YET UNIFIED DIVIDED YET UNIFIED
DIVIDED YET UNIFIED DIVIDED YET UNIFIED
DIVIDED YET UNIFIED DIVIDED YET UNIFIED
DIVIDED YET UNIFIED DIVIDED YET UNIFIED
DIVIDED YET UNIFIED DIVIDED YET UNIFIED
DIVIDED YET UNIFIED DIVIDED YET UNIFIED
DIVIDED YET UNIFIED DIVIDED YET UNIFIED
DIVIDED YET UNIFIED DIVIDED YET UNIFIED
DIVIDED YET UNIFIED DIVIDED YET UNIFIED
DIVIDED YET UNIFIED DIVIDED YET UNIFIED
DIVIDED YET UNIFIED DIVIDED YET UNIFIED
DIVIDED YET UNIFIED DIVIDED YET UNIFIED
DIVIDED YET UNIFIED DIVIDED YET UNIFIED
DIVIDED YET UNIFIED DIVIDED YET UNIFIED
DIVIDED YET UNIFIED DIVIDED YET UNIFIED
DIVIDED YET UNIFIED DIVIDED YET UNIFIED
DIVIDED YET UNIFIED DIVIDED YET UNIFIED
DIVIDED YET UNIFIED DIVIDED YET UNIFIED

DIVIDED YET UNIFIED DIVIDED YET UNIFIED
DIVIDED YET UNIFIED DIVIDED YET UNIFIED
DIVIDED YET UNIFIED DIVIDED YET UNIFIED
DIVIDED YET UNIFIED DIVIDED YET UNIFIED
DIVIDED YET UNIFIED DIVIDED YET UNIFIED
DIVIDED YET UNIFIED DIVIDED YET UNIFIED
DIVIDED YET UNIFIED DIVIDED YET UNIFIED
DIVIDED YET UNIFIED DIVIDED YET UNIFIED
DIVIDED YET UNIFIED DIVIDED YET UNIFIED
DIVIDED YET UNIFIED DIVIDED YET UNIFIED
DIVIDED YET UNIFIED DIVIDED YET UNIFIED
DIVIDED YET UNIFIED DIVIDED YET UNIFIED
DIVIDED YET UNIFIED DIVIDED YET UNIFIED
DIVIDED YET UNIFIED DIVIDED YET UNIFIED
DIVIDED YET UNIFIED DIVIDED YET UNIFIED
DIVIDED YET UNIFIED DIVIDED YET UNIFIED
DIVIDED YET UNIFIED DIVIDED YET UNIFIED
DIVIDED YET UNIFIED DIVIDED YET UNIFIED
DIVIDED YET UNIFIED DIVIDED YET UNIFIED
DIVIDED YET UNIFIED DIVIDED YET UNIFIED
DIVIDED YET UNIFIED DIVIDED YET UNIFIED
DIVIDED YET UNIFIED DIVIDED YET UNIFIED
DIVIDED YET UNIFIED DIVIDED YET UNIFIED
DIVIDED YET UNIFIED DIVIDED YET UNIFIED
DIVIDED YET UNIFIED DIVIDED YET UNIFIED
DIVIDED YET UNIFIED DIVIDED YET UNIFIED
DIVIDED YET UNIFIED DIVIDED YET UNIFIED
DIVIDED YET UNIFIED DIVIDED YET UNIFIED
DIVIDED YET UNIFIED DIVIDED YET UNIFIED
DIVIDED YET UNIFIED DIVIDED YET UNIFIED
DIVIDED YET UNIFIED DIVIDED YET UNIFIED
DIVIDED YET UNIFIED DIVIDED YET UNIFIED
DIVIDED YET UNIFIED DIVIDED YET UNIFIED
DIVIDED YET UNIFIED DIVIDED YET UNIFIED
DIVIDED YET UNIFIED DIVIDED YET UNIFIED
DIVIDED YET UNIFIED DIVIDED YET UNIFIED
DIVIDED YET UNIFIED DIVIDED YET UNIFIED
DIVIDED YET UNIFIED DIVIDED YET UNIFIED
DIVIDED YET UNIFIED DIVIDED YET UNIFIED
DIVIDED YET UNIFIED DIVIDED YET UNIFIED

DIVIDED YET UNIFIED DIVIDED YET UNIFIED
DIVIDED YET UNIFIED DIVIDED YET UNIFIED
DIVIDED YET UNIFIED DIVIDED YET UNIFIED
DIVIDED YET UNIFIED DIVIDED YET UNIFIED
DIVIDED YET UNIFIED DIVIDED YET UNIFIED
DIVIDED YET UNIFIED DIVIDED YET UNIFIED
DIVIDED YET UNIFIED DIVIDED YET UNIFIED
DIVIDED YET UNIFIED DIVIDED YET UNIFIED
DIVIDED YET UNIFIED DIVIDED YET UNIFIED
DIVIDED YET UNIFIED DIVIDED YET UNIFIED
DIVIDED YET UNIFIED DIVIDED YET UNIFIED
DIVIDED YET UNIFIED DIVIDED YET UNIFIED
DIVIDED YET UNIFIED DIVIDED YET UNIFIED
DIVIDED YET UNIFIED DIVIDED YET UNIFIED
DIVIDED YET UNIFIED DIVIDED YET UNIFIED
DIVIDED YET UNIFIED DIVIDED YET UNIFIED
DIVIDED YET UNIFIED DIVIDED YET UNIFIED
DIVIDED YET UNIFIED DIVIDED YET UNIFIED
DIVIDED YET UNIFIED DIVIDED YET UNIFIED
DIVIDED YET UNIFIED DIVIDED YET UNIFIED
DIVIDED YET UNIFIED DIVIDED YET UNIFIED
DIVIDED YET UNIFIED DIVIDED YET UNIFIED
DIVIDED YET UNIFIED DIVIDED YET UNIFIED
DIVIDED YET UNIFIED DIVIDED YET UNIFIED
DIVIDED YET UNIFIED DIVIDED YET UNIFIED
DIVIDED YET UNIFIED DIVIDED YET UNIFIED
DIVIDED YET UNIFIED DIVIDED YET UNIFIED
DIVIDED YET UNIFIED DIVIDED YET UNIFIED
DIVIDED YET UNIFIED DIVIDED YET UNIFIED
DIVIDED YET UNIFIED DIVIDED YET UNIFIED
DIVIDED YET UNIFIED DIVIDED YET UNIFIED
DIVIDED YET UNIFIED DIVIDED YET UNIFIED
DIVIDED YET UNIFIED DIVIDED YET UNIFIED
DIVIDED YET UNIFIED DIVIDED YET UNIFIED
DIVIDED YET UNIFIED DIVIDED YET UNIFIED
DIVIDED YET UNIFIED DIVIDED YET UNIFIED
DIVIDED YET UNIFIED DIVIDED YET UNIFIED
DIVIDED YET UNIFIED DIVIDED YET UNIFIED
DIVIDED YET UNIFIED DIVIDED YET UNIFIED
DIVIDED YET UNIFIED DIVIDED YET UNIFIED
DIVIDED YET UNIFIED DIVIDED YET UNIFIED
DIVIDED YET UNIFIED DIVIDED YET UNIFIED

DIVIDED YET UNIFIED DIVIDED YET UNIFIED
DIVIDED YET UNIFIED DIVIDED YET UNIFIED
DIVIDED YET UNIFIED DIVIDED YET UNIFIED
DIVIDED YET UNIFIED DIVIDED YET UNIFIED
DIVIDED YET UNIFIED DIVIDED YET UNIFIED
DIVIDED YET UNIFIED DIVIDED YET UNIFIED
DIVIDED YET UNIFIED DIVIDED YET UNIFIED
DIVIDED YET UNIFIED DIVIDED YET UNIFIED
DIVIDED YET UNIFIED DIVIDED YET UNIFIED
DIVIDED YET UNIFIED DIVIDED YET UNIFIED
DIVIDED YET UNIFIED DIVIDED YET UNIFIED
DIVIDED YET UNIFIED DIVIDED YET UNIFIED
DIVIDED YET UNIFIED DIVIDED YET UNIFIED
DIVIDED YET UNIFIED DIVIDED YET UNIFIED
DIVIDED YET UNIFIED DIVIDED YET UNIFIED
DIVIDED YET UNIFIED DIVIDED YET UNIFIED
DIVIDED YET UNIFIED DIVIDED YET UNIFIED
DIVIDED YET UNIFIED DIVIDED YET UNIFIED
DIVIDED YET UNIFIED DIVIDED YET UNIFIED
DIVIDED YET UNIFIED DIVIDED YET UNIFIED
DIVIDED YET UNIFIED DIVIDED YET UNIFIED
DIVIDED YET UNIFIED DIVIDED YET UNIFIED
DIVIDED YET UNIFIED DIVIDED YET UNIFIED
DIVIDED YET UNIFIED DIVIDED YET UNIFIED
DIVIDED YET UNIFIED DIVIDED YET UNIFIED
DIVIDED YET UNIFIED DIVIDED YET UNIFIED
DIVIDED YET UNIFIED DIVIDED YET UNIFIED
DIVIDED YET UNIFIED DIVIDED YET UNIFIED
DIVIDED YET UNIFIED DIVIDED YET UNIFIED
DIVIDED YET UNIFIED DIVIDED YET UNIFIED
DIVIDED YET UNIFIED DIVIDED YET UNIFIED
DIVIDED YET UNIFIED DIVIDED YET UNIFIED
DIVIDED YET UNIFIED DIVIDED YET UNIFIED
DIVIDED YET UNIFIED DIVIDED YET UNIFIED
DIVIDED YET UNIFIED DIVIDED YET UNIFIED
DIVIDED YET UNIFIED DIVIDED YET UNIFIED
DIVIDED YET UNIFIED DIVIDED YET UNIFIED
DIVIDED YET UNIFIED DIVIDED YET UNIFIED
DIVIDED YET UNIFIED DIVIDED YET UNIFIED
DIVIDED YET UNIFIED DIVIDED YET UNIFIED
DIVIDED YET UNIFIED DIVIDED YET UNIFIED
DIVIDED YET UNIFIED DIVIDED YET UNIFIED

DIVIDED YET UNIFIED DIVIDED YET UNIFIED
DIVIDED YET UNIFIED DIVIDED YET UNIFIED
DIVIDED YET UNIFIED DIVIDED YET UNIFIED
DIVIDED YET UNIFIED DIVIDED YET UNIFIED
DIVIDED YET UNIFIED DIVIDED YET UNIFIED
DIVIDED YET UNIFIED DIVIDED YET UNIFIED
DIVIDED YET UNIFIED DIVIDED YET UNIFIED
DIVIDED YET UNIFIED DIVIDED YET UNIFIED
DIVIDED YET UNIFIED DIVIDED YET UNIFIED
DIVIDED YET UNIFIED DIVIDED YET UNIFIED
DIVIDED YET UNIFIED DIVIDED YET UNIFIED
DIVIDED YET UNIFIED DIVIDED YET UNIFIED
DIVIDED YET UNIFIED DIVIDED YET UNIFIED
DIVIDED YET UNIFIED DIVIDED YET UNIFIED
DIVIDED YET UNIFIED DIVIDED YET UNIFIED
DIVIDED YET UNIFIED DIVIDED YET UNIFIED
DIVIDED YET UNIFIED DIVIDED YET UNIFIED
DIVIDED YET UNIFIED DIVIDED YET UNIFIED
DIVIDED YET UNIFIED DIVIDED YET UNIFIED
DIVIDED YET UNIFIED DIVIDED YET UNIFIED
DIVIDED YET UNIFIED DIVIDED YET UNIFIED
DIVIDED YET UNIFIED DIVIDED YET UNIFIED
DIVIDED YET UNIFIED DIVIDED YET UNIFIED
DIVIDED YET UNIFIED DIVIDED YET UNIFIED
DIVIDED YET UNIFIED DIVIDED YET UNIFIED
DIVIDED YET UNIFIED DIVIDED YET UNIFIED
DIVIDED YET UNIFIED DIVIDED YET UNIFIED
DIVIDED YET UNIFIED DIVIDED YET UNIFIED
DIVIDED YET UNIFIED DIVIDED YET UNIFIED
DIVIDED YET UNIFIED DIVIDED YET UNIFIED
DIVIDED YET UNIFIED DIVIDED YET UNIFIED
DIVIDED YET UNIFIED DIVIDED YET UNIFIED
DIVIDED YET UNIFIED DIVIDED YET UNIFIED
DIVIDED YET UNIFIED DIVIDED YET UNIFIED
DIVIDED YET UNIFIED DIVIDED YET UNIFIED
DIVIDED YET UNIFIED DIVIDED YET UNIFIED
DIVIDED YET UNIFIED DIVIDED YET UNIFIED
DIVIDED YET UNIFIED DIVIDED YET UNIFIED
DIVIDED YET UNIFIED DIVIDED YET UNIFIED
DIVIDED YET UNIFIED DIVIDED YET UNIFIED
DIVIDED YET UNIFIED DIVIDED YET UNIFIED
DIVIDED YET UNIFIED DIVIDED YET UNIFIED
DIVIDED YET UNIFIED DIVIDED YET UNIFIED
DIVIDED YET UNIFIED DIVIDED YET UNIFIED

DIVIDED YET UNIFIED DIVIDED YET UNIFIED
DIVIDED YET UNIFIED DIVIDED YET UNIFIED
DIVIDED YET UNIFIED DIVIDED YET UNIFIED
DIVIDED YET UNIFIED DIVIDED YET UNIFIED
DIVIDED YET UNIFIED DIVIDED YET UNIFIED
DIVIDED YET UNIFIED DIVIDED YET UNIFIED
DIVIDED YET UNIFIED DIVIDED YET UNIFIED
DIVIDED YET UNIFIED DIVIDED YET UNIFIED
DIVIDED YET UNIFIED DIVIDED YET UNIFIED
DIVIDED YET UNIFIED DIVIDED YET UNIFIED
DIVIDED YET UNIFIED DIVIDED YET UNIFIED
DIVIDED YET UNIFIED DIVIDED YET UNIFIED
DIVIDED YET UNIFIED DIVIDED YET UNIFIED
DIVIDED YET UNIFIED DIVIDED YET UNIFIED
DIVIDED YET UNIFIED DIVIDED YET UNIFIED
DIVIDED YET UNIFIED DIVIDED YET UNIFIED
DIVIDED YET UNIFIED DIVIDED YET UNIFIED
DIVIDED YET UNIFIED DIVIDED YET UNIFIED
DIVIDED YET UNIFIED DIVIDED YET UNIFIED
DIVIDED YET UNIFIED DIVIDED YET UNIFIED
DIVIDED YET UNIFIED DIVIDED YET UNIFIED
DIVIDED YET UNIFIED DIVIDED YET UNIFIED
DIVIDED YET UNIFIED DIVIDED YET UNIFIED
DIVIDED YET UNIFIED DIVIDED YET UNIFIED
DIVIDED YET UNIFIED DIVIDED YET UNIFIED
DIVIDED YET UNIFIED DIVIDED YET UNIFIED
DIVIDED YET UNIFIED DIVIDED YET UNIFIED
DIVIDED YET UNIFIED DIVIDED YET UNIFIED
DIVIDED YET UNIFIED DIVIDED YET UNIFIED
DIVIDED YET UNIFIED DIVIDED YET UNIFIED
DIVIDED YET UNIFIED DIVIDED YET UNIFIED
DIVIDED YET UNIFIED DIVIDED YET UNIFIED
DIVIDED YET UNIFIED DIVIDED YET UNIFIED
DIVIDED YET UNIFIED DIVIDED YET UNIFIED
DIVIDED YET UNIFIED DIVIDED YET UNIFIED
DIVIDED YET UNIFIED DIVIDED YET UNIFIED
DIVIDED YET UNIFIED DIVIDED YET UNIFIED
DIVIDED YET UNIFIED DIVIDED YET UNIFIED
DIVIDED YET UNIFIED DIVIDED YET UNIFIED
DIVIDED YET UNIFIED DIVIDED YET UNIFIED
DIVIDED YET UNIFIED DIVIDED YET UNIFIED
DIVIDED YET UNIFIED DIVIDED YET UNIFIED

DIVIDED YET UNIFIED DIVIDED YET UNIFIED
DIVIDED YET UNIFIED DIVIDED YET UNIFIED
DIVIDED YET UNIFIED DIVIDED YET UNIFIED
DIVIDED YET UNIFIED DIVIDED YET UNIFIED
DIVIDED YET UNIFIED DIVIDED YET UNIFIED
DIVIDED YET UNIFIED DIVIDED YET UNIFIED
DIVIDED YET UNIFIED DIVIDED YET UNIFIED
DIVIDED YET UNIFIED DIVIDED YET UNIFIED
DIVIDED YET UNIFIED DIVIDED YET UNIFIED
DIVIDED YET UNIFIED DIVIDED YET UNIFIED
DIVIDED YET UNIFIED DIVIDED YET UNIFIED
DIVIDED YET UNIFIED DIVIDED YET UNIFIED
DIVIDED YET UNIFIED DIVIDED YET UNIFIED
DIVIDED YET UNIFIED DIVIDED YET UNIFIED
DIVIDED YET UNIFIED DIVIDED YET UNIFIED
DIVIDED YET UNIFIED DIVIDED YET UNIFIED
DIVIDED YET UNIFIED DIVIDED YET UNIFIED
DIVIDED YET UNIFIED DIVIDED YET UNIFIED
DIVIDED YET UNIFIED DIVIDED YET UNIFIED
DIVIDED YET UNIFIED DIVIDED YET UNIFIED
DIVIDED YET UNIFIED DIVIDED YET UNIFIED
DIVIDED YET UNIFIED DIVIDED YET UNIFIED
DIVIDED YET UNIFIED DIVIDED YET UNIFIED
DIVIDED YET UNIFIED DIVIDED YET UNIFIED
DIVIDED YET UNIFIED DIVIDED YET UNIFIED
DIVIDED YET UNIFIED DIVIDED YET UNIFIED
DIVIDED YET UNIFIED DIVIDED YET UNIFIED
DIVIDED YET UNIFIED DIVIDED YET UNIFIED
DIVIDED YET UNIFIED DIVIDED YET UNIFIED
DIVIDED YET UNIFIED DIVIDED YET UNIFIED
DIVIDED YET UNIFIED DIVIDED YET UNIFIED
DIVIDED YET UNIFIED DIVIDED YET UNIFIED
DIVIDED YET UNIFIED DIVIDED YET UNIFIED
DIVIDED YET UNIFIED DIVIDED YET UNIFIED
DIVIDED YET UNIFIED DIVIDED YET UNIFIED
DIVIDED YET UNIFIED DIVIDED YET UNIFIED
DIVIDED YET UNIFIED DIVIDED YET UNIFIED
DIVIDED YET UNIFIED DIVIDED YET UNIFIED
DIVIDED YET UNIFIED DIVIDED YET UNIFIED
DIVIDED YET UNIFIED DIVIDED YET UNIFIED
DIVIDED YET UNIFIED DIVIDED YET UNIFIED
DIVIDED YET UNIFIED DIVIDED YET UNIFIED

DIVIDED YET UNIFIED DIVIDED YET UNIFIED
DIVIDED YET UNIFIED DIVIDED YET UNIFIED
DIVIDED YET UNIFIED DIVIDED YET UNIFIED
DIVIDED YET UNIFIED DIVIDED YET UNIFIED
DIVIDED YET UNIFIED DIVIDED YET UNIFIED
DIVIDED YET UNIFIED DIVIDED YET UNIFIED
DIVIDED YET UNIFIED DIVIDED YET UNIFIED
DIVIDED YET UNIFIED DIVIDED YET UNIFIED
DIVIDED YET UNIFIED DIVIDED YET UNIFIED
DIVIDED YET UNIFIED DIVIDED YET UNIFIED
DIVIDED YET UNIFIED DIVIDED YET UNIFIED
DIVIDED YET UNIFIED DIVIDED YET UNIFIED
DIVIDED YET UNIFIED DIVIDED YET UNIFIED
DIVIDED YET UNIFIED DIVIDED YET UNIFIED
DIVIDED YET UNIFIED DIVIDED YET UNIFIED
DIVIDED YET UNIFIED DIVIDED YET UNIFIED
DIVIDED YET UNIFIED DIVIDED YET UNIFIED
DIVIDED YET UNIFIED DIVIDED YET UNIFIED
DIVIDED YET UNIFIED DIVIDED YET UNIFIED
DIVIDED YET UNIFIED DIVIDED YET UNIFIED
DIVIDED YET UNIFIED DIVIDED YET UNIFIED
DIVIDED YET UNIFIED DIVIDED YET UNIFIED
DIVIDED YET UNIFIED DIVIDED YET UNIFIED
DIVIDED YET UNIFIED DIVIDED YET UNIFIED
DIVIDED YET UNIFIED DIVIDED YET UNIFIED
DIVIDED YET UNIFIED DIVIDED YET UNIFIED
DIVIDED YET UNIFIED DIVIDED YET UNIFIED
DIVIDED YET UNIFIED DIVIDED YET UNIFIED
DIVIDED YET UNIFIED DIVIDED YET UNIFIED
DIVIDED YET UNIFIED DIVIDED YET UNIFIED
DIVIDED YET UNIFIED DIVIDED YET UNIFIED
DIVIDED YET UNIFIED DIVIDED YET UNIFIED
DIVIDED YET UNIFIED DIVIDED YET UNIFIED
DIVIDED YET UNIFIED DIVIDED YET UNIFIED
DIVIDED YET UNIFIED DIVIDED YET UNIFIED
DIVIDED YET UNIFIED DIVIDED YET UNIFIED
DIVIDED YET UNIFIED DIVIDED YET UNIFIED
DIVIDED YET UNIFIED DIVIDED YET UNIFIED
DIVIDED YET UNIFIED DIVIDED YET UNIFIED
DIVIDED YET UNIFIED DIVIDED YET UNIFIED
DIVIDED YET UNIFIED DIVIDED YET UNIFIED
DIVIDED YET UNIFIED DIVIDED YET UNIFIED

DIVIDED YET UNIFIED DIVIDED YET UNIFIED
DIVIDED YET UNIFIED DIVIDED YET UNIFIED
DIVIDED YET UNIFIED DIVIDED YET UNIFIED
DIVIDED YET UNIFIED DIVIDED YET UNIFIED
DIVIDED YET UNIFIED DIVIDED YET UNIFIED
DIVIDED YET UNIFIED DIVIDED YET UNIFIED
DIVIDED YET UNIFIED DIVIDED YET UNIFIED
DIVIDED YET UNIFIED DIVIDED YET UNIFIED
DIVIDED YET UNIFIED DIVIDED YET UNIFIED
DIVIDED YET UNIFIED DIVIDED YET UNIFIED
DIVIDED YET UNIFIED DIVIDED YET UNIFIED
DIVIDED YET UNIFIED DIVIDED YET UNIFIED
DIVIDED YET UNIFIED DIVIDED YET UNIFIED
DIVIDED YET UNIFIED DIVIDED YET UNIFIED
DIVIDED YET UNIFIED DIVIDED YET UNIFIED
DIVIDED YET UNIFIED DIVIDED YET UNIFIED
DIVIDED YET UNIFIED DIVIDED YET UNIFIED
DIVIDED YET UNIFIED DIVIDED YET UNIFIED
DIVIDED YET UNIFIED DIVIDED YET UNIFIED
DIVIDED YET UNIFIED DIVIDED YET UNIFIED
DIVIDED YET UNIFIED DIVIDED YET UNIFIED
DIVIDED YET UNIFIED DIVIDED YET UNIFIED
DIVIDED YET UNIFIED DIVIDED YET UNIFIED
DIVIDED YET UNIFIED DIVIDED YET UNIFIED
DIVIDED YET UNIFIED DIVIDED YET UNIFIED
DIVIDED YET UNIFIED DIVIDED YET UNIFIED
DIVIDED YET UNIFIED DIVIDED YET UNIFIED
DIVIDED YET UNIFIED DIVIDED YET UNIFIED
DIVIDED YET UNIFIED DIVIDED YET UNIFIED
DIVIDED YET UNIFIED DIVIDED YET UNIFIED
DIVIDED YET UNIFIED DIVIDED YET UNIFIED
DIVIDED YET UNIFIED DIVIDED YET UNIFIED
DIVIDED YET UNIFIED DIVIDED YET UNIFIED
DIVIDED YET UNIFIED DIVIDED YET UNIFIED
DIVIDED YET UNIFIED DIVIDED YET UNIFIED
DIVIDED YET UNIFIED DIVIDED YET UNIFIED
DIVIDED YET UNIFIED DIVIDED YET UNIFIED
DIVIDED YET UNIFIED DIVIDED YET UNIFIED
DIVIDED YET UNIFIED DIVIDED YET UNIFIED
DIVIDED YET UNIFIED DIVIDED YET UNIFIED
DIVIDED YET UNIFIED DIVIDED YET UNIFIED
DIVIDED YET UNIFIED DIVIDED YET UNIFIED

DIVIDED YET UNIFIED DIVIDED YET UNIFIED
DIVIDED YET UNIFIED DIVIDED YET UNIFIED
DIVIDED YET UNIFIED DIVIDED YET UNIFIED
DIVIDED YET UNIFIED DIVIDED YET UNIFIED
DIVIDED YET UNIFIED DIVIDED YET UNIFIED
DIVIDED YET UNIFIED DIVIDED YET UNIFIED
DIVIDED YET UNIFIED DIVIDED YET UNIFIED
DIVIDED YET UNIFIED DIVIDED YET UNIFIED
DIVIDED YET UNIFIED DIVIDED YET UNIFIED
DIVIDED YET UNIFIED DIVIDED YET UNIFIED
DIVIDED YET UNIFIED DIVIDED YET UNIFIED
DIVIDED YET UNIFIED DIVIDED YET UNIFIED
DIVIDED YET UNIFIED DIVIDED YET UNIFIED
DIVIDED YET UNIFIED DIVIDED YET UNIFIED
DIVIDED YET UNIFIED DIVIDED YET UNIFIED
DIVIDED YET UNIFIED DIVIDED YET UNIFIED
DIVIDED YET UNIFIED DIVIDED YET UNIFIED
DIVIDED YET UNIFIED DIVIDED YET UNIFIED
DIVIDED YET UNIFIED DIVIDED YET UNIFIED
DIVIDED YET UNIFIED DIVIDED YET UNIFIED
DIVIDED YET UNIFIED DIVIDED YET UNIFIED
DIVIDED YET UNIFIED DIVIDED YET UNIFIED
DIVIDED YET UNIFIED DIVIDED YET UNIFIED
DIVIDED YET UNIFIED DIVIDED YET UNIFIED
DIVIDED YET UNIFIED DIVIDED YET UNIFIED
DIVIDED YET UNIFIED DIVIDED YET UNIFIED
DIVIDED YET UNIFIED DIVIDED YET UNIFIED
DIVIDED YET UNIFIED DIVIDED YET UNIFIED
DIVIDED YET UNIFIED DIVIDED YET UNIFIED
DIVIDED YET UNIFIED DIVIDED YET UNIFIED
DIVIDED YET UNIFIED DIVIDED YET UNIFIED
DIVIDED YET UNIFIED DIVIDED YET UNIFIED
DIVIDED YET UNIFIED DIVIDED YET UNIFIED
DIVIDED YET UNIFIED DIVIDED YET UNIFIED
DIVIDED YET UNIFIED DIVIDED YET UNIFIED
DIVIDED YET UNIFIED DIVIDED YET UNIFIED
DIVIDED YET UNIFIED DIVIDED YET UNIFIED
DIVIDED YET UNIFIED DIVIDED YET UNIFIED
DIVIDED YET UNIFIED DIVIDED YET UNIFIED
DIVIDED YET UNIFIED DIVIDED YET UNIFIED
DIVIDED YET UNIFIED DIVIDED YET UNIFIED

DIVIDED YET UNIFIED DIVIDED YET UNIFIED
DIVIDED YET UNIFIED DIVIDED YET UNIFIED
DIVIDED YET UNIFIED DIVIDED YET UNIFIED
DIVIDED YET UNIFIED DIVIDED YET UNIFIED
DIVIDED YET UNIFIED DIVIDED YET UNIFIED
DIVIDED YET UNIFIED DIVIDED YET UNIFIED
DIVIDED YET UNIFIED DIVIDED YET UNIFIED
DIVIDED YET UNIFIED DIVIDED YET UNIFIED
DIVIDED YET UNIFIED DIVIDED YET UNIFIED
DIVIDED YET UNIFIED DIVIDED YET UNIFIED
DIVIDED YET UNIFIED DIVIDED YET UNIFIED
DIVIDED YET UNIFIED DIVIDED YET UNIFIED
DIVIDED YET UNIFIED DIVIDED YET UNIFIED
DIVIDED YET UNIFIED DIVIDED YET UNIFIED
DIVIDED YET UNIFIED DIVIDED YET UNIFIED
DIVIDED YET UNIFIED DIVIDED YET UNIFIED
DIVIDED YET UNIFIED DIVIDED YET UNIFIED
DIVIDED YET UNIFIED DIVIDED YET UNIFIED
DIVIDED YET UNIFIED DIVIDED YET UNIFIED
DIVIDED YET UNIFIED DIVIDED YET UNIFIED
DIVIDED YET UNIFIED DIVIDED YET UNIFIED
DIVIDED YET UNIFIED DIVIDED YET UNIFIED
DIVIDED YET UNIFIED DIVIDED YET UNIFIED
DIVIDED YET UNIFIED DIVIDED YET UNIFIED
DIVIDED YET UNIFIED DIVIDED YET UNIFIED
DIVIDED YET UNIFIED DIVIDED YET UNIFIED
DIVIDED YET UNIFIED DIVIDED YET UNIFIED
DIVIDED YET UNIFIED DIVIDED YET UNIFIED
DIVIDED YET UNIFIED DIVIDED YET UNIFIED
DIVIDED YET UNIFIED DIVIDED YET UNIFIED
DIVIDED YET UNIFIED DIVIDED YET UNIFIED
DIVIDED YET UNIFIED DIVIDED YET UNIFIED
DIVIDED YET UNIFIED DIVIDED YET UNIFIED
DIVIDED YET UNIFIED DIVIDED YET UNIFIED
DIVIDED YET UNIFIED DIVIDED YET UNIFIED
DIVIDED YET UNIFIED DIVIDED YET UNIFIED
DIVIDED YET UNIFIED DIVIDED YET UNIFIED
DIVIDED YET UNIFIED DIVIDED YET UNIFIED
DIVIDED YET UNIFIED DIVIDED YET UNIFIED
DIVIDED YET UNIFIED DIVIDED YET UNIFIED
DIVIDED YET UNIFIED DIVIDED YET UNIFIED
DIVIDED YET UNIFIED DIVIDED YET UNIFIED

DIVIDED YET UNIFIED DIVIDED YET UNIFIED
DIVIDED YET UNIFIED DIVIDED YET UNIFIED
DIVIDED YET UNIFIED DIVIDED YET UNIFIED
DIVIDED YET UNIFIED DIVIDED YET UNIFIED
DIVIDED YET UNIFIED DIVIDED YET UNIFIED
DIVIDED YET UNIFIED DIVIDED YET UNIFIED
DIVIDED YET UNIFIED DIVIDED YET UNIFIED
DIVIDED YET UNIFIED DIVIDED YET UNIFIED
DIVIDED YET UNIFIED DIVIDED YET UNIFIED
DIVIDED YET UNIFIED DIVIDED YET UNIFIED
DIVIDED YET UNIFIED DIVIDED YET UNIFIED
DIVIDED YET UNIFIED DIVIDED YET UNIFIED
DIVIDED YET UNIFIED DIVIDED YET UNIFIED
DIVIDED YET UNIFIED DIVIDED YET UNIFIED
DIVIDED YET UNIFIED DIVIDED YET UNIFIED
DIVIDED YET UNIFIED DIVIDED YET UNIFIED
DIVIDED YET UNIFIED DIVIDED YET UNIFIED
DIVIDED YET UNIFIED DIVIDED YET UNIFIED
DIVIDED YET UNIFIED DIVIDED YET UNIFIED
DIVIDED YET UNIFIED DIVIDED YET UNIFIED
DIVIDED YET UNIFIED DIVIDED YET UNIFIED
DIVIDED YET UNIFIED DIVIDED YET UNIFIED
DIVIDED YET UNIFIED DIVIDED YET UNIFIED
DIVIDED YET UNIFIED DIVIDED YET UNIFIED
DIVIDED YET UNIFIED DIVIDED YET UNIFIED
DIVIDED YET UNIFIED DIVIDED YET UNIFIED
DIVIDED YET UNIFIED DIVIDED YET UNIFIED
DIVIDED YET UNIFIED DIVIDED YET UNIFIED
DIVIDED YET UNIFIED DIVIDED YET UNIFIED
DIVIDED YET UNIFIED DIVIDED YET UNIFIED
DIVIDED YET UNIFIED DIVIDED YET UNIFIED
DIVIDED YET UNIFIED DIVIDED YET UNIFIED
DIVIDED YET UNIFIED DIVIDED YET UNIFIED
DIVIDED YET UNIFIED DIVIDED YET UNIFIED
DIVIDED YET UNIFIED DIVIDED YET UNIFIED
DIVIDED YET UNIFIED DIVIDED YET UNIFIED
DIVIDED YET UNIFIED DIVIDED YET UNIFIED
DIVIDED YET UNIFIED DIVIDED YET UNIFIED
DIVIDED YET UNIFIED DIVIDED YET UNIFIED
DIVIDED YET UNIFIED DIVIDED YET UNIFIED
DIVIDED YET UNIFIED DIVIDED YET UNIFIED
DIVIDED YET UNIFIED DIVIDED YET UNIFIED

DIVIDED YET UNIFIED DIVIDED YET UNIFIED
DIVIDED YET UNIFIED DIVIDED YET UNIFIED
DIVIDED YET UNIFIED DIVIDED YET UNIFIED
DIVIDED YET UNIFIED DIVIDED YET UNIFIED
DIVIDED YET UNIFIED DIVIDED YET UNIFIED
DIVIDED YET UNIFIED DIVIDED YET UNIFIED
DIVIDED YET UNIFIED DIVIDED YET UNIFIED
DIVIDED YET UNIFIED DIVIDED YET UNIFIED
DIVIDED YET UNIFIED DIVIDED YET UNIFIED
DIVIDED YET UNIFIED DIVIDED YET UNIFIED
DIVIDED YET UNIFIED DIVIDED YET UNIFIED
DIVIDED YET UNIFIED DIVIDED YET UNIFIED
DIVIDED YET UNIFIED DIVIDED YET UNIFIED
DIVIDED YET UNIFIED DIVIDED YET UNIFIED
DIVIDED YET UNIFIED DIVIDED YET UNIFIED
DIVIDED YET UNIFIED DIVIDED YET UNIFIED
DIVIDED YET UNIFIED DIVIDED YET UNIFIED
DIVIDED YET UNIFIED DIVIDED YET UNIFIED
DIVIDED YET UNIFIED DIVIDED YET UNIFIED
DIVIDED YET UNIFIED DIVIDED YET UNIFIED
DIVIDED YET UNIFIED DIVIDED YET UNIFIED
DIVIDED YET UNIFIED DIVIDED YET UNIFIED
DIVIDED YET UNIFIED DIVIDED YET UNIFIED
DIVIDED YET UNIFIED DIVIDED YET UNIFIED
DIVIDED YET UNIFIED DIVIDED YET UNIFIED
DIVIDED YET UNIFIED DIVIDED YET UNIFIED
DIVIDED YET UNIFIED DIVIDED YET UNIFIED
DIVIDED YET UNIFIED DIVIDED YET UNIFIED
DIVIDED YET UNIFIED DIVIDED YET UNIFIED
DIVIDED YET UNIFIED DIVIDED YET UNIFIED
DIVIDED YET UNIFIED DIVIDED YET UNIFIED
DIVIDED YET UNIFIED DIVIDED YET UNIFIED
DIVIDED YET UNIFIED DIVIDED YET UNIFIED
DIVIDED YET UNIFIED DIVIDED YET UNIFIED
DIVIDED YET UNIFIED DIVIDED YET UNIFIED
DIVIDED YET UNIFIED DIVIDED YET UNIFIED
DIVIDED YET UNIFIED DIVIDED YET UNIFIED
DIVIDED YET UNIFIED DIVIDED YET UNIFIED
DIVIDED YET UNIFIED DIVIDED YET UNIFIED
DIVIDED YET UNIFIED DIVIDED YET UNIFIED
DIVIDED YET UNIFIED DIVIDED YET UNIFIED
DIVIDED YET UNIFIED DIVIDED YET UNIFIED
DIVIDED YET UNIFIED DIVIDED YET UNIFIED
DIVIDED YET UNIFIED DIVIDED YET UNIFIED

DIVIDED YET UNIFIED DIVIDED YET UNIFIED
DIVIDED YET UNIFIED DIVIDED YET UNIFIED
DIVIDED YET UNIFIED DIVIDED YET UNIFIED
DIVIDED YET UNIFIED DIVIDED YET UNIFIED
DIVIDED YET UNIFIED DIVIDED YET UNIFIED
DIVIDED YET UNIFIED DIVIDED YET UNIFIED
DIVIDED YET UNIFIED DIVIDED YET UNIFIED
DIVIDED YET UNIFIED DIVIDED YET UNIFIED
DIVIDED YET UNIFIED DIVIDED YET UNIFIED
DIVIDED YET UNIFIED DIVIDED YET UNIFIED
DIVIDED YET UNIFIED DIVIDED YET UNIFIED
DIVIDED YET UNIFIED DIVIDED YET UNIFIED
DIVIDED YET UNIFIED DIVIDED YET UNIFIED
DIVIDED YET UNIFIED DIVIDED YET UNIFIED
DIVIDED YET UNIFIED DIVIDED YET UNIFIED
DIVIDED YET UNIFIED DIVIDED YET UNIFIED
DIVIDED YET UNIFIED DIVIDED YET UNIFIED
DIVIDED YET UNIFIED DIVIDED YET UNIFIED
DIVIDED YET UNIFIED DIVIDED YET UNIFIED
DIVIDED YET UNIFIED DIVIDED YET UNIFIED
DIVIDED YET UNIFIED DIVIDED YET UNIFIED
DIVIDED YET UNIFIED DIVIDED YET UNIFIED
DIVIDED YET UNIFIED DIVIDED YET UNIFIED
DIVIDED YET UNIFIED DIVIDED YET UNIFIED
DIVIDED YET UNIFIED DIVIDED YET UNIFIED
DIVIDED YET UNIFIED DIVIDED YET UNIFIED
DIVIDED YET UNIFIED DIVIDED YET UNIFIED
DIVIDED YET UNIFIED DIVIDED YET UNIFIED
DIVIDED YET UNIFIED DIVIDED YET UNIFIED
DIVIDED YET UNIFIED DIVIDED YET UNIFIED
DIVIDED YET UNIFIED DIVIDED YET UNIFIED
DIVIDED YET UNIFIED DIVIDED YET UNIFIED
DIVIDED YET UNIFIED DIVIDED YET UNIFIED
DIVIDED YET UNIFIED DIVIDED YET UNIFIED
DIVIDED YET UNIFIED DIVIDED YET UNIFIED
DIVIDED YET UNIFIED DIVIDED YET UNIFIED
DIVIDED YET UNIFIED DIVIDED YET UNIFIED
DIVIDED YET UNIFIED DIVIDED YET UNIFIED
DIVIDED YET UNIFIED DIVIDED YET UNIFIED
DIVIDED YET UNIFIED DIVIDED YET UNIFIED
DIVIDED YET UNIFIED DIVIDED YET UNIFIED
DIVIDED YET UNIFIED DIVIDED YET UNIFIED
DIVIDED YET UNIFIED DIVIDED YET UNIFIED
DIVIDED YET UNIFIED DIVIDED YET UNIFIED
DIVIDED YET UNIFIED DIVIDED YET UNIFIED
DIVIDED YET UNIFIED DIVIDED YET UNIFIED

DIVIDED YET UNIFIED DIVIDED YET UNIFIED
DIVIDED YET UNIFIED DIVIDED YET UNIFIED
DIVIDED YET UNIFIED DIVIDED YET UNIFIED
DIVIDED YET UNIFIED DIVIDED YET UNIFIED
DIVIDED YET UNIFIED DIVIDED YET UNIFIED
DIVIDED YET UNIFIED DIVIDED YET UNIFIED
DIVIDED YET UNIFIED DIVIDED YET UNIFIED
DIVIDED YET UNIFIED DIVIDED YET UNIFIED
DIVIDED YET UNIFIED DIVIDED YET UNIFIED
DIVIDED YET UNIFIED DIVIDED YET UNIFIED
DIVIDED YET UNIFIED DIVIDED YET UNIFIED
DIVIDED YET UNIFIED DIVIDED YET UNIFIED
DIVIDED YET UNIFIED DIVIDED YET UNIFIED
DIVIDED YET UNIFIED DIVIDED YET UNIFIED
DIVIDED YET UNIFIED DIVIDED YET UNIFIED
DIVIDED YET UNIFIED DIVIDED YET UNIFIED
DIVIDED YET UNIFIED DIVIDED YET UNIFIED
DIVIDED YET UNIFIED DIVIDED YET UNIFIED
DIVIDED YET UNIFIED DIVIDED YET UNIFIED
DIVIDED YET UNIFIED DIVIDED YET UNIFIED
DIVIDED YET UNIFIED DIVIDED YET UNIFIED
DIVIDED YET UNIFIED DIVIDED YET UNIFIED
DIVIDED YET UNIFIED DIVIDED YET UNIFIED
DIVIDED YET UNIFIED DIVIDED YET UNIFIED
DIVIDED YET UNIFIED DIVIDED YET UNIFIED
DIVIDED YET UNIFIED DIVIDED YET UNIFIED
DIVIDED YET UNIFIED DIVIDED YET UNIFIED
DIVIDED YET UNIFIED DIVIDED YET UNIFIED
DIVIDED YET UNIFIED DIVIDED YET UNIFIED
DIVIDED YET UNIFIED DIVIDED YET UNIFIED
DIVIDED YET UNIFIED DIVIDED YET UNIFIED
DIVIDED YET UNIFIED DIVIDED YET UNIFIED
DIVIDED YET UNIFIED DIVIDED YET UNIFIED
DIVIDED YET UNIFIED DIVIDED YET UNIFIED
DIVIDED YET UNIFIED DIVIDED YET UNIFIED
DIVIDED YET UNIFIED DIVIDED YET UNIFIED
DIVIDED YET UNIFIED DIVIDED YET UNIFIED
DIVIDED YET UNIFIED DIVIDED YET UNIFIED
DIVIDED YET UNIFIED DIVIDED YET UNIFIED
DIVIDED YET UNIFIED DIVIDED YET UNIFIED
DIVIDED YET UNIFIED DIVIDED YET UNIFIED
DIVIDED YET UNIFIED DIVIDED YET UNIFIED

DIVIDED YET UNIFIED DIVIDED YET UNIFIED
DIVIDED YET UNIFIED DIVIDED YET UNIFIED
DIVIDED YET UNIFIED DIVIDED YET UNIFIED
DIVIDED YET UNIFIED DIVIDED YET UNIFIED
DIVIDED YET UNIFIED DIVIDED YET UNIFIED
DIVIDED YET UNIFIED DIVIDED YET UNIFIED
DIVIDED YET UNIFIED DIVIDED YET UNIFIED
DIVIDED YET UNIFIED DIVIDED YET UNIFIED
DIVIDED YET UNIFIED DIVIDED YET UNIFIED
DIVIDED YET UNIFIED DIVIDED YET UNIFIED
DIVIDED YET UNIFIED DIVIDED YET UNIFIED
DIVIDED YET UNIFIED DIVIDED YET UNIFIED
DIVIDED YET UNIFIED DIVIDED YET UNIFIED
DIVIDED YET UNIFIED DIVIDED YET UNIFIED
DIVIDED YET UNIFIED DIVIDED YET UNIFIED
DIVIDED YET UNIFIED DIVIDED YET UNIFIED
DIVIDED YET UNIFIED DIVIDED YET UNIFIED
DIVIDED YET UNIFIED DIVIDED YET UNIFIED
DIVIDED YET UNIFIED DIVIDED YET UNIFIED
DIVIDED YET UNIFIED DIVIDED YET UNIFIED
DIVIDED YET UNIFIED DIVIDED YET UNIFIED
DIVIDED YET UNIFIED DIVIDED YET UNIFIED
DIVIDED YET UNIFIED DIVIDED YET UNIFIED
DIVIDED YET UNIFIED DIVIDED YET UNIFIED
DIVIDED YET UNIFIED DIVIDED YET UNIFIED
DIVIDED YET UNIFIED DIVIDED YET UNIFIED
DIVIDED YET UNIFIED DIVIDED YET UNIFIED
DIVIDED YET UNIFIED DIVIDED YET UNIFIED
DIVIDED YET UNIFIED DIVIDED YET UNIFIED
DIVIDED YET UNIFIED DIVIDED YET UNIFIED
DIVIDED YET UNIFIED DIVIDED YET UNIFIED
DIVIDED YET UNIFIED DIVIDED YET UNIFIED
DIVIDED YET UNIFIED DIVIDED YET UNIFIED
DIVIDED YET UNIFIED DIVIDED YET UNIFIED
DIVIDED YET UNIFIED DIVIDED YET UNIFIED
DIVIDED YET UNIFIED DIVIDED YET UNIFIED
DIVIDED YET UNIFIED DIVIDED YET UNIFIED
DIVIDED YET UNIFIED DIVIDED YET UNIFIED
DIVIDED YET UNIFIED DIVIDED YET UNIFIED
DIVIDED YET UNIFIED DIVIDED YET UNIFIED
DIVIDED YET UNIFIED DIVIDED YET UNIFIED

DIVIDED YET UNIFIED DIVIDED YET UNIFIED
DIVIDED YET UNIFIED DIVIDED YET UNIFIED
DIVIDED YET UNIFIED DIVIDED YET UNIFIED
DIVIDED YET UNIFIED DIVIDED YET UNIFIED
DIVIDED YET UNIFIED DIVIDED YET UNIFIED
DIVIDED YET UNIFIED DIVIDED YET UNIFIED
DIVIDED YET UNIFIED DIVIDED YET UNIFIED
DIVIDED YET UNIFIED DIVIDED YET UNIFIED
DIVIDED YET UNIFIED DIVIDED YET UNIFIED
DIVIDED YET UNIFIED DIVIDED YET UNIFIED
DIVIDED YET UNIFIED DIVIDED YET UNIFIED
DIVIDED YET UNIFIED DIVIDED YET UNIFIED
DIVIDED YET UNIFIED DIVIDED YET UNIFIED
DIVIDED YET UNIFIED DIVIDED YET UNIFIED
DIVIDED YET UNIFIED DIVIDED YET UNIFIED
DIVIDED YET UNIFIED DIVIDED YET UNIFIED
DIVIDED YET UNIFIED DIVIDED YET UNIFIED
DIVIDED YET UNIFIED DIVIDED YET UNIFIED
DIVIDED YET UNIFIED DIVIDED YET UNIFIED
DIVIDED YET UNIFIED DIVIDED YET UNIFIED
DIVIDED YET UNIFIED DIVIDED YET UNIFIED
DIVIDED YET UNIFIED DIVIDED YET UNIFIED
DIVIDED YET UNIFIED DIVIDED YET UNIFIED
DIVIDED YET UNIFIED DIVIDED YET UNIFIED
DIVIDED YET UNIFIED DIVIDED YET UNIFIED
DIVIDED YET UNIFIED DIVIDED YET UNIFIED
DIVIDED YET UNIFIED DIVIDED YET UNIFIED
DIVIDED YET UNIFIED DIVIDED YET UNIFIED
DIVIDED YET UNIFIED DIVIDED YET UNIFIED
DIVIDED YET UNIFIED DIVIDED YET UNIFIED
DIVIDED YET UNIFIED DIVIDED YET UNIFIED
DIVIDED YET UNIFIED DIVIDED YET UNIFIED
DIVIDED YET UNIFIED DIVIDED YET UNIFIED
DIVIDED YET UNIFIED DIVIDED YET UNIFIED
DIVIDED YET UNIFIED DIVIDED YET UNIFIED
DIVIDED YET UNIFIED DIVIDED YET UNIFIED
DIVIDED YET UNIFIED DIVIDED YET UNIFIED
DIVIDED YET UNIFIED DIVIDED YET UNIFIED
DIVIDED YET UNIFIED DIVIDED YET UNIFIED
DIVIDED YET UNIFIED DIVIDED YET UNIFIED
DIVIDED YET UNIFIED DIVIDED YET UNIFIED
DIVIDED YET UNIFIED DIVIDED YET UNIFIED
DIVIDED YET UNIFIED DIVIDED YET UNIFIED

DIVIDED YET UNIFIED DIVIDED YET UNIFIED
DIVIDED YET UNIFIED DIVIDED YET UNIFIED
DIVIDED YET UNIFIED DIVIDED YET UNIFIED
DIVIDED YET UNIFIED DIVIDED YET UNIFIED
DIVIDED YET UNIFIED DIVIDED YET UNIFIED
DIVIDED YET UNIFIED DIVIDED YET UNIFIED
DIVIDED YET UNIFIED DIVIDED YET UNIFIED
DIVIDED YET UNIFIED DIVIDED YET UNIFIED
DIVIDED YET UNIFIED DIVIDED YET UNIFIED
DIVIDED YET UNIFIED DIVIDED YET UNIFIED
DIVIDED YET UNIFIED DIVIDED YET UNIFIED
DIVIDED YET UNIFIED DIVIDED YET UNIFIED
DIVIDED YET UNIFIED DIVIDED YET UNIFIED
DIVIDED YET UNIFIED DIVIDED YET UNIFIED
DIVIDED YET UNIFIED DIVIDED YET UNIFIED
DIVIDED YET UNIFIED DIVIDED YET UNIFIED
DIVIDED YET UNIFIED DIVIDED YET UNIFIED
DIVIDED YET UNIFIED DIVIDED YET UNIFIED
DIVIDED YET UNIFIED DIVIDED YET UNIFIED
DIVIDED YET UNIFIED DIVIDED YET UNIFIED
DIVIDED YET UNIFIED DIVIDED YET UNIFIED
DIVIDED YET UNIFIED DIVIDED YET UNIFIED
DIVIDED YET UNIFIED DIVIDED YET UNIFIED
DIVIDED YET UNIFIED DIVIDED YET UNIFIED
DIVIDED YET UNIFIED DIVIDED YET UNIFIED
DIVIDED YET UNIFIED DIVIDED YET UNIFIED
DIVIDED YET UNIFIED DIVIDED YET UNIFIED
DIVIDED YET UNIFIED DIVIDED YET UNIFIED
DIVIDED YET UNIFIED DIVIDED YET UNIFIED
DIVIDED YET UNIFIED DIVIDED YET UNIFIED
DIVIDED YET UNIFIED DIVIDED YET UNIFIED
DIVIDED YET UNIFIED DIVIDED YET UNIFIED
DIVIDED YET UNIFIED DIVIDED YET UNIFIED
DIVIDED YET UNIFIED DIVIDED YET UNIFIED
DIVIDED YET UNIFIED DIVIDED YET UNIFIED
DIVIDED YET UNIFIED DIVIDED YET UNIFIED
DIVIDED YET UNIFIED DIVIDED YET UNIFIED
DIVIDED YET UNIFIED DIVIDED YET UNIFIED
DIVIDED YET UNIFIED DIVIDED YET UNIFIED
DIVIDED YET UNIFIED DIVIDED YET UNIFIED
DIVIDED YET UNIFIED DIVIDED YET UNIFIED
DIVIDED YET UNIFIED DIVIDED YET UNIFIED
DIVIDED YET UNIFIED DIVIDED YET UNIFIED
DIVIDED YET UNIFIED DIVIDED YET UNIFIED
DIVIDED YET UNIFIED DIVIDED YET UNIFIED
DIVIDED YET UNIFIED DIVIDED YET UNIFIED

DIVIDED YET UNIFIED DIVIDED YET UNIFIED
DIVIDED YET UNIFIED DIVIDED YET UNIFIED
DIVIDED YET UNIFIED DIVIDED YET UNIFIED
DIVIDED YET UNIFIED DIVIDED YET UNIFIED
DIVIDED YET UNIFIED DIVIDED YET UNIFIED
DIVIDED YET UNIFIED DIVIDED YET UNIFIED
DIVIDED YET UNIFIED DIVIDED YET UNIFIED
DIVIDED YET UNIFIED DIVIDED YET UNIFIED
DIVIDED YET UNIFIED DIVIDED YET UNIFIED
DIVIDED YET UNIFIED DIVIDED YET UNIFIED
DIVIDED YET UNIFIED DIVIDED YET UNIFIED
DIVIDED YET UNIFIED DIVIDED YET UNIFIED
DIVIDED YET UNIFIED DIVIDED YET UNIFIED
DIVIDED YET UNIFIED DIVIDED YET UNIFIED
DIVIDED YET UNIFIED DIVIDED YET UNIFIED
DIVIDED YET UNIFIED DIVIDED YET UNIFIED
DIVIDED YET UNIFIED DIVIDED YET UNIFIED
DIVIDED YET UNIFIED DIVIDED YET UNIFIED
DIVIDED YET UNIFIED DIVIDED YET UNIFIED
DIVIDED YET UNIFIED DIVIDED YET UNIFIED
DIVIDED YET UNIFIED DIVIDED YET UNIFIED
DIVIDED YET UNIFIED DIVIDED YET UNIFIED
DIVIDED YET UNIFIED DIVIDED YET UNIFIED
DIVIDED YET UNIFIED DIVIDED YET UNIFIED
DIVIDED YET UNIFIED DIVIDED YET UNIFIED
DIVIDED YET UNIFIED DIVIDED YET UNIFIED
DIVIDED YET UNIFIED DIVIDED YET UNIFIED
DIVIDED YET UNIFIED DIVIDED YET UNIFIED
DIVIDED YET UNIFIED DIVIDED YET UNIFIED
DIVIDED YET UNIFIED DIVIDED YET UNIFIED
DIVIDED YET UNIFIED DIVIDED YET UNIFIED
DIVIDED YET UNIFIED DIVIDED YET UNIFIED
DIVIDED YET UNIFIED DIVIDED YET UNIFIED
DIVIDED YET UNIFIED DIVIDED YET UNIFIED
DIVIDED YET UNIFIED DIVIDED YET UNIFIED
DIVIDED YET UNIFIED DIVIDED YET UNIFIED
DIVIDED YET UNIFIED DIVIDED YET UNIFIED
DIVIDED YET UNIFIED DIVIDED YET UNIFIED
DIVIDED YET UNIFIED DIVIDED YET UNIFIED
DIVIDED YET UNIFIED DIVIDED YET UNIFIED

DIVIDED YET UNIFIED DIVIDED YET UNIFIED
DIVIDED YET UNIFIED DIVIDED YET UNIFIED
DIVIDED YET UNIFIED DIVIDED YET UNIFIED
DIVIDED YET UNIFIED DIVIDED YET UNIFIED
DIVIDED YET UNIFIED DIVIDED YET UNIFIED
DIVIDED YET UNIFIED DIVIDED YET UNIFIED
DIVIDED YET UNIFIED DIVIDED YET UNIFIED
DIVIDED YET UNIFIED DIVIDED YET UNIFIED
DIVIDED YET UNIFIED DIVIDED YET UNIFIED
DIVIDED YET UNIFIED DIVIDED YET UNIFIED
DIVIDED YET UNIFIED DIVIDED YET UNIFIED
DIVIDED YET UNIFIED DIVIDED YET UNIFIED
DIVIDED YET UNIFIED DIVIDED YET UNIFIED
DIVIDED YET UNIFIED DIVIDED YET UNIFIED
DIVIDED YET UNIFIED DIVIDED YET UNIFIED
DIVIDED YET UNIFIED DIVIDED YET UNIFIED
DIVIDED YET UNIFIED DIVIDED YET UNIFIED
DIVIDED YET UNIFIED DIVIDED YET UNIFIED
DIVIDED YET UNIFIED DIVIDED YET UNIFIED
DIVIDED YET UNIFIED DIVIDED YET UNIFIED
DIVIDED YET UNIFIED DIVIDED YET UNIFIED
DIVIDED YET UNIFIED DIVIDED YET UNIFIED
DIVIDED YET UNIFIED DIVIDED YET UNIFIED
DIVIDED YET UNIFIED DIVIDED YET UNIFIED
DIVIDED YET UNIFIED DIVIDED YET UNIFIED
DIVIDED YET UNIFIED DIVIDED YET UNIFIED
DIVIDED YET UNIFIED DIVIDED YET UNIFIED
DIVIDED YET UNIFIED DIVIDED YET UNIFIED
DIVIDED YET UNIFIED DIVIDED YET UNIFIED
DIVIDED YET UNIFIED DIVIDED YET UNIFIED
DIVIDED YET UNIFIED DIVIDED YET UNIFIED
DIVIDED YET UNIFIED DIVIDED YET UNIFIED
DIVIDED YET UNIFIED DIVIDED YET UNIFIED
DIVIDED YET UNIFIED DIVIDED YET UNIFIED
DIVIDED YET UNIFIED DIVIDED YET UNIFIED
DIVIDED YET UNIFIED DIVIDED YET UNIFIED
DIVIDED YET UNIFIED DIVIDED YET UNIFIED
DIVIDED YET UNIFIED DIVIDED YET UNIFIED
DIVIDED YET UNIFIED DIVIDED YET UNIFIED
DIVIDED YET UNIFIED DIVIDED YET UNIFIED
DIVIDED YET UNIFIED DIVIDED YET UNIFIED

DIVIDED YET UNIFIED DIVIDED YET UNIFIED
DIVIDED YET UNIFIED DIVIDED YET UNIFIED
DIVIDED YET UNIFIED DIVIDED YET UNIFIED
DIVIDED YET UNIFIED DIVIDED YET UNIFIED
DIVIDED YET UNIFIED DIVIDED YET UNIFIED
DIVIDED YET UNIFIED DIVIDED YET UNIFIED
DIVIDED YET UNIFIED DIVIDED YET UNIFIED
DIVIDED YET UNIFIED DIVIDED YET UNIFIED
DIVIDED YET UNIFIED DIVIDED YET UNIFIED
DIVIDED YET UNIFIED DIVIDED YET UNIFIED
DIVIDED YET UNIFIED DIVIDED YET UNIFIED
DIVIDED YET UNIFIED DIVIDED YET UNIFIED
DIVIDED YET UNIFIED DIVIDED YET UNIFIED
DIVIDED YET UNIFIED DIVIDED YET UNIFIED
DIVIDED YET UNIFIED DIVIDED YET UNIFIED
DIVIDED YET UNIFIED DIVIDED YET UNIFIED
DIVIDED YET UNIFIED DIVIDED YET UNIFIED
DIVIDED YET UNIFIED DIVIDED YET UNIFIED
DIVIDED YET UNIFIED DIVIDED YET UNIFIED
DIVIDED YET UNIFIED DIVIDED YET UNIFIED
DIVIDED YET UNIFIED DIVIDED YET UNIFIED
DIVIDED YET UNIFIED DIVIDED YET UNIFIED
DIVIDED YET UNIFIED DIVIDED YET UNIFIED
DIVIDED YET UNIFIED DIVIDED YET UNIFIED
DIVIDED YET UNIFIED DIVIDED YET UNIFIED
DIVIDED YET UNIFIED DIVIDED YET UNIFIED
DIVIDED YET UNIFIED DIVIDED YET UNIFIED
DIVIDED YET UNIFIED DIVIDED YET UNIFIED
DIVIDED YET UNIFIED DIVIDED YET UNIFIED
DIVIDED YET UNIFIED DIVIDED YET UNIFIED
DIVIDED YET UNIFIED DIVIDED YET UNIFIED
DIVIDED YET UNIFIED DIVIDED YET UNIFIED
DIVIDED YET UNIFIED DIVIDED YET UNIFIED
DIVIDED YET UNIFIED DIVIDED YET UNIFIED
DIVIDED YET UNIFIED DIVIDED YET UNIFIED
DIVIDED YET UNIFIED DIVIDED YET UNIFIED
DIVIDED YET UNIFIED DIVIDED YET UNIFIED
DIVIDED YET UNIFIED DIVIDED YET UNIFIED
DIVIDED YET UNIFIED DIVIDED YET UNIFIED
DIVIDED YET UNIFIED DIVIDED YET UNIFIED
DIVIDED YET UNIFIED DIVIDED YET UNIFIED

DIVIDED YET UNIFIED DIVIDED YET UNIFIED
DIVIDED YET UNIFIED DIVIDED YET UNIFIED
DIVIDED YET UNIFIED DIVIDED YET UNIFIED
DIVIDED YET UNIFIED DIVIDED YET UNIFIED
DIVIDED YET UNIFIED DIVIDED YET UNIFIED
DIVIDED YET UNIFIED DIVIDED YET UNIFIED
DIVIDED YET UNIFIED DIVIDED YET UNIFIED
DIVIDED YET UNIFIED DIVIDED YET UNIFIED
DIVIDED YET UNIFIED DIVIDED YET UNIFIED
DIVIDED YET UNIFIED DIVIDED YET UNIFIED
DIVIDED YET UNIFIED DIVIDED YET UNIFIED
DIVIDED YET UNIFIED DIVIDED YET UNIFIED
DIVIDED YET UNIFIED DIVIDED YET UNIFIED
DIVIDED YET UNIFIED DIVIDED YET UNIFIED
DIVIDED YET UNIFIED DIVIDED YET UNIFIED
DIVIDED YET UNIFIED DIVIDED YET UNIFIED
DIVIDED YET UNIFIED DIVIDED YET UNIFIED
DIVIDED YET UNIFIED DIVIDED YET UNIFIED
DIVIDED YET UNIFIED DIVIDED YET UNIFIED
DIVIDED YET UNIFIED DIVIDED YET UNIFIED
DIVIDED YET UNIFIED DIVIDED YET UNIFIED
DIVIDED YET UNIFIED DIVIDED YET UNIFIED
DIVIDED YET UNIFIED DIVIDED YET UNIFIED
DIVIDED YET UNIFIED DIVIDED YET UNIFIED
DIVIDED YET UNIFIED DIVIDED YET UNIFIED
DIVIDED YET UNIFIED DIVIDED YET UNIFIED
DIVIDED YET UNIFIED DIVIDED YET UNIFIED
DIVIDED YET UNIFIED DIVIDED YET UNIFIED
DIVIDED YET UNIFIED DIVIDED YET UNIFIED
DIVIDED YET UNIFIED DIVIDED YET UNIFIED
DIVIDED YET UNIFIED DIVIDED YET UNIFIED
DIVIDED YET UNIFIED DIVIDED YET UNIFIED
DIVIDED YET UNIFIED DIVIDED YET UNIFIED
DIVIDED YET UNIFIED DIVIDED YET UNIFIED
DIVIDED YET UNIFIED DIVIDED YET UNIFIED
DIVIDED YET UNIFIED DIVIDED YET UNIFIED
DIVIDED YET UNIFIED DIVIDED YET UNIFIED
DIVIDED YET UNIFIED DIVIDED YET UNIFIED
DIVIDED YET UNIFIED DIVIDED YET UNIFIED
DIVIDED YET UNIFIED DIVIDED YET UNIFIED
DIVIDED YET UNIFIED DIVIDED YET UNIFIED

DIVIDED YET UNIFIED DIVIDED YET UNIFIED
DIVIDED YET UNIFIED DIVIDED YET UNIFIED
DIVIDED YET UNIFIED DIVIDED YET UNIFIED
DIVIDED YET UNIFIED DIVIDED YET UNIFIED
DIVIDED YET UNIFIED DIVIDED YET UNIFIED
DIVIDED YET UNIFIED DIVIDED YET UNIFIED
DIVIDED YET UNIFIED DIVIDED YET UNIFIED
DIVIDED YET UNIFIED DIVIDED YET UNIFIED
DIVIDED YET UNIFIED DIVIDED YET UNIFIED
DIVIDED YET UNIFIED DIVIDED YET UNIFIED
DIVIDED YET UNIFIED DIVIDED YET UNIFIED
DIVIDED YET UNIFIED DIVIDED YET UNIFIED
DIVIDED YET UNIFIED DIVIDED YET UNIFIED
DIVIDED YET UNIFIED DIVIDED YET UNIFIED
DIVIDED YET UNIFIED DIVIDED YET UNIFIED
DIVIDED YET UNIFIED DIVIDED YET UNIFIED
DIVIDED YET UNIFIED DIVIDED YET UNIFIED
DIVIDED YET UNIFIED DIVIDED YET UNIFIED
DIVIDED YET UNIFIED DIVIDED YET UNIFIED
DIVIDED YET UNIFIED DIVIDED YET UNIFIED
DIVIDED YET UNIFIED DIVIDED YET UNIFIED
DIVIDED YET UNIFIED DIVIDED YET UNIFIED
DIVIDED YET UNIFIED DIVIDED YET UNIFIED
DIVIDED YET UNIFIED DIVIDED YET UNIFIED
DIVIDED YET UNIFIED DIVIDED YET UNIFIED
DIVIDED YET UNIFIED DIVIDED YET UNIFIED
DIVIDED YET UNIFIED DIVIDED YET UNIFIED
DIVIDED YET UNIFIED DIVIDED YET UNIFIED
DIVIDED YET UNIFIED DIVIDED YET UNIFIED
DIVIDED YET UNIFIED DIVIDED YET UNIFIED
DIVIDED YET UNIFIED DIVIDED YET UNIFIED
DIVIDED YET UNIFIED DIVIDED YET UNIFIED
DIVIDED YET UNIFIED DIVIDED YET UNIFIED
DIVIDED YET UNIFIED DIVIDED YET UNIFIED
DIVIDED YET UNIFIED DIVIDED YET UNIFIED
DIVIDED YET UNIFIED DIVIDED YET UNIFIED
DIVIDED YET UNIFIED DIVIDED YET UNIFIED
DIVIDED YET UNIFIED DIVIDED YET UNIFIED
DIVIDED YET UNIFIED DIVIDED YET UNIFIED

DIVIDED YET UNIFIED DIVIDED YET UNIFIED
DIVIDED YET UNIFIED DIVIDED YET UNIFIED
DIVIDED YET UNIFIED DIVIDED YET UNIFIED
DIVIDED YET UNIFIED DIVIDED YET UNIFIED
DIVIDED YET UNIFIED DIVIDED YET UNIFIED
DIVIDED YET UNIFIED DIVIDED YET UNIFIED
DIVIDED YET UNIFIED DIVIDED YET UNIFIED
DIVIDED YET UNIFIED DIVIDED YET UNIFIED
DIVIDED YET UNIFIED DIVIDED YET UNIFIED
DIVIDED YET UNIFIED DIVIDED YET UNIFIED
DIVIDED YET UNIFIED DIVIDED YET UNIFIED
DIVIDED YET UNIFIED DIVIDED YET UNIFIED
DIVIDED YET UNIFIED DIVIDED YET UNIFIED
DIVIDED YET UNIFIED DIVIDED YET UNIFIED
DIVIDED YET UNIFIED DIVIDED YET UNIFIED
DIVIDED YET UNIFIED DIVIDED YET UNIFIED
DIVIDED YET UNIFIED DIVIDED YET UNIFIED
DIVIDED YET UNIFIED DIVIDED YET UNIFIED
DIVIDED YET UNIFIED DIVIDED YET UNIFIED
DIVIDED YET UNIFIED DIVIDED YET UNIFIED
DIVIDED YET UNIFIED DIVIDED YET UNIFIED
DIVIDED YET UNIFIED DIVIDED YET UNIFIED
DIVIDED YET UNIFIED DIVIDED YET UNIFIED
DIVIDED YET UNIFIED DIVIDED YET UNIFIED
DIVIDED YET UNIFIED DIVIDED YET UNIFIED
DIVIDED YET UNIFIED DIVIDED YET UNIFIED
DIVIDED YET UNIFIED DIVIDED YET UNIFIED
DIVIDED YET UNIFIED DIVIDED YET UNIFIED
DIVIDED YET UNIFIED DIVIDED YET UNIFIED
DIVIDED YET UNIFIED DIVIDED YET UNIFIED
DIVIDED YET UNIFIED DIVIDED YET UNIFIED
DIVIDED YET UNIFIED DIVIDED YET UNIFIED
DIVIDED YET UNIFIED DIVIDED YET UNIFIED
DIVIDED YET UNIFIED DIVIDED YET UNIFIED
DIVIDED YET UNIFIED DIVIDED YET UNIFIED
DIVIDED YET UNIFIED DIVIDED YET UNIFIED
DIVIDED YET UNIFIED DIVIDED YET UNIFIED
DIVIDED YET UNIFIED DIVIDED YET UNIFIED
DIVIDED YET UNIFIED DIVIDED YET UNIFIED
DIVIDED YET UNIFIED DIVIDED YET UNIFIED
DIVIDED YET UNIFIED DIVIDED YET UNIFIED
DIVIDED YET UNIFIED DIVIDED YET UNIFIED
DIVIDED YET UNIFIED DIVIDED YET UNIFIED
DIVIDED YET UNIFIED DIVIDED YET UNIFIED
DIVIDED YET UNIFIED DIVIDED YET UNIFIED

DIVIDED YET UNIFIED DIVIDED YET UNIFIED
DIVIDED YET UNIFIED DIVIDED YET UNIFIED
DIVIDED YET UNIFIED DIVIDED YET UNIFIED
DIVIDED YET UNIFIED DIVIDED YET UNIFIED
DIVIDED YET UNIFIED DIVIDED YET UNIFIED
DIVIDED YET UNIFIED DIVIDED YET UNIFIED
DIVIDED YET UNIFIED DIVIDED YET UNIFIED
DIVIDED YET UNIFIED DIVIDED YET UNIFIED
DIVIDED YET UNIFIED DIVIDED YET UNIFIED
DIVIDED YET UNIFIED DIVIDED YET UNIFIED
DIVIDED YET UNIFIED DIVIDED YET UNIFIED
DIVIDED YET UNIFIED DIVIDED YET UNIFIED
DIVIDED YET UNIFIED DIVIDED YET UNIFIED
DIVIDED YET UNIFIED DIVIDED YET UNIFIED
DIVIDED YET UNIFIED DIVIDED YET UNIFIED
DIVIDED YET UNIFIED DIVIDED YET UNIFIED
DIVIDED YET UNIFIED DIVIDED YET UNIFIED
DIVIDED YET UNIFIED DIVIDED YET UNIFIED
DIVIDED YET UNIFIED DIVIDED YET UNIFIED
DIVIDED YET UNIFIED DIVIDED YET UNIFIED
DIVIDED YET UNIFIED DIVIDED YET UNIFIED
DIVIDED YET UNIFIED DIVIDED YET UNIFIED
DIVIDED YET UNIFIED DIVIDED YET UNIFIED
DIVIDED YET UNIFIED DIVIDED YET UNIFIED
DIVIDED YET UNIFIED DIVIDED YET UNIFIED
DIVIDED YET UNIFIED DIVIDED YET UNIFIED
DIVIDED YET UNIFIED DIVIDED YET UNIFIED
DIVIDED YET UNIFIED DIVIDED YET UNIFIED
DIVIDED YET UNIFIED DIVIDED YET UNIFIED
DIVIDED YET UNIFIED DIVIDED YET UNIFIED
DIVIDED YET UNIFIED DIVIDED YET UNIFIED
DIVIDED YET UNIFIED DIVIDED YET UNIFIED
DIVIDED YET UNIFIED DIVIDED YET UNIFIED
DIVIDED YET UNIFIED DIVIDED YET UNIFIED
DIVIDED YET UNIFIED DIVIDED YET UNIFIED
DIVIDED YET UNIFIED DIVIDED YET UNIFIED
DIVIDED YET UNIFIED DIVIDED YET UNIFIED
DIVIDED YET UNIFIED DIVIDED YET UNIFIED
DIVIDED YET UNIFIED DIVIDED YET UNIFIED
DIVIDED YET UNIFIED DIVIDED YET UNIFIED
DIVIDED YET UNIFIED DIVIDED YET UNIFIED
DIVIDED YET UNIFIED DIVIDED YET UNIFIED
DIVIDED YET UNIFIED DIVIDED YET UNIFIED

DIVIDED YET UNIFIED DIVIDED YET UNIFIED
DIVIDED YET UNIFIED DIVIDED YET UNIFIED
DIVIDED YET UNIFIED DIVIDED YET UNIFIED
DIVIDED YET UNIFIED DIVIDED YET UNIFIED
DIVIDED YET UNIFIED DIVIDED YET UNIFIED
DIVIDED YET UNIFIED DIVIDED YET UNIFIED
DIVIDED YET UNIFIED DIVIDED YET UNIFIED
DIVIDED YET UNIFIED DIVIDED YET UNIFIED
DIVIDED YET UNIFIED DIVIDED YET UNIFIED
DIVIDED YET UNIFIED DIVIDED YET UNIFIED
DIVIDED YET UNIFIED DIVIDED YET UNIFIED
DIVIDED YET UNIFIED DIVIDED YET UNIFIED
DIVIDED YET UNIFIED DIVIDED YET UNIFIED
DIVIDED YET UNIFIED DIVIDED YET UNIFIED
DIVIDED YET UNIFIED DIVIDED YET UNIFIED
DIVIDED YET UNIFIED DIVIDED YET UNIFIED
DIVIDED YET UNIFIED DIVIDED YET UNIFIED
DIVIDED YET UNIFIED DIVIDED YET UNIFIED
DIVIDED YET UNIFIED DIVIDED YET UNIFIED
DIVIDED YET UNIFIED DIVIDED YET UNIFIED
DIVIDED YET UNIFIED DIVIDED YET UNIFIED
DIVIDED YET UNIFIED DIVIDED YET UNIFIED
DIVIDED YET UNIFIED DIVIDED YET UNIFIED
DIVIDED YET UNIFIED DIVIDED YET UNIFIED
DIVIDED YET UNIFIED DIVIDED YET UNIFIED
DIVIDED YET UNIFIED DIVIDED YET UNIFIED
DIVIDED YET UNIFIED DIVIDED YET UNIFIED
DIVIDED YET UNIFIED DIVIDED YET UNIFIED
DIVIDED YET UNIFIED DIVIDED YET UNIFIED
DIVIDED YET UNIFIED DIVIDED YET UNIFIED
DIVIDED YET UNIFIED DIVIDED YET UNIFIED
DIVIDED YET UNIFIED DIVIDED YET UNIFIED
DIVIDED YET UNIFIED DIVIDED YET UNIFIED
DIVIDED YET UNIFIED DIVIDED YET UNIFIED
DIVIDED YET UNIFIED DIVIDED YET UNIFIED
DIVIDED YET UNIFIED DIVIDED YET UNIFIED
DIVIDED YET UNIFIED DIVIDED YET UNIFIED
DIVIDED YET UNIFIED DIVIDED YET UNIFIED
DIVIDED YET UNIFIED DIVIDED YET UNIFIED
DIVIDED YET UNIFIED DIVIDED YET UNIFIED
DIVIDED YET UNIFIED DIVIDED YET UNIFIED
DIVIDED YET UNIFIED DIVIDED YET UNIFIED
DIVIDED YET UNIFIED DIVIDED YET UNIFIED
DIVIDED YET UNIFIED DIVIDED YET UNIFIED
DIVIDED YET UNIFIED DIVIDED YET UNIFIED

DIVIDED YET UNIFIED DIVIDED YET UNIFIED
DIVIDED YET UNIFIED DIVIDED YET UNIFIED
DIVIDED YET UNIFIED DIVIDED YET UNIFIED
DIVIDED YET UNIFIED DIVIDED YET UNIFIED
DIVIDED YET UNIFIED DIVIDED YET UNIFIED
DIVIDED YET UNIFIED DIVIDED YET UNIFIED
DIVIDED YET UNIFIED DIVIDED YET UNIFIED
DIVIDED YET UNIFIED DIVIDED YET UNIFIED
DIVIDED YET UNIFIED DIVIDED YET UNIFIED
DIVIDED YET UNIFIED DIVIDED YET UNIFIED
DIVIDED YET UNIFIED DIVIDED YET UNIFIED
DIVIDED YET UNIFIED DIVIDED YET UNIFIED
DIVIDED YET UNIFIED DIVIDED YET UNIFIED
DIVIDED YET UNIFIED DIVIDED YET UNIFIED
DIVIDED YET UNIFIED DIVIDED YET UNIFIED
DIVIDED YET UNIFIED DIVIDED YET UNIFIED
DIVIDED YET UNIFIED DIVIDED YET UNIFIED
DIVIDED YET UNIFIED DIVIDED YET UNIFIED
DIVIDED YET UNIFIED DIVIDED YET UNIFIED
DIVIDED YET UNIFIED DIVIDED YET UNIFIED
DIVIDED YET UNIFIED DIVIDED YET UNIFIED
DIVIDED YET UNIFIED DIVIDED YET UNIFIED
DIVIDED YET UNIFIED DIVIDED YET UNIFIED
DIVIDED YET UNIFIED DIVIDED YET UNIFIED
DIVIDED YET UNIFIED DIVIDED YET UNIFIED
DIVIDED YET UNIFIED DIVIDED YET UNIFIED
DIVIDED YET UNIFIED DIVIDED YET UNIFIED
DIVIDED YET UNIFIED DIVIDED YET UNIFIED
DIVIDED YET UNIFIED DIVIDED YET UNIFIED
DIVIDED YET UNIFIED DIVIDED YET UNIFIED
DIVIDED YET UNIFIED DIVIDED YET UNIFIED
DIVIDED YET UNIFIED DIVIDED YET UNIFIED
DIVIDED YET UNIFIED DIVIDED YET UNIFIED
DIVIDED YET UNIFIED DIVIDED YET UNIFIED
DIVIDED YET UNIFIED DIVIDED YET UNIFIED
DIVIDED YET UNIFIED DIVIDED YET UNIFIED
DIVIDED YET UNIFIED DIVIDED YET UNIFIED
DIVIDED YET UNIFIED DIVIDED YET UNIFIED
DIVIDED YET UNIFIED DIVIDED YET UNIFIED
DIVIDED YET UNIFIED DIVIDED YET UNIFIED
DIVIDED YET UNIFIED DIVIDED YET UNIFIED
DIVIDED YET UNIFIED DIVIDED YET UNIFIED

DIVIDED YET UNIFIED DIVIDED YET UNIFIED
DIVIDED YET UNIFIED DIVIDED YET UNIFIED
DIVIDED YET UNIFIED DIVIDED YET UNIFIED
DIVIDED YET UNIFIED DIVIDED YET UNIFIED
DIVIDED YET UNIFIED DIVIDED YET UNIFIED
DIVIDED YET UNIFIED DIVIDED YET UNIFIED
DIVIDED YET UNIFIED DIVIDED YET UNIFIED
DIVIDED YET UNIFIED DIVIDED YET UNIFIED
DIVIDED YET UNIFIED DIVIDED YET UNIFIED
DIVIDED YET UNIFIED DIVIDED YET UNIFIED
DIVIDED YET UNIFIED DIVIDED YET UNIFIED
DIVIDED YET UNIFIED DIVIDED YET UNIFIED
DIVIDED YET UNIFIED DIVIDED YET UNIFIED
DIVIDED YET UNIFIED DIVIDED YET UNIFIED
DIVIDED YET UNIFIED DIVIDED YET UNIFIED
DIVIDED YET UNIFIED DIVIDED YET UNIFIED
DIVIDED YET UNIFIED DIVIDED YET UNIFIED
DIVIDED YET UNIFIED DIVIDED YET UNIFIED
DIVIDED YET UNIFIED DIVIDED YET UNIFIED
DIVIDED YET UNIFIED DIVIDED YET UNIFIED
DIVIDED YET UNIFIED DIVIDED YET UNIFIED
DIVIDED YET UNIFIED DIVIDED YET UNIFIED
DIVIDED YET UNIFIED DIVIDED YET UNIFIED
DIVIDED YET UNIFIED DIVIDED YET UNIFIED
DIVIDED YET UNIFIED DIVIDED YET UNIFIED
DIVIDED YET UNIFIED DIVIDED YET UNIFIED
DIVIDED YET UNIFIED DIVIDED YET UNIFIED
DIVIDED YET UNIFIED DIVIDED YET UNIFIED
DIVIDED YET UNIFIED DIVIDED YET UNIFIED
DIVIDED YET UNIFIED DIVIDED YET UNIFIED
DIVIDED YET UNIFIED DIVIDED YET UNIFIED
DIVIDED YET UNIFIED DIVIDED YET UNIFIED
DIVIDED YET UNIFIED DIVIDED YET UNIFIED
DIVIDED YET UNIFIED DIVIDED YET UNIFIED
DIVIDED YET UNIFIED DIVIDED YET UNIFIED
DIVIDED YET UNIFIED DIVIDED YET UNIFIED
DIVIDED YET UNIFIED DIVIDED YET UNIFIED
DIVIDED YET UNIFIED DIVIDED YET UNIFIED
DIVIDED YET UNIFIED DIVIDED YET UNIFIED
DIVIDED YET UNIFIED DIVIDED YET UNIFIED
DIVIDED YET UNIFIED DIVIDED YET UNIFIED
DIVIDED YET UNIFIED DIVIDED YET UNIFIED
DIVIDED YET UNIFIED DIVIDED YET UNIFIED
DIVIDED YET UNIFIED DIVIDED YET UNIFIED
DIVIDED YET UNIFIED DIVIDED YET UNIFIED
DIVIDED YET UNIFIED DIVIDED YET UNIFIED
DIVIDED YET UNIFIED DIVIDED YET UNIFIED
DIVIDED YET UNIFIED DIVIDED YET UNIFIED

DIVIDED YET UNIFIED DIVIDED YET UNIFIED
DIVIDED YET UNIFIED DIVIDED YET UNIFIED
DIVIDED YET UNIFIED DIVIDED YET UNIFIED
DIVIDED YET UNIFIED DIVIDED YET UNIFIED
DIVIDED YET UNIFIED DIVIDED YET UNIFIED
DIVIDED YET UNIFIED DIVIDED YET UNIFIED
DIVIDED YET UNIFIED DIVIDED YET UNIFIED
DIVIDED YET UNIFIED DIVIDED YET UNIFIED
DIVIDED YET UNIFIED DIVIDED YET UNIFIED
DIVIDED YET UNIFIED DIVIDED YET UNIFIED
DIVIDED YET UNIFIED DIVIDED YET UNIFIED
DIVIDED YET UNIFIED DIVIDED YET UNIFIED
DIVIDED YET UNIFIED DIVIDED YET UNIFIED
DIVIDED YET UNIFIED DIVIDED YET UNIFIED
DIVIDED YET UNIFIED DIVIDED YET UNIFIED
DIVIDED YET UNIFIED DIVIDED YET UNIFIED
DIVIDED YET UNIFIED DIVIDED YET UNIFIED
DIVIDED YET UNIFIED DIVIDED YET UNIFIED
DIVIDED YET UNIFIED DIVIDED YET UNIFIED
DIVIDED YET UNIFIED DIVIDED YET UNIFIED
DIVIDED YET UNIFIED DIVIDED YET UNIFIED
DIVIDED YET UNIFIED DIVIDED YET UNIFIED
DIVIDED YET UNIFIED DIVIDED YET UNIFIED
DIVIDED YET UNIFIED DIVIDED YET UNIFIED
DIVIDED YET UNIFIED DIVIDED YET UNIFIED
DIVIDED YET UNIFIED DIVIDED YET UNIFIED
DIVIDED YET UNIFIED DIVIDED YET UNIFIED
DIVIDED YET UNIFIED DIVIDED YET UNIFIED
DIVIDED YET UNIFIED DIVIDED YET UNIFIED
DIVIDED YET UNIFIED DIVIDED YET UNIFIED
DIVIDED YET UNIFIED DIVIDED YET UNIFIED
DIVIDED YET UNIFIED DIVIDED YET UNIFIED
DIVIDED YET UNIFIED DIVIDED YET UNIFIED
DIVIDED YET UNIFIED DIVIDED YET UNIFIED
DIVIDED YET UNIFIED DIVIDED YET UNIFIED
DIVIDED YET UNIFIED DIVIDED YET UNIFIED
DIVIDED YET UNIFIED DIVIDED YET UNIFIED
DIVIDED YET UNIFIED DIVIDED YET UNIFIED
DIVIDED YET UNIFIED DIVIDED YET UNIFIED
DIVIDED YET UNIFIED DIVIDED YET UNIFIED

DIVIDED YET UNIFIED DIVIDED YET UNIFIED
DIVIDED YET UNIFIED DIVIDED YET UNIFIED
DIVIDED YET UNIFIED DIVIDED YET UNIFIED
DIVIDED YET UNIFIED DIVIDED YET UNIFIED
DIVIDED YET UNIFIED DIVIDED YET UNIFIED
DIVIDED YET UNIFIED DIVIDED YET UNIFIED
DIVIDED YET UNIFIED DIVIDED YET UNIFIED
DIVIDED YET UNIFIED DIVIDED YET UNIFIED
DIVIDED YET UNIFIED DIVIDED YET UNIFIED
DIVIDED YET UNIFIED DIVIDED YET UNIFIED
DIVIDED YET UNIFIED DIVIDED YET UNIFIED
DIVIDED YET UNIFIED DIVIDED YET UNIFIED
DIVIDED YET UNIFIED DIVIDED YET UNIFIED
DIVIDED YET UNIFIED DIVIDED YET UNIFIED
DIVIDED YET UNIFIED DIVIDED YET UNIFIED
DIVIDED YET UNIFIED DIVIDED YET UNIFIED
DIVIDED YET UNIFIED DIVIDED YET UNIFIED
DIVIDED YET UNIFIED DIVIDED YET UNIFIED
DIVIDED YET UNIFIED DIVIDED YET UNIFIED
DIVIDED YET UNIFIED DIVIDED YET UNIFIED
DIVIDED YET UNIFIED DIVIDED YET UNIFIED
DIVIDED YET UNIFIED DIVIDED YET UNIFIED
DIVIDED YET UNIFIED DIVIDED YET UNIFIED
DIVIDED YET UNIFIED DIVIDED YET UNIFIED
DIVIDED YET UNIFIED DIVIDED YET UNIFIED
DIVIDED YET UNIFIED DIVIDED YET UNIFIED
DIVIDED YET UNIFIED DIVIDED YET UNIFIED
DIVIDED YET UNIFIED DIVIDED YET UNIFIED
DIVIDED YET UNIFIED DIVIDED YET UNIFIED
DIVIDED YET UNIFIED DIVIDED YET UNIFIED
DIVIDED YET UNIFIED DIVIDED YET UNIFIED
DIVIDED YET UNIFIED DIVIDED YET UNIFIED
DIVIDED YET UNIFIED DIVIDED YET UNIFIED
DIVIDED YET UNIFIED DIVIDED YET UNIFIED
DIVIDED YET UNIFIED DIVIDED YET UNIFIED
DIVIDED YET UNIFIED DIVIDED YET UNIFIED
DIVIDED YET UNIFIED DIVIDED YET UNIFIED
DIVIDED YET UNIFIED DIVIDED YET UNIFIED
DIVIDED YET UNIFIED DIVIDED YET UNIFIED
DIVIDED YET UNIFIED DIVIDED YET UNIFIED
DIVIDED YET UNIFIED DIVIDED YET UNIFIED
DIVIDED YET UNIFIED DIVIDED YET UNIFIED
DIVIDED YET UNIFIED DIVIDED YET UNIFIED
DIVIDED YET UNIFIED DIVIDED YET UNIFIED

DIVIDED YET UNIFIED DIVIDED YET UNIFIED
DIVIDED YET UNIFIED DIVIDED YET UNIFIED
DIVIDED YET UNIFIED DIVIDED YET UNIFIED
DIVIDED YET UNIFIED DIVIDED YET UNIFIED
DIVIDED YET UNIFIED DIVIDED YET UNIFIED
DIVIDED YET UNIFIED DIVIDED YET UNIFIED
DIVIDED YET UNIFIED DIVIDED YET UNIFIED
DIVIDED YET UNIFIED DIVIDED YET UNIFIED
DIVIDED YET UNIFIED DIVIDED YET UNIFIED
DIVIDED YET UNIFIED DIVIDED YET UNIFIED
DIVIDED YET UNIFIED DIVIDED YET UNIFIED
DIVIDED YET UNIFIED DIVIDED YET UNIFIED
DIVIDED YET UNIFIED DIVIDED YET UNIFIED
DIVIDED YET UNIFIED DIVIDED YET UNIFIED
DIVIDED YET UNIFIED DIVIDED YET UNIFIED
DIVIDED YET UNIFIED DIVIDED YET UNIFIED
DIVIDED YET UNIFIED DIVIDED YET UNIFIED
DIVIDED YET UNIFIED DIVIDED YET UNIFIED
DIVIDED YET UNIFIED DIVIDED YET UNIFIED
DIVIDED YET UNIFIED DIVIDED YET UNIFIED
DIVIDED YET UNIFIED DIVIDED YET UNIFIED
DIVIDED YET UNIFIED DIVIDED YET UNIFIED
DIVIDED YET UNIFIED DIVIDED YET UNIFIED
DIVIDED YET UNIFIED DIVIDED YET UNIFIED
DIVIDED YET UNIFIED DIVIDED YET UNIFIED
DIVIDED YET UNIFIED DIVIDED YET UNIFIED
DIVIDED YET UNIFIED DIVIDED YET UNIFIED
DIVIDED YET UNIFIED DIVIDED YET UNIFIED
DIVIDED YET UNIFIED DIVIDED YET UNIFIED
DIVIDED YET UNIFIED DIVIDED YET UNIFIED
DIVIDED YET UNIFIED DIVIDED YET UNIFIED
DIVIDED YET UNIFIED DIVIDED YET UNIFIED
DIVIDED YET UNIFIED DIVIDED YET UNIFIED
DIVIDED YET UNIFIED DIVIDED YET UNIFIED
DIVIDED YET UNIFIED DIVIDED YET UNIFIED
DIVIDED YET UNIFIED DIVIDED YET UNIFIED
DIVIDED YET UNIFIED DIVIDED YET UNIFIED
DIVIDED YET UNIFIED DIVIDED YET UNIFIED
DIVIDED YET UNIFIED DIVIDED YET UNIFIED
DIVIDED YET UNIFIED DIVIDED YET UNIFIED
DIVIDED YET UNIFIED DIVIDED YET UNIFIED

DIVIDED YET UNIFIED DIVIDED YET UNIFIED
DIVIDED YET UNIFIED DIVIDED YET UNIFIED
DIVIDED YET UNIFIED DIVIDED YET UNIFIED
DIVIDED YET UNIFIED DIVIDED YET UNIFIED
DIVIDED YET UNIFIED DIVIDED YET UNIFIED
DIVIDED YET UNIFIED DIVIDED YET UNIFIED
DIVIDED YET UNIFIED DIVIDED YET UNIFIED
DIVIDED YET UNIFIED DIVIDED YET UNIFIED
DIVIDED YET UNIFIED DIVIDED YET UNIFIED
DIVIDED YET UNIFIED DIVIDED YET UNIFIED
DIVIDED YET UNIFIED DIVIDED YET UNIFIED
DIVIDED YET UNIFIED DIVIDED YET UNIFIED
DIVIDED YET UNIFIED DIVIDED YET UNIFIED
DIVIDED YET UNIFIED DIVIDED YET UNIFIED
DIVIDED YET UNIFIED DIVIDED YET UNIFIED
DIVIDED YET UNIFIED DIVIDED YET UNIFIED
DIVIDED YET UNIFIED DIVIDED YET UNIFIED
DIVIDED YET UNIFIED DIVIDED YET UNIFIED
DIVIDED YET UNIFIED DIVIDED YET UNIFIED
DIVIDED YET UNIFIED DIVIDED YET UNIFIED
DIVIDED YET UNIFIED DIVIDED YET UNIFIED
DIVIDED YET UNIFIED DIVIDED YET UNIFIED
DIVIDED YET UNIFIED DIVIDED YET UNIFIED
DIVIDED YET UNIFIED DIVIDED YET UNIFIED
DIVIDED YET UNIFIED DIVIDED YET UNIFIED
DIVIDED YET UNIFIED DIVIDED YET UNIFIED
DIVIDED YET UNIFIED DIVIDED YET UNIFIED
DIVIDED YET UNIFIED DIVIDED YET UNIFIED
DIVIDED YET UNIFIED DIVIDED YET UNIFIED
DIVIDED YET UNIFIED DIVIDED YET UNIFIED
DIVIDED YET UNIFIED DIVIDED YET UNIFIED
DIVIDED YET UNIFIED DIVIDED YET UNIFIED
DIVIDED YET UNIFIED DIVIDED YET UNIFIED
DIVIDED YET UNIFIED DIVIDED YET UNIFIED
DIVIDED YET UNIFIED DIVIDED YET UNIFIED
DIVIDED YET UNIFIED DIVIDED YET UNIFIED
DIVIDED YET UNIFIED DIVIDED YET UNIFIED
DIVIDED YET UNIFIED DIVIDED YET UNIFIED
DIVIDED YET UNIFIED DIVIDED YET UNIFIED
DIVIDED YET UNIFIED DIVIDED YET UNIFIED
DIVIDED YET UNIFIED DIVIDED YET UNIFIED
DIVIDED YET UNIFIED DIVIDED YET UNIFIED
DIVIDED YET UNIFIED DIVIDED YET UNIFIED
DIVIDED YET UNIFIED DIVIDED YET UNIFIED
DIVIDED YET UNIFIED DIVIDED YET UNIFIED
DIVIDED YET UNIFIED DIVIDED YET UNIFIED
DIVIDED YET UNIFIED DIVIDED YET UNIFIED

DIVIDED YET UNIFIED DIVIDED YET UNIFIED
DIVIDED YET UNIFIED DIVIDED YET UNIFIED
DIVIDED YET UNIFIED DIVIDED YET UNIFIED
DIVIDED YET UNIFIED DIVIDED YET UNIFIED
DIVIDED YET UNIFIED DIVIDED YET UNIFIED
DIVIDED YET UNIFIED DIVIDED YET UNIFIED
DIVIDED YET UNIFIED DIVIDED YET UNIFIED
DIVIDED YET UNIFIED DIVIDED YET UNIFIED
DIVIDED YET UNIFIED DIVIDED YET UNIFIED
DIVIDED YET UNIFIED DIVIDED YET UNIFIED
DIVIDED YET UNIFIED DIVIDED YET UNIFIED
DIVIDED YET UNIFIED DIVIDED YET UNIFIED
DIVIDED YET UNIFIED DIVIDED YET UNIFIED
DIVIDED YET UNIFIED DIVIDED YET UNIFIED
DIVIDED YET UNIFIED DIVIDED YET UNIFIED
DIVIDED YET UNIFIED DIVIDED YET UNIFIED
DIVIDED YET UNIFIED DIVIDED YET UNIFIED
DIVIDED YET UNIFIED DIVIDED YET UNIFIED
DIVIDED YET UNIFIED DIVIDED YET UNIFIED
DIVIDED YET UNIFIED DIVIDED YET UNIFIED
DIVIDED YET UNIFIED DIVIDED YET UNIFIED
DIVIDED YET UNIFIED DIVIDED YET UNIFIED
DIVIDED YET UNIFIED DIVIDED YET UNIFIED
DIVIDED YET UNIFIED DIVIDED YET UNIFIED
DIVIDED YET UNIFIED DIVIDED YET UNIFIED
DIVIDED YET UNIFIED DIVIDED YET UNIFIED
DIVIDED YET UNIFIED DIVIDED YET UNIFIED
DIVIDED YET UNIFIED DIVIDED YET UNIFIED
DIVIDED YET UNIFIED DIVIDED YET UNIFIED
DIVIDED YET UNIFIED DIVIDED YET UNIFIED
DIVIDED YET UNIFIED DIVIDED YET UNIFIED
DIVIDED YET UNIFIED DIVIDED YET UNIFIED
DIVIDED YET UNIFIED DIVIDED YET UNIFIED
DIVIDED YET UNIFIED DIVIDED YET UNIFIED
DIVIDED YET UNIFIED DIVIDED YET UNIFIED
DIVIDED YET UNIFIED DIVIDED YET UNIFIED
DIVIDED YET UNIFIED DIVIDED YET UNIFIED
DIVIDED YET UNIFIED DIVIDED YET UNIFIED
DIVIDED YET UNIFIED DIVIDED YET UNIFIED
DIVIDED YET UNIFIED DIVIDED YET UNIFIED

DIVIDED YET UNIFIED DIVIDED YET UNIFIED
DIVIDED YET UNIFIED DIVIDED YET UNIFIED
DIVIDED YET UNIFIED DIVIDED YET UNIFIED
DIVIDED YET UNIFIED DIVIDED YET UNIFIED
DIVIDED YET UNIFIED DIVIDED YET UNIFIED
DIVIDED YET UNIFIED DIVIDED YET UNIFIED
DIVIDED YET UNIFIED DIVIDED YET UNIFIED
DIVIDED YET UNIFIED DIVIDED YET UNIFIED
DIVIDED YET UNIFIED DIVIDED YET UNIFIED
DIVIDED YET UNIFIED DIVIDED YET UNIFIED
DIVIDED YET UNIFIED DIVIDED YET UNIFIED
DIVIDED YET UNIFIED DIVIDED YET UNIFIED
DIVIDED YET UNIFIED DIVIDED YET UNIFIED
DIVIDED YET UNIFIED DIVIDED YET UNIFIED
DIVIDED YET UNIFIED DIVIDED YET UNIFIED
DIVIDED YET UNIFIED DIVIDED YET UNIFIED
DIVIDED YET UNIFIED DIVIDED YET UNIFIED
DIVIDED YET UNIFIED DIVIDED YET UNIFIED
DIVIDED YET UNIFIED DIVIDED YET UNIFIED
DIVIDED YET UNIFIED DIVIDED YET UNIFIED
DIVIDED YET UNIFIED DIVIDED YET UNIFIED
DIVIDED YET UNIFIED DIVIDED YET UNIFIED
DIVIDED YET UNIFIED DIVIDED YET UNIFIED
DIVIDED YET UNIFIED DIVIDED YET UNIFIED
DIVIDED YET UNIFIED DIVIDED YET UNIFIED
DIVIDED YET UNIFIED DIVIDED YET UNIFIED
DIVIDED YET UNIFIED DIVIDED YET UNIFIED
DIVIDED YET UNIFIED DIVIDED YET UNIFIED
DIVIDED YET UNIFIED DIVIDED YET UNIFIED
DIVIDED YET UNIFIED DIVIDED YET UNIFIED
DIVIDED YET UNIFIED DIVIDED YET UNIFIED
DIVIDED YET UNIFIED DIVIDED YET UNIFIED
DIVIDED YET UNIFIED DIVIDED YET UNIFIED
DIVIDED YET UNIFIED DIVIDED YET UNIFIED
DIVIDED YET UNIFIED DIVIDED YET UNIFIED
DIVIDED YET UNIFIED DIVIDED YET UNIFIED
DIVIDED YET UNIFIED DIVIDED YET UNIFIED
DIVIDED YET UNIFIED DIVIDED YET UNIFIED
DIVIDED YET UNIFIED DIVIDED YET UNIFIED
DIVIDED YET UNIFIED DIVIDED YET UNIFIED

DIVIDED YET UNIFIED DIVIDED YET UNIFIED
DIVIDED YET UNIFIED DIVIDED YET UNIFIED
DIVIDED YET UNIFIED DIVIDED YET UNIFIED
DIVIDED YET UNIFIED DIVIDED YET UNIFIED
DIVIDED YET UNIFIED DIVIDED YET UNIFIED
DIVIDED YET UNIFIED DIVIDED YET UNIFIED
DIVIDED YET UNIFIED DIVIDED YET UNIFIED
DIVIDED YET UNIFIED DIVIDED YET UNIFIED
DIVIDED YET UNIFIED DIVIDED YET UNIFIED
DIVIDED YET UNIFIED DIVIDED YET UNIFIED
DIVIDED YET UNIFIED DIVIDED YET UNIFIED
DIVIDED YET UNIFIED DIVIDED YET UNIFIED
DIVIDED YET UNIFIED DIVIDED YET UNIFIED
DIVIDED YET UNIFIED DIVIDED YET UNIFIED
DIVIDED YET UNIFIED DIVIDED YET UNIFIED
DIVIDED YET UNIFIED DIVIDED YET UNIFIED
DIVIDED YET UNIFIED DIVIDED YET UNIFIED
DIVIDED YET UNIFIED DIVIDED YET UNIFIED
DIVIDED YET UNIFIED DIVIDED YET UNIFIED
DIVIDED YET UNIFIED DIVIDED YET UNIFIED
DIVIDED YET UNIFIED DIVIDED YET UNIFIED
DIVIDED YET UNIFIED DIVIDED YET UNIFIED
DIVIDED YET UNIFIED DIVIDED YET UNIFIED
DIVIDED YET UNIFIED DIVIDED YET UNIFIED
DIVIDED YET UNIFIED DIVIDED YET UNIFIED
DIVIDED YET UNIFIED DIVIDED YET UNIFIED
DIVIDED YET UNIFIED DIVIDED YET UNIFIED
DIVIDED YET UNIFIED DIVIDED YET UNIFIED
DIVIDED YET UNIFIED DIVIDED YET UNIFIED
DIVIDED YET UNIFIED DIVIDED YET UNIFIED
DIVIDED YET UNIFIED DIVIDED YET UNIFIED
DIVIDED YET UNIFIED DIVIDED YET UNIFIED
DIVIDED YET UNIFIED DIVIDED YET UNIFIED
DIVIDED YET UNIFIED DIVIDED YET UNIFIED
DIVIDED YET UNIFIED DIVIDED YET UNIFIED
DIVIDED YET UNIFIED DIVIDED YET UNIFIED
DIVIDED YET UNIFIED DIVIDED YET UNIFIED
DIVIDED YET UNIFIED DIVIDED YET UNIFIED
DIVIDED YET UNIFIED DIVIDED YET UNIFIED
DIVIDED YET UNIFIED DIVIDED YET UNIFIED
DIVIDED YET UNIFIED DIVIDED YET UNIFIED
DIVIDED YET UNIFIED DIVIDED YET UNIFIED
DIVIDED YET UNIFIED DIVIDED YET UNIFIED
DIVIDED YET UNIFIED DIVIDED YET UNIFIED
DIVIDED YET UNIFIED DIVIDED YET UNIFIED
DIVIDED YET UNIFIED DIVIDED YET UNIFIED
DIVIDED YET UNIFIED DIVIDED YET UNIFIED
DIVIDED YET UNIFIED DIVIDED YET UNIFIED

DIVIDED YET UNIFIED DIVIDED YET UNIFIED
DIVIDED YET UNIFIED DIVIDED YET UNIFIED
DIVIDED YET UNIFIED DIVIDED YET UNIFIED
DIVIDED YET UNIFIED DIVIDED YET UNIFIED
DIVIDED YET UNIFIED DIVIDED YET UNIFIED
DIVIDED YET UNIFIED DIVIDED YET UNIFIED
DIVIDED YET UNIFIED DIVIDED YET UNIFIED
DIVIDED YET UNIFIED DIVIDED YET UNIFIED
DIVIDED YET UNIFIED DIVIDED YET UNIFIED
DIVIDED YET UNIFIED DIVIDED YET UNIFIED
DIVIDED YET UNIFIED DIVIDED YET UNIFIED
DIVIDED YET UNIFIED DIVIDED YET UNIFIED
DIVIDED YET UNIFIED DIVIDED YET UNIFIED
DIVIDED YET UNIFIED DIVIDED YET UNIFIED
DIVIDED YET UNIFIED DIVIDED YET UNIFIED
DIVIDED YET UNIFIED DIVIDED YET UNIFIED
DIVIDED YET UNIFIED DIVIDED YET UNIFIED
DIVIDED YET UNIFIED DIVIDED YET UNIFIED
DIVIDED YET UNIFIED DIVIDED YET UNIFIED
DIVIDED YET UNIFIED DIVIDED YET UNIFIED
DIVIDED YET UNIFIED DIVIDED YET UNIFIED
DIVIDED YET UNIFIED DIVIDED YET UNIFIED
DIVIDED YET UNIFIED DIVIDED YET UNIFIED
DIVIDED YET UNIFIED DIVIDED YET UNIFIED
DIVIDED YET UNIFIED DIVIDED YET UNIFIED
DIVIDED YET UNIFIED DIVIDED YET UNIFIED
DIVIDED YET UNIFIED DIVIDED YET UNIFIED
DIVIDED YET UNIFIED DIVIDED YET UNIFIED
DIVIDED YET UNIFIED DIVIDED YET UNIFIED
DIVIDED YET UNIFIED DIVIDED YET UNIFIED
DIVIDED YET UNIFIED DIVIDED YET UNIFIED
DIVIDED YET UNIFIED DIVIDED YET UNIFIED
DIVIDED YET UNIFIED DIVIDED YET UNIFIED
DIVIDED YET UNIFIED DIVIDED YET UNIFIED
DIVIDED YET UNIFIED DIVIDED YET UNIFIED
DIVIDED YET UNIFIED DIVIDED YET UNIFIED
DIVIDED YET UNIFIED DIVIDED YET UNIFIED
DIVIDED YET UNIFIED DIVIDED YET UNIFIED
DIVIDED YET UNIFIED DIVIDED YET UNIFIED
DIVIDED YET UNIFIED DIVIDED YET UNIFIED
DIVIDED YET UNIFIED DIVIDED YET UNIFIED
DIVIDED YET UNIFIED DIVIDED YET UNIFIED
DIVIDED YET UNIFIED DIVIDED YET UNIFIED
DIVIDED YET UNIFIED DIVIDED YET UNIFIED

DIVIDED YET UNIFIED DIVIDED YET UNIFIED
DIVIDED YET UNIFIED DIVIDED YET UNIFIED
DIVIDED YET UNIFIED DIVIDED YET UNIFIED
DIVIDED YET UNIFIED DIVIDED YET UNIFIED
DIVIDED YET UNIFIED DIVIDED YET UNIFIED
DIVIDED YET UNIFIED DIVIDED YET UNIFIED
DIVIDED YET UNIFIED DIVIDED YET UNIFIED
DIVIDED YET UNIFIED DIVIDED YET UNIFIED
DIVIDED YET UNIFIED DIVIDED YET UNIFIED
DIVIDED YET UNIFIED DIVIDED YET UNIFIED
DIVIDED YET UNIFIED DIVIDED YET UNIFIED
DIVIDED YET UNIFIED DIVIDED YET UNIFIED
DIVIDED YET UNIFIED DIVIDED YET UNIFIED
DIVIDED YET UNIFIED DIVIDED YET UNIFIED
DIVIDED YET UNIFIED DIVIDED YET UNIFIED
DIVIDED YET UNIFIED DIVIDED YET UNIFIED
DIVIDED YET UNIFIED DIVIDED YET UNIFIED
DIVIDED YET UNIFIED DIVIDED YET UNIFIED
DIVIDED YET UNIFIED DIVIDED YET UNIFIED
DIVIDED YET UNIFIED DIVIDED YET UNIFIED
DIVIDED YET UNIFIED DIVIDED YET UNIFIED
DIVIDED YET UNIFIED DIVIDED YET UNIFIED
DIVIDED YET UNIFIED DIVIDED YET UNIFIED
DIVIDED YET UNIFIED DIVIDED YET UNIFIED
DIVIDED YET UNIFIED DIVIDED YET UNIFIED
DIVIDED YET UNIFIED DIVIDED YET UNIFIED
DIVIDED YET UNIFIED DIVIDED YET UNIFIED
DIVIDED YET UNIFIED DIVIDED YET UNIFIED
DIVIDED YET UNIFIED DIVIDED YET UNIFIED
DIVIDED YET UNIFIED DIVIDED YET UNIFIED
DIVIDED YET UNIFIED DIVIDED YET UNIFIED
DIVIDED YET UNIFIED DIVIDED YET UNIFIED
DIVIDED YET UNIFIED DIVIDED YET UNIFIED
DIVIDED YET UNIFIED DIVIDED YET UNIFIED
DIVIDED YET UNIFIED DIVIDED YET UNIFIED
DIVIDED YET UNIFIED DIVIDED YET UNIFIED
DIVIDED YET UNIFIED DIVIDED YET UNIFIED
DIVIDED YET UNIFIED DIVIDED YET UNIFIED
DIVIDED YET UNIFIED DIVIDED YET UNIFIED
DIVIDED YET UNIFIED DIVIDED YET UNIFIED
DIVIDED YET UNIFIED DIVIDED YET UNIFIED
DIVIDED YET UNIFIED DIVIDED YET UNIFIED
DIVIDED YET UNIFIED DIVIDED YET UNIFIED
DIVIDED YET UNIFIED DIVIDED YET UNIFIED
DIVIDED YET UNIFIED DIVIDED YET UNIFIED
DIVIDED YET UNIFIED DIVIDED YET UNIFIED
DIVIDED YET UNIFIED DIVIDED YET UNIFIED
DIVIDED YET UNIFIED DIVIDED YET UNIFIED

DIVIDED YET UNIFIED DIVIDED YET UNIFIED
DIVIDED YET UNIFIED DIVIDED YET UNIFIED
DIVIDED YET UNIFIED DIVIDED YET UNIFIED
DIVIDED YET UNIFIED DIVIDED YET UNIFIED
DIVIDED YET UNIFIED DIVIDED YET UNIFIED
DIVIDED YET UNIFIED DIVIDED YET UNIFIED
DIVIDED YET UNIFIED DIVIDED YET UNIFIED
DIVIDED YET UNIFIED DIVIDED YET UNIFIED
DIVIDED YET UNIFIED DIVIDED YET UNIFIED
DIVIDED YET UNIFIED DIVIDED YET UNIFIED
DIVIDED YET UNIFIED DIVIDED YET UNIFIED
DIVIDED YET UNIFIED DIVIDED YET UNIFIED
DIVIDED YET UNIFIED DIVIDED YET UNIFIED
DIVIDED YET UNIFIED DIVIDED YET UNIFIED
DIVIDED YET UNIFIED DIVIDED YET UNIFIED
DIVIDED YET UNIFIED DIVIDED YET UNIFIED
DIVIDED YET UNIFIED DIVIDED YET UNIFIED
DIVIDED YET UNIFIED DIVIDED YET UNIFIED
DIVIDED YET UNIFIED DIVIDED YET UNIFIED
DIVIDED YET UNIFIED DIVIDED YET UNIFIED
DIVIDED YET UNIFIED DIVIDED YET UNIFIED
DIVIDED YET UNIFIED DIVIDED YET UNIFIED
DIVIDED YET UNIFIED DIVIDED YET UNIFIED
DIVIDED YET UNIFIED DIVIDED YET UNIFIED
DIVIDED YET UNIFIED DIVIDED YET UNIFIED
DIVIDED YET UNIFIED DIVIDED YET UNIFIED
DIVIDED YET UNIFIED DIVIDED YET UNIFIED
DIVIDED YET UNIFIED DIVIDED YET UNIFIED
DIVIDED YET UNIFIED DIVIDED YET UNIFIED
DIVIDED YET UNIFIED DIVIDED YET UNIFIED
DIVIDED YET UNIFIED DIVIDED YET UNIFIED
DIVIDED YET UNIFIED DIVIDED YET UNIFIED
DIVIDED YET UNIFIED DIVIDED YET UNIFIED
DIVIDED YET UNIFIED DIVIDED YET UNIFIED
DIVIDED YET UNIFIED DIVIDED YET UNIFIED
DIVIDED YET UNIFIED DIVIDED YET UNIFIED
DIVIDED YET UNIFIED DIVIDED YET UNIFIED
DIVIDED YET UNIFIED DIVIDED YET UNIFIED
DIVIDED YET UNIFIED DIVIDED YET UNIFIED
DIVIDED YET UNIFIED DIVIDED YET UNIFIED
DIVIDED YET UNIFIED DIVIDED YET UNIFIED
DIVIDED YET UNIFIED DIVIDED YET UNIFIED
DIVIDED YET UNIFIED DIVIDED YET UNIFIED
DIVIDED YET UNIFIED DIVIDED YET UNIFIED
DIVIDED YET UNIFIED DIVIDED YET UNIFIED
DIVIDED YET UNIFIED DIVIDED YET UNIFIED
DIVIDED YET UNIFIED DIVIDED YET UNIFIED
DIVIDED YET UNIFIED DIVIDED YET UNIFIED

DIVIDED YET UNIFIED DIVIDED YET UNIFIED
DIVIDED YET UNIFIED DIVIDED YET UNIFIED
DIVIDED YET UNIFIED DIVIDED YET UNIFIED
DIVIDED YET UNIFIED DIVIDED YET UNIFIED
DIVIDED YET UNIFIED DIVIDED YET UNIFIED
DIVIDED YET UNIFIED DIVIDED YET UNIFIED
DIVIDED YET UNIFIED DIVIDED YET UNIFIED
DIVIDED YET UNIFIED DIVIDED YET UNIFIED
DIVIDED YET UNIFIED DIVIDED YET UNIFIED
DIVIDED YET UNIFIED DIVIDED YET UNIFIED
DIVIDED YET UNIFIED DIVIDED YET UNIFIED
DIVIDED YET UNIFIED DIVIDED YET UNIFIED
DIVIDED YET UNIFIED DIVIDED YET UNIFIED
DIVIDED YET UNIFIED DIVIDED YET UNIFIED
DIVIDED YET UNIFIED DIVIDED YET UNIFIED
DIVIDED YET UNIFIED DIVIDED YET UNIFIED
DIVIDED YET UNIFIED DIVIDED YET UNIFIED
DIVIDED YET UNIFIED DIVIDED YET UNIFIED
DIVIDED YET UNIFIED DIVIDED YET UNIFIED
DIVIDED YET UNIFIED DIVIDED YET UNIFIED
DIVIDED YET UNIFIED DIVIDED YET UNIFIED
DIVIDED YET UNIFIED DIVIDED YET UNIFIED
DIVIDED YET UNIFIED DIVIDED YET UNIFIED
DIVIDED YET UNIFIED DIVIDED YET UNIFIED
DIVIDED YET UNIFIED DIVIDED YET UNIFIED
DIVIDED YET UNIFIED DIVIDED YET UNIFIED
DIVIDED YET UNIFIED DIVIDED YET UNIFIED
DIVIDED YET UNIFIED DIVIDED YET UNIFIED
DIVIDED YET UNIFIED DIVIDED YET UNIFIED
DIVIDED YET UNIFIED DIVIDED YET UNIFIED
DIVIDED YET UNIFIED DIVIDED YET UNIFIED
DIVIDED YET UNIFIED DIVIDED YET UNIFIED
DIVIDED YET UNIFIED DIVIDED YET UNIFIED
DIVIDED YET UNIFIED DIVIDED YET UNIFIED
DIVIDED YET UNIFIED DIVIDED YET UNIFIED
DIVIDED YET UNIFIED DIVIDED YET UNIFIED
DIVIDED YET UNIFIED DIVIDED YET UNIFIED
DIVIDED YET UNIFIED DIVIDED YET UNIFIED
DIVIDED YET UNIFIED DIVIDED YET UNIFIED
DIVIDED YET UNIFIED DIVIDED YET UNIFIED
DIVIDED YET UNIFIED DIVIDED YET UNIFIED
DIVIDED YET UNIFIED DIVIDED YET UNIFIED
DIVIDED YET UNIFIED DIVIDED YET UNIFIED
DIVIDED YET UNIFIED DIVIDED YET UNIFIED

DIVIDED YET UNIFIED DIVIDED YET UNIFIED
DIVIDED YET UNIFIED DIVIDED YET UNIFIED
DIVIDED YET UNIFIED DIVIDED YET UNIFIED
DIVIDED YET UNIFIED DIVIDED YET UNIFIED
DIVIDED YET UNIFIED DIVIDED YET UNIFIED
DIVIDED YET UNIFIED DIVIDED YET UNIFIED
DIVIDED YET UNIFIED DIVIDED YET UNIFIED
DIVIDED YET UNIFIED DIVIDED YET UNIFIED
DIVIDED YET UNIFIED DIVIDED YET UNIFIED
DIVIDED YET UNIFIED DIVIDED YET UNIFIED
DIVIDED YET UNIFIED DIVIDED YET UNIFIED
DIVIDED YET UNIFIED DIVIDED YET UNIFIED
DIVIDED YET UNIFIED DIVIDED YET UNIFIED
DIVIDED YET UNIFIED DIVIDED YET UNIFIED
DIVIDED YET UNIFIED DIVIDED YET UNIFIED
DIVIDED YET UNIFIED DIVIDED YET UNIFIED
DIVIDED YET UNIFIED DIVIDED YET UNIFIED
DIVIDED YET UNIFIED DIVIDED YET UNIFIED
DIVIDED YET UNIFIED DIVIDED YET UNIFIED
DIVIDED YET UNIFIED DIVIDED YET UNIFIED
DIVIDED YET UNIFIED DIVIDED YET UNIFIED
DIVIDED YET UNIFIED DIVIDED YET UNIFIED
DIVIDED YET UNIFIED DIVIDED YET UNIFIED
DIVIDED YET UNIFIED DIVIDED YET UNIFIED
DIVIDED YET UNIFIED DIVIDED YET UNIFIED
DIVIDED YET UNIFIED DIVIDED YET UNIFIED
DIVIDED YET UNIFIED DIVIDED YET UNIFIED
DIVIDED YET UNIFIED DIVIDED YET UNIFIED
DIVIDED YET UNIFIED DIVIDED YET UNIFIED
DIVIDED YET UNIFIED DIVIDED YET UNIFIED
DIVIDED YET UNIFIED DIVIDED YET UNIFIED
DIVIDED YET UNIFIED DIVIDED YET UNIFIED
DIVIDED YET UNIFIED DIVIDED YET UNIFIED
DIVIDED YET UNIFIED DIVIDED YET UNIFIED
DIVIDED YET UNIFIED DIVIDED YET UNIFIED
DIVIDED YET UNIFIED DIVIDED YET UNIFIED
DIVIDED YET UNIFIED DIVIDED YET UNIFIED
DIVIDED YET UNIFIED DIVIDED YET UNIFIED
DIVIDED YET UNIFIED DIVIDED YET UNIFIED
DIVIDED YET UNIFIED DIVIDED YET UNIFIED

DIVIDED YET UNIFIED DIVIDED YET UNIFIED
DIVIDED YET UNIFIED DIVIDED YET UNIFIED
DIVIDED YET UNIFIED DIVIDED YET UNIFIED
DIVIDED YET UNIFIED DIVIDED YET UNIFIED
DIVIDED YET UNIFIED DIVIDED YET UNIFIED
DIVIDED YET UNIFIED DIVIDED YET UNIFIED
DIVIDED YET UNIFIED DIVIDED YET UNIFIED
DIVIDED YET UNIFIED DIVIDED YET UNIFIED
DIVIDED YET UNIFIED DIVIDED YET UNIFIED
DIVIDED YET UNIFIED DIVIDED YET UNIFIED
DIVIDED YET UNIFIED DIVIDED YET UNIFIED
DIVIDED YET UNIFIED DIVIDED YET UNIFIED
DIVIDED YET UNIFIED DIVIDED YET UNIFIED
DIVIDED YET UNIFIED DIVIDED YET UNIFIED
DIVIDED YET UNIFIED DIVIDED YET UNIFIED
DIVIDED YET UNIFIED DIVIDED YET UNIFIED
DIVIDED YET UNIFIED DIVIDED YET UNIFIED
DIVIDED YET UNIFIED DIVIDED YET UNIFIED
DIVIDED YET UNIFIED DIVIDED YET UNIFIED
DIVIDED YET UNIFIED DIVIDED YET UNIFIED
DIVIDED YET UNIFIED DIVIDED YET UNIFIED
DIVIDED YET UNIFIED DIVIDED YET UNIFIED
DIVIDED YET UNIFIED DIVIDED YET UNIFIED
DIVIDED YET UNIFIED DIVIDED YET UNIFIED
DIVIDED YET UNIFIED DIVIDED YET UNIFIED
DIVIDED YET UNIFIED DIVIDED YET UNIFIED
DIVIDED YET UNIFIED DIVIDED YET UNIFIED
DIVIDED YET UNIFIED DIVIDED YET UNIFIED
DIVIDED YET UNIFIED DIVIDED YET UNIFIED
DIVIDED YET UNIFIED DIVIDED YET UNIFIED
DIVIDED YET UNIFIED DIVIDED YET UNIFIED
DIVIDED YET UNIFIED DIVIDED YET UNIFIED
DIVIDED YET UNIFIED DIVIDED YET UNIFIED
DIVIDED YET UNIFIED DIVIDED YET UNIFIED
DIVIDED YET UNIFIED DIVIDED YET UNIFIED
DIVIDED YET UNIFIED DIVIDED YET UNIFIED
DIVIDED YET UNIFIED DIVIDED YET UNIFIED
DIVIDED YET UNIFIED DIVIDED YET UNIFIED
DIVIDED YET UNIFIED DIVIDED YET UNIFIED
DIVIDED YET UNIFIED DIVIDED YET UNIFIED
DIVIDED YET UNIFIED DIVIDED YET UNIFIED
DIVIDED YET UNIFIED DIVIDED YET UNIFIED
DIVIDED YET UNIFIED DIVIDED YET UNIFIED
DIVIDED YET UNIFIED DIVIDED YET UNIFIED
DIVIDED YET UNIFIED DIVIDED YET UNIFIED
DIVIDED YET UNIFIED DIVIDED YET UNIFIED
DIVIDED YET UNIFIED DIVIDED YET UNIFIED
DIVIDED YET UNIFIED DIVIDED YET UNIFIED
DIVIDED YET UNIFIED DIVIDED YET UNIFIED

DIVIDED YET UNIFIED DIVIDED YET UNIFIED
DIVIDED YET UNIFIED DIVIDED YET UNIFIED
DIVIDED YET UNIFIED DIVIDED YET UNIFIED
DIVIDED YET UNIFIED DIVIDED YET UNIFIED
DIVIDED YET UNIFIED DIVIDED YET UNIFIED
DIVIDED YET UNIFIED DIVIDED YET UNIFIED
DIVIDED YET UNIFIED DIVIDED YET UNIFIED
DIVIDED YET UNIFIED DIVIDED YET UNIFIED
DIVIDED YET UNIFIED DIVIDED YET UNIFIED
DIVIDED YET UNIFIED DIVIDED YET UNIFIED
DIVIDED YET UNIFIED DIVIDED YET UNIFIED
DIVIDED YET UNIFIED DIVIDED YET UNIFIED
DIVIDED YET UNIFIED DIVIDED YET UNIFIED
DIVIDED YET UNIFIED DIVIDED YET UNIFIED
DIVIDED YET UNIFIED DIVIDED YET UNIFIED
DIVIDED YET UNIFIED DIVIDED YET UNIFIED
DIVIDED YET UNIFIED DIVIDED YET UNIFIED
DIVIDED YET UNIFIED DIVIDED YET UNIFIED
DIVIDED YET UNIFIED DIVIDED YET UNIFIED
DIVIDED YET UNIFIED DIVIDED YET UNIFIED
DIVIDED YET UNIFIED DIVIDED YET UNIFIED
DIVIDED YET UNIFIED DIVIDED YET UNIFIED
DIVIDED YET UNIFIED DIVIDED YET UNIFIED
DIVIDED YET UNIFIED DIVIDED YET UNIFIED
DIVIDED YET UNIFIED DIVIDED YET UNIFIED
DIVIDED YET UNIFIED DIVIDED YET UNIFIED
DIVIDED YET UNIFIED DIVIDED YET UNIFIED
DIVIDED YET UNIFIED DIVIDED YET UNIFIED
DIVIDED YET UNIFIED DIVIDED YET UNIFIED
DIVIDED YET UNIFIED DIVIDED YET UNIFIED
DIVIDED YET UNIFIED DIVIDED YET UNIFIED
DIVIDED YET UNIFIED DIVIDED YET UNIFIED
DIVIDED YET UNIFIED DIVIDED YET UNIFIED
DIVIDED YET UNIFIED DIVIDED YET UNIFIED
DIVIDED YET UNIFIED DIVIDED YET UNIFIED
DIVIDED YET UNIFIED DIVIDED YET UNIFIED
DIVIDED YET UNIFIED DIVIDED YET UNIFIED
DIVIDED YET UNIFIED DIVIDED YET UNIFIED
DIVIDED YET UNIFIED DIVIDED YET UNIFIED
DIVIDED YET UNIFIED DIVIDED YET UNIFIED

DIVIDED YET UNIFIED DIVIDED YET UNIFIED
DIVIDED YET UNIFIED DIVIDED YET UNIFIED
DIVIDED YET UNIFIED DIVIDED YET UNIFIED
DIVIDED YET UNIFIED DIVIDED YET UNIFIED
DIVIDED YET UNIFIED DIVIDED YET UNIFIED
DIVIDED YET UNIFIED DIVIDED YET UNIFIED
DIVIDED YET UNIFIED DIVIDED YET UNIFIED
DIVIDED YET UNIFIED DIVIDED YET UNIFIED
DIVIDED YET UNIFIED DIVIDED YET UNIFIED
DIVIDED YET UNIFIED DIVIDED YET UNIFIED
DIVIDED YET UNIFIED DIVIDED YET UNIFIED
DIVIDED YET UNIFIED DIVIDED YET UNIFIED
DIVIDED YET UNIFIED DIVIDED YET UNIFIED
DIVIDED YET UNIFIED DIVIDED YET UNIFIED
DIVIDED YET UNIFIED DIVIDED YET UNIFIED
DIVIDED YET UNIFIED DIVIDED YET UNIFIED
DIVIDED YET UNIFIED DIVIDED YET UNIFIED
DIVIDED YET UNIFIED DIVIDED YET UNIFIED
DIVIDED YET UNIFIED DIVIDED YET UNIFIED
DIVIDED YET UNIFIED DIVIDED YET UNIFIED
DIVIDED YET UNIFIED DIVIDED YET UNIFIED
DIVIDED YET UNIFIED DIVIDED YET UNIFIED
DIVIDED YET UNIFIED DIVIDED YET UNIFIED
DIVIDED YET UNIFIED DIVIDED YET UNIFIED
DIVIDED YET UNIFIED DIVIDED YET UNIFIED
DIVIDED YET UNIFIED DIVIDED YET UNIFIED
DIVIDED YET UNIFIED DIVIDED YET UNIFIED
DIVIDED YET UNIFIED DIVIDED YET UNIFIED
DIVIDED YET UNIFIED DIVIDED YET UNIFIED
DIVIDED YET UNIFIED DIVIDED YET UNIFIED
DIVIDED YET UNIFIED DIVIDED YET UNIFIED
DIVIDED YET UNIFIED DIVIDED YET UNIFIED
DIVIDED YET UNIFIED DIVIDED YET UNIFIED
DIVIDED YET UNIFIED DIVIDED YET UNIFIED
DIVIDED YET UNIFIED DIVIDED YET UNIFIED
DIVIDED YET UNIFIED DIVIDED YET UNIFIED
DIVIDED YET UNIFIED DIVIDED YET UNIFIED
DIVIDED YET UNIFIED DIVIDED YET UNIFIED
DIVIDED YET UNIFIED DIVIDED YET UNIFIED
DIVIDED YET UNIFIED DIVIDED YET UNIFIED
DIVIDED YET UNIFIED DIVIDED YET UNIFIED
DIVIDED YET UNIFIED DIVIDED YET UNIFIED

DIVIDED YET UNIFIED DIVIDED YET UNIFIED
DIVIDED YET UNIFIED DIVIDED YET UNIFIED
DIVIDED YET UNIFIED DIVIDED YET UNIFIED
DIVIDED YET UNIFIED DIVIDED YET UNIFIED
DIVIDED YET UNIFIED DIVIDED YET UNIFIED
DIVIDED YET UNIFIED DIVIDED YET UNIFIED
DIVIDED YET UNIFIED DIVIDED YET UNIFIED
DIVIDED YET UNIFIED DIVIDED YET UNIFIED
DIVIDED YET UNIFIED DIVIDED YET UNIFIED
DIVIDED YET UNIFIED DIVIDED YET UNIFIED
DIVIDED YET UNIFIED DIVIDED YET UNIFIED
DIVIDED YET UNIFIED DIVIDED YET UNIFIED
DIVIDED YET UNIFIED DIVIDED YET UNIFIED
DIVIDED YET UNIFIED DIVIDED YET UNIFIED
DIVIDED YET UNIFIED DIVIDED YET UNIFIED
DIVIDED YET UNIFIED DIVIDED YET UNIFIED
DIVIDED YET UNIFIED DIVIDED YET UNIFIED
DIVIDED YET UNIFIED DIVIDED YET UNIFIED
DIVIDED YET UNIFIED DIVIDED YET UNIFIED
DIVIDED YET UNIFIED DIVIDED YET UNIFIED
DIVIDED YET UNIFIED DIVIDED YET UNIFIED
DIVIDED YET UNIFIED DIVIDED YET UNIFIED
DIVIDED YET UNIFIED DIVIDED YET UNIFIED
DIVIDED YET UNIFIED DIVIDED YET UNIFIED
DIVIDED YET UNIFIED DIVIDED YET UNIFIED
DIVIDED YET UNIFIED DIVIDED YET UNIFIED
DIVIDED YET UNIFIED DIVIDED YET UNIFIED
DIVIDED YET UNIFIED DIVIDED YET UNIFIED
DIVIDED YET UNIFIED DIVIDED YET UNIFIED
DIVIDED YET UNIFIED DIVIDED YET UNIFIED
DIVIDED YET UNIFIED DIVIDED YET UNIFIED
DIVIDED YET UNIFIED DIVIDED YET UNIFIED
DIVIDED YET UNIFIED DIVIDED YET UNIFIED
DIVIDED YET UNIFIED DIVIDED YET UNIFIED
DIVIDED YET UNIFIED DIVIDED YET UNIFIED
DIVIDED YET UNIFIED DIVIDED YET UNIFIED
DIVIDED YET UNIFIED DIVIDED YET UNIFIED
DIVIDED YET UNIFIED DIVIDED YET UNIFIED
DIVIDED YET UNIFIED DIVIDED YET UNIFIED
DIVIDED YET UNIFIED DIVIDED YET UNIFIED
DIVIDED YET UNIFIED DIVIDED YET UNIFIED

DIVIDED YET UNIFIED DIVIDED YET UNIFIED
DIVIDED YET UNIFIED DIVIDED YET UNIFIED
DIVIDED YET UNIFIED DIVIDED YET UNIFIED
DIVIDED YET UNIFIED DIVIDED YET UNIFIED
DIVIDED YET UNIFIED DIVIDED YET UNIFIED
DIVIDED YET UNIFIED DIVIDED YET UNIFIED
DIVIDED YET UNIFIED DIVIDED YET UNIFIED
DIVIDED YET UNIFIED DIVIDED YET UNIFIED
DIVIDED YET UNIFIED DIVIDED YET UNIFIED
DIVIDED YET UNIFIED DIVIDED YET UNIFIED
DIVIDED YET UNIFIED DIVIDED YET UNIFIED
DIVIDED YET UNIFIED DIVIDED YET UNIFIED
DIVIDED YET UNIFIED DIVIDED YET UNIFIED
DIVIDED YET UNIFIED DIVIDED YET UNIFIED
DIVIDED YET UNIFIED DIVIDED YET UNIFIED
DIVIDED YET UNIFIED DIVIDED YET UNIFIED
DIVIDED YET UNIFIED DIVIDED YET UNIFIED
DIVIDED YET UNIFIED DIVIDED YET UNIFIED
DIVIDED YET UNIFIED DIVIDED YET UNIFIED
DIVIDED YET UNIFIED DIVIDED YET UNIFIED
DIVIDED YET UNIFIED DIVIDED YET UNIFIED
DIVIDED YET UNIFIED DIVIDED YET UNIFIED
DIVIDED YET UNIFIED DIVIDED YET UNIFIED
DIVIDED YET UNIFIED DIVIDED YET UNIFIED
DIVIDED YET UNIFIED DIVIDED YET UNIFIED
DIVIDED YET UNIFIED DIVIDED YET UNIFIED
DIVIDED YET UNIFIED DIVIDED YET UNIFIED
DIVIDED YET UNIFIED DIVIDED YET UNIFIED
DIVIDED YET UNIFIED DIVIDED YET UNIFIED
DIVIDED YET UNIFIED DIVIDED YET UNIFIED
DIVIDED YET UNIFIED DIVIDED YET UNIFIED
DIVIDED YET UNIFIED DIVIDED YET UNIFIED
DIVIDED YET UNIFIED DIVIDED YET UNIFIED
DIVIDED YET UNIFIED DIVIDED YET UNIFIED
DIVIDED YET UNIFIED DIVIDED YET UNIFIED
DIVIDED YET UNIFIED DIVIDED YET UNIFIED
DIVIDED YET UNIFIED DIVIDED YET UNIFIED
DIVIDED YET UNIFIED DIVIDED YET UNIFIED
DIVIDED YET UNIFIED DIVIDED YET UNIFIED
DIVIDED YET UNIFIED DIVIDED YET UNIFIED
DIVIDED YET UNIFIED DIVIDED YET UNIFIED
DIVIDED YET UNIFIED DIVIDED YET UNIFIED
DIVIDED YET UNIFIED DIVIDED YET UNIFIED
DIVIDED YET UNIFIED DIVIDED YET UNIFIED
DIVIDED YET UNIFIED DIVIDED YET UNIFIED
DIVIDED YET UNIFIED DIVIDED YET UNIFIED
DIVIDED YET UNIFIED DIVIDED YET UNIFIED
DIVIDED YET UNIFIED DIVIDED YET UNIFIED

DIVIDED YET UNIFIED DIVIDED YET UNIFIED
DIVIDED YET UNIFIED DIVIDED YET UNIFIED
DIVIDED YET UNIFIED DIVIDED YET UNIFIED
DIVIDED YET UNIFIED DIVIDED YET UNIFIED
DIVIDED YET UNIFIED DIVIDED YET UNIFIED
DIVIDED YET UNIFIED DIVIDED YET UNIFIED
DIVIDED YET UNIFIED DIVIDED YET UNIFIED
DIVIDED YET UNIFIED DIVIDED YET UNIFIED
DIVIDED YET UNIFIED DIVIDED YET UNIFIED
DIVIDED YET UNIFIED DIVIDED YET UNIFIED
DIVIDED YET UNIFIED DIVIDED YET UNIFIED
DIVIDED YET UNIFIED DIVIDED YET UNIFIED
DIVIDED YET UNIFIED DIVIDED YET UNIFIED
DIVIDED YET UNIFIED DIVIDED YET UNIFIED
DIVIDED YET UNIFIED DIVIDED YET UNIFIED
DIVIDED YET UNIFIED DIVIDED YET UNIFIED
DIVIDED YET UNIFIED DIVIDED YET UNIFIED
DIVIDED YET UNIFIED DIVIDED YET UNIFIED
DIVIDED YET UNIFIED DIVIDED YET UNIFIED
DIVIDED YET UNIFIED DIVIDED YET UNIFIED
DIVIDED YET UNIFIED DIVIDED YET UNIFIED
DIVIDED YET UNIFIED DIVIDED YET UNIFIED
DIVIDED YET UNIFIED DIVIDED YET UNIFIED
DIVIDED YET UNIFIED DIVIDED YET UNIFIED
DIVIDED YET UNIFIED DIVIDED YET UNIFIED
DIVIDED YET UNIFIED DIVIDED YET UNIFIED
DIVIDED YET UNIFIED DIVIDED YET UNIFIED
DIVIDED YET UNIFIED DIVIDED YET UNIFIED
DIVIDED YET UNIFIED DIVIDED YET UNIFIED
DIVIDED YET UNIFIED DIVIDED YET UNIFIED
DIVIDED YET UNIFIED DIVIDED YET UNIFIED
DIVIDED YET UNIFIED DIVIDED YET UNIFIED
DIVIDED YET UNIFIED DIVIDED YET UNIFIED
DIVIDED YET UNIFIED DIVIDED YET UNIFIED
DIVIDED YET UNIFIED DIVIDED YET UNIFIED
DIVIDED YET UNIFIED DIVIDED YET UNIFIED
DIVIDED YET UNIFIED DIVIDED YET UNIFIED
DIVIDED YET UNIFIED DIVIDED YET UNIFIED
DIVIDED YET UNIFIED DIVIDED YET UNIFIED
DIVIDED YET UNIFIED DIVIDED YET UNIFIED
DIVIDED YET UNIFIED DIVIDED YET UNIFIED
DIVIDED YET UNIFIED DIVIDED YET UNIFIED

DIVIDED YET UNIFIED DIVIDED YET UNIFIED
DIVIDED YET UNIFIED DIVIDED YET UNIFIED
DIVIDED YET UNIFIED DIVIDED YET UNIFIED
DIVIDED YET UNIFIED DIVIDED YET UNIFIED
DIVIDED YET UNIFIED DIVIDED YET UNIFIED
DIVIDED YET UNIFIED DIVIDED YET UNIFIED
DIVIDED YET UNIFIED DIVIDED YET UNIFIED
DIVIDED YET UNIFIED DIVIDED YET UNIFIED
DIVIDED YET UNIFIED DIVIDED YET UNIFIED
DIVIDED YET UNIFIED DIVIDED YET UNIFIED
DIVIDED YET UNIFIED DIVIDED YET UNIFIED
DIVIDED YET UNIFIED DIVIDED YET UNIFIED
DIVIDED YET UNIFIED DIVIDED YET UNIFIED
DIVIDED YET UNIFIED DIVIDED YET UNIFIED
DIVIDED YET UNIFIED DIVIDED YET UNIFIED
DIVIDED YET UNIFIED DIVIDED YET UNIFIED
DIVIDED YET UNIFIED DIVIDED YET UNIFIED
DIVIDED YET UNIFIED DIVIDED YET UNIFIED
DIVIDED YET UNIFIED DIVIDED YET UNIFIED
DIVIDED YET UNIFIED DIVIDED YET UNIFIED
DIVIDED YET UNIFIED DIVIDED YET UNIFIED
DIVIDED YET UNIFIED DIVIDED YET UNIFIED
DIVIDED YET UNIFIED DIVIDED YET UNIFIED
DIVIDED YET UNIFIED DIVIDED YET UNIFIED
DIVIDED YET UNIFIED DIVIDED YET UNIFIED
DIVIDED YET UNIFIED DIVIDED YET UNIFIED
DIVIDED YET UNIFIED DIVIDED YET UNIFIED
DIVIDED YET UNIFIED DIVIDED YET UNIFIED
DIVIDED YET UNIFIED DIVIDED YET UNIFIED
DIVIDED YET UNIFIED DIVIDED YET UNIFIED
DIVIDED YET UNIFIED DIVIDED YET UNIFIED
DIVIDED YET UNIFIED DIVIDED YET UNIFIED
DIVIDED YET UNIFIED DIVIDED YET UNIFIED
DIVIDED YET UNIFIED DIVIDED YET UNIFIED
DIVIDED YET UNIFIED DIVIDED YET UNIFIED
DIVIDED YET UNIFIED DIVIDED YET UNIFIED
DIVIDED YET UNIFIED DIVIDED YET UNIFIED
DIVIDED YET UNIFIED DIVIDED YET UNIFIED
DIVIDED YET UNIFIED DIVIDED YET UNIFIED
DIVIDED YET UNIFIED DIVIDED YET UNIFIED
DIVIDED YET UNIFIED DIVIDED YET UNIFIED
DIVIDED YET UNIFIED DIVIDED YET UNIFIED
DIVIDED YET UNIFIED DIVIDED YET UNIFIED
DIVIDED YET UNIFIED DIVIDED YET UNIFIED

DIVIDED YET UNIFIED DIVIDED YET UNIFIED
DIVIDED YET UNIFIED DIVIDED YET UNIFIED
DIVIDED YET UNIFIED DIVIDED YET UNIFIED
DIVIDED YET UNIFIED DIVIDED YET UNIFIED
DIVIDED YET UNIFIED DIVIDED YET UNIFIED
DIVIDED YET UNIFIED DIVIDED YET UNIFIED
DIVIDED YET UNIFIED DIVIDED YET UNIFIED
DIVIDED YET UNIFIED DIVIDED YET UNIFIED
DIVIDED YET UNIFIED DIVIDED YET UNIFIED
DIVIDED YET UNIFIED DIVIDED YET UNIFIED
DIVIDED YET UNIFIED DIVIDED YET UNIFIED
DIVIDED YET UNIFIED DIVIDED YET UNIFIED
DIVIDED YET UNIFIED DIVIDED YET UNIFIED
DIVIDED YET UNIFIED DIVIDED YET UNIFIED
DIVIDED YET UNIFIED DIVIDED YET UNIFIED
DIVIDED YET UNIFIED DIVIDED YET UNIFIED
DIVIDED YET UNIFIED DIVIDED YET UNIFIED
DIVIDED YET UNIFIED DIVIDED YET UNIFIED
DIVIDED YET UNIFIED DIVIDED YET UNIFIED
DIVIDED YET UNIFIED DIVIDED YET UNIFIED
DIVIDED YET UNIFIED DIVIDED YET UNIFIED
DIVIDED YET UNIFIED DIVIDED YET UNIFIED
DIVIDED YET UNIFIED DIVIDED YET UNIFIED
DIVIDED YET UNIFIED DIVIDED YET UNIFIED
DIVIDED YET UNIFIED DIVIDED YET UNIFIED
DIVIDED YET UNIFIED DIVIDED YET UNIFIED
DIVIDED YET UNIFIED DIVIDED YET UNIFIED
DIVIDED YET UNIFIED DIVIDED YET UNIFIED
DIVIDED YET UNIFIED DIVIDED YET UNIFIED
DIVIDED YET UNIFIED DIVIDED YET UNIFIED
DIVIDED YET UNIFIED DIVIDED YET UNIFIED
DIVIDED YET UNIFIED DIVIDED YET UNIFIED
DIVIDED YET UNIFIED DIVIDED YET UNIFIED
DIVIDED YET UNIFIED DIVIDED YET UNIFIED
DIVIDED YET UNIFIED DIVIDED YET UNIFIED
DIVIDED YET UNIFIED DIVIDED YET UNIFIED
DIVIDED YET UNIFIED DIVIDED YET UNIFIED
DIVIDED YET UNIFIED DIVIDED YET UNIFIED
DIVIDED YET UNIFIED DIVIDED YET UNIFIED
DIVIDED YET UNIFIED DIVIDED YET UNIFIED
DIVIDED YET UNIFIED DIVIDED YET UNIFIED
DIVIDED YET UNIFIED DIVIDED YET UNIFIED
DIVIDED YET UNIFIED DIVIDED YET UNIFIED
DIVIDED YET UNIFIED DIVIDED YET UNIFIED

DIVIDED YET UNIFIED DIVIDED YET UNIFIED
DIVIDED YET UNIFIED DIVIDED YET UNIFIED
DIVIDED YET UNIFIED DIVIDED YET UNIFIED
DIVIDED YET UNIFIED DIVIDED YET UNIFIED
DIVIDED YET UNIFIED DIVIDED YET UNIFIED
DIVIDED YET UNIFIED DIVIDED YET UNIFIED
DIVIDED YET UNIFIED DIVIDED YET UNIFIED
DIVIDED YET UNIFIED DIVIDED YET UNIFIED
DIVIDED YET UNIFIED DIVIDED YET UNIFIED
DIVIDED YET UNIFIED DIVIDED YET UNIFIED
DIVIDED YET UNIFIED DIVIDED YET UNIFIED
DIVIDED YET UNIFIED DIVIDED YET UNIFIED
DIVIDED YET UNIFIED DIVIDED YET UNIFIED
DIVIDED YET UNIFIED DIVIDED YET UNIFIED
DIVIDED YET UNIFIED DIVIDED YET UNIFIED
DIVIDED YET UNIFIED DIVIDED YET UNIFIED
DIVIDED YET UNIFIED DIVIDED YET UNIFIED
DIVIDED YET UNIFIED DIVIDED YET UNIFIED
DIVIDED YET UNIFIED DIVIDED YET UNIFIED
DIVIDED YET UNIFIED DIVIDED YET UNIFIED
DIVIDED YET UNIFIED DIVIDED YET UNIFIED
DIVIDED YET UNIFIED DIVIDED YET UNIFIED
DIVIDED YET UNIFIED DIVIDED YET UNIFIED
DIVIDED YET UNIFIED DIVIDED YET UNIFIED
DIVIDED YET UNIFIED DIVIDED YET UNIFIED
DIVIDED YET UNIFIED DIVIDED YET UNIFIED
DIVIDED YET UNIFIED DIVIDED YET UNIFIED
DIVIDED YET UNIFIED DIVIDED YET UNIFIED
DIVIDED YET UNIFIED DIVIDED YET UNIFIED
DIVIDED YET UNIFIED DIVIDED YET UNIFIED
DIVIDED YET UNIFIED DIVIDED YET UNIFIED
DIVIDED YET UNIFIED DIVIDED YET UNIFIED
DIVIDED YET UNIFIED DIVIDED YET UNIFIED
DIVIDED YET UNIFIED DIVIDED YET UNIFIED
DIVIDED YET UNIFIED DIVIDED YET UNIFIED
DIVIDED YET UNIFIED DIVIDED YET UNIFIED
DIVIDED YET UNIFIED DIVIDED YET UNIFIED
DIVIDED YET UNIFIED DIVIDED YET UNIFIED
DIVIDED YET UNIFIED DIVIDED YET UNIFIED
DIVIDED YET UNIFIED DIVIDED YET UNIFIED
DIVIDED YET UNIFIED DIVIDED YET UNIFIED
DIVIDED YET UNIFIED DIVIDED YET UNIFIED
DIVIDED YET UNIFIED DIVIDED YET UNIFIED

DIVIDED YET UNIFIED DIVIDED YET UNIFIED
DIVIDED YET UNIFIED DIVIDED YET UNIFIED
DIVIDED YET UNIFIED DIVIDED YET UNIFIED
DIVIDED YET UNIFIED DIVIDED YET UNIFIED
DIVIDED YET UNIFIED DIVIDED YET UNIFIED
DIVIDED YET UNIFIED DIVIDED YET UNIFIED
DIVIDED YET UNIFIED DIVIDED YET UNIFIED
DIVIDED YET UNIFIED DIVIDED YET UNIFIED
DIVIDED YET UNIFIED DIVIDED YET UNIFIED
DIVIDED YET UNIFIED DIVIDED YET UNIFIED
DIVIDED YET UNIFIED DIVIDED YET UNIFIED
DIVIDED YET UNIFIED DIVIDED YET UNIFIED
DIVIDED YET UNIFIED DIVIDED YET UNIFIED
DIVIDED YET UNIFIED DIVIDED YET UNIFIED
DIVIDED YET UNIFIED DIVIDED YET UNIFIED
DIVIDED YET UNIFIED DIVIDED YET UNIFIED
DIVIDED YET UNIFIED DIVIDED YET UNIFIED
DIVIDED YET UNIFIED DIVIDED YET UNIFIED
DIVIDED YET UNIFIED DIVIDED YET UNIFIED
DIVIDED YET UNIFIED DIVIDED YET UNIFIED
DIVIDED YET UNIFIED DIVIDED YET UNIFIED
DIVIDED YET UNIFIED DIVIDED YET UNIFIED
DIVIDED YET UNIFIED DIVIDED YET UNIFIED
DIVIDED YET UNIFIED DIVIDED YET UNIFIED
DIVIDED YET UNIFIED DIVIDED YET UNIFIED
DIVIDED YET UNIFIED DIVIDED YET UNIFIED
DIVIDED YET UNIFIED DIVIDED YET UNIFIED
DIVIDED YET UNIFIED DIVIDED YET UNIFIED
DIVIDED YET UNIFIED DIVIDED YET UNIFIED
DIVIDED YET UNIFIED DIVIDED YET UNIFIED
DIVIDED YET UNIFIED DIVIDED YET UNIFIED
DIVIDED YET UNIFIED DIVIDED YET UNIFIED
DIVIDED YET UNIFIED DIVIDED YET UNIFIED
DIVIDED YET UNIFIED DIVIDED YET UNIFIED
DIVIDED YET UNIFIED DIVIDED YET UNIFIED
DIVIDED YET UNIFIED DIVIDED YET UNIFIED
DIVIDED YET UNIFIED DIVIDED YET UNIFIED
DIVIDED YET UNIFIED DIVIDED YET UNIFIED
DIVIDED YET UNIFIED DIVIDED YET UNIFIED
DIVIDED YET UNIFIED DIVIDED YET UNIFIED
DIVIDED YET UNIFIED DIVIDED YET UNIFIED
DIVIDED YET UNIFIED DIVIDED YET UNIFIED
DIVIDED YET UNIFIED DIVIDED YET UNIFIED
DIVIDED YET UNIFIED DIVIDED YET UNIFIED

DIVIDED YET UNIFIED DIVIDED YET UNIFIED
DIVIDED YET UNIFIED DIVIDED YET UNIFIED
DIVIDED YET UNIFIED DIVIDED YET UNIFIED
DIVIDED YET UNIFIED DIVIDED YET UNIFIED
DIVIDED YET UNIFIED DIVIDED YET UNIFIED
DIVIDED YET UNIFIED DIVIDED YET UNIFIED
DIVIDED YET UNIFIED DIVIDED YET UNIFIED
DIVIDED YET UNIFIED DIVIDED YET UNIFIED
DIVIDED YET UNIFIED DIVIDED YET UNIFIED
DIVIDED YET UNIFIED DIVIDED YET UNIFIED
DIVIDED YET UNIFIED DIVIDED YET UNIFIED
DIVIDED YET UNIFIED DIVIDED YET UNIFIED
DIVIDED YET UNIFIED DIVIDED YET UNIFIED
DIVIDED YET UNIFIED DIVIDED YET UNIFIED
DIVIDED YET UNIFIED DIVIDED YET UNIFIED
DIVIDED YET UNIFIED DIVIDED YET UNIFIED
DIVIDED YET UNIFIED DIVIDED YET UNIFIED
DIVIDED YET UNIFIED DIVIDED YET UNIFIED
DIVIDED YET UNIFIED DIVIDED YET UNIFIED
DIVIDED YET UNIFIED DIVIDED YET UNIFIED
DIVIDED YET UNIFIED DIVIDED YET UNIFIED
DIVIDED YET UNIFIED DIVIDED YET UNIFIED
DIVIDED YET UNIFIED DIVIDED YET UNIFIED
DIVIDED YET UNIFIED DIVIDED YET UNIFIED
DIVIDED YET UNIFIED DIVIDED YET UNIFIED
DIVIDED YET UNIFIED DIVIDED YET UNIFIED
DIVIDED YET UNIFIED DIVIDED YET UNIFIED
DIVIDED YET UNIFIED DIVIDED YET UNIFIED
DIVIDED YET UNIFIED DIVIDED YET UNIFIED
DIVIDED YET UNIFIED DIVIDED YET UNIFIED
DIVIDED YET UNIFIED DIVIDED YET UNIFIED
DIVIDED YET UNIFIED DIVIDED YET UNIFIED
DIVIDED YET UNIFIED DIVIDED YET UNIFIED
DIVIDED YET UNIFIED DIVIDED YET UNIFIED
DIVIDED YET UNIFIED DIVIDED YET UNIFIED
DIVIDED YET UNIFIED DIVIDED YET UNIFIED
DIVIDED YET UNIFIED DIVIDED YET UNIFIED
DIVIDED YET UNIFIED DIVIDED YET UNIFIED
DIVIDED YET UNIFIED DIVIDED YET UNIFIED
DIVIDED YET UNIFIED DIVIDED YET UNIFIED
DIVIDED YET UNIFIED DIVIDED YET UNIFIED
DIVIDED YET UNIFIED DIVIDED YET UNIFIED
DIVIDED YET UNIFIED DIVIDED YET UNIFIED
DIVIDED YET UNIFIED DIVIDED YET UNIFIED
DIVIDED YET UNIFIED DIVIDED YET UNIFIED
DIVIDED YET UNIFIED DIVIDED YET UNIFIED

DIVIDED YET UNIFIED DIVIDED YET UNIFIED
DIVIDED YET UNIFIED DIVIDED YET UNIFIED
DIVIDED YET UNIFIED DIVIDED YET UNIFIED
DIVIDED YET UNIFIED DIVIDED YET UNIFIED
DIVIDED YET UNIFIED DIVIDED YET UNIFIED
DIVIDED YET UNIFIED DIVIDED YET UNIFIED
DIVIDED YET UNIFIED DIVIDED YET UNIFIED
DIVIDED YET UNIFIED DIVIDED YET UNIFIED
DIVIDED YET UNIFIED DIVIDED YET UNIFIED
DIVIDED YET UNIFIED DIVIDED YET UNIFIED
DIVIDED YET UNIFIED DIVIDED YET UNIFIED
DIVIDED YET UNIFIED DIVIDED YET UNIFIED
DIVIDED YET UNIFIED DIVIDED YET UNIFIED
DIVIDED YET UNIFIED DIVIDED YET UNIFIED
DIVIDED YET UNIFIED DIVIDED YET UNIFIED
DIVIDED YET UNIFIED DIVIDED YET UNIFIED
DIVIDED YET UNIFIED DIVIDED YET UNIFIED
DIVIDED YET UNIFIED DIVIDED YET UNIFIED
DIVIDED YET UNIFIED DIVIDED YET UNIFIED
DIVIDED YET UNIFIED DIVIDED YET UNIFIED
DIVIDED YET UNIFIED DIVIDED YET UNIFIED
DIVIDED YET UNIFIED DIVIDED YET UNIFIED
DIVIDED YET UNIFIED DIVIDED YET UNIFIED
DIVIDED YET UNIFIED DIVIDED YET UNIFIED
DIVIDED YET UNIFIED DIVIDED YET UNIFIED
DIVIDED YET UNIFIED DIVIDED YET UNIFIED
DIVIDED YET UNIFIED DIVIDED YET UNIFIED
DIVIDED YET UNIFIED DIVIDED YET UNIFIED
DIVIDED YET UNIFIED DIVIDED YET UNIFIED
DIVIDED YET UNIFIED DIVIDED YET UNIFIED
DIVIDED YET UNIFIED DIVIDED YET UNIFIED
DIVIDED YET UNIFIED DIVIDED YET UNIFIED
DIVIDED YET UNIFIED DIVIDED YET UNIFIED
DIVIDED YET UNIFIED DIVIDED YET UNIFIED
DIVIDED YET UNIFIED DIVIDED YET UNIFIED
DIVIDED YET UNIFIED DIVIDED YET UNIFIED
DIVIDED YET UNIFIED DIVIDED YET UNIFIED
DIVIDED YET UNIFIED DIVIDED YET UNIFIED
DIVIDED YET UNIFIED DIVIDED YET UNIFIED
DIVIDED YET UNIFIED DIVIDED YET UNIFIED
DIVIDED YET UNIFIED DIVIDED YET UNIFIED

DIVIDED YET UNIFIED DIVIDED YET UNIFIED
DIVIDED YET UNIFIED DIVIDED YET UNIFIED
DIVIDED YET UNIFIED DIVIDED YET UNIFIED
DIVIDED YET UNIFIED DIVIDED YET UNIFIED
DIVIDED YET UNIFIED DIVIDED YET UNIFIED
DIVIDED YET UNIFIED DIVIDED YET UNIFIED
DIVIDED YET UNIFIED DIVIDED YET UNIFIED
DIVIDED YET UNIFIED DIVIDED YET UNIFIED
DIVIDED YET UNIFIED DIVIDED YET UNIFIED
DIVIDED YET UNIFIED DIVIDED YET UNIFIED
DIVIDED YET UNIFIED DIVIDED YET UNIFIED
DIVIDED YET UNIFIED DIVIDED YET UNIFIED
DIVIDED YET UNIFIED DIVIDED YET UNIFIED
DIVIDED YET UNIFIED DIVIDED YET UNIFIED
DIVIDED YET UNIFIED DIVIDED YET UNIFIED
DIVIDED YET UNIFIED DIVIDED YET UNIFIED
DIVIDED YET UNIFIED DIVIDED YET UNIFIED
DIVIDED YET UNIFIED DIVIDED YET UNIFIED
DIVIDED YET UNIFIED DIVIDED YET UNIFIED
DIVIDED YET UNIFIED DIVIDED YET UNIFIED
DIVIDED YET UNIFIED DIVIDED YET UNIFIED
DIVIDED YET UNIFIED DIVIDED YET UNIFIED
DIVIDED YET UNIFIED DIVIDED YET UNIFIED
DIVIDED YET UNIFIED DIVIDED YET UNIFIED
DIVIDED YET UNIFIED DIVIDED YET UNIFIED
DIVIDED YET UNIFIED DIVIDED YET UNIFIED
DIVIDED YET UNIFIED DIVIDED YET UNIFIED
DIVIDED YET UNIFIED DIVIDED YET UNIFIED
DIVIDED YET UNIFIED DIVIDED YET UNIFIED
DIVIDED YET UNIFIED DIVIDED YET UNIFIED
DIVIDED YET UNIFIED DIVIDED YET UNIFIED
DIVIDED YET UNIFIED DIVIDED YET UNIFIED
DIVIDED YET UNIFIED DIVIDED YET UNIFIED
DIVIDED YET UNIFIED DIVIDED YET UNIFIED
DIVIDED YET UNIFIED DIVIDED YET UNIFIED
DIVIDED YET UNIFIED DIVIDED YET UNIFIED
DIVIDED YET UNIFIED DIVIDED YET UNIFIED
DIVIDED YET UNIFIED DIVIDED YET UNIFIED
DIVIDED YET UNIFIED DIVIDED YET UNIFIED
DIVIDED YET UNIFIED DIVIDED YET UNIFIED

DIVIDED YET UNIFIED DIVIDED YET UNIFIED
DIVIDED YET UNIFIED DIVIDED YET UNIFIED
DIVIDED YET UNIFIED DIVIDED YET UNIFIED
DIVIDED YET UNIFIED DIVIDED YET UNIFIED
DIVIDED YET UNIFIED DIVIDED YET UNIFIED
DIVIDED YET UNIFIED DIVIDED YET UNIFIED
DIVIDED YET UNIFIED DIVIDED YET UNIFIED
DIVIDED YET UNIFIED DIVIDED YET UNIFIED
DIVIDED YET UNIFIED DIVIDED YET UNIFIED
DIVIDED YET UNIFIED DIVIDED YET UNIFIED
DIVIDED YET UNIFIED DIVIDED YET UNIFIED
DIVIDED YET UNIFIED DIVIDED YET UNIFIED
DIVIDED YET UNIFIED DIVIDED YET UNIFIED
DIVIDED YET UNIFIED DIVIDED YET UNIFIED
DIVIDED YET UNIFIED DIVIDED YET UNIFIED
DIVIDED YET UNIFIED DIVIDED YET UNIFIED
DIVIDED YET UNIFIED DIVIDED YET UNIFIED
DIVIDED YET UNIFIED DIVIDED YET UNIFIED
DIVIDED YET UNIFIED DIVIDED YET UNIFIED
DIVIDED YET UNIFIED DIVIDED YET UNIFIED
DIVIDED YET UNIFIED DIVIDED YET UNIFIED
DIVIDED YET UNIFIED DIVIDED YET UNIFIED
DIVIDED YET UNIFIED DIVIDED YET UNIFIED
DIVIDED YET UNIFIED DIVIDED YET UNIFIED
DIVIDED YET UNIFIED DIVIDED YET UNIFIED
DIVIDED YET UNIFIED DIVIDED YET UNIFIED
DIVIDED YET UNIFIED DIVIDED YET UNIFIED
DIVIDED YET UNIFIED DIVIDED YET UNIFIED
DIVIDED YET UNIFIED DIVIDED YET UNIFIED
DIVIDED YET UNIFIED DIVIDED YET UNIFIED
DIVIDED YET UNIFIED DIVIDED YET UNIFIED
DIVIDED YET UNIFIED DIVIDED YET UNIFIED
DIVIDED YET UNIFIED DIVIDED YET UNIFIED
DIVIDED YET UNIFIED DIVIDED YET UNIFIED
DIVIDED YET UNIFIED DIVIDED YET UNIFIED
DIVIDED YET UNIFIED DIVIDED YET UNIFIED
DIVIDED YET UNIFIED DIVIDED YET UNIFIED
DIVIDED YET UNIFIED DIVIDED YET UNIFIED
DIVIDED YET UNIFIED DIVIDED YET UNIFIED
DIVIDED YET UNIFIED DIVIDED YET UNIFIED
DIVIDED YET UNIFIED DIVIDED YET UNIFIED
DIVIDED YET UNIFIED DIVIDED YET UNIFIED

DIVIDED YET UNIFIED DIVIDED YET UNIFIED
DIVIDED YET UNIFIED DIVIDED YET UNIFIED
DIVIDED YET UNIFIED DIVIDED YET UNIFIED
DIVIDED YET UNIFIED DIVIDED YET UNIFIED
DIVIDED YET UNIFIED DIVIDED YET UNIFIED
DIVIDED YET UNIFIED DIVIDED YET UNIFIED
DIVIDED YET UNIFIED DIVIDED YET UNIFIED
DIVIDED YET UNIFIED DIVIDED YET UNIFIED
DIVIDED YET UNIFIED DIVIDED YET UNIFIED
DIVIDED YET UNIFIED DIVIDED YET UNIFIED
DIVIDED YET UNIFIED DIVIDED YET UNIFIED
DIVIDED YET UNIFIED DIVIDED YET UNIFIED
DIVIDED YET UNIFIED DIVIDED YET UNIFIED
DIVIDED YET UNIFIED DIVIDED YET UNIFIED
DIVIDED YET UNIFIED DIVIDED YET UNIFIED
DIVIDED YET UNIFIED DIVIDED YET UNIFIED
DIVIDED YET UNIFIED DIVIDED YET UNIFIED
DIVIDED YET UNIFIED DIVIDED YET UNIFIED
DIVIDED YET UNIFIED DIVIDED YET UNIFIED
DIVIDED YET UNIFIED DIVIDED YET UNIFIED
DIVIDED YET UNIFIED DIVIDED YET UNIFIED
DIVIDED YET UNIFIED DIVIDED YET UNIFIED
DIVIDED YET UNIFIED DIVIDED YET UNIFIED
DIVIDED YET UNIFIED DIVIDED YET UNIFIED
DIVIDED YET UNIFIED DIVIDED YET UNIFIED
DIVIDED YET UNIFIED DIVIDED YET UNIFIED
DIVIDED YET UNIFIED DIVIDED YET UNIFIED
DIVIDED YET UNIFIED DIVIDED YET UNIFIED
DIVIDED YET UNIFIED DIVIDED YET UNIFIED
DIVIDED YET UNIFIED DIVIDED YET UNIFIED
DIVIDED YET UNIFIED DIVIDED YET UNIFIED
DIVIDED YET UNIFIED DIVIDED YET UNIFIED
DIVIDED YET UNIFIED DIVIDED YET UNIFIED
DIVIDED YET UNIFIED DIVIDED YET UNIFIED
DIVIDED YET UNIFIED DIVIDED YET UNIFIED
DIVIDED YET UNIFIED DIVIDED YET UNIFIED
DIVIDED YET UNIFIED DIVIDED YET UNIFIED
DIVIDED YET UNIFIED DIVIDED YET UNIFIED
DIVIDED YET UNIFIED DIVIDED YET UNIFIED
DIVIDED YET UNIFIED DIVIDED YET UNIFIED
DIVIDED YET UNIFIED DIVIDED YET UNIFIED
DIVIDED YET UNIFIED DIVIDED YET UNIFIED

DIVIDED YET UNIFIED DIVIDED YET UNIFIED
DIVIDED YET UNIFIED DIVIDED YET UNIFIED
DIVIDED YET UNIFIED DIVIDED YET UNIFIED
DIVIDED YET UNIFIED DIVIDED YET UNIFIED
DIVIDED YET UNIFIED DIVIDED YET UNIFIED
DIVIDED YET UNIFIED DIVIDED YET UNIFIED
DIVIDED YET UNIFIED DIVIDED YET UNIFIED
DIVIDED YET UNIFIED DIVIDED YET UNIFIED
DIVIDED YET UNIFIED DIVIDED YET UNIFIED
DIVIDED YET UNIFIED DIVIDED YET UNIFIED
DIVIDED YET UNIFIED DIVIDED YET UNIFIED
DIVIDED YET UNIFIED DIVIDED YET UNIFIED
DIVIDED YET UNIFIED DIVIDED YET UNIFIED
DIVIDED YET UNIFIED DIVIDED YET UNIFIED
DIVIDED YET UNIFIED DIVIDED YET UNIFIED
DIVIDED YET UNIFIED DIVIDED YET UNIFIED
DIVIDED YET UNIFIED DIVIDED YET UNIFIED
DIVIDED YET UNIFIED DIVIDED YET UNIFIED
DIVIDED YET UNIFIED DIVIDED YET UNIFIED
DIVIDED YET UNIFIED DIVIDED YET UNIFIED
DIVIDED YET UNIFIED DIVIDED YET UNIFIED
DIVIDED YET UNIFIED DIVIDED YET UNIFIED
DIVIDED YET UNIFIED DIVIDED YET UNIFIED
DIVIDED YET UNIFIED DIVIDED YET UNIFIED
DIVIDED YET UNIFIED DIVIDED YET UNIFIED
DIVIDED YET UNIFIED DIVIDED YET UNIFIED
DIVIDED YET UNIFIED DIVIDED YET UNIFIED
DIVIDED YET UNIFIED DIVIDED YET UNIFIED
DIVIDED YET UNIFIED DIVIDED YET UNIFIED
DIVIDED YET UNIFIED DIVIDED YET UNIFIED
DIVIDED YET UNIFIED DIVIDED YET UNIFIED
DIVIDED YET UNIFIED DIVIDED YET UNIFIED
DIVIDED YET UNIFIED DIVIDED YET UNIFIED
DIVIDED YET UNIFIED DIVIDED YET UNIFIED
DIVIDED YET UNIFIED DIVIDED YET UNIFIED
DIVIDED YET UNIFIED DIVIDED YET UNIFIED
DIVIDED YET UNIFIED DIVIDED YET UNIFIED
DIVIDED YET UNIFIED DIVIDED YET UNIFIED
DIVIDED YET UNIFIED DIVIDED YET UNIFIED
DIVIDED YET UNIFIED DIVIDED YET UNIFIED
DIVIDED YET UNIFIED DIVIDED YET UNIFIED
DIVIDED YET UNIFIED DIVIDED YET UNIFIED
DIVIDED YET UNIFIED DIVIDED YET UNIFIED
DIVIDED YET UNIFIED DIVIDED YET UNIFIED
DIVIDED YET UNIFIED DIVIDED YET UNIFIED
DIVIDED YET UNIFIED DIVIDED YET UNIFIED

DIVIDED YET UNIFIED DIVIDED YET UNIFIED
DIVIDED YET UNIFIED DIVIDED YET UNIFIED
DIVIDED YET UNIFIED DIVIDED YET UNIFIED
DIVIDED YET UNIFIED DIVIDED YET UNIFIED
DIVIDED YET UNIFIED DIVIDED YET UNIFIED
DIVIDED YET UNIFIED DIVIDED YET UNIFIED
DIVIDED YET UNIFIED DIVIDED YET UNIFIED
DIVIDED YET UNIFIED DIVIDED YET UNIFIED
DIVIDED YET UNIFIED DIVIDED YET UNIFIED
DIVIDED YET UNIFIED DIVIDED YET UNIFIED
DIVIDED YET UNIFIED DIVIDED YET UNIFIED
DIVIDED YET UNIFIED DIVIDED YET UNIFIED
DIVIDED YET UNIFIED DIVIDED YET UNIFIED
DIVIDED YET UNIFIED DIVIDED YET UNIFIED
DIVIDED YET UNIFIED DIVIDED YET UNIFIED
DIVIDED YET UNIFIED DIVIDED YET UNIFIED
DIVIDED YET UNIFIED DIVIDED YET UNIFIED
DIVIDED YET UNIFIED DIVIDED YET UNIFIED
DIVIDED YET UNIFIED DIVIDED YET UNIFIED
DIVIDED YET UNIFIED DIVIDED YET UNIFIED
DIVIDED YET UNIFIED DIVIDED YET UNIFIED
DIVIDED YET UNIFIED DIVIDED YET UNIFIED
DIVIDED YET UNIFIED DIVIDED YET UNIFIED
DIVIDED YET UNIFIED DIVIDED YET UNIFIED
DIVIDED YET UNIFIED DIVIDED YET UNIFIED
DIVIDED YET UNIFIED DIVIDED YET UNIFIED
DIVIDED YET UNIFIED DIVIDED YET UNIFIED
DIVIDED YET UNIFIED DIVIDED YET UNIFIED
DIVIDED YET UNIFIED DIVIDED YET UNIFIED
DIVIDED YET UNIFIED DIVIDED YET UNIFIED
DIVIDED YET UNIFIED DIVIDED YET UNIFIED
DIVIDED YET UNIFIED DIVIDED YET UNIFIED
DIVIDED YET UNIFIED DIVIDED YET UNIFIED
DIVIDED YET UNIFIED DIVIDED YET UNIFIED
DIVIDED YET UNIFIED DIVIDED YET UNIFIED
DIVIDED YET UNIFIED DIVIDED YET UNIFIED
DIVIDED YET UNIFIED DIVIDED YET UNIFIED
DIVIDED YET UNIFIED DIVIDED YET UNIFIED
DIVIDED YET UNIFIED DIVIDED YET UNIFIED
DIVIDED YET UNIFIED DIVIDED YET UNIFIED
DIVIDED YET UNIFIED DIVIDED YET UNIFIED
DIVIDED YET UNIFIED DIVIDED YET UNIFIED

DIVIDED YET UNIFIED DIVIDED YET UNIFIED
DIVIDED YET UNIFIED DIVIDED YET UNIFIED
DIVIDED YET UNIFIED DIVIDED YET UNIFIED
DIVIDED YET UNIFIED DIVIDED YET UNIFIED
DIVIDED YET UNIFIED DIVIDED YET UNIFIED
DIVIDED YET UNIFIED DIVIDED YET UNIFIED
DIVIDED YET UNIFIED DIVIDED YET UNIFIED
DIVIDED YET UNIFIED DIVIDED YET UNIFIED
DIVIDED YET UNIFIED DIVIDED YET UNIFIED
DIVIDED YET UNIFIED DIVIDED YET UNIFIED
DIVIDED YET UNIFIED DIVIDED YET UNIFIED
DIVIDED YET UNIFIED DIVIDED YET UNIFIED
DIVIDED YET UNIFIED DIVIDED YET UNIFIED
DIVIDED YET UNIFIED DIVIDED YET UNIFIED
DIVIDED YET UNIFIED DIVIDED YET UNIFIED
DIVIDED YET UNIFIED DIVIDED YET UNIFIED
DIVIDED YET UNIFIED DIVIDED YET UNIFIED
DIVIDED YET UNIFIED DIVIDED YET UNIFIED
DIVIDED YET UNIFIED DIVIDED YET UNIFIED
DIVIDED YET UNIFIED DIVIDED YET UNIFIED
DIVIDED YET UNIFIED DIVIDED YET UNIFIED
DIVIDED YET UNIFIED DIVIDED YET UNIFIED
DIVIDED YET UNIFIED DIVIDED YET UNIFIED
DIVIDED YET UNIFIED DIVIDED YET UNIFIED
DIVIDED YET UNIFIED DIVIDED YET UNIFIED
DIVIDED YET UNIFIED DIVIDED YET UNIFIED
DIVIDED YET UNIFIED DIVIDED YET UNIFIED
DIVIDED YET UNIFIED DIVIDED YET UNIFIED
DIVIDED YET UNIFIED DIVIDED YET UNIFIED
DIVIDED YET UNIFIED DIVIDED YET UNIFIED
DIVIDED YET UNIFIED DIVIDED YET UNIFIED
DIVIDED YET UNIFIED DIVIDED YET UNIFIED
DIVIDED YET UNIFIED DIVIDED YET UNIFIED
DIVIDED YET UNIFIED DIVIDED YET UNIFIED
DIVIDED YET UNIFIED DIVIDED YET UNIFIED
DIVIDED YET UNIFIED DIVIDED YET UNIFIED
DIVIDED YET UNIFIED DIVIDED YET UNIFIED
DIVIDED YET UNIFIED DIVIDED YET UNIFIED
DIVIDED YET UNIFIED DIVIDED YET UNIFIED

DIVIDED YET UNIFIED DIVIDED YET UNIFIED
DIVIDED YET UNIFIED DIVIDED YET UNIFIED
DIVIDED YET UNIFIED DIVIDED YET UNIFIED
DIVIDED YET UNIFIED DIVIDED YET UNIFIED
DIVIDED YET UNIFIED DIVIDED YET UNIFIED
DIVIDED YET UNIFIED DIVIDED YET UNIFIED
DIVIDED YET UNIFIED DIVIDED YET UNIFIED
DIVIDED YET UNIFIED DIVIDED YET UNIFIED
DIVIDED YET UNIFIED DIVIDED YET UNIFIED
DIVIDED YET UNIFIED DIVIDED YET UNIFIED
DIVIDED YET UNIFIED DIVIDED YET UNIFIED
DIVIDED YET UNIFIED DIVIDED YET UNIFIED
DIVIDED YET UNIFIED DIVIDED YET UNIFIED
DIVIDED YET UNIFIED DIVIDED YET UNIFIED
DIVIDED YET UNIFIED DIVIDED YET UNIFIED
DIVIDED YET UNIFIED DIVIDED YET UNIFIED
DIVIDED YET UNIFIED DIVIDED YET UNIFIED
DIVIDED YET UNIFIED DIVIDED YET UNIFIED
DIVIDED YET UNIFIED DIVIDED YET UNIFIED
DIVIDED YET UNIFIED DIVIDED YET UNIFIED
DIVIDED YET UNIFIED DIVIDED YET UNIFIED
DIVIDED YET UNIFIED DIVIDED YET UNIFIED
DIVIDED YET UNIFIED DIVIDED YET UNIFIED
DIVIDED YET UNIFIED DIVIDED YET UNIFIED
DIVIDED YET UNIFIED DIVIDED YET UNIFIED
DIVIDED YET UNIFIED DIVIDED YET UNIFIED
DIVIDED YET UNIFIED DIVIDED YET UNIFIED
DIVIDED YET UNIFIED DIVIDED YET UNIFIED
DIVIDED YET UNIFIED DIVIDED YET UNIFIED
DIVIDED YET UNIFIED DIVIDED YET UNIFIED
DIVIDED YET UNIFIED DIVIDED YET UNIFIED
DIVIDED YET UNIFIED DIVIDED YET UNIFIED
DIVIDED YET UNIFIED DIVIDED YET UNIFIED
DIVIDED YET UNIFIED DIVIDED YET UNIFIED
DIVIDED YET UNIFIED DIVIDED YET UNIFIED
DIVIDED YET UNIFIED DIVIDED YET UNIFIED
DIVIDED YET UNIFIED DIVIDED YET UNIFIED
DIVIDED YET UNIFIED DIVIDED YET UNIFIED
DIVIDED YET UNIFIED DIVIDED YET UNIFIED
DIVIDED YET UNIFIED DIVIDED YET UNIFIED
DIVIDED YET UNIFIED DIVIDED YET UNIFIED
DIVIDED YET UNIFIED DIVIDED YET UNIFIED
DIVIDED YET UNIFIED DIVIDED YET UNIFIED
DIVIDED YET UNIFIED DIVIDED YET UNIFIED
DIVIDED YET UNIFIED DIVIDED YET UNIFIED
DIVIDED YET UNIFIED DIVIDED YET UNIFIED

DIVIDED YET UNIFIED DIVIDED YET UNIFIED
DIVIDED YET UNIFIED DIVIDED YET UNIFIED
DIVIDED YET UNIFIED DIVIDED YET UNIFIED
DIVIDED YET UNIFIED DIVIDED YET UNIFIED
DIVIDED YET UNIFIED DIVIDED YET UNIFIED
DIVIDED YET UNIFIED DIVIDED YET UNIFIED
DIVIDED YET UNIFIED DIVIDED YET UNIFIED
DIVIDED YET UNIFIED DIVIDED YET UNIFIED
DIVIDED YET UNIFIED DIVIDED YET UNIFIED
DIVIDED YET UNIFIED DIVIDED YET UNIFIED
DIVIDED YET UNIFIED DIVIDED YET UNIFIED
DIVIDED YET UNIFIED DIVIDED YET UNIFIED
DIVIDED YET UNIFIED DIVIDED YET UNIFIED
DIVIDED YET UNIFIED DIVIDED YET UNIFIED
DIVIDED YET UNIFIED DIVIDED YET UNIFIED
DIVIDED YET UNIFIED DIVIDED YET UNIFIED
DIVIDED YET UNIFIED DIVIDED YET UNIFIED
DIVIDED YET UNIFIED DIVIDED YET UNIFIED
DIVIDED YET UNIFIED DIVIDED YET UNIFIED
DIVIDED YET UNIFIED DIVIDED YET UNIFIED
DIVIDED YET UNIFIED DIVIDED YET UNIFIED
DIVIDED YET UNIFIED DIVIDED YET UNIFIED
DIVIDED YET UNIFIED DIVIDED YET UNIFIED
DIVIDED YET UNIFIED DIVIDED YET UNIFIED
DIVIDED YET UNIFIED DIVIDED YET UNIFIED
DIVIDED YET UNIFIED DIVIDED YET UNIFIED
DIVIDED YET UNIFIED DIVIDED YET UNIFIED
DIVIDED YET UNIFIED DIVIDED YET UNIFIED
DIVIDED YET UNIFIED DIVIDED YET UNIFIED
DIVIDED YET UNIFIED DIVIDED YET UNIFIED
DIVIDED YET UNIFIED DIVIDED YET UNIFIED
DIVIDED YET UNIFIED DIVIDED YET UNIFIED
DIVIDED YET UNIFIED DIVIDED YET UNIFIED
DIVIDED YET UNIFIED DIVIDED YET UNIFIED
DIVIDED YET UNIFIED DIVIDED YET UNIFIED
DIVIDED YET UNIFIED DIVIDED YET UNIFIED
DIVIDED YET UNIFIED DIVIDED YET UNIFIED
DIVIDED YET UNIFIED DIVIDED YET UNIFIED
DIVIDED YET UNIFIED DIVIDED YET UNIFIED
DIVIDED YET UNIFIED DIVIDED YET UNIFIED
DIVIDED YET UNIFIED DIVIDED YET UNIFIED
DIVIDED YET UNIFIED DIVIDED YET UNIFIED
DIVIDED YET UNIFIED DIVIDED YET UNIFIED
DIVIDED YET UNIFIED DIVIDED YET UNIFIED

DIVIDED YET UNIFIED DIVIDED YET UNIFIED
DIVIDED YET UNIFIED DIVIDED YET UNIFIED
DIVIDED YET UNIFIED DIVIDED YET UNIFIED
DIVIDED YET UNIFIED DIVIDED YET UNIFIED
DIVIDED YET UNIFIED DIVIDED YET UNIFIED
DIVIDED YET UNIFIED DIVIDED YET UNIFIED
DIVIDED YET UNIFIED DIVIDED YET UNIFIED
DIVIDED YET UNIFIED DIVIDED YET UNIFIED
DIVIDED YET UNIFIED DIVIDED YET UNIFIED
DIVIDED YET UNIFIED DIVIDED YET UNIFIED
DIVIDED YET UNIFIED DIVIDED YET UNIFIED
DIVIDED YET UNIFIED DIVIDED YET UNIFIED
DIVIDED YET UNIFIED DIVIDED YET UNIFIED
DIVIDED YET UNIFIED DIVIDED YET UNIFIED
DIVIDED YET UNIFIED DIVIDED YET UNIFIED
DIVIDED YET UNIFIED DIVIDED YET UNIFIED
DIVIDED YET UNIFIED DIVIDED YET UNIFIED
DIVIDED YET UNIFIED DIVIDED YET UNIFIED
DIVIDED YET UNIFIED DIVIDED YET UNIFIED
DIVIDED YET UNIFIED DIVIDED YET UNIFIED
DIVIDED YET UNIFIED DIVIDED YET UNIFIED
DIVIDED YET UNIFIED DIVIDED YET UNIFIED
DIVIDED YET UNIFIED DIVIDED YET UNIFIED
DIVIDED YET UNIFIED DIVIDED YET UNIFIED
DIVIDED YET UNIFIED DIVIDED YET UNIFIED
DIVIDED YET UNIFIED DIVIDED YET UNIFIED
DIVIDED YET UNIFIED DIVIDED YET UNIFIED
DIVIDED YET UNIFIED DIVIDED YET UNIFIED
DIVIDED YET UNIFIED DIVIDED YET UNIFIED
DIVIDED YET UNIFIED DIVIDED YET UNIFIED
DIVIDED YET UNIFIED DIVIDED YET UNIFIED
DIVIDED YET UNIFIED DIVIDED YET UNIFIED
DIVIDED YET UNIFIED DIVIDED YET UNIFIED
DIVIDED YET UNIFIED DIVIDED YET UNIFIED
DIVIDED YET UNIFIED DIVIDED YET UNIFIED
DIVIDED YET UNIFIED DIVIDED YET UNIFIED
DIVIDED YET UNIFIED DIVIDED YET UNIFIED
DIVIDED YET UNIFIED DIVIDED YET UNIFIED
DIVIDED YET UNIFIED DIVIDED YET UNIFIED
DIVIDED YET UNIFIED DIVIDED YET UNIFIED

DIVIDED YET UNIFIED DIVIDED YET UNIFIED
DIVIDED YET UNIFIED DIVIDED YET UNIFIED
DIVIDED YET UNIFIED DIVIDED YET UNIFIED
DIVIDED YET UNIFIED DIVIDED YET UNIFIED
DIVIDED YET UNIFIED DIVIDED YET UNIFIED
DIVIDED YET UNIFIED DIVIDED YET UNIFIED
DIVIDED YET UNIFIED DIVIDED YET UNIFIED
DIVIDED YET UNIFIED DIVIDED YET UNIFIED
DIVIDED YET UNIFIED DIVIDED YET UNIFIED
DIVIDED YET UNIFIED DIVIDED YET UNIFIED
DIVIDED YET UNIFIED DIVIDED YET UNIFIED
DIVIDED YET UNIFIED DIVIDED YET UNIFIED
DIVIDED YET UNIFIED DIVIDED YET UNIFIED
DIVIDED YET UNIFIED DIVIDED YET UNIFIED
DIVIDED YET UNIFIED DIVIDED YET UNIFIED
DIVIDED YET UNIFIED DIVIDED YET UNIFIED
DIVIDED YET UNIFIED DIVIDED YET UNIFIED
DIVIDED YET UNIFIED DIVIDED YET UNIFIED
DIVIDED YET UNIFIED DIVIDED YET UNIFIED
DIVIDED YET UNIFIED DIVIDED YET UNIFIED
DIVIDED YET UNIFIED DIVIDED YET UNIFIED
DIVIDED YET UNIFIED DIVIDED YET UNIFIED
DIVIDED YET UNIFIED DIVIDED YET UNIFIED
DIVIDED YET UNIFIED DIVIDED YET UNIFIED
DIVIDED YET UNIFIED DIVIDED YET UNIFIED
DIVIDED YET UNIFIED DIVIDED YET UNIFIED
DIVIDED YET UNIFIED DIVIDED YET UNIFIED
DIVIDED YET UNIFIED DIVIDED YET UNIFIED
DIVIDED YET UNIFIED DIVIDED YET UNIFIED
DIVIDED YET UNIFIED DIVIDED YET UNIFIED
DIVIDED YET UNIFIED DIVIDED YET UNIFIED
DIVIDED YET UNIFIED DIVIDED YET UNIFIED
DIVIDED YET UNIFIED DIVIDED YET UNIFIED
DIVIDED YET UNIFIED DIVIDED YET UNIFIED
DIVIDED YET UNIFIED DIVIDED YET UNIFIED
DIVIDED YET UNIFIED DIVIDED YET UNIFIED
DIVIDED YET UNIFIED DIVIDED YET UNIFIED
DIVIDED YET UNIFIED DIVIDED YET UNIFIED
DIVIDED YET UNIFIED DIVIDED YET UNIFIED
DIVIDED YET UNIFIED DIVIDED YET UNIFIED
DIVIDED YET UNIFIED DIVIDED YET UNIFIED
DIVIDED YET UNIFIED DIVIDED YET UNIFIED

DIVIDED YET UNIFIED DIVIDED YET UNIFIED
DIVIDED YET UNIFIED DIVIDED YET UNIFIED
DIVIDED YET UNIFIED DIVIDED YET UNIFIED
DIVIDED YET UNIFIED DIVIDED YET UNIFIED
DIVIDED YET UNIFIED DIVIDED YET UNIFIED
DIVIDED YET UNIFIED DIVIDED YET UNIFIED
DIVIDED YET UNIFIED DIVIDED YET UNIFIED
DIVIDED YET UNIFIED DIVIDED YET UNIFIED
DIVIDED YET UNIFIED DIVIDED YET UNIFIED
DIVIDED YET UNIFIED DIVIDED YET UNIFIED
DIVIDED YET UNIFIED DIVIDED YET UNIFIED
DIVIDED YET UNIFIED DIVIDED YET UNIFIED
DIVIDED YET UNIFIED DIVIDED YET UNIFIED
DIVIDED YET UNIFIED DIVIDED YET UNIFIED
DIVIDED YET UNIFIED DIVIDED YET UNIFIED
DIVIDED YET UNIFIED DIVIDED YET UNIFIED
DIVIDED YET UNIFIED DIVIDED YET UNIFIED
DIVIDED YET UNIFIED DIVIDED YET UNIFIED
DIVIDED YET UNIFIED DIVIDED YET UNIFIED
DIVIDED YET UNIFIED DIVIDED YET UNIFIED
DIVIDED YET UNIFIED DIVIDED YET UNIFIED
DIVIDED YET UNIFIED DIVIDED YET UNIFIED
DIVIDED YET UNIFIED DIVIDED YET UNIFIED
DIVIDED YET UNIFIED DIVIDED YET UNIFIED
DIVIDED YET UNIFIED DIVIDED YET UNIFIED
DIVIDED YET UNIFIED DIVIDED YET UNIFIED
DIVIDED YET UNIFIED DIVIDED YET UNIFIED
DIVIDED YET UNIFIED DIVIDED YET UNIFIED
DIVIDED YET UNIFIED DIVIDED YET UNIFIED
DIVIDED YET UNIFIED DIVIDED YET UNIFIED
DIVIDED YET UNIFIED DIVIDED YET UNIFIED
DIVIDED YET UNIFIED DIVIDED YET UNIFIED
DIVIDED YET UNIFIED DIVIDED YET UNIFIED
DIVIDED YET UNIFIED DIVIDED YET UNIFIED
DIVIDED YET UNIFIED DIVIDED YET UNIFIED
DIVIDED YET UNIFIED DIVIDED YET UNIFIED
DIVIDED YET UNIFIED DIVIDED YET UNIFIED
DIVIDED YET UNIFIED DIVIDED YET UNIFIED
DIVIDED YET UNIFIED DIVIDED YET UNIFIED

DIVIDED YET UNIFIED DIVIDED YET UNIFIED
DIVIDED YET UNIFIED DIVIDED YET UNIFIED
DIVIDED YET UNIFIED DIVIDED YET UNIFIED
DIVIDED YET UNIFIED DIVIDED YET UNIFIED
DIVIDED YET UNIFIED DIVIDED YET UNIFIED
DIVIDED YET UNIFIED DIVIDED YET UNIFIED
DIVIDED YET UNIFIED DIVIDED YET UNIFIED
DIVIDED YET UNIFIED DIVIDED YET UNIFIED
DIVIDED YET UNIFIED DIVIDED YET UNIFIED
DIVIDED YET UNIFIED DIVIDED YET UNIFIED
DIVIDED YET UNIFIED DIVIDED YET UNIFIED
DIVIDED YET UNIFIED DIVIDED YET UNIFIED
DIVIDED YET UNIFIED DIVIDED YET UNIFIED
DIVIDED YET UNIFIED DIVIDED YET UNIFIED
DIVIDED YET UNIFIED DIVIDED YET UNIFIED
DIVIDED YET UNIFIED DIVIDED YET UNIFIED
DIVIDED YET UNIFIED DIVIDED YET UNIFIED
DIVIDED YET UNIFIED DIVIDED YET UNIFIED
DIVIDED YET UNIFIED DIVIDED YET UNIFIED
DIVIDED YET UNIFIED DIVIDED YET UNIFIED
DIVIDED YET UNIFIED DIVIDED YET UNIFIED
DIVIDED YET UNIFIED DIVIDED YET UNIFIED
DIVIDED YET UNIFIED DIVIDED YET UNIFIED
DIVIDED YET UNIFIED DIVIDED YET UNIFIED
DIVIDED YET UNIFIED DIVIDED YET UNIFIED
DIVIDED YET UNIFIED DIVIDED YET UNIFIED
DIVIDED YET UNIFIED DIVIDED YET UNIFIED
DIVIDED YET UNIFIED DIVIDED YET UNIFIED
DIVIDED YET UNIFIED DIVIDED YET UNIFIED
DIVIDED YET UNIFIED DIVIDED YET UNIFIED
DIVIDED YET UNIFIED DIVIDED YET UNIFIED
DIVIDED YET UNIFIED DIVIDED YET UNIFIED
DIVIDED YET UNIFIED DIVIDED YET UNIFIED
DIVIDED YET UNIFIED DIVIDED YET UNIFIED
DIVIDED YET UNIFIED DIVIDED YET UNIFIED
DIVIDED YET UNIFIED DIVIDED YET UNIFIED
DIVIDED YET UNIFIED DIVIDED YET UNIFIED
DIVIDED YET UNIFIED DIVIDED YET UNIFIED
DIVIDED YET UNIFIED DIVIDED YET UNIFIED
DIVIDED YET UNIFIED DIVIDED YET UNIFIED
DIVIDED YET UNIFIED DIVIDED YET UNIFIED
DIVIDED YET UNIFIED DIVIDED YET UNIFIED
DIVIDED YET UNIFIED DIVIDED YET UNIFIED

DIVIDED YET UNIFIED DIVIDED YET UNIFIED
DIVIDED YET UNIFIED DIVIDED YET UNIFIED
DIVIDED YET UNIFIED DIVIDED YET UNIFIED
DIVIDED YET UNIFIED DIVIDED YET UNIFIED
DIVIDED YET UNIFIED DIVIDED YET UNIFIED
DIVIDED YET UNIFIED DIVIDED YET UNIFIED
DIVIDED YET UNIFIED DIVIDED YET UNIFIED
DIVIDED YET UNIFIED DIVIDED YET UNIFIED
DIVIDED YET UNIFIED DIVIDED YET UNIFIED
DIVIDED YET UNIFIED DIVIDED YET UNIFIED
DIVIDED YET UNIFIED DIVIDED YET UNIFIED
DIVIDED YET UNIFIED DIVIDED YET UNIFIED
DIVIDED YET UNIFIED DIVIDED YET UNIFIED
DIVIDED YET UNIFIED DIVIDED YET UNIFIED
DIVIDED YET UNIFIED DIVIDED YET UNIFIED
DIVIDED YET UNIFIED DIVIDED YET UNIFIED
DIVIDED YET UNIFIED DIVIDED YET UNIFIED
DIVIDED YET UNIFIED DIVIDED YET UNIFIED
DIVIDED YET UNIFIED DIVIDED YET UNIFIED
DIVIDED YET UNIFIED DIVIDED YET UNIFIED
DIVIDED YET UNIFIED DIVIDED YET UNIFIED
DIVIDED YET UNIFIED DIVIDED YET UNIFIED
DIVIDED YET UNIFIED DIVIDED YET UNIFIED
DIVIDED YET UNIFIED DIVIDED YET UNIFIED
DIVIDED YET UNIFIED DIVIDED YET UNIFIED
DIVIDED YET UNIFIED DIVIDED YET UNIFIED
DIVIDED YET UNIFIED DIVIDED YET UNIFIED
DIVIDED YET UNIFIED DIVIDED YET UNIFIED
DIVIDED YET UNIFIED DIVIDED YET UNIFIED
DIVIDED YET UNIFIED DIVIDED YET UNIFIED
DIVIDED YET UNIFIED DIVIDED YET UNIFIED
DIVIDED YET UNIFIED DIVIDED YET UNIFIED
DIVIDED YET UNIFIED DIVIDED YET UNIFIED
DIVIDED YET UNIFIED DIVIDED YET UNIFIED
DIVIDED YET UNIFIED DIVIDED YET UNIFIED
DIVIDED YET UNIFIED DIVIDED YET UNIFIED
DIVIDED YET UNIFIED DIVIDED YET UNIFIED
DIVIDED YET UNIFIED DIVIDED YET UNIFIED
DIVIDED YET UNIFIED DIVIDED YET UNIFIED
DIVIDED YET UNIFIED DIVIDED YET UNIFIED
DIVIDED YET UNIFIED DIVIDED YET UNIFIED
DIVIDED YET UNIFIED DIVIDED YET UNIFIED

DIVIDED YET UNIFIED DIVIDED YET UNIFIED
DIVIDED YET UNIFIED DIVIDED YET UNIFIED
DIVIDED YET UNIFIED DIVIDED YET UNIFIED
DIVIDED YET UNIFIED DIVIDED YET UNIFIED
DIVIDED YET UNIFIED DIVIDED YET UNIFIED
DIVIDED YET UNIFIED DIVIDED YET UNIFIED
DIVIDED YET UNIFIED DIVIDED YET UNIFIED
DIVIDED YET UNIFIED DIVIDED YET UNIFIED
DIVIDED YET UNIFIED DIVIDED YET UNIFIED
DIVIDED YET UNIFIED DIVIDED YET UNIFIED
DIVIDED YET UNIFIED DIVIDED YET UNIFIED
DIVIDED YET UNIFIED DIVIDED YET UNIFIED
DIVIDED YET UNIFIED DIVIDED YET UNIFIED
DIVIDED YET UNIFIED DIVIDED YET UNIFIED
DIVIDED YET UNIFIED DIVIDED YET UNIFIED
DIVIDED YET UNIFIED DIVIDED YET UNIFIED
DIVIDED YET UNIFIED DIVIDED YET UNIFIED
DIVIDED YET UNIFIED DIVIDED YET UNIFIED
DIVIDED YET UNIFIED DIVIDED YET UNIFIED
DIVIDED YET UNIFIED DIVIDED YET UNIFIED
DIVIDED YET UNIFIED DIVIDED YET UNIFIED
DIVIDED YET UNIFIED DIVIDED YET UNIFIED
DIVIDED YET UNIFIED DIVIDED YET UNIFIED
DIVIDED YET UNIFIED DIVIDED YET UNIFIED
DIVIDED YET UNIFIED DIVIDED YET UNIFIED
DIVIDED YET UNIFIED DIVIDED YET UNIFIED
DIVIDED YET UNIFIED DIVIDED YET UNIFIED
DIVIDED YET UNIFIED DIVIDED YET UNIFIED
DIVIDED YET UNIFIED DIVIDED YET UNIFIED
DIVIDED YET UNIFIED DIVIDED YET UNIFIED
DIVIDED YET UNIFIED DIVIDED YET UNIFIED
DIVIDED YET UNIFIED DIVIDED YET UNIFIED
DIVIDED YET UNIFIED DIVIDED YET UNIFIED
DIVIDED YET UNIFIED DIVIDED YET UNIFIED
DIVIDED YET UNIFIED DIVIDED YET UNIFIED
DIVIDED YET UNIFIED DIVIDED YET UNIFIED
DIVIDED YET UNIFIED DIVIDED YET UNIFIED
DIVIDED YET UNIFIED DIVIDED YET UNIFIED
DIVIDED YET UNIFIED DIVIDED YET UNIFIED
DIVIDED YET UNIFIED DIVIDED YET UNIFIED
DIVIDED YET UNIFIED DIVIDED YET UNIFIED
DIVIDED YET UNIFIED DIVIDED YET UNIFIED

DIVIDED YET UNIFIED DIVIDED YET UNIFIED
DIVIDED YET UNIFIED DIVIDED YET UNIFIED
DIVIDED YET UNIFIED DIVIDED YET UNIFIED
DIVIDED YET UNIFIED DIVIDED YET UNIFIED
DIVIDED YET UNIFIED DIVIDED YET UNIFIED
DIVIDED YET UNIFIED DIVIDED YET UNIFIED
DIVIDED YET UNIFIED DIVIDED YET UNIFIED
DIVIDED YET UNIFIED DIVIDED YET UNIFIED
DIVIDED YET UNIFIED DIVIDED YET UNIFIED
DIVIDED YET UNIFIED DIVIDED YET UNIFIED
DIVIDED YET UNIFIED DIVIDED YET UNIFIED
DIVIDED YET UNIFIED DIVIDED YET UNIFIED
DIVIDED YET UNIFIED DIVIDED YET UNIFIED
DIVIDED YET UNIFIED DIVIDED YET UNIFIED
DIVIDED YET UNIFIED DIVIDED YET UNIFIED
DIVIDED YET UNIFIED DIVIDED YET UNIFIED
DIVIDED YET UNIFIED DIVIDED YET UNIFIED
DIVIDED YET UNIFIED DIVIDED YET UNIFIED
DIVIDED YET UNIFIED DIVIDED YET UNIFIED
DIVIDED YET UNIFIED DIVIDED YET UNIFIED
DIVIDED YET UNIFIED DIVIDED YET UNIFIED
DIVIDED YET UNIFIED DIVIDED YET UNIFIED
DIVIDED YET UNIFIED DIVIDED YET UNIFIED
DIVIDED YET UNIFIED DIVIDED YET UNIFIED
DIVIDED YET UNIFIED DIVIDED YET UNIFIED
DIVIDED YET UNIFIED DIVIDED YET UNIFIED
DIVIDED YET UNIFIED DIVIDED YET UNIFIED
DIVIDED YET UNIFIED DIVIDED YET UNIFIED
DIVIDED YET UNIFIED DIVIDED YET UNIFIED
DIVIDED YET UNIFIED DIVIDED YET UNIFIED
DIVIDED YET UNIFIED DIVIDED YET UNIFIED
DIVIDED YET UNIFIED DIVIDED YET UNIFIED
DIVIDED YET UNIFIED DIVIDED YET UNIFIED
DIVIDED YET UNIFIED DIVIDED YET UNIFIED
DIVIDED YET UNIFIED DIVIDED YET UNIFIED
DIVIDED YET UNIFIED DIVIDED YET UNIFIED
DIVIDED YET UNIFIED DIVIDED YET UNIFIED
DIVIDED YET UNIFIED DIVIDED YET UNIFIED
DIVIDED YET UNIFIED DIVIDED YET UNIFIED
DIVIDED YET UNIFIED DIVIDED YET UNIFIED
DIVIDED YET UNIFIED DIVIDED YET UNIFIED
DIVIDED YET UNIFIED DIVIDED YET UNIFIED
DIVIDED YET UNIFIED DIVIDED YET UNIFIED
DIVIDED YET UNIFIED DIVIDED YET UNIFIED

DIVIDED YET UNIFIED DIVIDED YET UNIFIED
DIVIDED YET UNIFIED DIVIDED YET UNIFIED
DIVIDED YET UNIFIED DIVIDED YET UNIFIED
DIVIDED YET UNIFIED DIVIDED YET UNIFIED
DIVIDED YET UNIFIED DIVIDED YET UNIFIED
DIVIDED YET UNIFIED DIVIDED YET UNIFIED
DIVIDED YET UNIFIED DIVIDED YET UNIFIED
DIVIDED YET UNIFIED DIVIDED YET UNIFIED
DIVIDED YET UNIFIED DIVIDED YET UNIFIED
DIVIDED YET UNIFIED DIVIDED YET UNIFIED
DIVIDED YET UNIFIED DIVIDED YET UNIFIED
DIVIDED YET UNIFIED DIVIDED YET UNIFIED
DIVIDED YET UNIFIED DIVIDED YET UNIFIED
DIVIDED YET UNIFIED DIVIDED YET UNIFIED
DIVIDED YET UNIFIED DIVIDED YET UNIFIED
DIVIDED YET UNIFIED DIVIDED YET UNIFIED
DIVIDED YET UNIFIED DIVIDED YET UNIFIED
DIVIDED YET UNIFIED DIVIDED YET UNIFIED
DIVIDED YET UNIFIED DIVIDED YET UNIFIED
DIVIDED YET UNIFIED DIVIDED YET UNIFIED
DIVIDED YET UNIFIED DIVIDED YET UNIFIED
DIVIDED YET UNIFIED DIVIDED YET UNIFIED
DIVIDED YET UNIFIED DIVIDED YET UNIFIED
DIVIDED YET UNIFIED DIVIDED YET UNIFIED
DIVIDED YET UNIFIED DIVIDED YET UNIFIED
DIVIDED YET UNIFIED DIVIDED YET UNIFIED
DIVIDED YET UNIFIED DIVIDED YET UNIFIED
DIVIDED YET UNIFIED DIVIDED YET UNIFIED
DIVIDED YET UNIFIED DIVIDED YET UNIFIED
DIVIDED YET UNIFIED DIVIDED YET UNIFIED
DIVIDED YET UNIFIED DIVIDED YET UNIFIED
DIVIDED YET UNIFIED DIVIDED YET UNIFIED
DIVIDED YET UNIFIED DIVIDED YET UNIFIED
DIVIDED YET UNIFIED DIVIDED YET UNIFIED
DIVIDED YET UNIFIED DIVIDED YET UNIFIED
DIVIDED YET UNIFIED DIVIDED YET UNIFIED
DIVIDED YET UNIFIED DIVIDED YET UNIFIED
DIVIDED YET UNIFIED DIVIDED YET UNIFIED
DIVIDED YET UNIFIED DIVIDED YET UNIFIED
DIVIDED YET UNIFIED DIVIDED YET UNIFIED
DIVIDED YET UNIFIED DIVIDED YET UNIFIED
DIVIDED YET UNIFIED DIVIDED YET UNIFIED

DIVIDED YET UNIFIED DIVIDED YET UNIFIED
DIVIDED YET UNIFIED DIVIDED YET UNIFIED
DIVIDED YET UNIFIED DIVIDED YET UNIFIED
DIVIDED YET UNIFIED DIVIDED YET UNIFIED
DIVIDED YET UNIFIED DIVIDED YET UNIFIED
DIVIDED YET UNIFIED DIVIDED YET UNIFIED
DIVIDED YET UNIFIED DIVIDED YET UNIFIED
DIVIDED YET UNIFIED DIVIDED YET UNIFIED
DIVIDED YET UNIFIED DIVIDED YET UNIFIED
DIVIDED YET UNIFIED DIVIDED YET UNIFIED
DIVIDED YET UNIFIED DIVIDED YET UNIFIED
DIVIDED YET UNIFIED DIVIDED YET UNIFIED
DIVIDED YET UNIFIED DIVIDED YET UNIFIED
DIVIDED YET UNIFIED DIVIDED YET UNIFIED
DIVIDED YET UNIFIED DIVIDED YET UNIFIED
DIVIDED YET UNIFIED DIVIDED YET UNIFIED
DIVIDED YET UNIFIED DIVIDED YET UNIFIED
DIVIDED YET UNIFIED DIVIDED YET UNIFIED
DIVIDED YET UNIFIED DIVIDED YET UNIFIED
DIVIDED YET UNIFIED DIVIDED YET UNIFIED
DIVIDED YET UNIFIED DIVIDED YET UNIFIED
DIVIDED YET UNIFIED DIVIDED YET UNIFIED
DIVIDED YET UNIFIED DIVIDED YET UNIFIED
DIVIDED YET UNIFIED DIVIDED YET UNIFIED
DIVIDED YET UNIFIED DIVIDED YET UNIFIED
DIVIDED YET UNIFIED DIVIDED YET UNIFIED
DIVIDED YET UNIFIED DIVIDED YET UNIFIED
DIVIDED YET UNIFIED DIVIDED YET UNIFIED
DIVIDED YET UNIFIED DIVIDED YET UNIFIED
DIVIDED YET UNIFIED DIVIDED YET UNIFIED
DIVIDED YET UNIFIED DIVIDED YET UNIFIED
DIVIDED YET UNIFIED DIVIDED YET UNIFIED
DIVIDED YET UNIFIED DIVIDED YET UNIFIED
DIVIDED YET UNIFIED DIVIDED YET UNIFIED
DIVIDED YET UNIFIED DIVIDED YET UNIFIED
DIVIDED YET UNIFIED DIVIDED YET UNIFIED
DIVIDED YET UNIFIED DIVIDED YET UNIFIED
DIVIDED YET UNIFIED DIVIDED YET UNIFIED
DIVIDED YET UNIFIED DIVIDED YET UNIFIED
DIVIDED YET UNIFIED DIVIDED YET UNIFIED
DIVIDED YET UNIFIED DIVIDED YET UNIFIED
DIVIDED YET UNIFIED DIVIDED YET UNIFIED

DIVIDED YET UNIFIED DIVIDED YET UNIFIED
DIVIDED YET UNIFIED DIVIDED YET UNIFIED
DIVIDED YET UNIFIED DIVIDED YET UNIFIED
DIVIDED YET UNIFIED DIVIDED YET UNIFIED
DIVIDED YET UNIFIED DIVIDED YET UNIFIED
DIVIDED YET UNIFIED DIVIDED YET UNIFIED
DIVIDED YET UNIFIED DIVIDED YET UNIFIED
DIVIDED YET UNIFIED DIVIDED YET UNIFIED
DIVIDED YET UNIFIED DIVIDED YET UNIFIED
DIVIDED YET UNIFIED DIVIDED YET UNIFIED
DIVIDED YET UNIFIED DIVIDED YET UNIFIED
DIVIDED YET UNIFIED DIVIDED YET UNIFIED
DIVIDED YET UNIFIED DIVIDED YET UNIFIED
DIVIDED YET UNIFIED DIVIDED YET UNIFIED
DIVIDED YET UNIFIED DIVIDED YET UNIFIED
DIVIDED YET UNIFIED DIVIDED YET UNIFIED
DIVIDED YET UNIFIED DIVIDED YET UNIFIED
DIVIDED YET UNIFIED DIVIDED YET UNIFIED
DIVIDED YET UNIFIED DIVIDED YET UNIFIED
DIVIDED YET UNIFIED DIVIDED YET UNIFIED
DIVIDED YET UNIFIED DIVIDED YET UNIFIED
DIVIDED YET UNIFIED DIVIDED YET UNIFIED
DIVIDED YET UNIFIED DIVIDED YET UNIFIED
DIVIDED YET UNIFIED DIVIDED YET UNIFIED
DIVIDED YET UNIFIED DIVIDED YET UNIFIED
DIVIDED YET UNIFIED DIVIDED YET UNIFIED
DIVIDED YET UNIFIED DIVIDED YET UNIFIED
DIVIDED YET UNIFIED DIVIDED YET UNIFIED
DIVIDED YET UNIFIED DIVIDED YET UNIFIED
DIVIDED YET UNIFIED DIVIDED YET UNIFIED
DIVIDED YET UNIFIED DIVIDED YET UNIFIED
DIVIDED YET UNIFIED DIVIDED YET UNIFIED
DIVIDED YET UNIFIED DIVIDED YET UNIFIED
DIVIDED YET UNIFIED DIVIDED YET UNIFIED
DIVIDED YET UNIFIED DIVIDED YET UNIFIED
DIVIDED YET UNIFIED DIVIDED YET UNIFIED
DIVIDED YET UNIFIED DIVIDED YET UNIFIED
DIVIDED YET UNIFIED DIVIDED YET UNIFIED
DIVIDED YET UNIFIED DIVIDED YET UNIFIED
DIVIDED YET UNIFIED DIVIDED YET UNIFIED
DIVIDED YET UNIFIED DIVIDED YET UNIFIED

DIVIDED YET UNIFIED DIVIDED YET UNIFIED
DIVIDED YET UNIFIED DIVIDED YET UNIFIED
DIVIDED YET UNIFIED DIVIDED YET UNIFIED
DIVIDED YET UNIFIED DIVIDED YET UNIFIED
DIVIDED YET UNIFIED DIVIDED YET UNIFIED
DIVIDED YET UNIFIED DIVIDED YET UNIFIED
DIVIDED YET UNIFIED DIVIDED YET UNIFIED
DIVIDED YET UNIFIED DIVIDED YET UNIFIED
DIVIDED YET UNIFIED DIVIDED YET UNIFIED
DIVIDED YET UNIFIED DIVIDED YET UNIFIED
DIVIDED YET UNIFIED DIVIDED YET UNIFIED
DIVIDED YET UNIFIED DIVIDED YET UNIFIED
DIVIDED YET UNIFIED DIVIDED YET UNIFIED
DIVIDED YET UNIFIED DIVIDED YET UNIFIED
DIVIDED YET UNIFIED DIVIDED YET UNIFIED
DIVIDED YET UNIFIED DIVIDED YET UNIFIED
DIVIDED YET UNIFIED DIVIDED YET UNIFIED
DIVIDED YET UNIFIED DIVIDED YET UNIFIED
DIVIDED YET UNIFIED DIVIDED YET UNIFIED
DIVIDED YET UNIFIED DIVIDED YET UNIFIED
DIVIDED YET UNIFIED DIVIDED YET UNIFIED
DIVIDED YET UNIFIED DIVIDED YET UNIFIED
DIVIDED YET UNIFIED DIVIDED YET UNIFIED
DIVIDED YET UNIFIED DIVIDED YET UNIFIED
DIVIDED YET UNIFIED DIVIDED YET UNIFIED
DIVIDED YET UNIFIED DIVIDED YET UNIFIED
DIVIDED YET UNIFIED DIVIDED YET UNIFIED
DIVIDED YET UNIFIED DIVIDED YET UNIFIED
DIVIDED YET UNIFIED DIVIDED YET UNIFIED
DIVIDED YET UNIFIED DIVIDED YET UNIFIED
DIVIDED YET UNIFIED DIVIDED YET UNIFIED
DIVIDED YET UNIFIED DIVIDED YET UNIFIED
DIVIDED YET UNIFIED DIVIDED YET UNIFIED
DIVIDED YET UNIFIED DIVIDED YET UNIFIED
DIVIDED YET UNIFIED DIVIDED YET UNIFIED
DIVIDED YET UNIFIED DIVIDED YET UNIFIED
DIVIDED YET UNIFIED DIVIDED YET UNIFIED
DIVIDED YET UNIFIED DIVIDED YET UNIFIED
DIVIDED YET UNIFIED DIVIDED YET UNIFIED
DIVIDED YET UNIFIED DIVIDED YET UNIFIED
DIVIDED YET UNIFIED DIVIDED YET UNIFIED

DIVIDED YET UNIFIED DIVIDED YET UNIFIED
DIVIDED YET UNIFIED DIVIDED YET UNIFIED
DIVIDED YET UNIFIED DIVIDED YET UNIFIED
DIVIDED YET UNIFIED DIVIDED YET UNIFIED
DIVIDED YET UNIFIED DIVIDED YET UNIFIED
DIVIDED YET UNIFIED DIVIDED YET UNIFIED
DIVIDED YET UNIFIED DIVIDED YET UNIFIED
DIVIDED YET UNIFIED DIVIDED YET UNIFIED
DIVIDED YET UNIFIED DIVIDED YET UNIFIED
DIVIDED YET UNIFIED DIVIDED YET UNIFIED
DIVIDED YET UNIFIED DIVIDED YET UNIFIED
DIVIDED YET UNIFIED DIVIDED YET UNIFIED
DIVIDED YET UNIFIED DIVIDED YET UNIFIED
DIVIDED YET UNIFIED DIVIDED YET UNIFIED
DIVIDED YET UNIFIED DIVIDED YET UNIFIED
DIVIDED YET UNIFIED DIVIDED YET UNIFIED
DIVIDED YET UNIFIED DIVIDED YET UNIFIED
DIVIDED YET UNIFIED DIVIDED YET UNIFIED
DIVIDED YET UNIFIED DIVIDED YET UNIFIED
DIVIDED YET UNIFIED DIVIDED YET UNIFIED
DIVIDED YET UNIFIED DIVIDED YET UNIFIED
DIVIDED YET UNIFIED DIVIDED YET UNIFIED
DIVIDED YET UNIFIED DIVIDED YET UNIFIED
DIVIDED YET UNIFIED DIVIDED YET UNIFIED
DIVIDED YET UNIFIED DIVIDED YET UNIFIED
DIVIDED YET UNIFIED DIVIDED YET UNIFIED
DIVIDED YET UNIFIED DIVIDED YET UNIFIED
DIVIDED YET UNIFIED DIVIDED YET UNIFIED
DIVIDED YET UNIFIED DIVIDED YET UNIFIED
DIVIDED YET UNIFIED DIVIDED YET UNIFIED
DIVIDED YET UNIFIED DIVIDED YET UNIFIED
DIVIDED YET UNIFIED DIVIDED YET UNIFIED
DIVIDED YET UNIFIED DIVIDED YET UNIFIED
DIVIDED YET UNIFIED DIVIDED YET UNIFIED
DIVIDED YET UNIFIED DIVIDED YET UNIFIED
DIVIDED YET UNIFIED DIVIDED YET UNIFIED
DIVIDED YET UNIFIED DIVIDED YET UNIFIED
DIVIDED YET UNIFIED DIVIDED YET UNIFIED
DIVIDED YET UNIFIED DIVIDED YET UNIFIED
DIVIDED YET UNIFIED DIVIDED YET UNIFIED

DIVIDED YET UNIFIED DIVIDED YET UNIFIED
DIVIDED YET UNIFIED DIVIDED YET UNIFIED
DIVIDED YET UNIFIED DIVIDED YET UNIFIED
DIVIDED YET UNIFIED DIVIDED YET UNIFIED
DIVIDED YET UNIFIED DIVIDED YET UNIFIED
DIVIDED YET UNIFIED DIVIDED YET UNIFIED
DIVIDED YET UNIFIED DIVIDED YET UNIFIED
DIVIDED YET UNIFIED DIVIDED YET UNIFIED
DIVIDED YET UNIFIED DIVIDED YET UNIFIED
DIVIDED YET UNIFIED DIVIDED YET UNIFIED
DIVIDED YET UNIFIED DIVIDED YET UNIFIED
DIVIDED YET UNIFIED DIVIDED YET UNIFIED
DIVIDED YET UNIFIED DIVIDED YET UNIFIED
DIVIDED YET UNIFIED DIVIDED YET UNIFIED
DIVIDED YET UNIFIED DIVIDED YET UNIFIED
DIVIDED YET UNIFIED DIVIDED YET UNIFIED
DIVIDED YET UNIFIED DIVIDED YET UNIFIED
DIVIDED YET UNIFIED DIVIDED YET UNIFIED
DIVIDED YET UNIFIED DIVIDED YET UNIFIED
DIVIDED YET UNIFIED DIVIDED YET UNIFIED
DIVIDED YET UNIFIED DIVIDED YET UNIFIED
DIVIDED YET UNIFIED DIVIDED YET UNIFIED
DIVIDED YET UNIFIED DIVIDED YET UNIFIED
DIVIDED YET UNIFIED DIVIDED YET UNIFIED
DIVIDED YET UNIFIED DIVIDED YET UNIFIED
DIVIDED YET UNIFIED DIVIDED YET UNIFIED
DIVIDED YET UNIFIED DIVIDED YET UNIFIED
DIVIDED YET UNIFIED DIVIDED YET UNIFIED
DIVIDED YET UNIFIED DIVIDED YET UNIFIED
DIVIDED YET UNIFIED DIVIDED YET UNIFIED
DIVIDED YET UNIFIED DIVIDED YET UNIFIED
DIVIDED YET UNIFIED DIVIDED YET UNIFIED
DIVIDED YET UNIFIED DIVIDED YET UNIFIED
DIVIDED YET UNIFIED DIVIDED YET UNIFIED
DIVIDED YET UNIFIED DIVIDED YET UNIFIED
DIVIDED YET UNIFIED DIVIDED YET UNIFIED
DIVIDED YET UNIFIED DIVIDED YET UNIFIED
DIVIDED YET UNIFIED DIVIDED YET UNIFIED
DIVIDED YET UNIFIED DIVIDED YET UNIFIED
DIVIDED YET UNIFIED DIVIDED YET UNIFIED
DIVIDED YET UNIFIED DIVIDED YET UNIFIED
DIVIDED YET UNIFIED DIVIDED YET UNIFIED
DIVIDED YET UNIFIED DIVIDED YET UNIFIED

DIVIDED YET UNIFIED DIVIDED YET UNIFIED
DIVIDED YET UNIFIED DIVIDED YET UNIFIED
DIVIDED YET UNIFIED DIVIDED YET UNIFIED
DIVIDED YET UNIFIED DIVIDED YET UNIFIED
DIVIDED YET UNIFIED DIVIDED YET UNIFIED
DIVIDED YET UNIFIED DIVIDED YET UNIFIED
DIVIDED YET UNIFIED DIVIDED YET UNIFIED
DIVIDED YET UNIFIED DIVIDED YET UNIFIED
DIVIDED YET UNIFIED DIVIDED YET UNIFIED
DIVIDED YET UNIFIED DIVIDED YET UNIFIED
DIVIDED YET UNIFIED DIVIDED YET UNIFIED
DIVIDED YET UNIFIED DIVIDED YET UNIFIED
DIVIDED YET UNIFIED DIVIDED YET UNIFIED
DIVIDED YET UNIFIED DIVIDED YET UNIFIED
DIVIDED YET UNIFIED DIVIDED YET UNIFIED
DIVIDED YET UNIFIED DIVIDED YET UNIFIED
DIVIDED YET UNIFIED DIVIDED YET UNIFIED
DIVIDED YET UNIFIED DIVIDED YET UNIFIED
DIVIDED YET UNIFIED DIVIDED YET UNIFIED
DIVIDED YET UNIFIED DIVIDED YET UNIFIED
DIVIDED YET UNIFIED DIVIDED YET UNIFIED
DIVIDED YET UNIFIED DIVIDED YET UNIFIED
DIVIDED YET UNIFIED DIVIDED YET UNIFIED
DIVIDED YET UNIFIED DIVIDED YET UNIFIED
DIVIDED YET UNIFIED DIVIDED YET UNIFIED
DIVIDED YET UNIFIED DIVIDED YET UNIFIED
DIVIDED YET UNIFIED DIVIDED YET UNIFIED
DIVIDED YET UNIFIED DIVIDED YET UNIFIED
DIVIDED YET UNIFIED DIVIDED YET UNIFIED
DIVIDED YET UNIFIED DIVIDED YET UNIFIED
DIVIDED YET UNIFIED DIVIDED YET UNIFIED
DIVIDED YET UNIFIED DIVIDED YET UNIFIED
DIVIDED YET UNIFIED DIVIDED YET UNIFIED
DIVIDED YET UNIFIED DIVIDED YET UNIFIED
DIVIDED YET UNIFIED DIVIDED YET UNIFIED
DIVIDED YET UNIFIED DIVIDED YET UNIFIED
DIVIDED YET UNIFIED DIVIDED YET UNIFIED
DIVIDED YET UNIFIED DIVIDED YET UNIFIED
DIVIDED YET UNIFIED DIVIDED YET UNIFIED
DIVIDED YET UNIFIED DIVIDED YET UNIFIED
DIVIDED YET UNIFIED DIVIDED YET UNIFIED

DIVIDED YET UNIFIED DIVIDED YET UNIFIED
DIVIDED YET UNIFIED DIVIDED YET UNIFIED
DIVIDED YET UNIFIED DIVIDED YET UNIFIED
DIVIDED YET UNIFIED DIVIDED YET UNIFIED
DIVIDED YET UNIFIED DIVIDED YET UNIFIED
DIVIDED YET UNIFIED DIVIDED YET UNIFIED
DIVIDED YET UNIFIED DIVIDED YET UNIFIED
DIVIDED YET UNIFIED DIVIDED YET UNIFIED
DIVIDED YET UNIFIED DIVIDED YET UNIFIED
DIVIDED YET UNIFIED DIVIDED YET UNIFIED
DIVIDED YET UNIFIED DIVIDED YET UNIFIED
DIVIDED YET UNIFIED DIVIDED YET UNIFIED
DIVIDED YET UNIFIED DIVIDED YET UNIFIED
DIVIDED YET UNIFIED DIVIDED YET UNIFIED
DIVIDED YET UNIFIED DIVIDED YET UNIFIED
DIVIDED YET UNIFIED DIVIDED YET UNIFIED
DIVIDED YET UNIFIED DIVIDED YET UNIFIED
DIVIDED YET UNIFIED DIVIDED YET UNIFIED
DIVIDED YET UNIFIED DIVIDED YET UNIFIED
DIVIDED YET UNIFIED DIVIDED YET UNIFIED
DIVIDED YET UNIFIED DIVIDED YET UNIFIED
DIVIDED YET UNIFIED DIVIDED YET UNIFIED
DIVIDED YET UNIFIED DIVIDED YET UNIFIED
DIVIDED YET UNIFIED DIVIDED YET UNIFIED
DIVIDED YET UNIFIED DIVIDED YET UNIFIED
DIVIDED YET UNIFIED DIVIDED YET UNIFIED
DIVIDED YET UNIFIED DIVIDED YET UNIFIED
DIVIDED YET UNIFIED DIVIDED YET UNIFIED
DIVIDED YET UNIFIED DIVIDED YET UNIFIED
DIVIDED YET UNIFIED DIVIDED YET UNIFIED
DIVIDED YET UNIFIED DIVIDED YET UNIFIED
DIVIDED YET UNIFIED DIVIDED YET UNIFIED
DIVIDED YET UNIFIED DIVIDED YET UNIFIED
DIVIDED YET UNIFIED DIVIDED YET UNIFIED
DIVIDED YET UNIFIED DIVIDED YET UNIFIED
DIVIDED YET UNIFIED DIVIDED YET UNIFIED
DIVIDED YET UNIFIED DIVIDED YET UNIFIED
DIVIDED YET UNIFIED DIVIDED YET UNIFIED
DIVIDED YET UNIFIED DIVIDED YET UNIFIED
DIVIDED YET UNIFIED DIVIDED YET UNIFIED
DIVIDED YET UNIFIED DIVIDED YET UNIFIED

DIVIDED YET UNIFIED DIVIDED YET UNIFIED
DIVIDED YET UNIFIED DIVIDED YET UNIFIED
DIVIDED YET UNIFIED DIVIDED YET UNIFIED
DIVIDED YET UNIFIED DIVIDED YET UNIFIED
DIVIDED YET UNIFIED DIVIDED YET UNIFIED
DIVIDED YET UNIFIED DIVIDED YET UNIFIED
DIVIDED YET UNIFIED DIVIDED YET UNIFIED
DIVIDED YET UNIFIED DIVIDED YET UNIFIED
DIVIDED YET UNIFIED DIVIDED YET UNIFIED
DIVIDED YET UNIFIED DIVIDED YET UNIFIED
DIVIDED YET UNIFIED DIVIDED YET UNIFIED
DIVIDED YET UNIFIED DIVIDED YET UNIFIED
DIVIDED YET UNIFIED DIVIDED YET UNIFIED
DIVIDED YET UNIFIED DIVIDED YET UNIFIED
DIVIDED YET UNIFIED DIVIDED YET UNIFIED
DIVIDED YET UNIFIED DIVIDED YET UNIFIED
DIVIDED YET UNIFIED DIVIDED YET UNIFIED
DIVIDED YET UNIFIED DIVIDED YET UNIFIED
DIVIDED YET UNIFIED DIVIDED YET UNIFIED
DIVIDED YET UNIFIED DIVIDED YET UNIFIED
DIVIDED YET UNIFIED DIVIDED YET UNIFIED
DIVIDED YET UNIFIED DIVIDED YET UNIFIED
DIVIDED YET UNIFIED DIVIDED YET UNIFIED
DIVIDED YET UNIFIED DIVIDED YET UNIFIED
DIVIDED YET UNIFIED DIVIDED YET UNIFIED
DIVIDED YET UNIFIED DIVIDED YET UNIFIED
DIVIDED YET UNIFIED DIVIDED YET UNIFIED
DIVIDED YET UNIFIED DIVIDED YET UNIFIED
DIVIDED YET UNIFIED DIVIDED YET UNIFIED
DIVIDED YET UNIFIED DIVIDED YET UNIFIED
DIVIDED YET UNIFIED DIVIDED YET UNIFIED
DIVIDED YET UNIFIED DIVIDED YET UNIFIED
DIVIDED YET UNIFIED DIVIDED YET UNIFIED
DIVIDED YET UNIFIED DIVIDED YET UNIFIED
DIVIDED YET UNIFIED DIVIDED YET UNIFIED
DIVIDED YET UNIFIED DIVIDED YET UNIFIED
DIVIDED YET UNIFIED DIVIDED YET UNIFIED
DIVIDED YET UNIFIED DIVIDED YET UNIFIED
DIVIDED YET UNIFIED DIVIDED YET UNIFIED

DIVIDED YET UNIFIED DIVIDED YET UNIFIED
DIVIDED YET UNIFIED DIVIDED YET UNIFIED
DIVIDED YET UNIFIED DIVIDED YET UNIFIED
DIVIDED YET UNIFIED DIVIDED YET UNIFIED
DIVIDED YET UNIFIED DIVIDED YET UNIFIED
DIVIDED YET UNIFIED DIVIDED YET UNIFIED
DIVIDED YET UNIFIED DIVIDED YET UNIFIED
DIVIDED YET UNIFIED DIVIDED YET UNIFIED
DIVIDED YET UNIFIED DIVIDED YET UNIFIED
DIVIDED YET UNIFIED DIVIDED YET UNIFIED
DIVIDED YET UNIFIED DIVIDED YET UNIFIED
DIVIDED YET UNIFIED DIVIDED YET UNIFIED
DIVIDED YET UNIFIED DIVIDED YET UNIFIED
DIVIDED YET UNIFIED DIVIDED YET UNIFIED
DIVIDED YET UNIFIED DIVIDED YET UNIFIED
DIVIDED YET UNIFIED DIVIDED YET UNIFIED
DIVIDED YET UNIFIED DIVIDED YET UNIFIED
DIVIDED YET UNIFIED DIVIDED YET UNIFIED
DIVIDED YET UNIFIED DIVIDED YET UNIFIED
DIVIDED YET UNIFIED DIVIDED YET UNIFIED
DIVIDED YET UNIFIED DIVIDED YET UNIFIED
DIVIDED YET UNIFIED DIVIDED YET UNIFIED
DIVIDED YET UNIFIED DIVIDED YET UNIFIED
DIVIDED YET UNIFIED DIVIDED YET UNIFIED
DIVIDED YET UNIFIED DIVIDED YET UNIFIED
DIVIDED YET UNIFIED DIVIDED YET UNIFIED
DIVIDED YET UNIFIED DIVIDED YET UNIFIED
DIVIDED YET UNIFIED DIVIDED YET UNIFIED
DIVIDED YET UNIFIED DIVIDED YET UNIFIED
DIVIDED YET UNIFIED DIVIDED YET UNIFIED
DIVIDED YET UNIFIED DIVIDED YET UNIFIED
DIVIDED YET UNIFIED DIVIDED YET UNIFIED
DIVIDED YET UNIFIED DIVIDED YET UNIFIED
DIVIDED YET UNIFIED DIVIDED YET UNIFIED
DIVIDED YET UNIFIED DIVIDED YET UNIFIED
DIVIDED YET UNIFIED DIVIDED YET UNIFIED
DIVIDED YET UNIFIED DIVIDED YET UNIFIED
DIVIDED YET UNIFIED DIVIDED YET UNIFIED
DIVIDED YET UNIFIED DIVIDED YET UNIFIED
DIVIDED YET UNIFIED DIVIDED YET UNIFIED
DIVIDED YET UNIFIED DIVIDED YET UNIFIED
DIVIDED YET UNIFIED DIVIDED YET UNIFIED

DIVIDED YET UNIFIED DIVIDED YET UNIFIED
DIVIDED YET UNIFIED DIVIDED YET UNIFIED
DIVIDED YET UNIFIED DIVIDED YET UNIFIED
DIVIDED YET UNIFIED DIVIDED YET UNIFIED
DIVIDED YET UNIFIED DIVIDED YET UNIFIED
DIVIDED YET UNIFIED DIVIDED YET UNIFIED
DIVIDED YET UNIFIED DIVIDED YET UNIFIED
DIVIDED YET UNIFIED DIVIDED YET UNIFIED
DIVIDED YET UNIFIED DIVIDED YET UNIFIED
DIVIDED YET UNIFIED DIVIDED YET UNIFIED
DIVIDED YET UNIFIED DIVIDED YET UNIFIED
DIVIDED YET UNIFIED DIVIDED YET UNIFIED
DIVIDED YET UNIFIED DIVIDED YET UNIFIED
DIVIDED YET UNIFIED DIVIDED YET UNIFIED
DIVIDED YET UNIFIED DIVIDED YET UNIFIED
DIVIDED YET UNIFIED DIVIDED YET UNIFIED
DIVIDED YET UNIFIED DIVIDED YET UNIFIED
DIVIDED YET UNIFIED DIVIDED YET UNIFIED
DIVIDED YET UNIFIED DIVIDED YET UNIFIED
DIVIDED YET UNIFIED DIVIDED YET UNIFIED
DIVIDED YET UNIFIED DIVIDED YET UNIFIED
DIVIDED YET UNIFIED DIVIDED YET UNIFIED
DIVIDED YET UNIFIED DIVIDED YET UNIFIED
DIVIDED YET UNIFIED DIVIDED YET UNIFIED
DIVIDED YET UNIFIED DIVIDED YET UNIFIED
DIVIDED YET UNIFIED DIVIDED YET UNIFIED
DIVIDED YET UNIFIED DIVIDED YET UNIFIED
DIVIDED YET UNIFIED DIVIDED YET UNIFIED
DIVIDED YET UNIFIED DIVIDED YET UNIFIED
DIVIDED YET UNIFIED DIVIDED YET UNIFIED
DIVIDED YET UNIFIED DIVIDED YET UNIFIED
DIVIDED YET UNIFIED DIVIDED YET UNIFIED
DIVIDED YET UNIFIED DIVIDED YET UNIFIED
DIVIDED YET UNIFIED DIVIDED YET UNIFIED
DIVIDED YET UNIFIED DIVIDED YET UNIFIED
DIVIDED YET UNIFIED DIVIDED YET UNIFIED
DIVIDED YET UNIFIED DIVIDED YET UNIFIED
DIVIDED YET UNIFIED DIVIDED YET UNIFIED
DIVIDED YET UNIFIED DIVIDED YET UNIFIED
DIVIDED YET UNIFIED DIVIDED YET UNIFIED

DIVIDED YET UNIFIED DIVIDED YET UNIFIED
DIVIDED YET UNIFIED DIVIDED YET UNIFIED
DIVIDED YET UNIFIED DIVIDED YET UNIFIED
DIVIDED YET UNIFIED DIVIDED YET UNIFIED
DIVIDED YET UNIFIED DIVIDED YET UNIFIED
DIVIDED YET UNIFIED DIVIDED YET UNIFIED
DIVIDED YET UNIFIED DIVIDED YET UNIFIED
DIVIDED YET UNIFIED DIVIDED YET UNIFIED
DIVIDED YET UNIFIED DIVIDED YET UNIFIED
DIVIDED YET UNIFIED DIVIDED YET UNIFIED
DIVIDED YET UNIFIED DIVIDED YET UNIFIED
DIVIDED YET UNIFIED DIVIDED YET UNIFIED
DIVIDED YET UNIFIED DIVIDED YET UNIFIED
DIVIDED YET UNIFIED DIVIDED YET UNIFIED
DIVIDED YET UNIFIED DIVIDED YET UNIFIED
DIVIDED YET UNIFIED DIVIDED YET UNIFIED
DIVIDED YET UNIFIED DIVIDED YET UNIFIED
DIVIDED YET UNIFIED DIVIDED YET UNIFIED
DIVIDED YET UNIFIED DIVIDED YET UNIFIED
DIVIDED YET UNIFIED DIVIDED YET UNIFIED
DIVIDED YET UNIFIED DIVIDED YET UNIFIED
DIVIDED YET UNIFIED DIVIDED YET UNIFIED
DIVIDED YET UNIFIED DIVIDED YET UNIFIED
DIVIDED YET UNIFIED DIVIDED YET UNIFIED
DIVIDED YET UNIFIED DIVIDED YET UNIFIED
DIVIDED YET UNIFIED DIVIDED YET UNIFIED
DIVIDED YET UNIFIED DIVIDED YET UNIFIED
DIVIDED YET UNIFIED DIVIDED YET UNIFIED
DIVIDED YET UNIFIED DIVIDED YET UNIFIED
DIVIDED YET UNIFIED DIVIDED YET UNIFIED
DIVIDED YET UNIFIED DIVIDED YET UNIFIED
DIVIDED YET UNIFIED DIVIDED YET UNIFIED
DIVIDED YET UNIFIED DIVIDED YET UNIFIED
DIVIDED YET UNIFIED DIVIDED YET UNIFIED
DIVIDED YET UNIFIED DIVIDED YET UNIFIED
DIVIDED YET UNIFIED DIVIDED YET UNIFIED
DIVIDED YET UNIFIED DIVIDED YET UNIFIED
DIVIDED YET UNIFIED DIVIDED YET UNIFIED
DIVIDED YET UNIFIED DIVIDED YET UNIFIED
DIVIDED YET UNIFIED DIVIDED YET UNIFIED
DIVIDED YET UNIFIED DIVIDED YET UNIFIED
DIVIDED YET UNIFIED DIVIDED YET UNIFIED
DIVIDED YET UNIFIED DIVIDED YET UNIFIED
DIVIDED YET UNIFIED DIVIDED YET UNIFIED
DIVIDED YET UNIFIED DIVIDED YET UNIFIED
DIVIDED YET UNIFIED DIVIDED YET UNIFIED
DIVIDED YET UNIFIED DIVIDED YET UNIFIED

DIVIDED YET UNIFIED DIVIDED YET UNIFIED
DIVIDED YET UNIFIED DIVIDED YET UNIFIED
DIVIDED YET UNIFIED DIVIDED YET UNIFIED
DIVIDED YET UNIFIED DIVIDED YET UNIFIED
DIVIDED YET UNIFIED DIVIDED YET UNIFIED
DIVIDED YET UNIFIED DIVIDED YET UNIFIED
DIVIDED YET UNIFIED DIVIDED YET UNIFIED
DIVIDED YET UNIFIED DIVIDED YET UNIFIED
DIVIDED YET UNIFIED DIVIDED YET UNIFIED
DIVIDED YET UNIFIED DIVIDED YET UNIFIED
DIVIDED YET UNIFIED DIVIDED YET UNIFIED
DIVIDED YET UNIFIED DIVIDED YET UNIFIED
DIVIDED YET UNIFIED DIVIDED YET UNIFIED
DIVIDED YET UNIFIED DIVIDED YET UNIFIED
DIVIDED YET UNIFIED DIVIDED YET UNIFIED
DIVIDED YET UNIFIED DIVIDED YET UNIFIED
DIVIDED YET UNIFIED DIVIDED YET UNIFIED
DIVIDED YET UNIFIED DIVIDED YET UNIFIED
DIVIDED YET UNIFIED DIVIDED YET UNIFIED
DIVIDED YET UNIFIED DIVIDED YET UNIFIED
DIVIDED YET UNIFIED DIVIDED YET UNIFIED
DIVIDED YET UNIFIED DIVIDED YET UNIFIED
DIVIDED YET UNIFIED DIVIDED YET UNIFIED
DIVIDED YET UNIFIED DIVIDED YET UNIFIED
DIVIDED YET UNIFIED DIVIDED YET UNIFIED
DIVIDED YET UNIFIED DIVIDED YET UNIFIED
DIVIDED YET UNIFIED DIVIDED YET UNIFIED
DIVIDED YET UNIFIED DIVIDED YET UNIFIED
DIVIDED YET UNIFIED DIVIDED YET UNIFIED
DIVIDED YET UNIFIED DIVIDED YET UNIFIED
DIVIDED YET UNIFIED DIVIDED YET UNIFIED
DIVIDED YET UNIFIED DIVIDED YET UNIFIED
DIVIDED YET UNIFIED DIVIDED YET UNIFIED
DIVIDED YET UNIFIED DIVIDED YET UNIFIED
DIVIDED YET UNIFIED DIVIDED YET UNIFIED
DIVIDED YET UNIFIED DIVIDED YET UNIFIED
DIVIDED YET UNIFIED DIVIDED YET UNIFIED
DIVIDED YET UNIFIED DIVIDED YET UNIFIED
DIVIDED YET UNIFIED DIVIDED YET UNIFIED
DIVIDED YET UNIFIED DIVIDED YET UNIFIED
DIVIDED YET UNIFIED DIVIDED YET UNIFIED
DIVIDED YET UNIFIED DIVIDED YET UNIFIED
DIVIDED YET UNIFIED DIVIDED YET UNIFIED

DIVIDED YET UNIFIED DIVIDED YET UNIFIED
DIVIDED YET UNIFIED DIVIDED YET UNIFIED
DIVIDED YET UNIFIED DIVIDED YET UNIFIED
DIVIDED YET UNIFIED DIVIDED YET UNIFIED
DIVIDED YET UNIFIED DIVIDED YET UNIFIED
DIVIDED YET UNIFIED DIVIDED YET UNIFIED
DIVIDED YET UNIFIED DIVIDED YET UNIFIED
DIVIDED YET UNIFIED DIVIDED YET UNIFIED
DIVIDED YET UNIFIED DIVIDED YET UNIFIED
DIVIDED YET UNIFIED DIVIDED YET UNIFIED
DIVIDED YET UNIFIED DIVIDED YET UNIFIED
DIVIDED YET UNIFIED DIVIDED YET UNIFIED
DIVIDED YET UNIFIED DIVIDED YET UNIFIED
DIVIDED YET UNIFIED DIVIDED YET UNIFIED
DIVIDED YET UNIFIED DIVIDED YET UNIFIED
DIVIDED YET UNIFIED DIVIDED YET UNIFIED
DIVIDED YET UNIFIED DIVIDED YET UNIFIED
DIVIDED YET UNIFIED DIVIDED YET UNIFIED
DIVIDED YET UNIFIED DIVIDED YET UNIFIED
DIVIDED YET UNIFIED DIVIDED YET UNIFIED
DIVIDED YET UNIFIED DIVIDED YET UNIFIED
DIVIDED YET UNIFIED DIVIDED YET UNIFIED
DIVIDED YET UNIFIED DIVIDED YET UNIFIED
DIVIDED YET UNIFIED DIVIDED YET UNIFIED
DIVIDED YET UNIFIED DIVIDED YET UNIFIED
DIVIDED YET UNIFIED DIVIDED YET UNIFIED
DIVIDED YET UNIFIED DIVIDED YET UNIFIED
DIVIDED YET UNIFIED DIVIDED YET UNIFIED
DIVIDED YET UNIFIED DIVIDED YET UNIFIED
DIVIDED YET UNIFIED DIVIDED YET UNIFIED
DIVIDED YET UNIFIED DIVIDED YET UNIFIED
DIVIDED YET UNIFIED DIVIDED YET UNIFIED
DIVIDED YET UNIFIED DIVIDED YET UNIFIED
DIVIDED YET UNIFIED DIVIDED YET UNIFIED
DIVIDED YET UNIFIED DIVIDED YET UNIFIED
DIVIDED YET UNIFIED DIVIDED YET UNIFIED
DIVIDED YET UNIFIED DIVIDED YET UNIFIED
DIVIDED YET UNIFIED DIVIDED YET UNIFIED
DIVIDED YET UNIFIED DIVIDED YET UNIFIED
DIVIDED YET UNIFIED DIVIDED YET UNIFIED

DIVIDED YET UNIFIED DIVIDED YET UNIFIED
DIVIDED YET UNIFIED DIVIDED YET UNIFIED
DIVIDED YET UNIFIED DIVIDED YET UNIFIED
DIVIDED YET UNIFIED DIVIDED YET UNIFIED
DIVIDED YET UNIFIED DIVIDED YET UNIFIED
DIVIDED YET UNIFIED DIVIDED YET UNIFIED
DIVIDED YET UNIFIED DIVIDED YET UNIFIED
DIVIDED YET UNIFIED DIVIDED YET UNIFIED
DIVIDED YET UNIFIED DIVIDED YET UNIFIED
DIVIDED YET UNIFIED DIVIDED YET UNIFIED
DIVIDED YET UNIFIED DIVIDED YET UNIFIED
DIVIDED YET UNIFIED DIVIDED YET UNIFIED
DIVIDED YET UNIFIED DIVIDED YET UNIFIED
DIVIDED YET UNIFIED DIVIDED YET UNIFIED
DIVIDED YET UNIFIED DIVIDED YET UNIFIED
DIVIDED YET UNIFIED DIVIDED YET UNIFIED
DIVIDED YET UNIFIED DIVIDED YET UNIFIED
DIVIDED YET UNIFIED DIVIDED YET UNIFIED
DIVIDED YET UNIFIED DIVIDED YET UNIFIED
DIVIDED YET UNIFIED DIVIDED YET UNIFIED
DIVIDED YET UNIFIED DIVIDED YET UNIFIED
DIVIDED YET UNIFIED DIVIDED YET UNIFIED
DIVIDED YET UNIFIED DIVIDED YET UNIFIED
DIVIDED YET UNIFIED DIVIDED YET UNIFIED
DIVIDED YET UNIFIED DIVIDED YET UNIFIED
DIVIDED YET UNIFIED DIVIDED YET UNIFIED
DIVIDED YET UNIFIED DIVIDED YET UNIFIED
DIVIDED YET UNIFIED DIVIDED YET UNIFIED
DIVIDED YET UNIFIED DIVIDED YET UNIFIED
DIVIDED YET UNIFIED DIVIDED YET UNIFIED
DIVIDED YET UNIFIED DIVIDED YET UNIFIED
DIVIDED YET UNIFIED DIVIDED YET UNIFIED
DIVIDED YET UNIFIED DIVIDED YET UNIFIED
DIVIDED YET UNIFIED DIVIDED YET UNIFIED
DIVIDED YET UNIFIED DIVIDED YET UNIFIED
DIVIDED YET UNIFIED DIVIDED YET UNIFIED
DIVIDED YET UNIFIED DIVIDED YET UNIFIED
DIVIDED YET UNIFIED DIVIDED YET UNIFIED
DIVIDED YET UNIFIED DIVIDED YET UNIFIED
DIVIDED YET UNIFIED DIVIDED YET UNIFIED

DIVIDED YET UNIFIED DIVIDED YET UNIFIED
DIVIDED YET UNIFIED DIVIDED YET UNIFIED
DIVIDED YET UNIFIED DIVIDED YET UNIFIED
DIVIDED YET UNIFIED DIVIDED YET UNIFIED
DIVIDED YET UNIFIED DIVIDED YET UNIFIED
DIVIDED YET UNIFIED DIVIDED YET UNIFIED
DIVIDED YET UNIFIED DIVIDED YET UNIFIED
DIVIDED YET UNIFIED DIVIDED YET UNIFIED
DIVIDED YET UNIFIED DIVIDED YET UNIFIED
DIVIDED YET UNIFIED DIVIDED YET UNIFIED
DIVIDED YET UNIFIED DIVIDED YET UNIFIED
DIVIDED YET UNIFIED DIVIDED YET UNIFIED
DIVIDED YET UNIFIED DIVIDED YET UNIFIED
DIVIDED YET UNIFIED DIVIDED YET UNIFIED
DIVIDED YET UNIFIED DIVIDED YET UNIFIED
DIVIDED YET UNIFIED DIVIDED YET UNIFIED
DIVIDED YET UNIFIED DIVIDED YET UNIFIED
DIVIDED YET UNIFIED DIVIDED YET UNIFIED
DIVIDED YET UNIFIED DIVIDED YET UNIFIED
DIVIDED YET UNIFIED DIVIDED YET UNIFIED
DIVIDED YET UNIFIED DIVIDED YET UNIFIED
DIVIDED YET UNIFIED DIVIDED YET UNIFIED
DIVIDED YET UNIFIED DIVIDED YET UNIFIED
DIVIDED YET UNIFIED DIVIDED YET UNIFIED
DIVIDED YET UNIFIED DIVIDED YET UNIFIED
DIVIDED YET UNIFIED DIVIDED YET UNIFIED
DIVIDED YET UNIFIED DIVIDED YET UNIFIED
DIVIDED YET UNIFIED DIVIDED YET UNIFIED
DIVIDED YET UNIFIED DIVIDED YET UNIFIED
DIVIDED YET UNIFIED DIVIDED YET UNIFIED
DIVIDED YET UNIFIED DIVIDED YET UNIFIED
DIVIDED YET UNIFIED DIVIDED YET UNIFIED
DIVIDED YET UNIFIED DIVIDED YET UNIFIED
DIVIDED YET UNIFIED DIVIDED YET UNIFIED
DIVIDED YET UNIFIED DIVIDED YET UNIFIED
DIVIDED YET UNIFIED DIVIDED YET UNIFIED
DIVIDED YET UNIFIED DIVIDED YET UNIFIED
DIVIDED YET UNIFIED DIVIDED YET UNIFIED
DIVIDED YET UNIFIED DIVIDED YET UNIFIED
DIVIDED YET UNIFIED DIVIDED YET UNIFIED
DIVIDED YET UNIFIED DIVIDED YET UNIFIED

DIVIDED YET UNIFIED DIVIDED YET UNIFIED
DIVIDED YET UNIFIED DIVIDED YET UNIFIED
DIVIDED YET UNIFIED DIVIDED YET UNIFIED
DIVIDED YET UNIFIED DIVIDED YET UNIFIED
DIVIDED YET UNIFIED DIVIDED YET UNIFIED
DIVIDED YET UNIFIED DIVIDED YET UNIFIED
DIVIDED YET UNIFIED DIVIDED YET UNIFIED
DIVIDED YET UNIFIED DIVIDED YET UNIFIED
DIVIDED YET UNIFIED DIVIDED YET UNIFIED
DIVIDED YET UNIFIED DIVIDED YET UNIFIED
DIVIDED YET UNIFIED DIVIDED YET UNIFIED
DIVIDED YET UNIFIED DIVIDED YET UNIFIED
DIVIDED YET UNIFIED DIVIDED YET UNIFIED
DIVIDED YET UNIFIED DIVIDED YET UNIFIED
DIVIDED YET UNIFIED DIVIDED YET UNIFIED
DIVIDED YET UNIFIED DIVIDED YET UNIFIED
DIVIDED YET UNIFIED DIVIDED YET UNIFIED
DIVIDED YET UNIFIED DIVIDED YET UNIFIED
DIVIDED YET UNIFIED DIVIDED YET UNIFIED
DIVIDED YET UNIFIED DIVIDED YET UNIFIED
DIVIDED YET UNIFIED DIVIDED YET UNIFIED
DIVIDED YET UNIFIED DIVIDED YET UNIFIED
DIVIDED YET UNIFIED DIVIDED YET UNIFIED
DIVIDED YET UNIFIED DIVIDED YET UNIFIED
DIVIDED YET UNIFIED DIVIDED YET UNIFIED
DIVIDED YET UNIFIED DIVIDED YET UNIFIED
DIVIDED YET UNIFIED DIVIDED YET UNIFIED
DIVIDED YET UNIFIED DIVIDED YET UNIFIED
DIVIDED YET UNIFIED DIVIDED YET UNIFIED
DIVIDED YET UNIFIED DIVIDED YET UNIFIED
DIVIDED YET UNIFIED DIVIDED YET UNIFIED
DIVIDED YET UNIFIED DIVIDED YET UNIFIED
DIVIDED YET UNIFIED DIVIDED YET UNIFIED
DIVIDED YET UNIFIED DIVIDED YET UNIFIED
DIVIDED YET UNIFIED DIVIDED YET UNIFIED
DIVIDED YET UNIFIED DIVIDED YET UNIFIED
DIVIDED YET UNIFIED DIVIDED YET UNIFIED
DIVIDED YET UNIFIED DIVIDED YET UNIFIED
DIVIDED YET UNIFIED DIVIDED YET UNIFIED

DIVIDED YET UNIFIED DIVIDED YET UNIFIED
DIVIDED YET UNIFIED DIVIDED YET UNIFIED
DIVIDED YET UNIFIED DIVIDED YET UNIFIED
DIVIDED YET UNIFIED DIVIDED YET UNIFIED
DIVIDED YET UNIFIED DIVIDED YET UNIFIED
DIVIDED YET UNIFIED DIVIDED YET UNIFIED
DIVIDED YET UNIFIED DIVIDED YET UNIFIED
DIVIDED YET UNIFIED DIVIDED YET UNIFIED
DIVIDED YET UNIFIED DIVIDED YET UNIFIED
DIVIDED YET UNIFIED DIVIDED YET UNIFIED
DIVIDED YET UNIFIED DIVIDED YET UNIFIED
DIVIDED YET UNIFIED DIVIDED YET UNIFIED
DIVIDED YET UNIFIED DIVIDED YET UNIFIED
DIVIDED YET UNIFIED DIVIDED YET UNIFIED
DIVIDED YET UNIFIED DIVIDED YET UNIFIED
DIVIDED YET UNIFIED DIVIDED YET UNIFIED
DIVIDED YET UNIFIED DIVIDED YET UNIFIED
DIVIDED YET UNIFIED DIVIDED YET UNIFIED
DIVIDED YET UNIFIED DIVIDED YET UNIFIED
DIVIDED YET UNIFIED DIVIDED YET UNIFIED
DIVIDED YET UNIFIED DIVIDED YET UNIFIED
DIVIDED YET UNIFIED DIVIDED YET UNIFIED
DIVIDED YET UNIFIED DIVIDED YET UNIFIED
DIVIDED YET UNIFIED DIVIDED YET UNIFIED
DIVIDED YET UNIFIED DIVIDED YET UNIFIED
DIVIDED YET UNIFIED DIVIDED YET UNIFIED
DIVIDED YET UNIFIED DIVIDED YET UNIFIED
DIVIDED YET UNIFIED DIVIDED YET UNIFIED
DIVIDED YET UNIFIED DIVIDED YET UNIFIED
DIVIDED YET UNIFIED DIVIDED YET UNIFIED
DIVIDED YET UNIFIED DIVIDED YET UNIFIED
DIVIDED YET UNIFIED DIVIDED YET UNIFIED
DIVIDED YET UNIFIED DIVIDED YET UNIFIED
DIVIDED YET UNIFIED DIVIDED YET UNIFIED
DIVIDED YET UNIFIED DIVIDED YET UNIFIED
DIVIDED YET UNIFIED DIVIDED YET UNIFIED
DIVIDED YET UNIFIED DIVIDED YET UNIFIED
DIVIDED YET UNIFIED DIVIDED YET UNIFIED
DIVIDED YET UNIFIED DIVIDED YET UNIFIED
DIVIDED YET UNIFIED DIVIDED YET UNIFIED
DIVIDED YET UNIFIED DIVIDED YET UNIFIED

DIVIDED YET UNIFIED DIVIDED YET UNIFIED
DIVIDED YET UNIFIED DIVIDED YET UNIFIED
DIVIDED YET UNIFIED DIVIDED YET UNIFIED
DIVIDED YET UNIFIED DIVIDED YET UNIFIED
DIVIDED YET UNIFIED DIVIDED YET UNIFIED
DIVIDED YET UNIFIED DIVIDED YET UNIFIED
DIVIDED YET UNIFIED DIVIDED YET UNIFIED
DIVIDED YET UNIFIED DIVIDED YET UNIFIED
DIVIDED YET UNIFIED DIVIDED YET UNIFIED
DIVIDED YET UNIFIED DIVIDED YET UNIFIED
DIVIDED YET UNIFIED DIVIDED YET UNIFIED
DIVIDED YET UNIFIED DIVIDED YET UNIFIED
DIVIDED YET UNIFIED DIVIDED YET UNIFIED
DIVIDED YET UNIFIED DIVIDED YET UNIFIED
DIVIDED YET UNIFIED DIVIDED YET UNIFIED
DIVIDED YET UNIFIED DIVIDED YET UNIFIED
DIVIDED YET UNIFIED DIVIDED YET UNIFIED
DIVIDED YET UNIFIED DIVIDED YET UNIFIED
DIVIDED YET UNIFIED DIVIDED YET UNIFIED
DIVIDED YET UNIFIED DIVIDED YET UNIFIED
DIVIDED YET UNIFIED DIVIDED YET UNIFIED
DIVIDED YET UNIFIED DIVIDED YET UNIFIED
DIVIDED YET UNIFIED DIVIDED YET UNIFIED
DIVIDED YET UNIFIED DIVIDED YET UNIFIED
DIVIDED YET UNIFIED DIVIDED YET UNIFIED
DIVIDED YET UNIFIED DIVIDED YET UNIFIED
DIVIDED YET UNIFIED DIVIDED YET UNIFIED
DIVIDED YET UNIFIED DIVIDED YET UNIFIED
DIVIDED YET UNIFIED DIVIDED YET UNIFIED
DIVIDED YET UNIFIED DIVIDED YET UNIFIED
DIVIDED YET UNIFIED DIVIDED YET UNIFIED
DIVIDED YET UNIFIED DIVIDED YET UNIFIED
DIVIDED YET UNIFIED DIVIDED YET UNIFIED
DIVIDED YET UNIFIED DIVIDED YET UNIFIED
DIVIDED YET UNIFIED DIVIDED YET UNIFIED
DIVIDED YET UNIFIED DIVIDED YET UNIFIED
DIVIDED YET UNIFIED DIVIDED YET UNIFIED
DIVIDED YET UNIFIED DIVIDED YET UNIFIED
DIVIDED YET UNIFIED DIVIDED YET UNIFIED
DIVIDED YET UNIFIED DIVIDED YET UNIFIED
DIVIDED YET UNIFIED DIVIDED YET UNIFIED

DIVIDED YET UNIFIED DIVIDED YET UNIFIED
DIVIDED YET UNIFIED DIVIDED YET UNIFIED
DIVIDED YET UNIFIED DIVIDED YET UNIFIED
DIVIDED YET UNIFIED DIVIDED YET UNIFIED
DIVIDED YET UNIFIED DIVIDED YET UNIFIED
DIVIDED YET UNIFIED DIVIDED YET UNIFIED
DIVIDED YET UNIFIED DIVIDED YET UNIFIED
DIVIDED YET UNIFIED DIVIDED YET UNIFIED
DIVIDED YET UNIFIED DIVIDED YET UNIFIED
DIVIDED YET UNIFIED DIVIDED YET UNIFIED
DIVIDED YET UNIFIED DIVIDED YET UNIFIED
DIVIDED YET UNIFIED DIVIDED YET UNIFIED
DIVIDED YET UNIFIED DIVIDED YET UNIFIED
DIVIDED YET UNIFIED DIVIDED YET UNIFIED
DIVIDED YET UNIFIED DIVIDED YET UNIFIED
DIVIDED YET UNIFIED DIVIDED YET UNIFIED
DIVIDED YET UNIFIED DIVIDED YET UNIFIED
DIVIDED YET UNIFIED DIVIDED YET UNIFIED
DIVIDED YET UNIFIED DIVIDED YET UNIFIED
DIVIDED YET UNIFIED DIVIDED YET UNIFIED
DIVIDED YET UNIFIED DIVIDED YET UNIFIED
DIVIDED YET UNIFIED DIVIDED YET UNIFIED
DIVIDED YET UNIFIED DIVIDED YET UNIFIED
DIVIDED YET UNIFIED DIVIDED YET UNIFIED
DIVIDED YET UNIFIED DIVIDED YET UNIFIED
DIVIDED YET UNIFIED DIVIDED YET UNIFIED
DIVIDED YET UNIFIED DIVIDED YET UNIFIED
DIVIDED YET UNIFIED DIVIDED YET UNIFIED
DIVIDED YET UNIFIED DIVIDED YET UNIFIED
DIVIDED YET UNIFIED DIVIDED YET UNIFIED
DIVIDED YET UNIFIED DIVIDED YET UNIFIED
DIVIDED YET UNIFIED DIVIDED YET UNIFIED
DIVIDED YET UNIFIED DIVIDED YET UNIFIED
DIVIDED YET UNIFIED DIVIDED YET UNIFIED
DIVIDED YET UNIFIED DIVIDED YET UNIFIED
DIVIDED YET UNIFIED DIVIDED YET UNIFIED
DIVIDED YET UNIFIED DIVIDED YET UNIFIED
DIVIDED YET UNIFIED DIVIDED YET UNIFIED
DIVIDED YET UNIFIED DIVIDED YET UNIFIED
DIVIDED YET UNIFIED DIVIDED YET UNIFIED

DIVIDED YET UNIFIED DIVIDED YET UNIFIED
DIVIDED YET UNIFIED DIVIDED YET UNIFIED
DIVIDED YET UNIFIED DIVIDED YET UNIFIED
DIVIDED YET UNIFIED DIVIDED YET UNIFIED
DIVIDED YET UNIFIED DIVIDED YET UNIFIED
DIVIDED YET UNIFIED DIVIDED YET UNIFIED
DIVIDED YET UNIFIED DIVIDED YET UNIFIED
DIVIDED YET UNIFIED DIVIDED YET UNIFIED
DIVIDED YET UNIFIED DIVIDED YET UNIFIED
DIVIDED YET UNIFIED DIVIDED YET UNIFIED
DIVIDED YET UNIFIED DIVIDED YET UNIFIED
DIVIDED YET UNIFIED DIVIDED YET UNIFIED
DIVIDED YET UNIFIED DIVIDED YET UNIFIED
DIVIDED YET UNIFIED DIVIDED YET UNIFIED
DIVIDED YET UNIFIED DIVIDED YET UNIFIED
DIVIDED YET UNIFIED DIVIDED YET UNIFIED
DIVIDED YET UNIFIED DIVIDED YET UNIFIED
DIVIDED YET UNIFIED DIVIDED YET UNIFIED
DIVIDED YET UNIFIED DIVIDED YET UNIFIED
DIVIDED YET UNIFIED DIVIDED YET UNIFIED
DIVIDED YET UNIFIED DIVIDED YET UNIFIED
DIVIDED YET UNIFIED DIVIDED YET UNIFIED
DIVIDED YET UNIFIED DIVIDED YET UNIFIED
DIVIDED YET UNIFIED DIVIDED YET UNIFIED
DIVIDED YET UNIFIED DIVIDED YET UNIFIED
DIVIDED YET UNIFIED DIVIDED YET UNIFIED
DIVIDED YET UNIFIED DIVIDED YET UNIFIED
DIVIDED YET UNIFIED DIVIDED YET UNIFIED
DIVIDED YET UNIFIED DIVIDED YET UNIFIED
DIVIDED YET UNIFIED DIVIDED YET UNIFIED
DIVIDED YET UNIFIED DIVIDED YET UNIFIED
DIVIDED YET UNIFIED DIVIDED YET UNIFIED
DIVIDED YET UNIFIED DIVIDED YET UNIFIED
DIVIDED YET UNIFIED DIVIDED YET UNIFIED
DIVIDED YET UNIFIED DIVIDED YET UNIFIED
DIVIDED YET UNIFIED DIVIDED YET UNIFIED
DIVIDED YET UNIFIED DIVIDED YET UNIFIED
DIVIDED YET UNIFIED DIVIDED YET UNIFIED
DIVIDED YET UNIFIED DIVIDED YET UNIFIED
DIVIDED YET UNIFIED DIVIDED YET UNIFIED
DIVIDED YET UNIFIED DIVIDED YET UNIFIED
DIVIDED YET UNIFIED DIVIDED YET UNIFIED

DIVIDED YET UNIFIED DIVIDED YET UNIFIED
DIVIDED YET UNIFIED DIVIDED YET UNIFIED
DIVIDED YET UNIFIED DIVIDED YET UNIFIED
DIVIDED YET UNIFIED DIVIDED YET UNIFIED
DIVIDED YET UNIFIED DIVIDED YET UNIFIED
DIVIDED YET UNIFIED DIVIDED YET UNIFIED
DIVIDED YET UNIFIED DIVIDED YET UNIFIED
DIVIDED YET UNIFIED DIVIDED YET UNIFIED
DIVIDED YET UNIFIED DIVIDED YET UNIFIED
DIVIDED YET UNIFIED DIVIDED YET UNIFIED
DIVIDED YET UNIFIED DIVIDED YET UNIFIED
DIVIDED YET UNIFIED DIVIDED YET UNIFIED
DIVIDED YET UNIFIED DIVIDED YET UNIFIED
DIVIDED YET UNIFIED DIVIDED YET UNIFIED
DIVIDED YET UNIFIED DIVIDED YET UNIFIED
DIVIDED YET UNIFIED DIVIDED YET UNIFIED
DIVIDED YET UNIFIED DIVIDED YET UNIFIED
DIVIDED YET UNIFIED DIVIDED YET UNIFIED
DIVIDED YET UNIFIED DIVIDED YET UNIFIED
DIVIDED YET UNIFIED DIVIDED YET UNIFIED
DIVIDED YET UNIFIED DIVIDED YET UNIFIED
DIVIDED YET UNIFIED DIVIDED YET UNIFIED
DIVIDED YET UNIFIED DIVIDED YET UNIFIED
DIVIDED YET UNIFIED DIVIDED YET UNIFIED
DIVIDED YET UNIFIED DIVIDED YET UNIFIED
DIVIDED YET UNIFIED DIVIDED YET UNIFIED
DIVIDED YET UNIFIED DIVIDED YET UNIFIED
DIVIDED YET UNIFIED DIVIDED YET UNIFIED
DIVIDED YET UNIFIED DIVIDED YET UNIFIED
DIVIDED YET UNIFIED DIVIDED YET UNIFIED
DIVIDED YET UNIFIED DIVIDED YET UNIFIED
DIVIDED YET UNIFIED DIVIDED YET UNIFIED
DIVIDED YET UNIFIED DIVIDED YET UNIFIED
DIVIDED YET UNIFIED DIVIDED YET UNIFIED
DIVIDED YET UNIFIED DIVIDED YET UNIFIED
DIVIDED YET UNIFIED DIVIDED YET UNIFIED
DIVIDED YET UNIFIED DIVIDED YET UNIFIED
DIVIDED YET UNIFIED DIVIDED YET UNIFIED
DIVIDED YET UNIFIED DIVIDED YET UNIFIED
DIVIDED YET UNIFIED DIVIDED YET UNIFIED
DIVIDED YET UNIFIED DIVIDED YET UNIFIED
DIVIDED YET UNIFIED DIVIDED YET UNIFIED
DIVIDED YET UNIFIED DIVIDED YET UNIFIED

DIVIDED YET UNIFIED DIVIDED YET UNIFIED
DIVIDED YET UNIFIED DIVIDED YET UNIFIED
DIVIDED YET UNIFIED DIVIDED YET UNIFIED
DIVIDED YET UNIFIED DIVIDED YET UNIFIED
DIVIDED YET UNIFIED DIVIDED YET UNIFIED
DIVIDED YET UNIFIED DIVIDED YET UNIFIED
DIVIDED YET UNIFIED DIVIDED YET UNIFIED
DIVIDED YET UNIFIED DIVIDED YET UNIFIED
DIVIDED YET UNIFIED DIVIDED YET UNIFIED
DIVIDED YET UNIFIED DIVIDED YET UNIFIED
DIVIDED YET UNIFIED DIVIDED YET UNIFIED
DIVIDED YET UNIFIED DIVIDED YET UNIFIED
DIVIDED YET UNIFIED DIVIDED YET UNIFIED
DIVIDED YET UNIFIED DIVIDED YET UNIFIED
DIVIDED YET UNIFIED DIVIDED YET UNIFIED
DIVIDED YET UNIFIED DIVIDED YET UNIFIED
DIVIDED YET UNIFIED DIVIDED YET UNIFIED
DIVIDED YET UNIFIED DIVIDED YET UNIFIED
DIVIDED YET UNIFIED DIVIDED YET UNIFIED
DIVIDED YET UNIFIED DIVIDED YET UNIFIED
DIVIDED YET UNIFIED DIVIDED YET UNIFIED
DIVIDED YET UNIFIED DIVIDED YET UNIFIED
DIVIDED YET UNIFIED DIVIDED YET UNIFIED
DIVIDED YET UNIFIED DIVIDED YET UNIFIED
DIVIDED YET UNIFIED DIVIDED YET UNIFIED
DIVIDED YET UNIFIED DIVIDED YET UNIFIED
DIVIDED YET UNIFIED DIVIDED YET UNIFIED
DIVIDED YET UNIFIED DIVIDED YET UNIFIED
DIVIDED YET UNIFIED DIVIDED YET UNIFIED
DIVIDED YET UNIFIED DIVIDED YET UNIFIED
DIVIDED YET UNIFIED DIVIDED YET UNIFIED
DIVIDED YET UNIFIED DIVIDED YET UNIFIED
DIVIDED YET UNIFIED DIVIDED YET UNIFIED
DIVIDED YET UNIFIED DIVIDED YET UNIFIED
DIVIDED YET UNIFIED DIVIDED YET UNIFIED
DIVIDED YET UNIFIED DIVIDED YET UNIFIED
DIVIDED YET UNIFIED DIVIDED YET UNIFIED
DIVIDED YET UNIFIED DIVIDED YET UNIFIED
DIVIDED YET UNIFIED DIVIDED YET UNIFIED
DIVIDED YET UNIFIED DIVIDED YET UNIFIED
DIVIDED YET UNIFIED DIVIDED YET UNIFIED
DIVIDED YET UNIFIED DIVIDED YET UNIFIED
DIVIDED YET UNIFIED DIVIDED YET UNIFIED
DIVIDED YET UNIFIED DIVIDED YET UNIFIED
DIVIDED YET UNIFIED DIVIDED YET UNIFIED
DIVIDED YET UNIFIED DIVIDED YET UNIFIED
DIVIDED YET UNIFIED DIVIDED YET UNIFIED

DIVIDED YET UNIFIED DIVIDED YET UNIFIED
DIVIDED YET UNIFIED DIVIDED YET UNIFIED
DIVIDED YET UNIFIED DIVIDED YET UNIFIED
DIVIDED YET UNIFIED DIVIDED YET UNIFIED
DIVIDED YET UNIFIED DIVIDED YET UNIFIED
DIVIDED YET UNIFIED DIVIDED YET UNIFIED
DIVIDED YET UNIFIED DIVIDED YET UNIFIED
DIVIDED YET UNIFIED DIVIDED YET UNIFIED
DIVIDED YET UNIFIED DIVIDED YET UNIFIED
DIVIDED YET UNIFIED DIVIDED YET UNIFIED
DIVIDED YET UNIFIED DIVIDED YET UNIFIED
DIVIDED YET UNIFIED DIVIDED YET UNIFIED
DIVIDED YET UNIFIED DIVIDED YET UNIFIED
DIVIDED YET UNIFIED DIVIDED YET UNIFIED
DIVIDED YET UNIFIED DIVIDED YET UNIFIED
DIVIDED YET UNIFIED DIVIDED YET UNIFIED
DIVIDED YET UNIFIED DIVIDED YET UNIFIED
DIVIDED YET UNIFIED DIVIDED YET UNIFIED
DIVIDED YET UNIFIED DIVIDED YET UNIFIED
DIVIDED YET UNIFIED DIVIDED YET UNIFIED
DIVIDED YET UNIFIED DIVIDED YET UNIFIED
DIVIDED YET UNIFIED DIVIDED YET UNIFIED
DIVIDED YET UNIFIED DIVIDED YET UNIFIED
DIVIDED YET UNIFIED DIVIDED YET UNIFIED
DIVIDED YET UNIFIED DIVIDED YET UNIFIED
DIVIDED YET UNIFIED DIVIDED YET UNIFIED
DIVIDED YET UNIFIED DIVIDED YET UNIFIED
DIVIDED YET UNIFIED DIVIDED YET UNIFIED
DIVIDED YET UNIFIED DIVIDED YET UNIFIED
DIVIDED YET UNIFIED DIVIDED YET UNIFIED
DIVIDED YET UNIFIED DIVIDED YET UNIFIED
DIVIDED YET UNIFIED DIVIDED YET UNIFIED
DIVIDED YET UNIFIED DIVIDED YET UNIFIED
DIVIDED YET UNIFIED DIVIDED YET UNIFIED
DIVIDED YET UNIFIED DIVIDED YET UNIFIED
DIVIDED YET UNIFIED DIVIDED YET UNIFIED
DIVIDED YET UNIFIED DIVIDED YET UNIFIED
DIVIDED YET UNIFIED DIVIDED YET UNIFIED
DIVIDED YET UNIFIED DIVIDED YET UNIFIED
DIVIDED YET UNIFIED DIVIDED YET UNIFIED
DIVIDED YET UNIFIED DIVIDED YET UNIFIED
DIVIDED YET UNIFIED DIVIDED YET UNIFIED
DIVIDED YET UNIFIED DIVIDED YET UNIFIED
DIVIDED YET UNIFIED DIVIDED YET UNIFIED
DIVIDED YET UNIFIED DIVIDED YET UNIFIED
DIVIDED YET UNIFIED DIVIDED YET UNIFIED

DIVIDED YET UNIFIED DIVIDED YET UNIFIED
DIVIDED YET UNIFIED DIVIDED YET UNIFIED
DIVIDED YET UNIFIED DIVIDED YET UNIFIED
DIVIDED YET UNIFIED DIVIDED YET UNIFIED
DIVIDED YET UNIFIED DIVIDED YET UNIFIED
DIVIDED YET UNIFIED DIVIDED YET UNIFIED
DIVIDED YET UNIFIED DIVIDED YET UNIFIED
DIVIDED YET UNIFIED DIVIDED YET UNIFIED
DIVIDED YET UNIFIED DIVIDED YET UNIFIED
DIVIDED YET UNIFIED DIVIDED YET UNIFIED
DIVIDED YET UNIFIED DIVIDED YET UNIFIED
DIVIDED YET UNIFIED DIVIDED YET UNIFIED
DIVIDED YET UNIFIED DIVIDED YET UNIFIED
DIVIDED YET UNIFIED DIVIDED YET UNIFIED
DIVIDED YET UNIFIED DIVIDED YET UNIFIED
DIVIDED YET UNIFIED DIVIDED YET UNIFIED
DIVIDED YET UNIFIED DIVIDED YET UNIFIED
DIVIDED YET UNIFIED DIVIDED YET UNIFIED
DIVIDED YET UNIFIED DIVIDED YET UNIFIED
DIVIDED YET UNIFIED DIVIDED YET UNIFIED
DIVIDED YET UNIFIED DIVIDED YET UNIFIED
DIVIDED YET UNIFIED DIVIDED YET UNIFIED
DIVIDED YET UNIFIED DIVIDED YET UNIFIED
DIVIDED YET UNIFIED DIVIDED YET UNIFIED
DIVIDED YET UNIFIED DIVIDED YET UNIFIED
DIVIDED YET UNIFIED DIVIDED YET UNIFIED
DIVIDED YET UNIFIED DIVIDED YET UNIFIED
DIVIDED YET UNIFIED DIVIDED YET UNIFIED
DIVIDED YET UNIFIED DIVIDED YET UNIFIED
DIVIDED YET UNIFIED DIVIDED YET UNIFIED
DIVIDED YET UNIFIED DIVIDED YET UNIFIED
DIVIDED YET UNIFIED DIVIDED YET UNIFIED
DIVIDED YET UNIFIED DIVIDED YET UNIFIED
DIVIDED YET UNIFIED DIVIDED YET UNIFIED
DIVIDED YET UNIFIED DIVIDED YET UNIFIED
DIVIDED YET UNIFIED DIVIDED YET UNIFIED
DIVIDED YET UNIFIED DIVIDED YET UNIFIED
DIVIDED YET UNIFIED DIVIDED YET UNIFIED
DIVIDED YET UNIFIED DIVIDED YET UNIFIED
DIVIDED YET UNIFIED DIVIDED YET UNIFIED
DIVIDED YET UNIFIED DIVIDED YET UNIFIED

DIVIDED YET UNIFIED DIVIDED YET UNIFIED
DIVIDED YET UNIFIED DIVIDED YET UNIFIED
DIVIDED YET UNIFIED DIVIDED YET UNIFIED
DIVIDED YET UNIFIED DIVIDED YET UNIFIED
DIVIDED YET UNIFIED DIVIDED YET UNIFIED
DIVIDED YET UNIFIED DIVIDED YET UNIFIED
DIVIDED YET UNIFIED DIVIDED YET UNIFIED
DIVIDED YET UNIFIED DIVIDED YET UNIFIED
DIVIDED YET UNIFIED DIVIDED YET UNIFIED
DIVIDED YET UNIFIED DIVIDED YET UNIFIED
DIVIDED YET UNIFIED DIVIDED YET UNIFIED
DIVIDED YET UNIFIED DIVIDED YET UNIFIED
DIVIDED YET UNIFIED DIVIDED YET UNIFIED
DIVIDED YET UNIFIED DIVIDED YET UNIFIED
DIVIDED YET UNIFIED DIVIDED YET UNIFIED
DIVIDED YET UNIFIED DIVIDED YET UNIFIED
DIVIDED YET UNIFIED DIVIDED YET UNIFIED
DIVIDED YET UNIFIED DIVIDED YET UNIFIED
DIVIDED YET UNIFIED DIVIDED YET UNIFIED
DIVIDED YET UNIFIED DIVIDED YET UNIFIED
DIVIDED YET UNIFIED DIVIDED YET UNIFIED
DIVIDED YET UNIFIED DIVIDED YET UNIFIED
DIVIDED YET UNIFIED DIVIDED YET UNIFIED
DIVIDED YET UNIFIED DIVIDED YET UNIFIED
DIVIDED YET UNIFIED DIVIDED YET UNIFIED
DIVIDED YET UNIFIED DIVIDED YET UNIFIED
DIVIDED YET UNIFIED DIVIDED YET UNIFIED
DIVIDED YET UNIFIED DIVIDED YET UNIFIED
DIVIDED YET UNIFIED DIVIDED YET UNIFIED
DIVIDED YET UNIFIED DIVIDED YET UNIFIED
DIVIDED YET UNIFIED DIVIDED YET UNIFIED
DIVIDED YET UNIFIED DIVIDED YET UNIFIED
DIVIDED YET UNIFIED DIVIDED YET UNIFIED
DIVIDED YET UNIFIED DIVIDED YET UNIFIED
DIVIDED YET UNIFIED DIVIDED YET UNIFIED
DIVIDED YET UNIFIED DIVIDED YET UNIFIED
DIVIDED YET UNIFIED DIVIDED YET UNIFIED
DIVIDED YET UNIFIED DIVIDED YET UNIFIED
DIVIDED YET UNIFIED DIVIDED YET UNIFIED
DIVIDED YET UNIFIED DIVIDED YET UNIFIED
DIVIDED YET UNIFIED DIVIDED YET UNIFIED
DIVIDED YET UNIFIED DIVIDED YET UNIFIED
DIVIDED YET UNIFIED DIVIDED YET UNIFIED

DIVIDED YET UNIFIED DIVIDED YET UNIFIED
DIVIDED YET UNIFIED DIVIDED YET UNIFIED
DIVIDED YET UNIFIED DIVIDED YET UNIFIED
DIVIDED YET UNIFIED DIVIDED YET UNIFIED
DIVIDED YET UNIFIED DIVIDED YET UNIFIED
DIVIDED YET UNIFIED DIVIDED YET UNIFIED
DIVIDED YET UNIFIED DIVIDED YET UNIFIED
DIVIDED YET UNIFIED DIVIDED YET UNIFIED
DIVIDED YET UNIFIED DIVIDED YET UNIFIED
DIVIDED YET UNIFIED DIVIDED YET UNIFIED
DIVIDED YET UNIFIED DIVIDED YET UNIFIED
DIVIDED YET UNIFIED DIVIDED YET UNIFIED
DIVIDED YET UNIFIED DIVIDED YET UNIFIED
DIVIDED YET UNIFIED DIVIDED YET UNIFIED
DIVIDED YET UNIFIED DIVIDED YET UNIFIED
DIVIDED YET UNIFIED DIVIDED YET UNIFIED
DIVIDED YET UNIFIED DIVIDED YET UNIFIED
DIVIDED YET UNIFIED DIVIDED YET UNIFIED
DIVIDED YET UNIFIED DIVIDED YET UNIFIED
DIVIDED YET UNIFIED DIVIDED YET UNIFIED
DIVIDED YET UNIFIED DIVIDED YET UNIFIED
DIVIDED YET UNIFIED DIVIDED YET UNIFIED
DIVIDED YET UNIFIED DIVIDED YET UNIFIED
DIVIDED YET UNIFIED DIVIDED YET UNIFIED
DIVIDED YET UNIFIED DIVIDED YET UNIFIED
DIVIDED YET UNIFIED DIVIDED YET UNIFIED
DIVIDED YET UNIFIED DIVIDED YET UNIFIED
DIVIDED YET UNIFIED DIVIDED YET UNIFIED
DIVIDED YET UNIFIED DIVIDED YET UNIFIED
DIVIDED YET UNIFIED DIVIDED YET UNIFIED
DIVIDED YET UNIFIED DIVIDED YET UNIFIED
DIVIDED YET UNIFIED DIVIDED YET UNIFIED
DIVIDED YET UNIFIED DIVIDED YET UNIFIED
DIVIDED YET UNIFIED DIVIDED YET UNIFIED
DIVIDED YET UNIFIED DIVIDED YET UNIFIED
DIVIDED YET UNIFIED DIVIDED YET UNIFIED
DIVIDED YET UNIFIED DIVIDED YET UNIFIED
DIVIDED YET UNIFIED DIVIDED YET UNIFIED
DIVIDED YET UNIFIED DIVIDED YET UNIFIED
DIVIDED YET UNIFIED DIVIDED YET UNIFIED
DIVIDED YET UNIFIED DIVIDED YET UNIFIED

DIVIDED YET UNIFIED DIVIDED YET UNIFIED
DIVIDED YET UNIFIED DIVIDED YET UNIFIED
DIVIDED YET UNIFIED DIVIDED YET UNIFIED
DIVIDED YET UNIFIED DIVIDED YET UNIFIED
DIVIDED YET UNIFIED DIVIDED YET UNIFIED
DIVIDED YET UNIFIED DIVIDED YET UNIFIED
DIVIDED YET UNIFIED DIVIDED YET UNIFIED
DIVIDED YET UNIFIED DIVIDED YET UNIFIED
DIVIDED YET UNIFIED DIVIDED YET UNIFIED
DIVIDED YET UNIFIED DIVIDED YET UNIFIED
DIVIDED YET UNIFIED DIVIDED YET UNIFIED
DIVIDED YET UNIFIED DIVIDED YET UNIFIED
DIVIDED YET UNIFIED DIVIDED YET UNIFIED
DIVIDED YET UNIFIED DIVIDED YET UNIFIED
DIVIDED YET UNIFIED DIVIDED YET UNIFIED
DIVIDED YET UNIFIED DIVIDED YET UNIFIED
DIVIDED YET UNIFIED DIVIDED YET UNIFIED
DIVIDED YET UNIFIED DIVIDED YET UNIFIED
DIVIDED YET UNIFIED DIVIDED YET UNIFIED
DIVIDED YET UNIFIED DIVIDED YET UNIFIED
DIVIDED YET UNIFIED DIVIDED YET UNIFIED
DIVIDED YET UNIFIED DIVIDED YET UNIFIED
DIVIDED YET UNIFIED DIVIDED YET UNIFIED
DIVIDED YET UNIFIED DIVIDED YET UNIFIED
DIVIDED YET UNIFIED DIVIDED YET UNIFIED
DIVIDED YET UNIFIED DIVIDED YET UNIFIED
DIVIDED YET UNIFIED DIVIDED YET UNIFIED
DIVIDED YET UNIFIED DIVIDED YET UNIFIED
DIVIDED YET UNIFIED DIVIDED YET UNIFIED
DIVIDED YET UNIFIED DIVIDED YET UNIFIED
DIVIDED YET UNIFIED DIVIDED YET UNIFIED
DIVIDED YET UNIFIED DIVIDED YET UNIFIED
DIVIDED YET UNIFIED DIVIDED YET UNIFIED
DIVIDED YET UNIFIED DIVIDED YET UNIFIED
DIVIDED YET UNIFIED DIVIDED YET UNIFIED
DIVIDED YET UNIFIED DIVIDED YET UNIFIED
DIVIDED YET UNIFIED DIVIDED YET UNIFIED
DIVIDED YET UNIFIED DIVIDED YET UNIFIED
DIVIDED YET UNIFIED DIVIDED YET UNIFIED
DIVIDED YET UNIFIED DIVIDED YET UNIFIED
DIVIDED YET UNIFIED DIVIDED YET UNIFIED
DIVIDED YET UNIFIED DIVIDED YET UNIFIED

DIVIDED YET UNIFIED DIVIDED YET UNIFIED
DIVIDED YET UNIFIED DIVIDED YET UNIFIED
DIVIDED YET UNIFIED DIVIDED YET UNIFIED
DIVIDED YET UNIFIED DIVIDED YET UNIFIED
DIVIDED YET UNIFIED DIVIDED YET UNIFIED
DIVIDED YET UNIFIED DIVIDED YET UNIFIED
DIVIDED YET UNIFIED DIVIDED YET UNIFIED
DIVIDED YET UNIFIED DIVIDED YET UNIFIED
DIVIDED YET UNIFIED DIVIDED YET UNIFIED
DIVIDED YET UNIFIED DIVIDED YET UNIFIED
DIVIDED YET UNIFIED DIVIDED YET UNIFIED
DIVIDED YET UNIFIED DIVIDED YET UNIFIED
DIVIDED YET UNIFIED DIVIDED YET UNIFIED
DIVIDED YET UNIFIED DIVIDED YET UNIFIED
DIVIDED YET UNIFIED DIVIDED YET UNIFIED
DIVIDED YET UNIFIED DIVIDED YET UNIFIED
DIVIDED YET UNIFIED DIVIDED YET UNIFIED
DIVIDED YET UNIFIED DIVIDED YET UNIFIED
DIVIDED YET UNIFIED DIVIDED YET UNIFIED
DIVIDED YET UNIFIED DIVIDED YET UNIFIED
DIVIDED YET UNIFIED DIVIDED YET UNIFIED
DIVIDED YET UNIFIED DIVIDED YET UNIFIED
DIVIDED YET UNIFIED DIVIDED YET UNIFIED
DIVIDED YET UNIFIED DIVIDED YET UNIFIED
DIVIDED YET UNIFIED DIVIDED YET UNIFIED
DIVIDED YET UNIFIED DIVIDED YET UNIFIED
DIVIDED YET UNIFIED DIVIDED YET UNIFIED
DIVIDED YET UNIFIED DIVIDED YET UNIFIED
DIVIDED YET UNIFIED DIVIDED YET UNIFIED
DIVIDED YET UNIFIED DIVIDED YET UNIFIED
DIVIDED YET UNIFIED DIVIDED YET UNIFIED
DIVIDED YET UNIFIED DIVIDED YET UNIFIED
DIVIDED YET UNIFIED DIVIDED YET UNIFIED
DIVIDED YET UNIFIED DIVIDED YET UNIFIED
DIVIDED YET UNIFIED DIVIDED YET UNIFIED
DIVIDED YET UNIFIED DIVIDED YET UNIFIED
DIVIDED YET UNIFIED DIVIDED YET UNIFIED
DIVIDED YET UNIFIED DIVIDED YET UNIFIED
DIVIDED YET UNIFIED DIVIDED YET UNIFIED
DIVIDED YET UNIFIED DIVIDED YET UNIFIED

DIVIDED YET UNIFIED DIVIDED YET UNIFIED
DIVIDED YET UNIFIED DIVIDED YET UNIFIED
DIVIDED YET UNIFIED DIVIDED YET UNIFIED
DIVIDED YET UNIFIED DIVIDED YET UNIFIED
DIVIDED YET UNIFIED DIVIDED YET UNIFIED
DIVIDED YET UNIFIED DIVIDED YET UNIFIED
DIVIDED YET UNIFIED DIVIDED YET UNIFIED
DIVIDED YET UNIFIED DIVIDED YET UNIFIED
DIVIDED YET UNIFIED DIVIDED YET UNIFIED
DIVIDED YET UNIFIED DIVIDED YET UNIFIED
DIVIDED YET UNIFIED DIVIDED YET UNIFIED
DIVIDED YET UNIFIED DIVIDED YET UNIFIED
DIVIDED YET UNIFIED DIVIDED YET UNIFIED
DIVIDED YET UNIFIED DIVIDED YET UNIFIED
DIVIDED YET UNIFIED DIVIDED YET UNIFIED
DIVIDED YET UNIFIED DIVIDED YET UNIFIED
DIVIDED YET UNIFIED DIVIDED YET UNIFIED
DIVIDED YET UNIFIED DIVIDED YET UNIFIED
DIVIDED YET UNIFIED DIVIDED YET UNIFIED
DIVIDED YET UNIFIED DIVIDED YET UNIFIED
DIVIDED YET UNIFIED DIVIDED YET UNIFIED
DIVIDED YET UNIFIED DIVIDED YET UNIFIED
DIVIDED YET UNIFIED DIVIDED YET UNIFIED
DIVIDED YET UNIFIED DIVIDED YET UNIFIED
DIVIDED YET UNIFIED DIVIDED YET UNIFIED
DIVIDED YET UNIFIED DIVIDED YET UNIFIED
DIVIDED YET UNIFIED DIVIDED YET UNIFIED
DIVIDED YET UNIFIED DIVIDED YET UNIFIED
DIVIDED YET UNIFIED DIVIDED YET UNIFIED
DIVIDED YET UNIFIED DIVIDED YET UNIFIED
DIVIDED YET UNIFIED DIVIDED YET UNIFIED
DIVIDED YET UNIFIED DIVIDED YET UNIFIED
DIVIDED YET UNIFIED DIVIDED YET UNIFIED
DIVIDED YET UNIFIED DIVIDED YET UNIFIED
DIVIDED YET UNIFIED DIVIDED YET UNIFIED
DIVIDED YET UNIFIED DIVIDED YET UNIFIED
DIVIDED YET UNIFIED DIVIDED YET UNIFIED
DIVIDED YET UNIFIED DIVIDED YET UNIFIED
DIVIDED YET UNIFIED DIVIDED YET UNIFIED
DIVIDED YET UNIFIED DIVIDED YET UNIFIED
DIVIDED YET UNIFIED DIVIDED YET UNIFIED
DIVIDED YET UNIFIED DIVIDED YET UNIFIED
DIVIDED YET UNIFIED DIVIDED YET UNIFIED

DIVIDED YET UNIFIED DIVIDED YET UNIFIED
DIVIDED YET UNIFIED DIVIDED YET UNIFIED
DIVIDED YET UNIFIED DIVIDED YET UNIFIED
DIVIDED YET UNIFIED DIVIDED YET UNIFIED
DIVIDED YET UNIFIED DIVIDED YET UNIFIED
DIVIDED YET UNIFIED DIVIDED YET UNIFIED
DIVIDED YET UNIFIED DIVIDED YET UNIFIED
DIVIDED YET UNIFIED DIVIDED YET UNIFIED
DIVIDED YET UNIFIED DIVIDED YET UNIFIED
DIVIDED YET UNIFIED DIVIDED YET UNIFIED
DIVIDED YET UNIFIED DIVIDED YET UNIFIED
DIVIDED YET UNIFIED DIVIDED YET UNIFIED
DIVIDED YET UNIFIED DIVIDED YET UNIFIED
DIVIDED YET UNIFIED DIVIDED YET UNIFIED
DIVIDED YET UNIFIED DIVIDED YET UNIFIED
DIVIDED YET UNIFIED DIVIDED YET UNIFIED
DIVIDED YET UNIFIED DIVIDED YET UNIFIED
DIVIDED YET UNIFIED DIVIDED YET UNIFIED
DIVIDED YET UNIFIED DIVIDED YET UNIFIED
DIVIDED YET UNIFIED DIVIDED YET UNIFIED
DIVIDED YET UNIFIED DIVIDED YET UNIFIED
DIVIDED YET UNIFIED DIVIDED YET UNIFIED
DIVIDED YET UNIFIED DIVIDED YET UNIFIED
DIVIDED YET UNIFIED DIVIDED YET UNIFIED
DIVIDED YET UNIFIED DIVIDED YET UNIFIED
DIVIDED YET UNIFIED DIVIDED YET UNIFIED
DIVIDED YET UNIFIED DIVIDED YET UNIFIED
DIVIDED YET UNIFIED DIVIDED YET UNIFIED
DIVIDED YET UNIFIED DIVIDED YET UNIFIED
DIVIDED YET UNIFIED DIVIDED YET UNIFIED
DIVIDED YET UNIFIED DIVIDED YET UNIFIED
DIVIDED YET UNIFIED DIVIDED YET UNIFIED
DIVIDED YET UNIFIED DIVIDED YET UNIFIED
DIVIDED YET UNIFIED DIVIDED YET UNIFIED
DIVIDED YET UNIFIED DIVIDED YET UNIFIED
DIVIDED YET UNIFIED DIVIDED YET UNIFIED
DIVIDED YET UNIFIED DIVIDED YET UNIFIED
DIVIDED YET UNIFIED DIVIDED YET UNIFIED
DIVIDED YET UNIFIED DIVIDED YET UNIFIED
DIVIDED YET UNIFIED DIVIDED YET UNIFIED
DIVIDED YET UNIFIED DIVIDED YET UNIFIED
DIVIDED YET UNIFIED DIVIDED YET UNIFIED
DIVIDED YET UNIFIED DIVIDED YET UNIFIED

DIVIDED YET UNIFIED DIVIDED YET UNIFIED
DIVIDED YET UNIFIED DIVIDED YET UNIFIED
DIVIDED YET UNIFIED DIVIDED YET UNIFIED
DIVIDED YET UNIFIED DIVIDED YET UNIFIED
DIVIDED YET UNIFIED DIVIDED YET UNIFIED
DIVIDED YET UNIFIED DIVIDED YET UNIFIED
DIVIDED YET UNIFIED DIVIDED YET UNIFIED
DIVIDED YET UNIFIED DIVIDED YET UNIFIED
DIVIDED YET UNIFIED DIVIDED YET UNIFIED
DIVIDED YET UNIFIED DIVIDED YET UNIFIED
DIVIDED YET UNIFIED DIVIDED YET UNIFIED
DIVIDED YET UNIFIED DIVIDED YET UNIFIED
DIVIDED YET UNIFIED DIVIDED YET UNIFIED
DIVIDED YET UNIFIED DIVIDED YET UNIFIED
DIVIDED YET UNIFIED DIVIDED YET UNIFIED
DIVIDED YET UNIFIED DIVIDED YET UNIFIED
DIVIDED YET UNIFIED DIVIDED YET UNIFIED
DIVIDED YET UNIFIED DIVIDED YET UNIFIED
DIVIDED YET UNIFIED DIVIDED YET UNIFIED
DIVIDED YET UNIFIED DIVIDED YET UNIFIED
DIVIDED YET UNIFIED DIVIDED YET UNIFIED
DIVIDED YET UNIFIED DIVIDED YET UNIFIED
DIVIDED YET UNIFIED DIVIDED YET UNIFIED
DIVIDED YET UNIFIED DIVIDED YET UNIFIED
DIVIDED YET UNIFIED DIVIDED YET UNIFIED
DIVIDED YET UNIFIED DIVIDED YET UNIFIED
DIVIDED YET UNIFIED DIVIDED YET UNIFIED
DIVIDED YET UNIFIED DIVIDED YET UNIFIED
DIVIDED YET UNIFIED DIVIDED YET UNIFIED
DIVIDED YET UNIFIED DIVIDED YET UNIFIED
DIVIDED YET UNIFIED DIVIDED YET UNIFIED
DIVIDED YET UNIFIED DIVIDED YET UNIFIED
DIVIDED YET UNIFIED DIVIDED YET UNIFIED
DIVIDED YET UNIFIED DIVIDED YET UNIFIED
DIVIDED YET UNIFIED DIVIDED YET UNIFIED
DIVIDED YET UNIFIED DIVIDED YET UNIFIED
DIVIDED YET UNIFIED DIVIDED YET UNIFIED
DIVIDED YET UNIFIED DIVIDED YET UNIFIED
DIVIDED YET UNIFIED DIVIDED YET UNIFIED
DIVIDED YET UNIFIED DIVIDED YET UNIFIED
DIVIDED YET UNIFIED DIVIDED YET UNIFIED
DIVIDED YET UNIFIED DIVIDED YET UNIFIED
DIVIDED YET UNIFIED DIVIDED YET UNIFIED
DIVIDED YET UNIFIED DIVIDED YET UNIFIED

DIVIDED YET UNIFIED DIVIDED YET UNIFIED
DIVIDED YET UNIFIED DIVIDED YET UNIFIED
DIVIDED YET UNIFIED DIVIDED YET UNIFIED
DIVIDED YET UNIFIED DIVIDED YET UNIFIED
DIVIDED YET UNIFIED DIVIDED YET UNIFIED
DIVIDED YET UNIFIED DIVIDED YET UNIFIED
DIVIDED YET UNIFIED DIVIDED YET UNIFIED
DIVIDED YET UNIFIED DIVIDED YET UNIFIED
DIVIDED YET UNIFIED DIVIDED YET UNIFIED
DIVIDED YET UNIFIED DIVIDED YET UNIFIED
DIVIDED YET UNIFIED DIVIDED YET UNIFIED
DIVIDED YET UNIFIED DIVIDED YET UNIFIED
DIVIDED YET UNIFIED DIVIDED YET UNIFIED
DIVIDED YET UNIFIED DIVIDED YET UNIFIED
DIVIDED YET UNIFIED DIVIDED YET UNIFIED
DIVIDED YET UNIFIED DIVIDED YET UNIFIED
DIVIDED YET UNIFIED DIVIDED YET UNIFIED
DIVIDED YET UNIFIED DIVIDED YET UNIFIED
DIVIDED YET UNIFIED DIVIDED YET UNIFIED
DIVIDED YET UNIFIED DIVIDED YET UNIFIED
DIVIDED YET UNIFIED DIVIDED YET UNIFIED
DIVIDED YET UNIFIED DIVIDED YET UNIFIED
DIVIDED YET UNIFIED DIVIDED YET UNIFIED
DIVIDED YET UNIFIED DIVIDED YET UNIFIED
DIVIDED YET UNIFIED DIVIDED YET UNIFIED
DIVIDED YET UNIFIED DIVIDED YET UNIFIED
DIVIDED YET UNIFIED DIVIDED YET UNIFIED
DIVIDED YET UNIFIED DIVIDED YET UNIFIED
DIVIDED YET UNIFIED DIVIDED YET UNIFIED
DIVIDED YET UNIFIED DIVIDED YET UNIFIED
DIVIDED YET UNIFIED DIVIDED YET UNIFIED
DIVIDED YET UNIFIED DIVIDED YET UNIFIED
DIVIDED YET UNIFIED DIVIDED YET UNIFIED
DIVIDED YET UNIFIED DIVIDED YET UNIFIED
DIVIDED YET UNIFIED DIVIDED YET UNIFIED
DIVIDED YET UNIFIED DIVIDED YET UNIFIED
DIVIDED YET UNIFIED DIVIDED YET UNIFIED

DIVIDED YET UNIFIED DIVIDED YET UNIFIED
DIVIDED YET UNIFIED DIVIDED YET UNIFIED
DIVIDED YET UNIFIED DIVIDED YET UNIFIED
DIVIDED YET UNIFIED DIVIDED YET UNIFIED
DIVIDED YET UNIFIED DIVIDED YET UNIFIED
DIVIDED YET UNIFIED DIVIDED YET UNIFIED
DIVIDED YET UNIFIED DIVIDED YET UNIFIED
DIVIDED YET UNIFIED DIVIDED YET UNIFIED
DIVIDED YET UNIFIED DIVIDED YET UNIFIED
DIVIDED YET UNIFIED DIVIDED YET UNIFIED
DIVIDED YET UNIFIED DIVIDED YET UNIFIED
DIVIDED YET UNIFIED DIVIDED YET UNIFIED
DIVIDED YET UNIFIED DIVIDED YET UNIFIED
DIVIDED YET UNIFIED DIVIDED YET UNIFIED
DIVIDED YET UNIFIED DIVIDED YET UNIFIED
DIVIDED YET UNIFIED DIVIDED YET UNIFIED
DIVIDED YET UNIFIED DIVIDED YET UNIFIED
DIVIDED YET UNIFIED DIVIDED YET UNIFIED
DIVIDED YET UNIFIED DIVIDED YET UNIFIED
DIVIDED YET UNIFIED DIVIDED YET UNIFIED
DIVIDED YET UNIFIED DIVIDED YET UNIFIED
DIVIDED YET UNIFIED DIVIDED YET UNIFIED
DIVIDED YET UNIFIED DIVIDED YET UNIFIED
DIVIDED YET UNIFIED DIVIDED YET UNIFIED
DIVIDED YET UNIFIED DIVIDED YET UNIFIED
DIVIDED YET UNIFIED DIVIDED YET UNIFIED
DIVIDED YET UNIFIED DIVIDED YET UNIFIED
DIVIDED YET UNIFIED DIVIDED YET UNIFIED
DIVIDED YET UNIFIED DIVIDED YET UNIFIED
DIVIDED YET UNIFIED DIVIDED YET UNIFIED
DIVIDED YET UNIFIED DIVIDED YET UNIFIED
DIVIDED YET UNIFIED DIVIDED YET UNIFIED
DIVIDED YET UNIFIED DIVIDED YET UNIFIED
DIVIDED YET UNIFIED DIVIDED YET UNIFIED
DIVIDED YET UNIFIED DIVIDED YET UNIFIED
DIVIDED YET UNIFIED DIVIDED YET UNIFIED
DIVIDED YET UNIFIED DIVIDED YET UNIFIED
DIVIDED YET UNIFIED DIVIDED YET UNIFIED
DIVIDED YET UNIFIED DIVIDED YET UNIFIED

DIVIDED YET UNIFIED DIVIDED YET UNIFIED
DIVIDED YET UNIFIED DIVIDED YET UNIFIED
DIVIDED YET UNIFIED DIVIDED YET UNIFIED
DIVIDED YET UNIFIED DIVIDED YET UNIFIED
DIVIDED YET UNIFIED DIVIDED YET UNIFIED
DIVIDED YET UNIFIED DIVIDED YET UNIFIED
DIVIDED YET UNIFIED DIVIDED YET UNIFIED
DIVIDED YET UNIFIED DIVIDED YET UNIFIED
DIVIDED YET UNIFIED DIVIDED YET UNIFIED
DIVIDED YET UNIFIED DIVIDED YET UNIFIED
DIVIDED YET UNIFIED DIVIDED YET UNIFIED
DIVIDED YET UNIFIED DIVIDED YET UNIFIED
DIVIDED YET UNIFIED DIVIDED YET UNIFIED
DIVIDED YET UNIFIED DIVIDED YET UNIFIED
DIVIDED YET UNIFIED DIVIDED YET UNIFIED
DIVIDED YET UNIFIED DIVIDED YET UNIFIED
DIVIDED YET UNIFIED DIVIDED YET UNIFIED
DIVIDED YET UNIFIED DIVIDED YET UNIFIED
DIVIDED YET UNIFIED DIVIDED YET UNIFIED
DIVIDED YET UNIFIED DIVIDED YET UNIFIED
DIVIDED YET UNIFIED DIVIDED YET UNIFIED
DIVIDED YET UNIFIED DIVIDED YET UNIFIED
DIVIDED YET UNIFIED DIVIDED YET UNIFIED
DIVIDED YET UNIFIED DIVIDED YET UNIFIED
DIVIDED YET UNIFIED DIVIDED YET UNIFIED
DIVIDED YET UNIFIED DIVIDED YET UNIFIED
DIVIDED YET UNIFIED DIVIDED YET UNIFIED
DIVIDED YET UNIFIED DIVIDED YET UNIFIED
DIVIDED YET UNIFIED DIVIDED YET UNIFIED
DIVIDED YET UNIFIED DIVIDED YET UNIFIED
DIVIDED YET UNIFIED DIVIDED YET UNIFIED
DIVIDED YET UNIFIED DIVIDED YET UNIFIED
DIVIDED YET UNIFIED DIVIDED YET UNIFIED
DIVIDED YET UNIFIED DIVIDED YET UNIFIED
DIVIDED YET UNIFIED DIVIDED YET UNIFIED
DIVIDED YET UNIFIED DIVIDED YET UNIFIED
DIVIDED YET UNIFIED DIVIDED YET UNIFIED
DIVIDED YET UNIFIED DIVIDED YET UNIFIED
DIVIDED YET UNIFIED DIVIDED YET UNIFIED
DIVIDED YET UNIFIED DIVIDED YET UNIFIED
DIVIDED YET UNIFIED DIVIDED YET UNIFIED
DIVIDED YET UNIFIED DIVIDED YET UNIFIED

DIVIDED YET UNIFIED DIVIDED YET UNIFIED
DIVIDED YET UNIFIED DIVIDED YET UNIFIED
DIVIDED YET UNIFIED DIVIDED YET UNIFIED
DIVIDED YET UNIFIED DIVIDED YET UNIFIED
DIVIDED YET UNIFIED DIVIDED YET UNIFIED
DIVIDED YET UNIFIED DIVIDED YET UNIFIED
DIVIDED YET UNIFIED DIVIDED YET UNIFIED
DIVIDED YET UNIFIED DIVIDED YET UNIFIED
DIVIDED YET UNIFIED DIVIDED YET UNIFIED
DIVIDED YET UNIFIED DIVIDED YET UNIFIED
DIVIDED YET UNIFIED DIVIDED YET UNIFIED
DIVIDED YET UNIFIED DIVIDED YET UNIFIED
DIVIDED YET UNIFIED DIVIDED YET UNIFIED
DIVIDED YET UNIFIED DIVIDED YET UNIFIED
DIVIDED YET UNIFIED DIVIDED YET UNIFIED
DIVIDED YET UNIFIED DIVIDED YET UNIFIED
DIVIDED YET UNIFIED DIVIDED YET UNIFIED
DIVIDED YET UNIFIED DIVIDED YET UNIFIED
DIVIDED YET UNIFIED DIVIDED YET UNIFIED
DIVIDED YET UNIFIED DIVIDED YET UNIFIED
DIVIDED YET UNIFIED DIVIDED YET UNIFIED
DIVIDED YET UNIFIED DIVIDED YET UNIFIED
DIVIDED YET UNIFIED DIVIDED YET UNIFIED
DIVIDED YET UNIFIED DIVIDED YET UNIFIED
DIVIDED YET UNIFIED DIVIDED YET UNIFIED
DIVIDED YET UNIFIED DIVIDED YET UNIFIED
DIVIDED YET UNIFIED DIVIDED YET UNIFIED
DIVIDED YET UNIFIED DIVIDED YET UNIFIED
DIVIDED YET UNIFIED DIVIDED YET UNIFIED
DIVIDED YET UNIFIED DIVIDED YET UNIFIED
DIVIDED YET UNIFIED DIVIDED YET UNIFIED
DIVIDED YET UNIFIED DIVIDED YET UNIFIED
DIVIDED YET UNIFIED DIVIDED YET UNIFIED
DIVIDED YET UNIFIED DIVIDED YET UNIFIED
DIVIDED YET UNIFIED DIVIDED YET UNIFIED
DIVIDED YET UNIFIED DIVIDED YET UNIFIED
DIVIDED YET UNIFIED DIVIDED YET UNIFIED
DIVIDED YET UNIFIED DIVIDED YET UNIFIED
DIVIDED YET UNIFIED DIVIDED YET UNIFIED
DIVIDED YET UNIFIED DIVIDED YET UNIFIED
DIVIDED YET UNIFIED DIVIDED YET UNIFIED
DIVIDED YET UNIFIED DIVIDED YET UNIFIED
DIVIDED YET UNIFIED DIVIDED YET UNIFIED
DIVIDED YET UNIFIED DIVIDED YET UNIFIED
DIVIDED YET UNIFIED DIVIDED YET UNIFIED
DIVIDED YET UNIFIED DIVIDED YET UNIFIED

DIVIDED YET UNIFIED DIVIDED YET UNIFIED
DIVIDED YET UNIFIED DIVIDED YET UNIFIED
DIVIDED YET UNIFIED DIVIDED YET UNIFIED
DIVIDED YET UNIFIED DIVIDED YET UNIFIED
DIVIDED YET UNIFIED DIVIDED YET UNIFIED
DIVIDED YET UNIFIED DIVIDED YET UNIFIED
DIVIDED YET UNIFIED DIVIDED YET UNIFIED
DIVIDED YET UNIFIED DIVIDED YET UNIFIED
DIVIDED YET UNIFIED DIVIDED YET UNIFIED
DIVIDED YET UNIFIED DIVIDED YET UNIFIED
DIVIDED YET UNIFIED DIVIDED YET UNIFIED
DIVIDED YET UNIFIED DIVIDED YET UNIFIED
DIVIDED YET UNIFIED DIVIDED YET UNIFIED
DIVIDED YET UNIFIED DIVIDED YET UNIFIED
DIVIDED YET UNIFIED DIVIDED YET UNIFIED
DIVIDED YET UNIFIED DIVIDED YET UNIFIED
DIVIDED YET UNIFIED DIVIDED YET UNIFIED
DIVIDED YET UNIFIED DIVIDED YET UNIFIED
DIVIDED YET UNIFIED DIVIDED YET UNIFIED
DIVIDED YET UNIFIED DIVIDED YET UNIFIED
DIVIDED YET UNIFIED DIVIDED YET UNIFIED
DIVIDED YET UNIFIED DIVIDED YET UNIFIED
DIVIDED YET UNIFIED DIVIDED YET UNIFIED
DIVIDED YET UNIFIED DIVIDED YET UNIFIED
DIVIDED YET UNIFIED DIVIDED YET UNIFIED
DIVIDED YET UNIFIED DIVIDED YET UNIFIED
DIVIDED YET UNIFIED DIVIDED YET UNIFIED
DIVIDED YET UNIFIED DIVIDED YET UNIFIED
DIVIDED YET UNIFIED DIVIDED YET UNIFIED
DIVIDED YET UNIFIED DIVIDED YET UNIFIED
DIVIDED YET UNIFIED DIVIDED YET UNIFIED
DIVIDED YET UNIFIED DIVIDED YET UNIFIED
DIVIDED YET UNIFIED DIVIDED YET UNIFIED
DIVIDED YET UNIFIED DIVIDED YET UNIFIED
DIVIDED YET UNIFIED DIVIDED YET UNIFIED
DIVIDED YET UNIFIED DIVIDED YET UNIFIED
DIVIDED YET UNIFIED DIVIDED YET UNIFIED
DIVIDED YET UNIFIED DIVIDED YET UNIFIED
DIVIDED YET UNIFIED DIVIDED YET UNIFIED
DIVIDED YET UNIFIED DIVIDED YET UNIFIED
DIVIDED YET UNIFIED DIVIDED YET UNIFIED
DIVIDED YET UNIFIED DIVIDED YET UNIFIED
DIVIDED YET UNIFIED DIVIDED YET UNIFIED
DIVIDED YET UNIFIED DIVIDED YET UNIFIED
DIVIDED YET UNIFIED DIVIDED YET UNIFIED
DIVIDED YET UNIFIED DIVIDED YET UNIFIED

DIVIDED YET UNIFIED DIVIDED YET UNIFIED
DIVIDED YET UNIFIED DIVIDED YET UNIFIED
DIVIDED YET UNIFIED DIVIDED YET UNIFIED
DIVIDED YET UNIFIED DIVIDED YET UNIFIED
DIVIDED YET UNIFIED DIVIDED YET UNIFIED
DIVIDED YET UNIFIED DIVIDED YET UNIFIED
DIVIDED YET UNIFIED DIVIDED YET UNIFIED
DIVIDED YET UNIFIED DIVIDED YET UNIFIED
DIVIDED YET UNIFIED DIVIDED YET UNIFIED
DIVIDED YET UNIFIED DIVIDED YET UNIFIED
DIVIDED YET UNIFIED DIVIDED YET UNIFIED
DIVIDED YET UNIFIED DIVIDED YET UNIFIED
DIVIDED YET UNIFIED DIVIDED YET UNIFIED
DIVIDED YET UNIFIED DIVIDED YET UNIFIED
DIVIDED YET UNIFIED DIVIDED YET UNIFIED
DIVIDED YET UNIFIED DIVIDED YET UNIFIED
DIVIDED YET UNIFIED DIVIDED YET UNIFIED
DIVIDED YET UNIFIED DIVIDED YET UNIFIED
DIVIDED YET UNIFIED DIVIDED YET UNIFIED
DIVIDED YET UNIFIED DIVIDED YET UNIFIED
DIVIDED YET UNIFIED DIVIDED YET UNIFIED
DIVIDED YET UNIFIED DIVIDED YET UNIFIED
DIVIDED YET UNIFIED DIVIDED YET UNIFIED
DIVIDED YET UNIFIED DIVIDED YET UNIFIED
DIVIDED YET UNIFIED DIVIDED YET UNIFIED
DIVIDED YET UNIFIED DIVIDED YET UNIFIED
DIVIDED YET UNIFIED DIVIDED YET UNIFIED
DIVIDED YET UNIFIED DIVIDED YET UNIFIED
DIVIDED YET UNIFIED DIVIDED YET UNIFIED
DIVIDED YET UNIFIED DIVIDED YET UNIFIED
DIVIDED YET UNIFIED DIVIDED YET UNIFIED
DIVIDED YET UNIFIED DIVIDED YET UNIFIED
DIVIDED YET UNIFIED DIVIDED YET UNIFIED
DIVIDED YET UNIFIED DIVIDED YET UNIFIED
DIVIDED YET UNIFIED DIVIDED YET UNIFIED
DIVIDED YET UNIFIED DIVIDED YET UNIFIED
DIVIDED YET UNIFIED DIVIDED YET UNIFIED
DIVIDED YET UNIFIED DIVIDED YET UNIFIED
DIVIDED YET UNIFIED DIVIDED YET UNIFIED
DIVIDED YET UNIFIED DIVIDED YET UNIFIED
DIVIDED YET UNIFIED DIVIDED YET UNIFIED

DIVIDED YET UNIFIED DIVIDED YET UNIFIED
DIVIDED YET UNIFIED DIVIDED YET UNIFIED
DIVIDED YET UNIFIED DIVIDED YET UNIFIED
DIVIDED YET UNIFIED DIVIDED YET UNIFIED
DIVIDED YET UNIFIED DIVIDED YET UNIFIED
DIVIDED YET UNIFIED DIVIDED YET UNIFIED
DIVIDED YET UNIFIED DIVIDED YET UNIFIED
DIVIDED YET UNIFIED DIVIDED YET UNIFIED
DIVIDED YET UNIFIED DIVIDED YET UNIFIED
DIVIDED YET UNIFIED DIVIDED YET UNIFIED
DIVIDED YET UNIFIED DIVIDED YET UNIFIED
DIVIDED YET UNIFIED DIVIDED YET UNIFIED
DIVIDED YET UNIFIED DIVIDED YET UNIFIED
DIVIDED YET UNIFIED DIVIDED YET UNIFIED
DIVIDED YET UNIFIED DIVIDED YET UNIFIED
DIVIDED YET UNIFIED DIVIDED YET UNIFIED
DIVIDED YET UNIFIED DIVIDED YET UNIFIED
DIVIDED YET UNIFIED DIVIDED YET UNIFIED
DIVIDED YET UNIFIED DIVIDED YET UNIFIED
DIVIDED YET UNIFIED DIVIDED YET UNIFIED
DIVIDED YET UNIFIED DIVIDED YET UNIFIED
DIVIDED YET UNIFIED DIVIDED YET UNIFIED
DIVIDED YET UNIFIED DIVIDED YET UNIFIED
DIVIDED YET UNIFIED DIVIDED YET UNIFIED
DIVIDED YET UNIFIED DIVIDED YET UNIFIED
DIVIDED YET UNIFIED DIVIDED YET UNIFIED
DIVIDED YET UNIFIED DIVIDED YET UNIFIED
DIVIDED YET UNIFIED DIVIDED YET UNIFIED
DIVIDED YET UNIFIED DIVIDED YET UNIFIED
DIVIDED YET UNIFIED DIVIDED YET UNIFIED
DIVIDED YET UNIFIED DIVIDED YET UNIFIED
DIVIDED YET UNIFIED DIVIDED YET UNIFIED
DIVIDED YET UNIFIED DIVIDED YET UNIFIED
DIVIDED YET UNIFIED DIVIDED YET UNIFIED
DIVIDED YET UNIFIED DIVIDED YET UNIFIED
DIVIDED YET UNIFIED DIVIDED YET UNIFIED
DIVIDED YET UNIFIED DIVIDED YET UNIFIED
DIVIDED YET UNIFIED DIVIDED YET UNIFIED
DIVIDED YET UNIFIED DIVIDED YET UNIFIED
DIVIDED YET UNIFIED DIVIDED YET UNIFIED
DIVIDED YET UNIFIED DIVIDED YET UNIFIED

DIVIDED YET UNIFIED DIVIDED YET UNIFIED
DIVIDED YET UNIFIED DIVIDED YET UNIFIED
DIVIDED YET UNIFIED DIVIDED YET UNIFIED
DIVIDED YET UNIFIED DIVIDED YET UNIFIED
DIVIDED YET UNIFIED DIVIDED YET UNIFIED
DIVIDED YET UNIFIED DIVIDED YET UNIFIED
DIVIDED YET UNIFIED DIVIDED YET UNIFIED
DIVIDED YET UNIFIED DIVIDED YET UNIFIED
DIVIDED YET UNIFIED DIVIDED YET UNIFIED
DIVIDED YET UNIFIED DIVIDED YET UNIFIED
DIVIDED YET UNIFIED DIVIDED YET UNIFIED
DIVIDED YET UNIFIED DIVIDED YET UNIFIED
DIVIDED YET UNIFIED DIVIDED YET UNIFIED
DIVIDED YET UNIFIED DIVIDED YET UNIFIED
DIVIDED YET UNIFIED DIVIDED YET UNIFIED
DIVIDED YET UNIFIED DIVIDED YET UNIFIED
DIVIDED YET UNIFIED DIVIDED YET UNIFIED
DIVIDED YET UNIFIED DIVIDED YET UNIFIED
DIVIDED YET UNIFIED DIVIDED YET UNIFIED
DIVIDED YET UNIFIED DIVIDED YET UNIFIED
DIVIDED YET UNIFIED DIVIDED YET UNIFIED
DIVIDED YET UNIFIED DIVIDED YET UNIFIED
DIVIDED YET UNIFIED DIVIDED YET UNIFIED
DIVIDED YET UNIFIED DIVIDED YET UNIFIED
DIVIDED YET UNIFIED DIVIDED YET UNIFIED
DIVIDED YET UNIFIED DIVIDED YET UNIFIED
DIVIDED YET UNIFIED DIVIDED YET UNIFIED
DIVIDED YET UNIFIED DIVIDED YET UNIFIED
DIVIDED YET UNIFIED DIVIDED YET UNIFIED
DIVIDED YET UNIFIED DIVIDED YET UNIFIED
DIVIDED YET UNIFIED DIVIDED YET UNIFIED
DIVIDED YET UNIFIED DIVIDED YET UNIFIED
DIVIDED YET UNIFIED DIVIDED YET UNIFIED
DIVIDED YET UNIFIED DIVIDED YET UNIFIED
DIVIDED YET UNIFIED DIVIDED YET UNIFIED
DIVIDED YET UNIFIED DIVIDED YET UNIFIED
DIVIDED YET UNIFIED DIVIDED YET UNIFIED
DIVIDED YET UNIFIED DIVIDED YET UNIFIED
DIVIDED YET UNIFIED DIVIDED YET UNIFIED
DIVIDED YET UNIFIED DIVIDED YET UNIFIED
DIVIDED YET UNIFIED DIVIDED YET UNIFIED
DIVIDED YET UNIFIED DIVIDED YET UNIFIED

DIVIDED YET UNIFIED DIVIDED YET UNIFIED
DIVIDED YET UNIFIED DIVIDED YET UNIFIED
DIVIDED YET UNIFIED DIVIDED YET UNIFIED
DIVIDED YET UNIFIED DIVIDED YET UNIFIED
DIVIDED YET UNIFIED DIVIDED YET UNIFIED
DIVIDED YET UNIFIED DIVIDED YET UNIFIED
DIVIDED YET UNIFIED DIVIDED YET UNIFIED
DIVIDED YET UNIFIED DIVIDED YET UNIFIED
DIVIDED YET UNIFIED DIVIDED YET UNIFIED
DIVIDED YET UNIFIED DIVIDED YET UNIFIED
DIVIDED YET UNIFIED DIVIDED YET UNIFIED
DIVIDED YET UNIFIED DIVIDED YET UNIFIED
DIVIDED YET UNIFIED DIVIDED YET UNIFIED
DIVIDED YET UNIFIED DIVIDED YET UNIFIED
DIVIDED YET UNIFIED DIVIDED YET UNIFIED
DIVIDED YET UNIFIED DIVIDED YET UNIFIED
DIVIDED YET UNIFIED DIVIDED YET UNIFIED
DIVIDED YET UNIFIED DIVIDED YET UNIFIED
DIVIDED YET UNIFIED DIVIDED YET UNIFIED
DIVIDED YET UNIFIED DIVIDED YET UNIFIED
DIVIDED YET UNIFIED DIVIDED YET UNIFIED
DIVIDED YET UNIFIED DIVIDED YET UNIFIED
DIVIDED YET UNIFIED DIVIDED YET UNIFIED
DIVIDED YET UNIFIED DIVIDED YET UNIFIED
DIVIDED YET UNIFIED DIVIDED YET UNIFIED
DIVIDED YET UNIFIED DIVIDED YET UNIFIED
DIVIDED YET UNIFIED DIVIDED YET UNIFIED
DIVIDED YET UNIFIED DIVIDED YET UNIFIED
DIVIDED YET UNIFIED DIVIDED YET UNIFIED
DIVIDED YET UNIFIED DIVIDED YET UNIFIED
DIVIDED YET UNIFIED DIVIDED YET UNIFIED
DIVIDED YET UNIFIED DIVIDED YET UNIFIED
DIVIDED YET UNIFIED DIVIDED YET UNIFIED
DIVIDED YET UNIFIED DIVIDED YET UNIFIED
DIVIDED YET UNIFIED DIVIDED YET UNIFIED
DIVIDED YET UNIFIED DIVIDED YET UNIFIED
DIVIDED YET UNIFIED DIVIDED YET UNIFIED
DIVIDED YET UNIFIED DIVIDED YET UNIFIED
DIVIDED YET UNIFIED DIVIDED YET UNIFIED
DIVIDED YET UNIFIED DIVIDED YET UNIFIED
DIVIDED YET UNIFIED DIVIDED YET UNIFIED

DIVIDED YET UNIFIED DIVIDED YET UNIFIED
DIVIDED YET UNIFIED DIVIDED YET UNIFIED
DIVIDED YET UNIFIED DIVIDED YET UNIFIED
DIVIDED YET UNIFIED DIVIDED YET UNIFIED
DIVIDED YET UNIFIED DIVIDED YET UNIFIED
DIVIDED YET UNIFIED DIVIDED YET UNIFIED
DIVIDED YET UNIFIED DIVIDED YET UNIFIED
DIVIDED YET UNIFIED DIVIDED YET UNIFIED
DIVIDED YET UNIFIED DIVIDED YET UNIFIED
DIVIDED YET UNIFIED DIVIDED YET UNIFIED
DIVIDED YET UNIFIED DIVIDED YET UNIFIED
DIVIDED YET UNIFIED DIVIDED YET UNIFIED
DIVIDED YET UNIFIED DIVIDED YET UNIFIED
DIVIDED YET UNIFIED DIVIDED YET UNIFIED
DIVIDED YET UNIFIED DIVIDED YET UNIFIED
DIVIDED YET UNIFIED DIVIDED YET UNIFIED
DIVIDED YET UNIFIED DIVIDED YET UNIFIED
DIVIDED YET UNIFIED DIVIDED YET UNIFIED
DIVIDED YET UNIFIED DIVIDED YET UNIFIED
DIVIDED YET UNIFIED DIVIDED YET UNIFIED
DIVIDED YET UNIFIED DIVIDED YET UNIFIED
DIVIDED YET UNIFIED DIVIDED YET UNIFIED
DIVIDED YET UNIFIED DIVIDED YET UNIFIED
DIVIDED YET UNIFIED DIVIDED YET UNIFIED
DIVIDED YET UNIFIED DIVIDED YET UNIFIED
DIVIDED YET UNIFIED DIVIDED YET UNIFIED
DIVIDED YET UNIFIED DIVIDED YET UNIFIED
DIVIDED YET UNIFIED DIVIDED YET UNIFIED
DIVIDED YET UNIFIED DIVIDED YET UNIFIED
DIVIDED YET UNIFIED DIVIDED YET UNIFIED
DIVIDED YET UNIFIED DIVIDED YET UNIFIED
DIVIDED YET UNIFIED DIVIDED YET UNIFIED
DIVIDED YET UNIFIED DIVIDED YET UNIFIED
DIVIDED YET UNIFIED DIVIDED YET UNIFIED
DIVIDED YET UNIFIED DIVIDED YET UNIFIED
DIVIDED YET UNIFIED DIVIDED YET UNIFIED
DIVIDED YET UNIFIED DIVIDED YET UNIFIED
DIVIDED YET UNIFIED DIVIDED YET UNIFIED
DIVIDED YET UNIFIED DIVIDED YET UNIFIED
DIVIDED YET UNIFIED DIVIDED YET UNIFIED
DIVIDED YET UNIFIED DIVIDED YET UNIFIED
DIVIDED YET UNIFIED DIVIDED YET UNIFIED
DIVIDED YET UNIFIED DIVIDED YET UNIFIED
DIVIDED YET UNIFIED DIVIDED YET UNIFIED
DIVIDED YET UNIFIED DIVIDED YET UNIFIED
DIVIDED YET UNIFIED DIVIDED YET UNIFIED

DIVIDED YET UNIFIED DIVIDED YET UNIFIED
DIVIDED YET UNIFIED DIVIDED YET UNIFIED
DIVIDED YET UNIFIED DIVIDED YET UNIFIED
DIVIDED YET UNIFIED DIVIDED YET UNIFIED
DIVIDED YET UNIFIED DIVIDED YET UNIFIED
DIVIDED YET UNIFIED DIVIDED YET UNIFIED
DIVIDED YET UNIFIED DIVIDED YET UNIFIED
DIVIDED YET UNIFIED DIVIDED YET UNIFIED
DIVIDED YET UNIFIED DIVIDED YET UNIFIED
DIVIDED YET UNIFIED DIVIDED YET UNIFIED
DIVIDED YET UNIFIED DIVIDED YET UNIFIED
DIVIDED YET UNIFIED DIVIDED YET UNIFIED
DIVIDED YET UNIFIED DIVIDED YET UNIFIED
DIVIDED YET UNIFIED DIVIDED YET UNIFIED
DIVIDED YET UNIFIED DIVIDED YET UNIFIED
DIVIDED YET UNIFIED DIVIDED YET UNIFIED
DIVIDED YET UNIFIED DIVIDED YET UNIFIED
DIVIDED YET UNIFIED DIVIDED YET UNIFIED
DIVIDED YET UNIFIED DIVIDED YET UNIFIED
DIVIDED YET UNIFIED DIVIDED YET UNIFIED
DIVIDED YET UNIFIED DIVIDED YET UNIFIED
DIVIDED YET UNIFIED DIVIDED YET UNIFIED
DIVIDED YET UNIFIED DIVIDED YET UNIFIED
DIVIDED YET UNIFIED DIVIDED YET UNIFIED
DIVIDED YET UNIFIED DIVIDED YET UNIFIED
DIVIDED YET UNIFIED DIVIDED YET UNIFIED
DIVIDED YET UNIFIED DIVIDED YET UNIFIED
DIVIDED YET UNIFIED DIVIDED YET UNIFIED
DIVIDED YET UNIFIED DIVIDED YET UNIFIED
DIVIDED YET UNIFIED DIVIDED YET UNIFIED
DIVIDED YET UNIFIED DIVIDED YET UNIFIED
DIVIDED YET UNIFIED DIVIDED YET UNIFIED
DIVIDED YET UNIFIED DIVIDED YET UNIFIED
DIVIDED YET UNIFIED DIVIDED YET UNIFIED
DIVIDED YET UNIFIED DIVIDED YET UNIFIED
DIVIDED YET UNIFIED DIVIDED YET UNIFIED
DIVIDED YET UNIFIED DIVIDED YET UNIFIED
DIVIDED YET UNIFIED DIVIDED YET UNIFIED
DIVIDED YET UNIFIED DIVIDED YET UNIFIED
DIVIDED YET UNIFIED DIVIDED YET UNIFIED

DIVIDED YET UNIFIED DIVIDED YET UNIFIED
DIVIDED YET UNIFIED DIVIDED YET UNIFIED
DIVIDED YET UNIFIED DIVIDED YET UNIFIED
DIVIDED YET UNIFIED DIVIDED YET UNIFIED
DIVIDED YET UNIFIED DIVIDED YET UNIFIED
DIVIDED YET UNIFIED DIVIDED YET UNIFIED
DIVIDED YET UNIFIED DIVIDED YET UNIFIED
DIVIDED YET UNIFIED DIVIDED YET UNIFIED
DIVIDED YET UNIFIED DIVIDED YET UNIFIED
DIVIDED YET UNIFIED DIVIDED YET UNIFIED
DIVIDED YET UNIFIED DIVIDED YET UNIFIED
DIVIDED YET UNIFIED DIVIDED YET UNIFIED
DIVIDED YET UNIFIED DIVIDED YET UNIFIED
DIVIDED YET UNIFIED DIVIDED YET UNIFIED
DIVIDED YET UNIFIED DIVIDED YET UNIFIED
DIVIDED YET UNIFIED DIVIDED YET UNIFIED
DIVIDED YET UNIFIED DIVIDED YET UNIFIED
DIVIDED YET UNIFIED DIVIDED YET UNIFIED
DIVIDED YET UNIFIED DIVIDED YET UNIFIED
DIVIDED YET UNIFIED DIVIDED YET UNIFIED
DIVIDED YET UNIFIED DIVIDED YET UNIFIED
DIVIDED YET UNIFIED DIVIDED YET UNIFIED
DIVIDED YET UNIFIED DIVIDED YET UNIFIED
DIVIDED YET UNIFIED DIVIDED YET UNIFIED
DIVIDED YET UNIFIED DIVIDED YET UNIFIED
DIVIDED YET UNIFIED DIVIDED YET UNIFIED
DIVIDED YET UNIFIED DIVIDED YET UNIFIED
DIVIDED YET UNIFIED DIVIDED YET UNIFIED
DIVIDED YET UNIFIED DIVIDED YET UNIFIED
DIVIDED YET UNIFIED DIVIDED YET UNIFIED
DIVIDED YET UNIFIED DIVIDED YET UNIFIED
DIVIDED YET UNIFIED DIVIDED YET UNIFIED
DIVIDED YET UNIFIED DIVIDED YET UNIFIED
DIVIDED YET UNIFIED DIVIDED YET UNIFIED
DIVIDED YET UNIFIED DIVIDED YET UNIFIED
DIVIDED YET UNIFIED DIVIDED YET UNIFIED
DIVIDED YET UNIFIED DIVIDED YET UNIFIED
DIVIDED YET UNIFIED DIVIDED YET UNIFIED
DIVIDED YET UNIFIED DIVIDED YET UNIFIED
DIVIDED YET UNIFIED DIVIDED YET UNIFIED
DIVIDED YET UNIFIED DIVIDED YET UNIFIED
DIVIDED YET UNIFIED DIVIDED YET UNIFIED
DIVIDED YET UNIFIED DIVIDED YET UNIFIED
DIVIDED YET UNIFIED DIVIDED YET UNIFIED
DIVIDED YET UNIFIED DIVIDED YET UNIFIED
DIVIDED YET UNIFIED DIVIDED YET UNIFIED

DIVIDED YET UNIFIED DIVIDED YET UNIFIED
DIVIDED YET UNIFIED DIVIDED YET UNIFIED
DIVIDED YET UNIFIED DIVIDED YET UNIFIED
DIVIDED YET UNIFIED DIVIDED YET UNIFIED
DIVIDED YET UNIFIED DIVIDED YET UNIFIED
DIVIDED YET UNIFIED DIVIDED YET UNIFIED
DIVIDED YET UNIFIED DIVIDED YET UNIFIED
DIVIDED YET UNIFIED DIVIDED YET UNIFIED
DIVIDED YET UNIFIED DIVIDED YET UNIFIED
DIVIDED YET UNIFIED DIVIDED YET UNIFIED
DIVIDED YET UNIFIED DIVIDED YET UNIFIED
DIVIDED YET UNIFIED DIVIDED YET UNIFIED
DIVIDED YET UNIFIED DIVIDED YET UNIFIED
DIVIDED YET UNIFIED DIVIDED YET UNIFIED
DIVIDED YET UNIFIED DIVIDED YET UNIFIED
DIVIDED YET UNIFIED DIVIDED YET UNIFIED
DIVIDED YET UNIFIED DIVIDED YET UNIFIED
DIVIDED YET UNIFIED DIVIDED YET UNIFIED
DIVIDED YET UNIFIED DIVIDED YET UNIFIED
DIVIDED YET UNIFIED DIVIDED YET UNIFIED
DIVIDED YET UNIFIED DIVIDED YET UNIFIED
DIVIDED YET UNIFIED DIVIDED YET UNIFIED
DIVIDED YET UNIFIED DIVIDED YET UNIFIED
DIVIDED YET UNIFIED DIVIDED YET UNIFIED
DIVIDED YET UNIFIED DIVIDED YET UNIFIED
DIVIDED YET UNIFIED DIVIDED YET UNIFIED
DIVIDED YET UNIFIED DIVIDED YET UNIFIED
DIVIDED YET UNIFIED DIVIDED YET UNIFIED
DIVIDED YET UNIFIED DIVIDED YET UNIFIED
DIVIDED YET UNIFIED DIVIDED YET UNIFIED
DIVIDED YET UNIFIED DIVIDED YET UNIFIED
DIVIDED YET UNIFIED DIVIDED YET UNIFIED
DIVIDED YET UNIFIED DIVIDED YET UNIFIED
DIVIDED YET UNIFIED DIVIDED YET UNIFIED
DIVIDED YET UNIFIED DIVIDED YET UNIFIED
DIVIDED YET UNIFIED DIVIDED YET UNIFIED
DIVIDED YET UNIFIED DIVIDED YET UNIFIED
DIVIDED YET UNIFIED DIVIDED YET UNIFIED
DIVIDED YET UNIFIED DIVIDED YET UNIFIED
DIVIDED YET UNIFIED DIVIDED YET UNIFIED
DIVIDED YET UNIFIED DIVIDED YET UNIFIED
DIVIDED YET UNIFIED DIVIDED YET UNIFIED

DIVIDED YET UNIFIED DIVIDED YET UNIFIED
DIVIDED YET UNIFIED DIVIDED YET UNIFIED
DIVIDED YET UNIFIED DIVIDED YET UNIFIED
DIVIDED YET UNIFIED DIVIDED YET UNIFIED
DIVIDED YET UNIFIED DIVIDED YET UNIFIED
DIVIDED YET UNIFIED DIVIDED YET UNIFIED
DIVIDED YET UNIFIED DIVIDED YET UNIFIED
DIVIDED YET UNIFIED DIVIDED YET UNIFIED
DIVIDED YET UNIFIED DIVIDED YET UNIFIED
DIVIDED YET UNIFIED DIVIDED YET UNIFIED
DIVIDED YET UNIFIED DIVIDED YET UNIFIED
DIVIDED YET UNIFIED DIVIDED YET UNIFIED
DIVIDED YET UNIFIED DIVIDED YET UNIFIED
DIVIDED YET UNIFIED DIVIDED YET UNIFIED
DIVIDED YET UNIFIED DIVIDED YET UNIFIED
DIVIDED YET UNIFIED DIVIDED YET UNIFIED
DIVIDED YET UNIFIED DIVIDED YET UNIFIED
DIVIDED YET UNIFIED DIVIDED YET UNIFIED
DIVIDED YET UNIFIED DIVIDED YET UNIFIED
DIVIDED YET UNIFIED DIVIDED YET UNIFIED
DIVIDED YET UNIFIED DIVIDED YET UNIFIED
DIVIDED YET UNIFIED DIVIDED YET UNIFIED
DIVIDED YET UNIFIED DIVIDED YET UNIFIED
DIVIDED YET UNIFIED DIVIDED YET UNIFIED
DIVIDED YET UNIFIED DIVIDED YET UNIFIED
DIVIDED YET UNIFIED DIVIDED YET UNIFIED
DIVIDED YET UNIFIED DIVIDED YET UNIFIED
DIVIDED YET UNIFIED DIVIDED YET UNIFIED
DIVIDED YET UNIFIED DIVIDED YET UNIFIED
DIVIDED YET UNIFIED DIVIDED YET UNIFIED
DIVIDED YET UNIFIED DIVIDED YET UNIFIED
DIVIDED YET UNIFIED DIVIDED YET UNIFIED
DIVIDED YET UNIFIED DIVIDED YET UNIFIED
DIVIDED YET UNIFIED DIVIDED YET UNIFIED
DIVIDED YET UNIFIED DIVIDED YET UNIFIED
DIVIDED YET UNIFIED DIVIDED YET UNIFIED
DIVIDED YET UNIFIED DIVIDED YET UNIFIED
DIVIDED YET UNIFIED DIVIDED YET UNIFIED
DIVIDED YET UNIFIED DIVIDED YET UNIFIED
DIVIDED YET UNIFIED DIVIDED YET UNIFIED

DIVIDED YET UNIFIED DIVIDED YET UNIFIED
DIVIDED YET UNIFIED DIVIDED YET UNIFIED
DIVIDED YET UNIFIED DIVIDED YET UNIFIED
DIVIDED YET UNIFIED DIVIDED YET UNIFIED
DIVIDED YET UNIFIED DIVIDED YET UNIFIED
DIVIDED YET UNIFIED DIVIDED YET UNIFIED
DIVIDED YET UNIFIED DIVIDED YET UNIFIED
DIVIDED YET UNIFIED DIVIDED YET UNIFIED
DIVIDED YET UNIFIED DIVIDED YET UNIFIED
DIVIDED YET UNIFIED DIVIDED YET UNIFIED
DIVIDED YET UNIFIED DIVIDED YET UNIFIED
DIVIDED YET UNIFIED DIVIDED YET UNIFIED
DIVIDED YET UNIFIED DIVIDED YET UNIFIED
DIVIDED YET UNIFIED DIVIDED YET UNIFIED
DIVIDED YET UNIFIED DIVIDED YET UNIFIED
DIVIDED YET UNIFIED DIVIDED YET UNIFIED
DIVIDED YET UNIFIED DIVIDED YET UNIFIED
DIVIDED YET UNIFIED DIVIDED YET UNIFIED
DIVIDED YET UNIFIED DIVIDED YET UNIFIED
DIVIDED YET UNIFIED DIVIDED YET UNIFIED
DIVIDED YET UNIFIED DIVIDED YET UNIFIED
DIVIDED YET UNIFIED DIVIDED YET UNIFIED
DIVIDED YET UNIFIED DIVIDED YET UNIFIED
DIVIDED YET UNIFIED DIVIDED YET UNIFIED
DIVIDED YET UNIFIED DIVIDED YET UNIFIED
DIVIDED YET UNIFIED DIVIDED YET UNIFIED
DIVIDED YET UNIFIED DIVIDED YET UNIFIED
DIVIDED YET UNIFIED DIVIDED YET UNIFIED
DIVIDED YET UNIFIED DIVIDED YET UNIFIED
DIVIDED YET UNIFIED DIVIDED YET UNIFIED
DIVIDED YET UNIFIED DIVIDED YET UNIFIED
DIVIDED YET UNIFIED DIVIDED YET UNIFIED
DIVIDED YET UNIFIED DIVIDED YET UNIFIED
DIVIDED YET UNIFIED DIVIDED YET UNIFIED
DIVIDED YET UNIFIED DIVIDED YET UNIFIED
DIVIDED YET UNIFIED DIVIDED YET UNIFIED
DIVIDED YET UNIFIED DIVIDED YET UNIFIED
DIVIDED YET UNIFIED DIVIDED YET UNIFIED
DIVIDED YET UNIFIED DIVIDED YET UNIFIED
DIVIDED YET UNIFIED DIVIDED YET UNIFIED
DIVIDED YET UNIFIED DIVIDED YET UNIFIED
DIVIDED YET UNIFIED DIVIDED YET UNIFIED
DIVIDED YET UNIFIED DIVIDED YET UNIFIED
DIVIDED YET UNIFIED DIVIDED YET UNIFIED

DIVIDED YET UNIFIED DIVIDED YET UNIFIED
DIVIDED YET UNIFIED DIVIDED YET UNIFIED
DIVIDED YET UNIFIED DIVIDED YET UNIFIED
DIVIDED YET UNIFIED DIVIDED YET UNIFIED
DIVIDED YET UNIFIED DIVIDED YET UNIFIED
DIVIDED YET UNIFIED DIVIDED YET UNIFIED
DIVIDED YET UNIFIED DIVIDED YET UNIFIED
DIVIDED YET UNIFIED DIVIDED YET UNIFIED
DIVIDED YET UNIFIED DIVIDED YET UNIFIED
DIVIDED YET UNIFIED DIVIDED YET UNIFIED
DIVIDED YET UNIFIED DIVIDED YET UNIFIED
DIVIDED YET UNIFIED DIVIDED YET UNIFIED
DIVIDED YET UNIFIED DIVIDED YET UNIFIED
DIVIDED YET UNIFIED DIVIDED YET UNIFIED
DIVIDED YET UNIFIED DIVIDED YET UNIFIED
DIVIDED YET UNIFIED DIVIDED YET UNIFIED
DIVIDED YET UNIFIED DIVIDED YET UNIFIED
DIVIDED YET UNIFIED DIVIDED YET UNIFIED
DIVIDED YET UNIFIED DIVIDED YET UNIFIED
DIVIDED YET UNIFIED DIVIDED YET UNIFIED
DIVIDED YET UNIFIED DIVIDED YET UNIFIED
DIVIDED YET UNIFIED DIVIDED YET UNIFIED
DIVIDED YET UNIFIED DIVIDED YET UNIFIED
DIVIDED YET UNIFIED DIVIDED YET UNIFIED
DIVIDED YET UNIFIED DIVIDED YET UNIFIED
DIVIDED YET UNIFIED DIVIDED YET UNIFIED
DIVIDED YET UNIFIED DIVIDED YET UNIFIED
DIVIDED YET UNIFIED DIVIDED YET UNIFIED
DIVIDED YET UNIFIED DIVIDED YET UNIFIED
DIVIDED YET UNIFIED DIVIDED YET UNIFIED
DIVIDED YET UNIFIED DIVIDED YET UNIFIED
DIVIDED YET UNIFIED DIVIDED YET UNIFIED
DIVIDED YET UNIFIED DIVIDED YET UNIFIED
DIVIDED YET UNIFIED DIVIDED YET UNIFIED
DIVIDED YET UNIFIED DIVIDED YET UNIFIED
DIVIDED YET UNIFIED DIVIDED YET UNIFIED
DIVIDED YET UNIFIED DIVIDED YET UNIFIED
DIVIDED YET UNIFIED DIVIDED YET UNIFIED
DIVIDED YET UNIFIED DIVIDED YET UNIFIED
DIVIDED YET UNIFIED DIVIDED YET UNIFIED
DIVIDED YET UNIFIED DIVIDED YET UNIFIED
DIVIDED YET UNIFIED DIVIDED YET UNIFIED
DIVIDED YET UNIFIED DIVIDED YET UNIFIED

DIVIDED YET UNIFIED DIVIDED YET UNIFIED
DIVIDED YET UNIFIED DIVIDED YET UNIFIED
DIVIDED YET UNIFIED DIVIDED YET UNIFIED
DIVIDED YET UNIFIED DIVIDED YET UNIFIED
DIVIDED YET UNIFIED DIVIDED YET UNIFIED
DIVIDED YET UNIFIED DIVIDED YET UNIFIED
DIVIDED YET UNIFIED DIVIDED YET UNIFIED
DIVIDED YET UNIFIED DIVIDED YET UNIFIED
DIVIDED YET UNIFIED DIVIDED YET UNIFIED
DIVIDED YET UNIFIED DIVIDED YET UNIFIED
DIVIDED YET UNIFIED DIVIDED YET UNIFIED
DIVIDED YET UNIFIED DIVIDED YET UNIFIED
DIVIDED YET UNIFIED DIVIDED YET UNIFIED
DIVIDED YET UNIFIED DIVIDED YET UNIFIED
DIVIDED YET UNIFIED DIVIDED YET UNIFIED
DIVIDED YET UNIFIED DIVIDED YET UNIFIED
DIVIDED YET UNIFIED DIVIDED YET UNIFIED
DIVIDED YET UNIFIED DIVIDED YET UNIFIED
DIVIDED YET UNIFIED DIVIDED YET UNIFIED
DIVIDED YET UNIFIED DIVIDED YET UNIFIED
DIVIDED YET UNIFIED DIVIDED YET UNIFIED
DIVIDED YET UNIFIED DIVIDED YET UNIFIED
DIVIDED YET UNIFIED DIVIDED YET UNIFIED
DIVIDED YET UNIFIED DIVIDED YET UNIFIED
DIVIDED YET UNIFIED DIVIDED YET UNIFIED
DIVIDED YET UNIFIED DIVIDED YET UNIFIED
DIVIDED YET UNIFIED DIVIDED YET UNIFIED
DIVIDED YET UNIFIED DIVIDED YET UNIFIED
DIVIDED YET UNIFIED DIVIDED YET UNIFIED
DIVIDED YET UNIFIED DIVIDED YET UNIFIED
DIVIDED YET UNIFIED DIVIDED YET UNIFIED
DIVIDED YET UNIFIED DIVIDED YET UNIFIED
DIVIDED YET UNIFIED DIVIDED YET UNIFIED
DIVIDED YET UNIFIED DIVIDED YET UNIFIED
DIVIDED YET UNIFIED DIVIDED YET UNIFIED
DIVIDED YET UNIFIED DIVIDED YET UNIFIED
DIVIDED YET UNIFIED DIVIDED YET UNIFIED
DIVIDED YET UNIFIED DIVIDED YET UNIFIED
DIVIDED YET UNIFIED DIVIDED YET UNIFIED
DIVIDED YET UNIFIED DIVIDED YET UNIFIED
DIVIDED YET UNIFIED DIVIDED YET UNIFIED
DIVIDED YET UNIFIED DIVIDED YET UNIFIED

DIVIDED YET UNIFIED DIVIDED YET UNIFIED
DIVIDED YET UNIFIED DIVIDED YET UNIFIED
DIVIDED YET UNIFIED DIVIDED YET UNIFIED
DIVIDED YET UNIFIED DIVIDED YET UNIFIED
DIVIDED YET UNIFIED DIVIDED YET UNIFIED
DIVIDED YET UNIFIED DIVIDED YET UNIFIED
DIVIDED YET UNIFIED DIVIDED YET UNIFIED
DIVIDED YET UNIFIED DIVIDED YET UNIFIED
DIVIDED YET UNIFIED DIVIDED YET UNIFIED
DIVIDED YET UNIFIED DIVIDED YET UNIFIED
DIVIDED YET UNIFIED DIVIDED YET UNIFIED
DIVIDED YET UNIFIED DIVIDED YET UNIFIED
DIVIDED YET UNIFIED DIVIDED YET UNIFIED
DIVIDED YET UNIFIED DIVIDED YET UNIFIED
DIVIDED YET UNIFIED DIVIDED YET UNIFIED
DIVIDED YET UNIFIED DIVIDED YET UNIFIED
DIVIDED YET UNIFIED DIVIDED YET UNIFIED
DIVIDED YET UNIFIED DIVIDED YET UNIFIED
DIVIDED YET UNIFIED DIVIDED YET UNIFIED
DIVIDED YET UNIFIED DIVIDED YET UNIFIED
DIVIDED YET UNIFIED DIVIDED YET UNIFIED
DIVIDED YET UNIFIED DIVIDED YET UNIFIED
DIVIDED YET UNIFIED DIVIDED YET UNIFIED
DIVIDED YET UNIFIED DIVIDED YET UNIFIED
DIVIDED YET UNIFIED DIVIDED YET UNIFIED
DIVIDED YET UNIFIED DIVIDED YET UNIFIED
DIVIDED YET UNIFIED DIVIDED YET UNIFIED
DIVIDED YET UNIFIED DIVIDED YET UNIFIED
DIVIDED YET UNIFIED DIVIDED YET UNIFIED
DIVIDED YET UNIFIED DIVIDED YET UNIFIED
DIVIDED YET UNIFIED DIVIDED YET UNIFIED
DIVIDED YET UNIFIED DIVIDED YET UNIFIED
DIVIDED YET UNIFIED DIVIDED YET UNIFIED
DIVIDED YET UNIFIED DIVIDED YET UNIFIED
DIVIDED YET UNIFIED DIVIDED YET UNIFIED
DIVIDED YET UNIFIED DIVIDED YET UNIFIED
DIVIDED YET UNIFIED DIVIDED YET UNIFIED
DIVIDED YET UNIFIED DIVIDED YET UNIFIED
DIVIDED YET UNIFIED DIVIDED YET UNIFIED
DIVIDED YET UNIFIED DIVIDED YET UNIFIED
DIVIDED YET UNIFIED DIVIDED YET UNIFIED
DIVIDED YET UNIFIED DIVIDED YET UNIFIED

DIVIDED YET UNIFIED DIVIDED YET UNIFIED
DIVIDED YET UNIFIED DIVIDED YET UNIFIED
DIVIDED YET UNIFIED DIVIDED YET UNIFIED
DIVIDED YET UNIFIED DIVIDED YET UNIFIED
DIVIDED YET UNIFIED DIVIDED YET UNIFIED
DIVIDED YET UNIFIED DIVIDED YET UNIFIED
DIVIDED YET UNIFIED DIVIDED YET UNIFIED
DIVIDED YET UNIFIED DIVIDED YET UNIFIED
DIVIDED YET UNIFIED DIVIDED YET UNIFIED
DIVIDED YET UNIFIED DIVIDED YET UNIFIED
DIVIDED YET UNIFIED DIVIDED YET UNIFIED
DIVIDED YET UNIFIED DIVIDED YET UNIFIED
DIVIDED YET UNIFIED DIVIDED YET UNIFIED
DIVIDED YET UNIFIED DIVIDED YET UNIFIED
DIVIDED YET UNIFIED DIVIDED YET UNIFIED
DIVIDED YET UNIFIED DIVIDED YET UNIFIED
DIVIDED YET UNIFIED DIVIDED YET UNIFIED
DIVIDED YET UNIFIED DIVIDED YET UNIFIED
DIVIDED YET UNIFIED DIVIDED YET UNIFIED
DIVIDED YET UNIFIED DIVIDED YET UNIFIED
DIVIDED YET UNIFIED DIVIDED YET UNIFIED
DIVIDED YET UNIFIED DIVIDED YET UNIFIED
DIVIDED YET UNIFIED DIVIDED YET UNIFIED
DIVIDED YET UNIFIED DIVIDED YET UNIFIED
DIVIDED YET UNIFIED DIVIDED YET UNIFIED
DIVIDED YET UNIFIED DIVIDED YET UNIFIED
DIVIDED YET UNIFIED DIVIDED YET UNIFIED
DIVIDED YET UNIFIED DIVIDED YET UNIFIED
DIVIDED YET UNIFIED DIVIDED YET UNIFIED
DIVIDED YET UNIFIED DIVIDED YET UNIFIED
DIVIDED YET UNIFIED DIVIDED YET UNIFIED
DIVIDED YET UNIFIED DIVIDED YET UNIFIED
DIVIDED YET UNIFIED DIVIDED YET UNIFIED
DIVIDED YET UNIFIED DIVIDED YET UNIFIED
DIVIDED YET UNIFIED DIVIDED YET UNIFIED
DIVIDED YET UNIFIED DIVIDED YET UNIFIED
DIVIDED YET UNIFIED DIVIDED YET UNIFIED
DIVIDED YET UNIFIED DIVIDED YET UNIFIED
DIVIDED YET UNIFIED DIVIDED YET UNIFIED
DIVIDED YET UNIFIED DIVIDED YET UNIFIED
DIVIDED YET UNIFIED DIVIDED YET UNIFIED
DIVIDED YET UNIFIED DIVIDED YET UNIFIED

DIVIDED YET UNIFIED DIVIDED YET UNIFIED
DIVIDED YET UNIFIED DIVIDED YET UNIFIED
DIVIDED YET UNIFIED DIVIDED YET UNIFIED
DIVIDED YET UNIFIED DIVIDED YET UNIFIED
DIVIDED YET UNIFIED DIVIDED YET UNIFIED
DIVIDED YET UNIFIED DIVIDED YET UNIFIED
DIVIDED YET UNIFIED DIVIDED YET UNIFIED
DIVIDED YET UNIFIED DIVIDED YET UNIFIED
DIVIDED YET UNIFIED DIVIDED YET UNIFIED
DIVIDED YET UNIFIED DIVIDED YET UNIFIED
DIVIDED YET UNIFIED DIVIDED YET UNIFIED
DIVIDED YET UNIFIED DIVIDED YET UNIFIED
DIVIDED YET UNIFIED DIVIDED YET UNIFIED
DIVIDED YET UNIFIED DIVIDED YET UNIFIED
DIVIDED YET UNIFIED DIVIDED YET UNIFIED
DIVIDED YET UNIFIED DIVIDED YET UNIFIED
DIVIDED YET UNIFIED DIVIDED YET UNIFIED
DIVIDED YET UNIFIED DIVIDED YET UNIFIED
DIVIDED YET UNIFIED DIVIDED YET UNIFIED
DIVIDED YET UNIFIED DIVIDED YET UNIFIED
DIVIDED YET UNIFIED DIVIDED YET UNIFIED
DIVIDED YET UNIFIED DIVIDED YET UNIFIED
DIVIDED YET UNIFIED DIVIDED YET UNIFIED
DIVIDED YET UNIFIED DIVIDED YET UNIFIED
DIVIDED YET UNIFIED DIVIDED YET UNIFIED
DIVIDED YET UNIFIED DIVIDED YET UNIFIED
DIVIDED YET UNIFIED DIVIDED YET UNIFIED
DIVIDED YET UNIFIED DIVIDED YET UNIFIED
DIVIDED YET UNIFIED DIVIDED YET UNIFIED
DIVIDED YET UNIFIED DIVIDED YET UNIFIED
DIVIDED YET UNIFIED DIVIDED YET UNIFIED
DIVIDED YET UNIFIED DIVIDED YET UNIFIED
DIVIDED YET UNIFIED DIVIDED YET UNIFIED
DIVIDED YET UNIFIED DIVIDED YET UNIFIED
DIVIDED YET UNIFIED DIVIDED YET UNIFIED
DIVIDED YET UNIFIED DIVIDED YET UNIFIED
DIVIDED YET UNIFIED DIVIDED YET UNIFIED
DIVIDED YET UNIFIED DIVIDED YET UNIFIED
DIVIDED YET UNIFIED DIVIDED YET UNIFIED
DIVIDED YET UNIFIED DIVIDED YET UNIFIED
DIVIDED YET UNIFIED DIVIDED YET UNIFIED
DIVIDED YET UNIFIED DIVIDED YET UNIFIED
DIVIDED YET UNIFIED DIVIDED YET UNIFIED
DIVIDED YET UNIFIED DIVIDED YET UNIFIED
DIVIDED YET UNIFIED DIVIDED YET UNIFIED

DIVIDED YET UNIFIED DIVIDED YET UNIFIED
DIVIDED YET UNIFIED DIVIDED YET UNIFIED
DIVIDED YET UNIFIED DIVIDED YET UNIFIED
DIVIDED YET UNIFIED DIVIDED YET UNIFIED
DIVIDED YET UNIFIED DIVIDED YET UNIFIED
DIVIDED YET UNIFIED DIVIDED YET UNIFIED
DIVIDED YET UNIFIED DIVIDED YET UNIFIED
DIVIDED YET UNIFIED DIVIDED YET UNIFIED
DIVIDED YET UNIFIED DIVIDED YET UNIFIED
DIVIDED YET UNIFIED DIVIDED YET UNIFIED
DIVIDED YET UNIFIED DIVIDED YET UNIFIED
DIVIDED YET UNIFIED DIVIDED YET UNIFIED
DIVIDED YET UNIFIED DIVIDED YET UNIFIED
DIVIDED YET UNIFIED DIVIDED YET UNIFIED
DIVIDED YET UNIFIED DIVIDED YET UNIFIED
DIVIDED YET UNIFIED DIVIDED YET UNIFIED
DIVIDED YET UNIFIED DIVIDED YET UNIFIED
DIVIDED YET UNIFIED DIVIDED YET UNIFIED
DIVIDED YET UNIFIED DIVIDED YET UNIFIED
DIVIDED YET UNIFIED DIVIDED YET UNIFIED
DIVIDED YET UNIFIED DIVIDED YET UNIFIED
DIVIDED YET UNIFIED DIVIDED YET UNIFIED
DIVIDED YET UNIFIED DIVIDED YET UNIFIED
DIVIDED YET UNIFIED DIVIDED YET UNIFIED
DIVIDED YET UNIFIED DIVIDED YET UNIFIED
DIVIDED YET UNIFIED DIVIDED YET UNIFIED
DIVIDED YET UNIFIED DIVIDED YET UNIFIED
DIVIDED YET UNIFIED DIVIDED YET UNIFIED
DIVIDED YET UNIFIED DIVIDED YET UNIFIED
DIVIDED YET UNIFIED DIVIDED YET UNIFIED
DIVIDED YET UNIFIED DIVIDED YET UNIFIED
DIVIDED YET UNIFIED DIVIDED YET UNIFIED
DIVIDED YET UNIFIED DIVIDED YET UNIFIED
DIVIDED YET UNIFIED DIVIDED YET UNIFIED
DIVIDED YET UNIFIED DIVIDED YET UNIFIED
DIVIDED YET UNIFIED DIVIDED YET UNIFIED
DIVIDED YET UNIFIED DIVIDED YET UNIFIED
DIVIDED YET UNIFIED DIVIDED YET UNIFIED
DIVIDED YET UNIFIED DIVIDED YET UNIFIED
DIVIDED YET UNIFIED DIVIDED YET UNIFIED
DIVIDED YET UNIFIED DIVIDED YET UNIFIED

DIVIDED YET UNIFIED DIVIDED YET UNIFIED
DIVIDED YET UNIFIED DIVIDED YET UNIFIED
DIVIDED YET UNIFIED DIVIDED YET UNIFIED
DIVIDED YET UNIFIED DIVIDED YET UNIFIED
DIVIDED YET UNIFIED DIVIDED YET UNIFIED
DIVIDED YET UNIFIED DIVIDED YET UNIFIED
DIVIDED YET UNIFIED DIVIDED YET UNIFIED
DIVIDED YET UNIFIED DIVIDED YET UNIFIED
DIVIDED YET UNIFIED DIVIDED YET UNIFIED
DIVIDED YET UNIFIED DIVIDED YET UNIFIED
DIVIDED YET UNIFIED DIVIDED YET UNIFIED
DIVIDED YET UNIFIED DIVIDED YET UNIFIED
DIVIDED YET UNIFIED DIVIDED YET UNIFIED
DIVIDED YET UNIFIED DIVIDED YET UNIFIED
DIVIDED YET UNIFIED DIVIDED YET UNIFIED
DIVIDED YET UNIFIED DIVIDED YET UNIFIED
DIVIDED YET UNIFIED DIVIDED YET UNIFIED
DIVIDED YET UNIFIED DIVIDED YET UNIFIED
DIVIDED YET UNIFIED DIVIDED YET UNIFIED
DIVIDED YET UNIFIED DIVIDED YET UNIFIED
DIVIDED YET UNIFIED DIVIDED YET UNIFIED
DIVIDED YET UNIFIED DIVIDED YET UNIFIED
DIVIDED YET UNIFIED DIVIDED YET UNIFIED
DIVIDED YET UNIFIED DIVIDED YET UNIFIED
DIVIDED YET UNIFIED DIVIDED YET UNIFIED
DIVIDED YET UNIFIED DIVIDED YET UNIFIED
DIVIDED YET UNIFIED DIVIDED YET UNIFIED
DIVIDED YET UNIFIED DIVIDED YET UNIFIED
DIVIDED YET UNIFIED DIVIDED YET UNIFIED
DIVIDED YET UNIFIED DIVIDED YET UNIFIED
DIVIDED YET UNIFIED DIVIDED YET UNIFIED
DIVIDED YET UNIFIED DIVIDED YET UNIFIED
DIVIDED YET UNIFIED DIVIDED YET UNIFIED
DIVIDED YET UNIFIED DIVIDED YET UNIFIED
DIVIDED YET UNIFIED DIVIDED YET UNIFIED
DIVIDED YET UNIFIED DIVIDED YET UNIFIED
DIVIDED YET UNIFIED DIVIDED YET UNIFIED
DIVIDED YET UNIFIED DIVIDED YET UNIFIED
DIVIDED YET UNIFIED DIVIDED YET UNIFIED
DIVIDED YET UNIFIED DIVIDED YET UNIFIED
DIVIDED YET UNIFIED DIVIDED YET UNIFIED

DIVIDED YET UNIFIED DIVIDED YET UNIFIED
DIVIDED YET UNIFIED DIVIDED YET UNIFIED
DIVIDED YET UNIFIED DIVIDED YET UNIFIED
DIVIDED YET UNIFIED DIVIDED YET UNIFIED
DIVIDED YET UNIFIED DIVIDED YET UNIFIED
DIVIDED YET UNIFIED DIVIDED YET UNIFIED
DIVIDED YET UNIFIED DIVIDED YET UNIFIED
DIVIDED YET UNIFIED DIVIDED YET UNIFIED
DIVIDED YET UNIFIED DIVIDED YET UNIFIED
DIVIDED YET UNIFIED DIVIDED YET UNIFIED
DIVIDED YET UNIFIED DIVIDED YET UNIFIED
DIVIDED YET UNIFIED DIVIDED YET UNIFIED
DIVIDED YET UNIFIED DIVIDED YET UNIFIED
DIVIDED YET UNIFIED DIVIDED YET UNIFIED
DIVIDED YET UNIFIED DIVIDED YET UNIFIED
DIVIDED YET UNIFIED DIVIDED YET UNIFIED
DIVIDED YET UNIFIED DIVIDED YET UNIFIED
DIVIDED YET UNIFIED DIVIDED YET UNIFIED
DIVIDED YET UNIFIED DIVIDED YET UNIFIED
DIVIDED YET UNIFIED DIVIDED YET UNIFIED
DIVIDED YET UNIFIED DIVIDED YET UNIFIED
DIVIDED YET UNIFIED DIVIDED YET UNIFIED
DIVIDED YET UNIFIED DIVIDED YET UNIFIED
DIVIDED YET UNIFIED DIVIDED YET UNIFIED
DIVIDED YET UNIFIED DIVIDED YET UNIFIED
DIVIDED YET UNIFIED DIVIDED YET UNIFIED
DIVIDED YET UNIFIED DIVIDED YET UNIFIED
DIVIDED YET UNIFIED DIVIDED YET UNIFIED
DIVIDED YET UNIFIED DIVIDED YET UNIFIED
DIVIDED YET UNIFIED DIVIDED YET UNIFIED
DIVIDED YET UNIFIED DIVIDED YET UNIFIED
DIVIDED YET UNIFIED DIVIDED YET UNIFIED
DIVIDED YET UNIFIED DIVIDED YET UNIFIED
DIVIDED YET UNIFIED DIVIDED YET UNIFIED
DIVIDED YET UNIFIED DIVIDED YET UNIFIED
DIVIDED YET UNIFIED DIVIDED YET UNIFIED
DIVIDED YET UNIFIED DIVIDED YET UNIFIED
DIVIDED YET UNIFIED DIVIDED YET UNIFIED
DIVIDED YET UNIFIED DIVIDED YET UNIFIED
DIVIDED YET UNIFIED DIVIDED YET UNIFIED
DIVIDED YET UNIFIED DIVIDED YET UNIFIED
DIVIDED YET UNIFIED DIVIDED YET UNIFIED

DIVIDED YET UNIFIED DIVIDED YET UNIFIED
DIVIDED YET UNIFIED DIVIDED YET UNIFIED
DIVIDED YET UNIFIED DIVIDED YET UNIFIED
DIVIDED YET UNIFIED DIVIDED YET UNIFIED
DIVIDED YET UNIFIED DIVIDED YET UNIFIED
DIVIDED YET UNIFIED DIVIDED YET UNIFIED
DIVIDED YET UNIFIED DIVIDED YET UNIFIED
DIVIDED YET UNIFIED DIVIDED YET UNIFIED
DIVIDED YET UNIFIED DIVIDED YET UNIFIED
DIVIDED YET UNIFIED DIVIDED YET UNIFIED
DIVIDED YET UNIFIED DIVIDED YET UNIFIED
DIVIDED YET UNIFIED DIVIDED YET UNIFIED
DIVIDED YET UNIFIED DIVIDED YET UNIFIED
DIVIDED YET UNIFIED DIVIDED YET UNIFIED
DIVIDED YET UNIFIED DIVIDED YET UNIFIED
DIVIDED YET UNIFIED DIVIDED YET UNIFIED
DIVIDED YET UNIFIED DIVIDED YET UNIFIED
DIVIDED YET UNIFIED DIVIDED YET UNIFIED
DIVIDED YET UNIFIED DIVIDED YET UNIFIED
DIVIDED YET UNIFIED DIVIDED YET UNIFIED
DIVIDED YET UNIFIED DIVIDED YET UNIFIED
DIVIDED YET UNIFIED DIVIDED YET UNIFIED
DIVIDED YET UNIFIED DIVIDED YET UNIFIED
DIVIDED YET UNIFIED DIVIDED YET UNIFIED
DIVIDED YET UNIFIED DIVIDED YET UNIFIED
DIVIDED YET UNIFIED DIVIDED YET UNIFIED
DIVIDED YET UNIFIED DIVIDED YET UNIFIED
DIVIDED YET UNIFIED DIVIDED YET UNIFIED
DIVIDED YET UNIFIED DIVIDED YET UNIFIED
DIVIDED YET UNIFIED DIVIDED YET UNIFIED
DIVIDED YET UNIFIED DIVIDED YET UNIFIED
DIVIDED YET UNIFIED DIVIDED YET UNIFIED
DIVIDED YET UNIFIED DIVIDED YET UNIFIED
DIVIDED YET UNIFIED DIVIDED YET UNIFIED
DIVIDED YET UNIFIED DIVIDED YET UNIFIED
DIVIDED YET UNIFIED DIVIDED YET UNIFIED
DIVIDED YET UNIFIED DIVIDED YET UNIFIED
DIVIDED YET UNIFIED DIVIDED YET UNIFIED
DIVIDED YET UNIFIED DIVIDED YET UNIFIED
DIVIDED YET UNIFIED DIVIDED YET UNIFIED
DIVIDED YET UNIFIED DIVIDED YET UNIFIED
DIVIDED YET UNIFIED DIVIDED YET UNIFIED
DIVIDED YET UNIFIED DIVIDED YET UNIFIED
DIVIDED YET UNIFIED DIVIDED YET UNIFIED

DIVIDED YET UNIFIED DIVIDED YET UNIFIED
DIVIDED YET UNIFIED DIVIDED YET UNIFIED
DIVIDED YET UNIFIED DIVIDED YET UNIFIED
DIVIDED YET UNIFIED DIVIDED YET UNIFIED
DIVIDED YET UNIFIED DIVIDED YET UNIFIED
DIVIDED YET UNIFIED DIVIDED YET UNIFIED
DIVIDED YET UNIFIED DIVIDED YET UNIFIED
DIVIDED YET UNIFIED DIVIDED YET UNIFIED
DIVIDED YET UNIFIED DIVIDED YET UNIFIED
DIVIDED YET UNIFIED DIVIDED YET UNIFIED
DIVIDED YET UNIFIED DIVIDED YET UNIFIED
DIVIDED YET UNIFIED DIVIDED YET UNIFIED
DIVIDED YET UNIFIED DIVIDED YET UNIFIED
DIVIDED YET UNIFIED DIVIDED YET UNIFIED
DIVIDED YET UNIFIED DIVIDED YET UNIFIED
DIVIDED YET UNIFIED DIVIDED YET UNIFIED
DIVIDED YET UNIFIED DIVIDED YET UNIFIED
DIVIDED YET UNIFIED DIVIDED YET UNIFIED
DIVIDED YET UNIFIED DIVIDED YET UNIFIED
DIVIDED YET UNIFIED DIVIDED YET UNIFIED
DIVIDED YET UNIFIED DIVIDED YET UNIFIED
DIVIDED YET UNIFIED DIVIDED YET UNIFIED
DIVIDED YET UNIFIED DIVIDED YET UNIFIED
DIVIDED YET UNIFIED DIVIDED YET UNIFIED
DIVIDED YET UNIFIED DIVIDED YET UNIFIED
DIVIDED YET UNIFIED DIVIDED YET UNIFIED
DIVIDED YET UNIFIED DIVIDED YET UNIFIED
DIVIDED YET UNIFIED DIVIDED YET UNIFIED
DIVIDED YET UNIFIED DIVIDED YET UNIFIED
DIVIDED YET UNIFIED DIVIDED YET UNIFIED
DIVIDED YET UNIFIED DIVIDED YET UNIFIED
DIVIDED YET UNIFIED DIVIDED YET UNIFIED
DIVIDED YET UNIFIED DIVIDED YET UNIFIED
DIVIDED YET UNIFIED DIVIDED YET UNIFIED
DIVIDED YET UNIFIED DIVIDED YET UNIFIED
DIVIDED YET UNIFIED DIVIDED YET UNIFIED
DIVIDED YET UNIFIED DIVIDED YET UNIFIED
DIVIDED YET UNIFIED DIVIDED YET UNIFIED
DIVIDED YET UNIFIED DIVIDED YET UNIFIED
DIVIDED YET UNIFIED DIVIDED YET UNIFIED
DIVIDED YET UNIFIED DIVIDED YET UNIFIED
DIVIDED YET UNIFIED DIVIDED YET UNIFIED
DIVIDED YET UNIFIED DIVIDED YET UNIFIED

DIVIDED YET UNIFIED DIVIDED YET UNIFIED
DIVIDED YET UNIFIED DIVIDED YET UNIFIED
DIVIDED YET UNIFIED DIVIDED YET UNIFIED
DIVIDED YET UNIFIED DIVIDED YET UNIFIED
DIVIDED YET UNIFIED DIVIDED YET UNIFIED
DIVIDED YET UNIFIED DIVIDED YET UNIFIED
DIVIDED YET UNIFIED DIVIDED YET UNIFIED
DIVIDED YET UNIFIED DIVIDED YET UNIFIED
DIVIDED YET UNIFIED DIVIDED YET UNIFIED
DIVIDED YET UNIFIED DIVIDED YET UNIFIED
DIVIDED YET UNIFIED DIVIDED YET UNIFIED
DIVIDED YET UNIFIED DIVIDED YET UNIFIED
DIVIDED YET UNIFIED DIVIDED YET UNIFIED
DIVIDED YET UNIFIED DIVIDED YET UNIFIED
DIVIDED YET UNIFIED DIVIDED YET UNIFIED
DIVIDED YET UNIFIED DIVIDED YET UNIFIED
DIVIDED YET UNIFIED DIVIDED YET UNIFIED
DIVIDED YET UNIFIED DIVIDED YET UNIFIED
DIVIDED YET UNIFIED DIVIDED YET UNIFIED
DIVIDED YET UNIFIED DIVIDED YET UNIFIED
DIVIDED YET UNIFIED DIVIDED YET UNIFIED
DIVIDED YET UNIFIED DIVIDED YET UNIFIED
DIVIDED YET UNIFIED DIVIDED YET UNIFIED
DIVIDED YET UNIFIED DIVIDED YET UNIFIED
DIVIDED YET UNIFIED DIVIDED YET UNIFIED
DIVIDED YET UNIFIED DIVIDED YET UNIFIED
DIVIDED YET UNIFIED DIVIDED YET UNIFIED
DIVIDED YET UNIFIED DIVIDED YET UNIFIED
DIVIDED YET UNIFIED DIVIDED YET UNIFIED
DIVIDED YET UNIFIED DIVIDED YET UNIFIED
DIVIDED YET UNIFIED DIVIDED YET UNIFIED
DIVIDED YET UNIFIED DIVIDED YET UNIFIED
DIVIDED YET UNIFIED DIVIDED YET UNIFIED
DIVIDED YET UNIFIED DIVIDED YET UNIFIED
DIVIDED YET UNIFIED DIVIDED YET UNIFIED
DIVIDED YET UNIFIED DIVIDED YET UNIFIED
DIVIDED YET UNIFIED DIVIDED YET UNIFIED
DIVIDED YET UNIFIED DIVIDED YET UNIFIED
DIVIDED YET UNIFIED DIVIDED YET UNIFIED
DIVIDED YET UNIFIED DIVIDED YET UNIFIED
DIVIDED YET UNIFIED DIVIDED YET UNIFIED
DIVIDED YET UNIFIED DIVIDED YET UNIFIED
DIVIDED YET UNIFIED DIVIDED YET UNIFIED
DIVIDED YET UNIFIED DIVIDED YET UNIFIED

DIVIDED YET UNIFIED DIVIDED YET UNIFIED
DIVIDED YET UNIFIED DIVIDED YET UNIFIED
DIVIDED YET UNIFIED DIVIDED YET UNIFIED
DIVIDED YET UNIFIED DIVIDED YET UNIFIED
DIVIDED YET UNIFIED DIVIDED YET UNIFIED
DIVIDED YET UNIFIED DIVIDED YET UNIFIED
DIVIDED YET UNIFIED DIVIDED YET UNIFIED
DIVIDED YET UNIFIED DIVIDED YET UNIFIED
DIVIDED YET UNIFIED DIVIDED YET UNIFIED
DIVIDED YET UNIFIED DIVIDED YET UNIFIED
DIVIDED YET UNIFIED DIVIDED YET UNIFIED
DIVIDED YET UNIFIED DIVIDED YET UNIFIED
DIVIDED YET UNIFIED DIVIDED YET UNIFIED
DIVIDED YET UNIFIED DIVIDED YET UNIFIED
DIVIDED YET UNIFIED DIVIDED YET UNIFIED
DIVIDED YET UNIFIED DIVIDED YET UNIFIED
DIVIDED YET UNIFIED DIVIDED YET UNIFIED
DIVIDED YET UNIFIED DIVIDED YET UNIFIED
DIVIDED YET UNIFIED DIVIDED YET UNIFIED
DIVIDED YET UNIFIED DIVIDED YET UNIFIED
DIVIDED YET UNIFIED DIVIDED YET UNIFIED
DIVIDED YET UNIFIED DIVIDED YET UNIFIED
DIVIDED YET UNIFIED DIVIDED YET UNIFIED
DIVIDED YET UNIFIED DIVIDED YET UNIFIED
DIVIDED YET UNIFIED DIVIDED YET UNIFIED
DIVIDED YET UNIFIED DIVIDED YET UNIFIED
DIVIDED YET UNIFIED DIVIDED YET UNIFIED
DIVIDED YET UNIFIED DIVIDED YET UNIFIED
DIVIDED YET UNIFIED DIVIDED YET UNIFIED
DIVIDED YET UNIFIED DIVIDED YET UNIFIED
DIVIDED YET UNIFIED DIVIDED YET UNIFIED
DIVIDED YET UNIFIED DIVIDED YET UNIFIED
DIVIDED YET UNIFIED DIVIDED YET UNIFIED
DIVIDED YET UNIFIED DIVIDED YET UNIFIED
DIVIDED YET UNIFIED DIVIDED YET UNIFIED
DIVIDED YET UNIFIED DIVIDED YET UNIFIED
DIVIDED YET UNIFIED DIVIDED YET UNIFIED
DIVIDED YET UNIFIED DIVIDED YET UNIFIED
DIVIDED YET UNIFIED DIVIDED YET UNIFIED
DIVIDED YET UNIFIED DIVIDED YET UNIFIED

DIVIDED YET UNIFIED DIVIDED YET UNIFIED
DIVIDED YET UNIFIED DIVIDED YET UNIFIED
DIVIDED YET UNIFIED DIVIDED YET UNIFIED
DIVIDED YET UNIFIED DIVIDED YET UNIFIED
DIVIDED YET UNIFIED DIVIDED YET UNIFIED
DIVIDED YET UNIFIED DIVIDED YET UNIFIED
DIVIDED YET UNIFIED DIVIDED YET UNIFIED
DIVIDED YET UNIFIED DIVIDED YET UNIFIED
DIVIDED YET UNIFIED DIVIDED YET UNIFIED
DIVIDED YET UNIFIED DIVIDED YET UNIFIED
DIVIDED YET UNIFIED DIVIDED YET UNIFIED
DIVIDED YET UNIFIED DIVIDED YET UNIFIED
DIVIDED YET UNIFIED DIVIDED YET UNIFIED
DIVIDED YET UNIFIED DIVIDED YET UNIFIED
DIVIDED YET UNIFIED DIVIDED YET UNIFIED
DIVIDED YET UNIFIED DIVIDED YET UNIFIED
DIVIDED YET UNIFIED DIVIDED YET UNIFIED
DIVIDED YET UNIFIED DIVIDED YET UNIFIED
DIVIDED YET UNIFIED DIVIDED YET UNIFIED
DIVIDED YET UNIFIED DIVIDED YET UNIFIED
DIVIDED YET UNIFIED DIVIDED YET UNIFIED
DIVIDED YET UNIFIED DIVIDED YET UNIFIED
DIVIDED YET UNIFIED DIVIDED YET UNIFIED
DIVIDED YET UNIFIED DIVIDED YET UNIFIED
DIVIDED YET UNIFIED DIVIDED YET UNIFIED
DIVIDED YET UNIFIED DIVIDED YET UNIFIED
DIVIDED YET UNIFIED DIVIDED YET UNIFIED
DIVIDED YET UNIFIED DIVIDED YET UNIFIED
DIVIDED YET UNIFIED DIVIDED YET UNIFIED
DIVIDED YET UNIFIED DIVIDED YET UNIFIED
DIVIDED YET UNIFIED DIVIDED YET UNIFIED
DIVIDED YET UNIFIED DIVIDED YET UNIFIED
DIVIDED YET UNIFIED DIVIDED YET UNIFIED
DIVIDED YET UNIFIED DIVIDED YET UNIFIED
DIVIDED YET UNIFIED DIVIDED YET UNIFIED
DIVIDED YET UNIFIED DIVIDED YET UNIFIED
DIVIDED YET UNIFIED DIVIDED YET UNIFIED
DIVIDED YET UNIFIED DIVIDED YET UNIFIED
DIVIDED YET UNIFIED DIVIDED YET UNIFIED
DIVIDED YET UNIFIED DIVIDED YET UNIFIED
DIVIDED YET UNIFIED DIVIDED YET UNIFIED
DIVIDED YET UNIFIED DIVIDED YET UNIFIED
DIVIDED YET UNIFIED DIVIDED YET UNIFIED
DIVIDED YET UNIFIED DIVIDED YET UNIFIED
DIVIDED YET UNIFIED DIVIDED YET UNIFIED
DIVIDED YET UNIFIED DIVIDED YET UNIFIED

DIVIDED YET UNIFIED DIVIDED YET UNIFIED
DIVIDED YET UNIFIED DIVIDED YET UNIFIED
DIVIDED YET UNIFIED DIVIDED YET UNIFIED
DIVIDED YET UNIFIED DIVIDED YET UNIFIED
DIVIDED YET UNIFIED DIVIDED YET UNIFIED
DIVIDED YET UNIFIED DIVIDED YET UNIFIED
DIVIDED YET UNIFIED DIVIDED YET UNIFIED
DIVIDED YET UNIFIED DIVIDED YET UNIFIED
DIVIDED YET UNIFIED DIVIDED YET UNIFIED
DIVIDED YET UNIFIED DIVIDED YET UNIFIED
DIVIDED YET UNIFIED DIVIDED YET UNIFIED
DIVIDED YET UNIFIED DIVIDED YET UNIFIED
DIVIDED YET UNIFIED DIVIDED YET UNIFIED
DIVIDED YET UNIFIED DIVIDED YET UNIFIED
DIVIDED YET UNIFIED DIVIDED YET UNIFIED
DIVIDED YET UNIFIED DIVIDED YET UNIFIED
DIVIDED YET UNIFIED DIVIDED YET UNIFIED
DIVIDED YET UNIFIED DIVIDED YET UNIFIED
DIVIDED YET UNIFIED DIVIDED YET UNIFIED
DIVIDED YET UNIFIED DIVIDED YET UNIFIED
DIVIDED YET UNIFIED DIVIDED YET UNIFIED
DIVIDED YET UNIFIED DIVIDED YET UNIFIED
DIVIDED YET UNIFIED DIVIDED YET UNIFIED
DIVIDED YET UNIFIED DIVIDED YET UNIFIED
DIVIDED YET UNIFIED DIVIDED YET UNIFIED
DIVIDED YET UNIFIED DIVIDED YET UNIFIED
DIVIDED YET UNIFIED DIVIDED YET UNIFIED
DIVIDED YET UNIFIED DIVIDED YET UNIFIED
DIVIDED YET UNIFIED DIVIDED YET UNIFIED
DIVIDED YET UNIFIED DIVIDED YET UNIFIED
DIVIDED YET UNIFIED DIVIDED YET UNIFIED
DIVIDED YET UNIFIED DIVIDED YET UNIFIED
DIVIDED YET UNIFIED DIVIDED YET UNIFIED
DIVIDED YET UNIFIED DIVIDED YET UNIFIED
DIVIDED YET UNIFIED DIVIDED YET UNIFIED
DIVIDED YET UNIFIED DIVIDED YET UNIFIED
DIVIDED YET UNIFIED DIVIDED YET UNIFIED
DIVIDED YET UNIFIED DIVIDED YET UNIFIED
DIVIDED YET UNIFIED DIVIDED YET UNIFIED
DIVIDED YET UNIFIED DIVIDED YET UNIFIED
DIVIDED YET UNIFIED DIVIDED YET UNIFIED
DIVIDED YET UNIFIED DIVIDED YET UNIFIED
DIVIDED YET UNIFIED DIVIDED YET UNIFIED
DIVIDED YET UNIFIED DIVIDED YET UNIFIED
DIVIDED YET UNIFIED DIVIDED YET UNIFIED
DIVIDED YET UNIFIED DIVIDED YET UNIFIED

DIVIDED YET UNIFIED DIVIDED YET UNIFIED
DIVIDED YET UNIFIED DIVIDED YET UNIFIED
DIVIDED YET UNIFIED DIVIDED YET UNIFIED
DIVIDED YET UNIFIED DIVIDED YET UNIFIED
DIVIDED YET UNIFIED DIVIDED YET UNIFIED
DIVIDED YET UNIFIED DIVIDED YET UNIFIED
DIVIDED YET UNIFIED DIVIDED YET UNIFIED
DIVIDED YET UNIFIED DIVIDED YET UNIFIED
DIVIDED YET UNIFIED DIVIDED YET UNIFIED
DIVIDED YET UNIFIED DIVIDED YET UNIFIED
DIVIDED YET UNIFIED DIVIDED YET UNIFIED
DIVIDED YET UNIFIED DIVIDED YET UNIFIED
DIVIDED YET UNIFIED DIVIDED YET UNIFIED
DIVIDED YET UNIFIED DIVIDED YET UNIFIED
DIVIDED YET UNIFIED DIVIDED YET UNIFIED
DIVIDED YET UNIFIED DIVIDED YET UNIFIED
DIVIDED YET UNIFIED DIVIDED YET UNIFIED
DIVIDED YET UNIFIED DIVIDED YET UNIFIED
DIVIDED YET UNIFIED DIVIDED YET UNIFIED
DIVIDED YET UNIFIED DIVIDED YET UNIFIED
DIVIDED YET UNIFIED DIVIDED YET UNIFIED
DIVIDED YET UNIFIED DIVIDED YET UNIFIED
DIVIDED YET UNIFIED DIVIDED YET UNIFIED
DIVIDED YET UNIFIED DIVIDED YET UNIFIED
DIVIDED YET UNIFIED DIVIDED YET UNIFIED
DIVIDED YET UNIFIED DIVIDED YET UNIFIED
DIVIDED YET UNIFIED DIVIDED YET UNIFIED
DIVIDED YET UNIFIED DIVIDED YET UNIFIED
DIVIDED YET UNIFIED DIVIDED YET UNIFIED
DIVIDED YET UNIFIED DIVIDED YET UNIFIED
DIVIDED YET UNIFIED DIVIDED YET UNIFIED
DIVIDED YET UNIFIED DIVIDED YET UNIFIED
DIVIDED YET UNIFIED DIVIDED YET UNIFIED
DIVIDED YET UNIFIED DIVIDED YET UNIFIED
DIVIDED YET UNIFIED DIVIDED YET UNIFIED
DIVIDED YET UNIFIED DIVIDED YET UNIFIED
DIVIDED YET UNIFIED DIVIDED YET UNIFIED
DIVIDED YET UNIFIED DIVIDED YET UNIFIED
DIVIDED YET UNIFIED DIVIDED YET UNIFIED
DIVIDED YET UNIFIED DIVIDED YET UNIFIED
DIVIDED YET UNIFIED DIVIDED YET UNIFIED
DIVIDED YET UNIFIED DIVIDED YET UNIFIED
DIVIDED YET UNIFIED DIVIDED YET UNIFIED
DIVIDED YET UNIFIED DIVIDED YET UNIFIED
DIVIDED YET UNIFIED DIVIDED YET UNIFIED

DIVIDED YET UNIFIED DIVIDED YET UNIFIED
DIVIDED YET UNIFIED DIVIDED YET UNIFIED
DIVIDED YET UNIFIED DIVIDED YET UNIFIED
DIVIDED YET UNIFIED DIVIDED YET UNIFIED
DIVIDED YET UNIFIED DIVIDED YET UNIFIED
DIVIDED YET UNIFIED DIVIDED YET UNIFIED
DIVIDED YET UNIFIED DIVIDED YET UNIFIED
DIVIDED YET UNIFIED DIVIDED YET UNIFIED
DIVIDED YET UNIFIED DIVIDED YET UNIFIED
DIVIDED YET UNIFIED DIVIDED YET UNIFIED
DIVIDED YET UNIFIED DIVIDED YET UNIFIED
DIVIDED YET UNIFIED DIVIDED YET UNIFIED
DIVIDED YET UNIFIED DIVIDED YET UNIFIED
DIVIDED YET UNIFIED DIVIDED YET UNIFIED
DIVIDED YET UNIFIED DIVIDED YET UNIFIED
DIVIDED YET UNIFIED DIVIDED YET UNIFIED
DIVIDED YET UNIFIED DIVIDED YET UNIFIED
DIVIDED YET UNIFIED DIVIDED YET UNIFIED
DIVIDED YET UNIFIED DIVIDED YET UNIFIED
DIVIDED YET UNIFIED DIVIDED YET UNIFIED
DIVIDED YET UNIFIED DIVIDED YET UNIFIED
DIVIDED YET UNIFIED DIVIDED YET UNIFIED
DIVIDED YET UNIFIED DIVIDED YET UNIFIED
DIVIDED YET UNIFIED DIVIDED YET UNIFIED
DIVIDED YET UNIFIED DIVIDED YET UNIFIED
DIVIDED YET UNIFIED DIVIDED YET UNIFIED
DIVIDED YET UNIFIED DIVIDED YET UNIFIED
DIVIDED YET UNIFIED DIVIDED YET UNIFIED
DIVIDED YET UNIFIED DIVIDED YET UNIFIED
DIVIDED YET UNIFIED DIVIDED YET UNIFIED
DIVIDED YET UNIFIED DIVIDED YET UNIFIED
DIVIDED YET UNIFIED DIVIDED YET UNIFIED
DIVIDED YET UNIFIED DIVIDED YET UNIFIED
DIVIDED YET UNIFIED DIVIDED YET UNIFIED
DIVIDED YET UNIFIED DIVIDED YET UNIFIED
DIVIDED YET UNIFIED DIVIDED YET UNIFIED
DIVIDED YET UNIFIED DIVIDED YET UNIFIED
DIVIDED YET UNIFIED DIVIDED YET UNIFIED
DIVIDED YET UNIFIED DIVIDED YET UNIFIED
DIVIDED YET UNIFIED DIVIDED YET UNIFIED
DIVIDED YET UNIFIED DIVIDED YET UNIFIED
DIVIDED YET UNIFIED DIVIDED YET UNIFIED
DIVIDED YET UNIFIED DIVIDED YET UNIFIED
DIVIDED YET UNIFIED DIVIDED YET UNIFIED
DIVIDED YET UNIFIED DIVIDED YET UNIFIED
DIVIDED YET UNIFIED DIVIDED YET UNIFIED

DIVIDED YET UNIFIED DIVIDED YET UNIFIED
DIVIDED YET UNIFIED DIVIDED YET UNIFIED
DIVIDED YET UNIFIED DIVIDED YET UNIFIED
DIVIDED YET UNIFIED DIVIDED YET UNIFIED
DIVIDED YET UNIFIED DIVIDED YET UNIFIED
DIVIDED YET UNIFIED DIVIDED YET UNIFIED
DIVIDED YET UNIFIED DIVIDED YET UNIFIED
DIVIDED YET UNIFIED DIVIDED YET UNIFIED
DIVIDED YET UNIFIED DIVIDED YET UNIFIED
DIVIDED YET UNIFIED DIVIDED YET UNIFIED
DIVIDED YET UNIFIED DIVIDED YET UNIFIED
DIVIDED YET UNIFIED DIVIDED YET UNIFIED
DIVIDED YET UNIFIED DIVIDED YET UNIFIED
DIVIDED YET UNIFIED DIVIDED YET UNIFIED
DIVIDED YET UNIFIED DIVIDED YET UNIFIED
DIVIDED YET UNIFIED DIVIDED YET UNIFIED
DIVIDED YET UNIFIED DIVIDED YET UNIFIED
DIVIDED YET UNIFIED DIVIDED YET UNIFIED
DIVIDED YET UNIFIED DIVIDED YET UNIFIED
DIVIDED YET UNIFIED DIVIDED YET UNIFIED
DIVIDED YET UNIFIED DIVIDED YET UNIFIED
DIVIDED YET UNIFIED DIVIDED YET UNIFIED
DIVIDED YET UNIFIED DIVIDED YET UNIFIED
DIVIDED YET UNIFIED DIVIDED YET UNIFIED
DIVIDED YET UNIFIED DIVIDED YET UNIFIED
DIVIDED YET UNIFIED DIVIDED YET UNIFIED
DIVIDED YET UNIFIED DIVIDED YET UNIFIED
DIVIDED YET UNIFIED DIVIDED YET UNIFIED
DIVIDED YET UNIFIED DIVIDED YET UNIFIED
DIVIDED YET UNIFIED DIVIDED YET UNIFIED
DIVIDED YET UNIFIED DIVIDED YET UNIFIED
DIVIDED YET UNIFIED DIVIDED YET UNIFIED
DIVIDED YET UNIFIED DIVIDED YET UNIFIED
DIVIDED YET UNIFIED DIVIDED YET UNIFIED
DIVIDED YET UNIFIED DIVIDED YET UNIFIED
DIVIDED YET UNIFIED DIVIDED YET UNIFIED
DIVIDED YET UNIFIED DIVIDED YET UNIFIED
DIVIDED YET UNIFIED DIVIDED YET UNIFIED
DIVIDED YET UNIFIED DIVIDED YET UNIFIED
DIVIDED YET UNIFIED DIVIDED YET UNIFIED
DIVIDED YET UNIFIED DIVIDED YET UNIFIED
DIVIDED YET UNIFIED DIVIDED YET UNIFIED
DIVIDED YET UNIFIED DIVIDED YET UNIFIED
DIVIDED YET UNIFIED DIVIDED YET UNIFIED

DIVIDED YET UNIFIED DIVIDED YET UNIFIED
DIVIDED YET UNIFIED DIVIDED YET UNIFIED
DIVIDED YET UNIFIED DIVIDED YET UNIFIED
DIVIDED YET UNIFIED DIVIDED YET UNIFIED
DIVIDED YET UNIFIED DIVIDED YET UNIFIED
DIVIDED YET UNIFIED DIVIDED YET UNIFIED
DIVIDED YET UNIFIED DIVIDED YET UNIFIED
DIVIDED YET UNIFIED DIVIDED YET UNIFIED
DIVIDED YET UNIFIED DIVIDED YET UNIFIED
DIVIDED YET UNIFIED DIVIDED YET UNIFIED
DIVIDED YET UNIFIED DIVIDED YET UNIFIED
DIVIDED YET UNIFIED DIVIDED YET UNIFIED
DIVIDED YET UNIFIED DIVIDED YET UNIFIED
DIVIDED YET UNIFIED DIVIDED YET UNIFIED
DIVIDED YET UNIFIED DIVIDED YET UNIFIED
DIVIDED YET UNIFIED DIVIDED YET UNIFIED
DIVIDED YET UNIFIED DIVIDED YET UNIFIED
DIVIDED YET UNIFIED DIVIDED YET UNIFIED
DIVIDED YET UNIFIED DIVIDED YET UNIFIED
DIVIDED YET UNIFIED DIVIDED YET UNIFIED
DIVIDED YET UNIFIED DIVIDED YET UNIFIED
DIVIDED YET UNIFIED DIVIDED YET UNIFIED
DIVIDED YET UNIFIED DIVIDED YET UNIFIED
DIVIDED YET UNIFIED DIVIDED YET UNIFIED
DIVIDED YET UNIFIED DIVIDED YET UNIFIED
DIVIDED YET UNIFIED DIVIDED YET UNIFIED
DIVIDED YET UNIFIED DIVIDED YET UNIFIED
DIVIDED YET UNIFIED DIVIDED YET UNIFIED
DIVIDED YET UNIFIED DIVIDED YET UNIFIED
DIVIDED YET UNIFIED DIVIDED YET UNIFIED
DIVIDED YET UNIFIED DIVIDED YET UNIFIED
DIVIDED YET UNIFIED DIVIDED YET UNIFIED
DIVIDED YET UNIFIED DIVIDED YET UNIFIED
DIVIDED YET UNIFIED DIVIDED YET UNIFIED
DIVIDED YET UNIFIED DIVIDED YET UNIFIED
DIVIDED YET UNIFIED DIVIDED YET UNIFIED
DIVIDED YET UNIFIED DIVIDED YET UNIFIED
DIVIDED YET UNIFIED DIVIDED YET UNIFIED
DIVIDED YET UNIFIED DIVIDED YET UNIFIED
DIVIDED YET UNIFIED DIVIDED YET UNIFIED

DIVIDED YET UNIFIED DIVIDED YET UNIFIED
DIVIDED YET UNIFIED DIVIDED YET UNIFIED
DIVIDED YET UNIFIED DIVIDED YET UNIFIED
DIVIDED YET UNIFIED DIVIDED YET UNIFIED
DIVIDED YET UNIFIED DIVIDED YET UNIFIED
DIVIDED YET UNIFIED DIVIDED YET UNIFIED
DIVIDED YET UNIFIED DIVIDED YET UNIFIED
DIVIDED YET UNIFIED DIVIDED YET UNIFIED
DIVIDED YET UNIFIED DIVIDED YET UNIFIED
DIVIDED YET UNIFIED DIVIDED YET UNIFIED
DIVIDED YET UNIFIED DIVIDED YET UNIFIED
DIVIDED YET UNIFIED DIVIDED YET UNIFIED
DIVIDED YET UNIFIED DIVIDED YET UNIFIED
DIVIDED YET UNIFIED DIVIDED YET UNIFIED
DIVIDED YET UNIFIED DIVIDED YET UNIFIED
DIVIDED YET UNIFIED DIVIDED YET UNIFIED
DIVIDED YET UNIFIED DIVIDED YET UNIFIED
DIVIDED YET UNIFIED DIVIDED YET UNIFIED
DIVIDED YET UNIFIED DIVIDED YET UNIFIED
DIVIDED YET UNIFIED DIVIDED YET UNIFIED
DIVIDED YET UNIFIED DIVIDED YET UNIFIED
DIVIDED YET UNIFIED DIVIDED YET UNIFIED
DIVIDED YET UNIFIED DIVIDED YET UNIFIED
DIVIDED YET UNIFIED DIVIDED YET UNIFIED
DIVIDED YET UNIFIED DIVIDED YET UNIFIED
DIVIDED YET UNIFIED DIVIDED YET UNIFIED
DIVIDED YET UNIFIED DIVIDED YET UNIFIED
DIVIDED YET UNIFIED DIVIDED YET UNIFIED
DIVIDED YET UNIFIED DIVIDED YET UNIFIED
DIVIDED YET UNIFIED DIVIDED YET UNIFIED
DIVIDED YET UNIFIED DIVIDED YET UNIFIED
DIVIDED YET UNIFIED DIVIDED YET UNIFIED
DIVIDED YET UNIFIED DIVIDED YET UNIFIED
DIVIDED YET UNIFIED DIVIDED YET UNIFIED
DIVIDED YET UNIFIED DIVIDED YET UNIFIED
DIVIDED YET UNIFIED DIVIDED YET UNIFIED
DIVIDED YET UNIFIED DIVIDED YET UNIFIED
DIVIDED YET UNIFIED DIVIDED YET UNIFIED
DIVIDED YET UNIFIED DIVIDED YET UNIFIED
DIVIDED YET UNIFIED DIVIDED YET UNIFIED
DIVIDED YET UNIFIED DIVIDED YET UNIFIED
DIVIDED YET UNIFIED DIVIDED YET UNIFIED
DIVIDED YET UNIFIED DIVIDED YET UNIFIED
DIVIDED YET UNIFIED DIVIDED YET UNIFIED
DIVIDED YET UNIFIED DIVIDED YET UNIFIED

DIVIDED YET UNIFIED DIVIDED YET UNIFIED
DIVIDED YET UNIFIED DIVIDED YET UNIFIED
DIVIDED YET UNIFIED DIVIDED YET UNIFIED
DIVIDED YET UNIFIED DIVIDED YET UNIFIED
DIVIDED YET UNIFIED DIVIDED YET UNIFIED
DIVIDED YET UNIFIED DIVIDED YET UNIFIED
DIVIDED YET UNIFIED DIVIDED YET UNIFIED
DIVIDED YET UNIFIED DIVIDED YET UNIFIED
DIVIDED YET UNIFIED DIVIDED YET UNIFIED
DIVIDED YET UNIFIED DIVIDED YET UNIFIED
DIVIDED YET UNIFIED DIVIDED YET UNIFIED
DIVIDED YET UNIFIED DIVIDED YET UNIFIED
DIVIDED YET UNIFIED DIVIDED YET UNIFIED
DIVIDED YET UNIFIED DIVIDED YET UNIFIED
DIVIDED YET UNIFIED DIVIDED YET UNIFIED
DIVIDED YET UNIFIED DIVIDED YET UNIFIED
DIVIDED YET UNIFIED DIVIDED YET UNIFIED
DIVIDED YET UNIFIED DIVIDED YET UNIFIED
DIVIDED YET UNIFIED DIVIDED YET UNIFIED
DIVIDED YET UNIFIED DIVIDED YET UNIFIED
DIVIDED YET UNIFIED DIVIDED YET UNIFIED
DIVIDED YET UNIFIED DIVIDED YET UNIFIED
DIVIDED YET UNIFIED DIVIDED YET UNIFIED
DIVIDED YET UNIFIED DIVIDED YET UNIFIED
DIVIDED YET UNIFIED DIVIDED YET UNIFIED
DIVIDED YET UNIFIED DIVIDED YET UNIFIED
DIVIDED YET UNIFIED DIVIDED YET UNIFIED
DIVIDED YET UNIFIED DIVIDED YET UNIFIED
DIVIDED YET UNIFIED DIVIDED YET UNIFIED
DIVIDED YET UNIFIED DIVIDED YET UNIFIED
DIVIDED YET UNIFIED DIVIDED YET UNIFIED
DIVIDED YET UNIFIED DIVIDED YET UNIFIED
DIVIDED YET UNIFIED DIVIDED YET UNIFIED
DIVIDED YET UNIFIED DIVIDED YET UNIFIED
DIVIDED YET UNIFIED DIVIDED YET UNIFIED
DIVIDED YET UNIFIED DIVIDED YET UNIFIED
DIVIDED YET UNIFIED DIVIDED YET UNIFIED
DIVIDED YET UNIFIED DIVIDED YET UNIFIED
DIVIDED YET UNIFIED DIVIDED YET UNIFIED
DIVIDED YET UNIFIED DIVIDED YET UNIFIED

DIVIDED YET UNIFIED DIVIDED YET UNIFIED
DIVIDED YET UNIFIED DIVIDED YET UNIFIED
DIVIDED YET UNIFIED DIVIDED YET UNIFIED
DIVIDED YET UNIFIED DIVIDED YET UNIFIED
DIVIDED YET UNIFIED DIVIDED YET UNIFIED
DIVIDED YET UNIFIED DIVIDED YET UNIFIED
DIVIDED YET UNIFIED DIVIDED YET UNIFIED
DIVIDED YET UNIFIED DIVIDED YET UNIFIED
DIVIDED YET UNIFIED DIVIDED YET UNIFIED
DIVIDED YET UNIFIED DIVIDED YET UNIFIED
DIVIDED YET UNIFIED DIVIDED YET UNIFIED
DIVIDED YET UNIFIED DIVIDED YET UNIFIED
DIVIDED YET UNIFIED DIVIDED YET UNIFIED
DIVIDED YET UNIFIED DIVIDED YET UNIFIED
DIVIDED YET UNIFIED DIVIDED YET UNIFIED
DIVIDED YET UNIFIED DIVIDED YET UNIFIED
DIVIDED YET UNIFIED DIVIDED YET UNIFIED
DIVIDED YET UNIFIED DIVIDED YET UNIFIED
DIVIDED YET UNIFIED DIVIDED YET UNIFIED
DIVIDED YET UNIFIED DIVIDED YET UNIFIED
DIVIDED YET UNIFIED DIVIDED YET UNIFIED
DIVIDED YET UNIFIED DIVIDED YET UNIFIED
DIVIDED YET UNIFIED DIVIDED YET UNIFIED
DIVIDED YET UNIFIED DIVIDED YET UNIFIED
DIVIDED YET UNIFIED DIVIDED YET UNIFIED
DIVIDED YET UNIFIED DIVIDED YET UNIFIED
DIVIDED YET UNIFIED DIVIDED YET UNIFIED
DIVIDED YET UNIFIED DIVIDED YET UNIFIED
DIVIDED YET UNIFIED DIVIDED YET UNIFIED
DIVIDED YET UNIFIED DIVIDED YET UNIFIED
DIVIDED YET UNIFIED DIVIDED YET UNIFIED
DIVIDED YET UNIFIED DIVIDED YET UNIFIED
DIVIDED YET UNIFIED DIVIDED YET UNIFIED
DIVIDED YET UNIFIED DIVIDED YET UNIFIED
DIVIDED YET UNIFIED DIVIDED YET UNIFIED
DIVIDED YET UNIFIED DIVIDED YET UNIFIED
DIVIDED YET UNIFIED DIVIDED YET UNIFIED
DIVIDED YET UNIFIED DIVIDED YET UNIFIED
DIVIDED YET UNIFIED DIVIDED YET UNIFIED
DIVIDED YET UNIFIED DIVIDED YET UNIFIED
DIVIDED YET UNIFIED DIVIDED YET UNIFIED
DIVIDED YET UNIFIED DIVIDED YET UNIFIED

DIVIDED YET UNIFIED DIVIDED YET UNIFIED
DIVIDED YET UNIFIED DIVIDED YET UNIFIED
DIVIDED YET UNIFIED DIVIDED YET UNIFIED
DIVIDED YET UNIFIED DIVIDED YET UNIFIED
DIVIDED YET UNIFIED DIVIDED YET UNIFIED
DIVIDED YET UNIFIED DIVIDED YET UNIFIED
DIVIDED YET UNIFIED DIVIDED YET UNIFIED
DIVIDED YET UNIFIED DIVIDED YET UNIFIED
DIVIDED YET UNIFIED DIVIDED YET UNIFIED
DIVIDED YET UNIFIED DIVIDED YET UNIFIED
DIVIDED YET UNIFIED DIVIDED YET UNIFIED
DIVIDED YET UNIFIED DIVIDED YET UNIFIED
DIVIDED YET UNIFIED DIVIDED YET UNIFIED
DIVIDED YET UNIFIED DIVIDED YET UNIFIED
DIVIDED YET UNIFIED DIVIDED YET UNIFIED
DIVIDED YET UNIFIED DIVIDED YET UNIFIED
DIVIDED YET UNIFIED DIVIDED YET UNIFIED
DIVIDED YET UNIFIED DIVIDED YET UNIFIED
DIVIDED YET UNIFIED DIVIDED YET UNIFIED
DIVIDED YET UNIFIED DIVIDED YET UNIFIED
DIVIDED YET UNIFIED DIVIDED YET UNIFIED
DIVIDED YET UNIFIED DIVIDED YET UNIFIED
DIVIDED YET UNIFIED DIVIDED YET UNIFIED
DIVIDED YET UNIFIED DIVIDED YET UNIFIED
DIVIDED YET UNIFIED DIVIDED YET UNIFIED
DIVIDED YET UNIFIED DIVIDED YET UNIFIED
DIVIDED YET UNIFIED DIVIDED YET UNIFIED
DIVIDED YET UNIFIED DIVIDED YET UNIFIED
DIVIDED YET UNIFIED DIVIDED YET UNIFIED
DIVIDED YET UNIFIED DIVIDED YET UNIFIED
DIVIDED YET UNIFIED DIVIDED YET UNIFIED
DIVIDED YET UNIFIED DIVIDED YET UNIFIED
DIVIDED YET UNIFIED DIVIDED YET UNIFIED
DIVIDED YET UNIFIED DIVIDED YET UNIFIED
DIVIDED YET UNIFIED DIVIDED YET UNIFIED
DIVIDED YET UNIFIED DIVIDED YET UNIFIED
DIVIDED YET UNIFIED DIVIDED YET UNIFIED
DIVIDED YET UNIFIED DIVIDED YET UNIFIED
DIVIDED YET UNIFIED DIVIDED YET UNIFIED
DIVIDED YET UNIFIED DIVIDED YET UNIFIED
DIVIDED YET UNIFIED DIVIDED YET UNIFIED
DIVIDED YET UNIFIED DIVIDED YET UNIFIED

DIVIDED YET UNIFIED DIVIDED YET UNIFIED
DIVIDED YET UNIFIED DIVIDED YET UNIFIED
DIVIDED YET UNIFIED DIVIDED YET UNIFIED
DIVIDED YET UNIFIED DIVIDED YET UNIFIED
DIVIDED YET UNIFIED DIVIDED YET UNIFIED
DIVIDED YET UNIFIED DIVIDED YET UNIFIED
DIVIDED YET UNIFIED DIVIDED YET UNIFIED
DIVIDED YET UNIFIED DIVIDED YET UNIFIED
DIVIDED YET UNIFIED DIVIDED YET UNIFIED
DIVIDED YET UNIFIED DIVIDED YET UNIFIED
DIVIDED YET UNIFIED DIVIDED YET UNIFIED
DIVIDED YET UNIFIED DIVIDED YET UNIFIED
DIVIDED YET UNIFIED DIVIDED YET UNIFIED
DIVIDED YET UNIFIED DIVIDED YET UNIFIED
DIVIDED YET UNIFIED DIVIDED YET UNIFIED
DIVIDED YET UNIFIED DIVIDED YET UNIFIED
DIVIDED YET UNIFIED DIVIDED YET UNIFIED
DIVIDED YET UNIFIED DIVIDED YET UNIFIED
DIVIDED YET UNIFIED DIVIDED YET UNIFIED
DIVIDED YET UNIFIED DIVIDED YET UNIFIED
DIVIDED YET UNIFIED DIVIDED YET UNIFIED
DIVIDED YET UNIFIED DIVIDED YET UNIFIED
DIVIDED YET UNIFIED DIVIDED YET UNIFIED
DIVIDED YET UNIFIED DIVIDED YET UNIFIED
DIVIDED YET UNIFIED DIVIDED YET UNIFIED
DIVIDED YET UNIFIED DIVIDED YET UNIFIED
DIVIDED YET UNIFIED DIVIDED YET UNIFIED
DIVIDED YET UNIFIED DIVIDED YET UNIFIED
DIVIDED YET UNIFIED DIVIDED YET UNIFIED
DIVIDED YET UNIFIED DIVIDED YET UNIFIED
DIVIDED YET UNIFIED DIVIDED YET UNIFIED
DIVIDED YET UNIFIED DIVIDED YET UNIFIED
DIVIDED YET UNIFIED DIVIDED YET UNIFIED
DIVIDED YET UNIFIED DIVIDED YET UNIFIED
DIVIDED YET UNIFIED DIVIDED YET UNIFIED
DIVIDED YET UNIFIED DIVIDED YET UNIFIED
DIVIDED YET UNIFIED DIVIDED YET UNIFIED
DIVIDED YET UNIFIED DIVIDED YET UNIFIED
DIVIDED YET UNIFIED DIVIDED YET UNIFIED
DIVIDED YET UNIFIED DIVIDED YET UNIFIED
DIVIDED YET UNIFIED DIVIDED YET UNIFIED
DIVIDED YET UNIFIED DIVIDED YET UNIFIED

DIVIDED YET UNIFIED DIVIDED YET UNIFIED
DIVIDED YET UNIFIED DIVIDED YET UNIFIED
DIVIDED YET UNIFIED DIVIDED YET UNIFIED
DIVIDED YET UNIFIED DIVIDED YET UNIFIED
DIVIDED YET UNIFIED DIVIDED YET UNIFIED
DIVIDED YET UNIFIED DIVIDED YET UNIFIED
DIVIDED YET UNIFIED DIVIDED YET UNIFIED
DIVIDED YET UNIFIED DIVIDED YET UNIFIED
DIVIDED YET UNIFIED DIVIDED YET UNIFIED
DIVIDED YET UNIFIED DIVIDED YET UNIFIED
DIVIDED YET UNIFIED DIVIDED YET UNIFIED
DIVIDED YET UNIFIED DIVIDED YET UNIFIED
DIVIDED YET UNIFIED DIVIDED YET UNIFIED
DIVIDED YET UNIFIED DIVIDED YET UNIFIED
DIVIDED YET UNIFIED DIVIDED YET UNIFIED
DIVIDED YET UNIFIED DIVIDED YET UNIFIED
DIVIDED YET UNIFIED DIVIDED YET UNIFIED
DIVIDED YET UNIFIED DIVIDED YET UNIFIED
DIVIDED YET UNIFIED DIVIDED YET UNIFIED
DIVIDED YET UNIFIED DIVIDED YET UNIFIED
DIVIDED YET UNIFIED DIVIDED YET UNIFIED
DIVIDED YET UNIFIED DIVIDED YET UNIFIED
DIVIDED YET UNIFIED DIVIDED YET UNIFIED
DIVIDED YET UNIFIED DIVIDED YET UNIFIED
DIVIDED YET UNIFIED DIVIDED YET UNIFIED
DIVIDED YET UNIFIED DIVIDED YET UNIFIED
DIVIDED YET UNIFIED DIVIDED YET UNIFIED
DIVIDED YET UNIFIED DIVIDED YET UNIFIED
DIVIDED YET UNIFIED DIVIDED YET UNIFIED
DIVIDED YET UNIFIED DIVIDED YET UNIFIED
DIVIDED YET UNIFIED DIVIDED YET UNIFIED
DIVIDED YET UNIFIED DIVIDED YET UNIFIED
DIVIDED YET UNIFIED DIVIDED YET UNIFIED
DIVIDED YET UNIFIED DIVIDED YET UNIFIED
DIVIDED YET UNIFIED DIVIDED YET UNIFIED
DIVIDED YET UNIFIED DIVIDED YET UNIFIED
DIVIDED YET UNIFIED DIVIDED YET UNIFIED
DIVIDED YET UNIFIED DIVIDED YET UNIFIED
DIVIDED YET UNIFIED DIVIDED YET UNIFIED
DIVIDED YET UNIFIED DIVIDED YET UNIFIED
DIVIDED YET UNIFIED DIVIDED YET UNIFIED
DIVIDED YET UNIFIED DIVIDED YET UNIFIED
DIVIDED YET UNIFIED DIVIDED YET UNIFIED
DIVIDED YET UNIFIED DIVIDED YET UNIFIED
DIVIDED YET UNIFIED DIVIDED YET UNIFIED
DIVIDED YET UNIFIED DIVIDED YET UNIFIED

DIVIDED YET UNIFIED DIVIDED YET UNIFIED
DIVIDED YET UNIFIED DIVIDED YET UNIFIED
DIVIDED YET UNIFIED DIVIDED YET UNIFIED
DIVIDED YET UNIFIED DIVIDED YET UNIFIED
DIVIDED YET UNIFIED DIVIDED YET UNIFIED
DIVIDED YET UNIFIED DIVIDED YET UNIFIED
DIVIDED YET UNIFIED DIVIDED YET UNIFIED
DIVIDED YET UNIFIED DIVIDED YET UNIFIED
DIVIDED YET UNIFIED DIVIDED YET UNIFIED
DIVIDED YET UNIFIED DIVIDED YET UNIFIED
DIVIDED YET UNIFIED DIVIDED YET UNIFIED
DIVIDED YET UNIFIED DIVIDED YET UNIFIED
DIVIDED YET UNIFIED DIVIDED YET UNIFIED
DIVIDED YET UNIFIED DIVIDED YET UNIFIED
DIVIDED YET UNIFIED DIVIDED YET UNIFIED
DIVIDED YET UNIFIED DIVIDED YET UNIFIED
DIVIDED YET UNIFIED DIVIDED YET UNIFIED
DIVIDED YET UNIFIED DIVIDED YET UNIFIED
DIVIDED YET UNIFIED DIVIDED YET UNIFIED
DIVIDED YET UNIFIED DIVIDED YET UNIFIED
DIVIDED YET UNIFIED DIVIDED YET UNIFIED
DIVIDED YET UNIFIED DIVIDED YET UNIFIED
DIVIDED YET UNIFIED DIVIDED YET UNIFIED
DIVIDED YET UNIFIED DIVIDED YET UNIFIED
DIVIDED YET UNIFIED DIVIDED YET UNIFIED
DIVIDED YET UNIFIED DIVIDED YET UNIFIED
DIVIDED YET UNIFIED DIVIDED YET UNIFIED
DIVIDED YET UNIFIED DIVIDED YET UNIFIED
DIVIDED YET UNIFIED DIVIDED YET UNIFIED
DIVIDED YET UNIFIED DIVIDED YET UNIFIED
DIVIDED YET UNIFIED DIVIDED YET UNIFIED
DIVIDED YET UNIFIED DIVIDED YET UNIFIED
DIVIDED YET UNIFIED DIVIDED YET UNIFIED
DIVIDED YET UNIFIED DIVIDED YET UNIFIED
DIVIDED YET UNIFIED DIVIDED YET UNIFIED
DIVIDED YET UNIFIED DIVIDED YET UNIFIED
DIVIDED YET UNIFIED DIVIDED YET UNIFIED
DIVIDED YET UNIFIED DIVIDED YET UNIFIED
DIVIDED YET UNIFIED DIVIDED YET UNIFIED
DIVIDED YET UNIFIED DIVIDED YET UNIFIED
DIVIDED YET UNIFIED DIVIDED YET UNIFIED
DIVIDED YET UNIFIED DIVIDED YET UNIFIED
DIVIDED YET UNIFIED DIVIDED YET UNIFIED
DIVIDED YET UNIFIED DIVIDED YET UNIFIED
DIVIDED YET UNIFIED DIVIDED YET UNIFIED
DIVIDED YET UNIFIED DIVIDED YET UNIFIED
DIVIDED YET UNIFIED DIVIDED YET UNIFIED

DIVIDED YET UNIFIED DIVIDED YET UNIFIED
DIVIDED YET UNIFIED DIVIDED YET UNIFIED
DIVIDED YET UNIFIED DIVIDED YET UNIFIED
DIVIDED YET UNIFIED DIVIDED YET UNIFIED
DIVIDED YET UNIFIED DIVIDED YET UNIFIED
DIVIDED YET UNIFIED DIVIDED YET UNIFIED
DIVIDED YET UNIFIED DIVIDED YET UNIFIED
DIVIDED YET UNIFIED DIVIDED YET UNIFIED
DIVIDED YET UNIFIED DIVIDED YET UNIFIED
DIVIDED YET UNIFIED DIVIDED YET UNIFIED
DIVIDED YET UNIFIED DIVIDED YET UNIFIED
DIVIDED YET UNIFIED DIVIDED YET UNIFIED
DIVIDED YET UNIFIED DIVIDED YET UNIFIED
DIVIDED YET UNIFIED DIVIDED YET UNIFIED
DIVIDED YET UNIFIED DIVIDED YET UNIFIED
DIVIDED YET UNIFIED DIVIDED YET UNIFIED
DIVIDED YET UNIFIED DIVIDED YET UNIFIED
DIVIDED YET UNIFIED DIVIDED YET UNIFIED
DIVIDED YET UNIFIED DIVIDED YET UNIFIED
DIVIDED YET UNIFIED DIVIDED YET UNIFIED
DIVIDED YET UNIFIED DIVIDED YET UNIFIED
DIVIDED YET UNIFIED DIVIDED YET UNIFIED
DIVIDED YET UNIFIED DIVIDED YET UNIFIED
DIVIDED YET UNIFIED DIVIDED YET UNIFIED
DIVIDED YET UNIFIED DIVIDED YET UNIFIED
DIVIDED YET UNIFIED DIVIDED YET UNIFIED
DIVIDED YET UNIFIED DIVIDED YET UNIFIED
DIVIDED YET UNIFIED DIVIDED YET UNIFIED
DIVIDED YET UNIFIED DIVIDED YET UNIFIED
DIVIDED YET UNIFIED DIVIDED YET UNIFIED
DIVIDED YET UNIFIED DIVIDED YET UNIFIED
DIVIDED YET UNIFIED DIVIDED YET UNIFIED
DIVIDED YET UNIFIED DIVIDED YET UNIFIED
DIVIDED YET UNIFIED DIVIDED YET UNIFIED
DIVIDED YET UNIFIED DIVIDED YET UNIFIED
DIVIDED YET UNIFIED DIVIDED YET UNIFIED
DIVIDED YET UNIFIED DIVIDED YET UNIFIED
DIVIDED YET UNIFIED DIVIDED YET UNIFIED
DIVIDED YET UNIFIED DIVIDED YET UNIFIED
DIVIDED YET UNIFIED DIVIDED YET UNIFIED
DIVIDED YET UNIFIED DIVIDED YET UNIFIED

DIVIDED YET UNIFIED DIVIDED YET UNIFIED
DIVIDED YET UNIFIED DIVIDED YET UNIFIED
DIVIDED YET UNIFIED DIVIDED YET UNIFIED
DIVIDED YET UNIFIED DIVIDED YET UNIFIED
DIVIDED YET UNIFIED DIVIDED YET UNIFIED
DIVIDED YET UNIFIED DIVIDED YET UNIFIED
DIVIDED YET UNIFIED DIVIDED YET UNIFIED
DIVIDED YET UNIFIED DIVIDED YET UNIFIED
DIVIDED YET UNIFIED DIVIDED YET UNIFIED
DIVIDED YET UNIFIED DIVIDED YET UNIFIED
DIVIDED YET UNIFIED DIVIDED YET UNIFIED
DIVIDED YET UNIFIED DIVIDED YET UNIFIED
DIVIDED YET UNIFIED DIVIDED YET UNIFIED
DIVIDED YET UNIFIED DIVIDED YET UNIFIED
DIVIDED YET UNIFIED DIVIDED YET UNIFIED
DIVIDED YET UNIFIED DIVIDED YET UNIFIED
DIVIDED YET UNIFIED DIVIDED YET UNIFIED
DIVIDED YET UNIFIED DIVIDED YET UNIFIED
DIVIDED YET UNIFIED DIVIDED YET UNIFIED
DIVIDED YET UNIFIED DIVIDED YET UNIFIED
DIVIDED YET UNIFIED DIVIDED YET UNIFIED
DIVIDED YET UNIFIED DIVIDED YET UNIFIED
DIVIDED YET UNIFIED DIVIDED YET UNIFIED
DIVIDED YET UNIFIED DIVIDED YET UNIFIED
DIVIDED YET UNIFIED DIVIDED YET UNIFIED
DIVIDED YET UNIFIED DIVIDED YET UNIFIED
DIVIDED YET UNIFIED DIVIDED YET UNIFIED
DIVIDED YET UNIFIED DIVIDED YET UNIFIED
DIVIDED YET UNIFIED DIVIDED YET UNIFIED
DIVIDED YET UNIFIED DIVIDED YET UNIFIED
DIVIDED YET UNIFIED DIVIDED YET UNIFIED
DIVIDED YET UNIFIED DIVIDED YET UNIFIED
DIVIDED YET UNIFIED DIVIDED YET UNIFIED
DIVIDED YET UNIFIED DIVIDED YET UNIFIED
DIVIDED YET UNIFIED DIVIDED YET UNIFIED
DIVIDED YET UNIFIED DIVIDED YET UNIFIED
DIVIDED YET UNIFIED DIVIDED YET UNIFIED
DIVIDED YET UNIFIED DIVIDED YET UNIFIED
DIVIDED YET UNIFIED DIVIDED YET UNIFIED
DIVIDED YET UNIFIED DIVIDED YET UNIFIED
DIVIDED YET UNIFIED DIVIDED YET UNIFIED
DIVIDED YET UNIFIED DIVIDED YET UNIFIED
DIVIDED YET UNIFIED DIVIDED YET UNIFIED

DIVIDED YET UNIFIED DIVIDED YET UNIFIED
DIVIDED YET UNIFIED DIVIDED YET UNIFIED
DIVIDED YET UNIFIED DIVIDED YET UNIFIED
DIVIDED YET UNIFIED DIVIDED YET UNIFIED
DIVIDED YET UNIFIED DIVIDED YET UNIFIED
DIVIDED YET UNIFIED DIVIDED YET UNIFIED
DIVIDED YET UNIFIED DIVIDED YET UNIFIED
DIVIDED YET UNIFIED DIVIDED YET UNIFIED
DIVIDED YET UNIFIED DIVIDED YET UNIFIED
DIVIDED YET UNIFIED DIVIDED YET UNIFIED
DIVIDED YET UNIFIED DIVIDED YET UNIFIED
DIVIDED YET UNIFIED DIVIDED YET UNIFIED
DIVIDED YET UNIFIED DIVIDED YET UNIFIED
DIVIDED YET UNIFIED DIVIDED YET UNIFIED
DIVIDED YET UNIFIED DIVIDED YET UNIFIED
DIVIDED YET UNIFIED DIVIDED YET UNIFIED
DIVIDED YET UNIFIED DIVIDED YET UNIFIED
DIVIDED YET UNIFIED DIVIDED YET UNIFIED
DIVIDED YET UNIFIED DIVIDED YET UNIFIED
DIVIDED YET UNIFIED DIVIDED YET UNIFIED
DIVIDED YET UNIFIED DIVIDED YET UNIFIED
DIVIDED YET UNIFIED DIVIDED YET UNIFIED
DIVIDED YET UNIFIED DIVIDED YET UNIFIED
DIVIDED YET UNIFIED DIVIDED YET UNIFIED
DIVIDED YET UNIFIED DIVIDED YET UNIFIED
DIVIDED YET UNIFIED DIVIDED YET UNIFIED
DIVIDED YET UNIFIED DIVIDED YET UNIFIED
DIVIDED YET UNIFIED DIVIDED YET UNIFIED
DIVIDED YET UNIFIED DIVIDED YET UNIFIED
DIVIDED YET UNIFIED DIVIDED YET UNIFIED
DIVIDED YET UNIFIED DIVIDED YET UNIFIED
DIVIDED YET UNIFIED DIVIDED YET UNIFIED
DIVIDED YET UNIFIED DIVIDED YET UNIFIED
DIVIDED YET UNIFIED DIVIDED YET UNIFIED
DIVIDED YET UNIFIED DIVIDED YET UNIFIED
DIVIDED YET UNIFIED DIVIDED YET UNIFIED
DIVIDED YET UNIFIED DIVIDED YET UNIFIED
DIVIDED YET UNIFIED DIVIDED YET UNIFIED
DIVIDED YET UNIFIED DIVIDED YET UNIFIED
DIVIDED YET UNIFIED DIVIDED YET UNIFIED

DIVIDED YET UNIFIED DIVIDED YET UNIFIED
DIVIDED YET UNIFIED DIVIDED YET UNIFIED
DIVIDED YET UNIFIED DIVIDED YET UNIFIED
DIVIDED YET UNIFIED DIVIDED YET UNIFIED
DIVIDED YET UNIFIED DIVIDED YET UNIFIED
DIVIDED YET UNIFIED DIVIDED YET UNIFIED
DIVIDED YET UNIFIED DIVIDED YET UNIFIED
DIVIDED YET UNIFIED DIVIDED YET UNIFIED
DIVIDED YET UNIFIED DIVIDED YET UNIFIED
DIVIDED YET UNIFIED DIVIDED YET UNIFIED
DIVIDED YET UNIFIED DIVIDED YET UNIFIED
DIVIDED YET UNIFIED DIVIDED YET UNIFIED
DIVIDED YET UNIFIED DIVIDED YET UNIFIED
DIVIDED YET UNIFIED DIVIDED YET UNIFIED
DIVIDED YET UNIFIED DIVIDED YET UNIFIED
DIVIDED YET UNIFIED DIVIDED YET UNIFIED
DIVIDED YET UNIFIED DIVIDED YET UNIFIED
DIVIDED YET UNIFIED DIVIDED YET UNIFIED
DIVIDED YET UNIFIED DIVIDED YET UNIFIED
DIVIDED YET UNIFIED DIVIDED YET UNIFIED
DIVIDED YET UNIFIED DIVIDED YET UNIFIED
DIVIDED YET UNIFIED DIVIDED YET UNIFIED
DIVIDED YET UNIFIED DIVIDED YET UNIFIED
DIVIDED YET UNIFIED DIVIDED YET UNIFIED
DIVIDED YET UNIFIED DIVIDED YET UNIFIED
DIVIDED YET UNIFIED DIVIDED YET UNIFIED
DIVIDED YET UNIFIED DIVIDED YET UNIFIED
DIVIDED YET UNIFIED DIVIDED YET UNIFIED
DIVIDED YET UNIFIED DIVIDED YET UNIFIED
DIVIDED YET UNIFIED DIVIDED YET UNIFIED
DIVIDED YET UNIFIED DIVIDED YET UNIFIED
DIVIDED YET UNIFIED DIVIDED YET UNIFIED
DIVIDED YET UNIFIED DIVIDED YET UNIFIED
DIVIDED YET UNIFIED DIVIDED YET UNIFIED
DIVIDED YET UNIFIED DIVIDED YET UNIFIED
DIVIDED YET UNIFIED DIVIDED YET UNIFIED
DIVIDED YET UNIFIED DIVIDED YET UNIFIED
DIVIDED YET UNIFIED DIVIDED YET UNIFIED
DIVIDED YET UNIFIED DIVIDED YET UNIFIED
DIVIDED YET UNIFIED DIVIDED YET UNIFIED

DIVIDED YET UNIFIED DIVIDED YET UNIFIED
DIVIDED YET UNIFIED DIVIDED YET UNIFIED
DIVIDED YET UNIFIED DIVIDED YET UNIFIED
DIVIDED YET UNIFIED DIVIDED YET UNIFIED
DIVIDED YET UNIFIED DIVIDED YET UNIFIED
DIVIDED YET UNIFIED DIVIDED YET UNIFIED
DIVIDED YET UNIFIED DIVIDED YET UNIFIED
DIVIDED YET UNIFIED DIVIDED YET UNIFIED
DIVIDED YET UNIFIED DIVIDED YET UNIFIED
DIVIDED YET UNIFIED DIVIDED YET UNIFIED
DIVIDED YET UNIFIED DIVIDED YET UNIFIED
DIVIDED YET UNIFIED DIVIDED YET UNIFIED
DIVIDED YET UNIFIED DIVIDED YET UNIFIED
DIVIDED YET UNIFIED DIVIDED YET UNIFIED
DIVIDED YET UNIFIED DIVIDED YET UNIFIED
DIVIDED YET UNIFIED DIVIDED YET UNIFIED
DIVIDED YET UNIFIED DIVIDED YET UNIFIED
DIVIDED YET UNIFIED DIVIDED YET UNIFIED
DIVIDED YET UNIFIED DIVIDED YET UNIFIED
DIVIDED YET UNIFIED DIVIDED YET UNIFIED
DIVIDED YET UNIFIED DIVIDED YET UNIFIED
DIVIDED YET UNIFIED DIVIDED YET UNIFIED
DIVIDED YET UNIFIED DIVIDED YET UNIFIED
DIVIDED YET UNIFIED DIVIDED YET UNIFIED
DIVIDED YET UNIFIED DIVIDED YET UNIFIED
DIVIDED YET UNIFIED DIVIDED YET UNIFIED
DIVIDED YET UNIFIED DIVIDED YET UNIFIED
DIVIDED YET UNIFIED DIVIDED YET UNIFIED
DIVIDED YET UNIFIED DIVIDED YET UNIFIED
DIVIDED YET UNIFIED DIVIDED YET UNIFIED
DIVIDED YET UNIFIED DIVIDED YET UNIFIED
DIVIDED YET UNIFIED DIVIDED YET UNIFIED
DIVIDED YET UNIFIED DIVIDED YET UNIFIED
DIVIDED YET UNIFIED DIVIDED YET UNIFIED
DIVIDED YET UNIFIED DIVIDED YET UNIFIED
DIVIDED YET UNIFIED DIVIDED YET UNIFIED
DIVIDED YET UNIFIED DIVIDED YET UNIFIED
DIVIDED YET UNIFIED DIVIDED YET UNIFIED
DIVIDED YET UNIFIED DIVIDED YET UNIFIED
DIVIDED YET UNIFIED DIVIDED YET UNIFIED
DIVIDED YET UNIFIED DIVIDED YET UNIFIED
DIVIDED YET UNIFIED DIVIDED YET UNIFIED

DIVIDED YET UNIFIED DIVIDED YET UNIFIED
DIVIDED YET UNIFIED DIVIDED YET UNIFIED
DIVIDED YET UNIFIED DIVIDED YET UNIFIED
DIVIDED YET UNIFIED DIVIDED YET UNIFIED
DIVIDED YET UNIFIED DIVIDED YET UNIFIED
DIVIDED YET UNIFIED DIVIDED YET UNIFIED
DIVIDED YET UNIFIED DIVIDED YET UNIFIED
DIVIDED YET UNIFIED DIVIDED YET UNIFIED
DIVIDED YET UNIFIED DIVIDED YET UNIFIED
DIVIDED YET UNIFIED DIVIDED YET UNIFIED
DIVIDED YET UNIFIED DIVIDED YET UNIFIED
DIVIDED YET UNIFIED DIVIDED YET UNIFIED
DIVIDED YET UNIFIED DIVIDED YET UNIFIED
DIVIDED YET UNIFIED DIVIDED YET UNIFIED
DIVIDED YET UNIFIED DIVIDED YET UNIFIED
DIVIDED YET UNIFIED DIVIDED YET UNIFIED
DIVIDED YET UNIFIED DIVIDED YET UNIFIED
DIVIDED YET UNIFIED DIVIDED YET UNIFIED
DIVIDED YET UNIFIED DIVIDED YET UNIFIED
DIVIDED YET UNIFIED DIVIDED YET UNIFIED
DIVIDED YET UNIFIED DIVIDED YET UNIFIED
DIVIDED YET UNIFIED DIVIDED YET UNIFIED
DIVIDED YET UNIFIED DIVIDED YET UNIFIED
DIVIDED YET UNIFIED DIVIDED YET UNIFIED
DIVIDED YET UNIFIED DIVIDED YET UNIFIED
DIVIDED YET UNIFIED DIVIDED YET UNIFIED
DIVIDED YET UNIFIED DIVIDED YET UNIFIED
DIVIDED YET UNIFIED DIVIDED YET UNIFIED
DIVIDED YET UNIFIED DIVIDED YET UNIFIED
DIVIDED YET UNIFIED DIVIDED YET UNIFIED
DIVIDED YET UNIFIED DIVIDED YET UNIFIED
DIVIDED YET UNIFIED DIVIDED YET UNIFIED
DIVIDED YET UNIFIED DIVIDED YET UNIFIED
DIVIDED YET UNIFIED DIVIDED YET UNIFIED
DIVIDED YET UNIFIED DIVIDED YET UNIFIED
DIVIDED YET UNIFIED DIVIDED YET UNIFIED
DIVIDED YET UNIFIED DIVIDED YET UNIFIED
DIVIDED YET UNIFIED DIVIDED YET UNIFIED
DIVIDED YET UNIFIED DIVIDED YET UNIFIED
DIVIDED YET UNIFIED DIVIDED YET UNIFIED
DIVIDED YET UNIFIED DIVIDED YET UNIFIED
DIVIDED YET UNIFIED DIVIDED YET UNIFIED

DIVIDED YET UNIFIED DIVIDED YET UNIFIED
DIVIDED YET UNIFIED DIVIDED YET UNIFIED
DIVIDED YET UNIFIED DIVIDED YET UNIFIED
DIVIDED YET UNIFIED DIVIDED YET UNIFIED
DIVIDED YET UNIFIED DIVIDED YET UNIFIED
DIVIDED YET UNIFIED DIVIDED YET UNIFIED
DIVIDED YET UNIFIED DIVIDED YET UNIFIED
DIVIDED YET UNIFIED DIVIDED YET UNIFIED
DIVIDED YET UNIFIED DIVIDED YET UNIFIED
DIVIDED YET UNIFIED DIVIDED YET UNIFIED
DIVIDED YET UNIFIED DIVIDED YET UNIFIED
DIVIDED YET UNIFIED DIVIDED YET UNIFIED
DIVIDED YET UNIFIED DIVIDED YET UNIFIED
DIVIDED YET UNIFIED DIVIDED YET UNIFIED
DIVIDED YET UNIFIED DIVIDED YET UNIFIED
DIVIDED YET UNIFIED DIVIDED YET UNIFIED
DIVIDED YET UNIFIED DIVIDED YET UNIFIED
DIVIDED YET UNIFIED DIVIDED YET UNIFIED
DIVIDED YET UNIFIED DIVIDED YET UNIFIED
DIVIDED YET UNIFIED DIVIDED YET UNIFIED
DIVIDED YET UNIFIED DIVIDED YET UNIFIED
DIVIDED YET UNIFIED DIVIDED YET UNIFIED
DIVIDED YET UNIFIED DIVIDED YET UNIFIED
DIVIDED YET UNIFIED DIVIDED YET UNIFIED
DIVIDED YET UNIFIED DIVIDED YET UNIFIED
DIVIDED YET UNIFIED DIVIDED YET UNIFIED
DIVIDED YET UNIFIED DIVIDED YET UNIFIED
DIVIDED YET UNIFIED DIVIDED YET UNIFIED
DIVIDED YET UNIFIED DIVIDED YET UNIFIED
DIVIDED YET UNIFIED DIVIDED YET UNIFIED
DIVIDED YET UNIFIED DIVIDED YET UNIFIED
DIVIDED YET UNIFIED DIVIDED YET UNIFIED
DIVIDED YET UNIFIED DIVIDED YET UNIFIED
DIVIDED YET UNIFIED DIVIDED YET UNIFIED
DIVIDED YET UNIFIED DIVIDED YET UNIFIED
DIVIDED YET UNIFIED DIVIDED YET UNIFIED
DIVIDED YET UNIFIED DIVIDED YET UNIFIED
DIVIDED YET UNIFIED DIVIDED YET UNIFIED
DIVIDED YET UNIFIED DIVIDED YET UNIFIED
DIVIDED YET UNIFIED DIVIDED YET UNIFIED
DIVIDED YET UNIFIED DIVIDED YET UNIFIED
DIVIDED YET UNIFIED DIVIDED YET UNIFIED

DIVIDED YET UNIFIED DIVIDED YET UNIFIED
DIVIDED YET UNIFIED DIVIDED YET UNIFIED
DIVIDED YET UNIFIED DIVIDED YET UNIFIED
DIVIDED YET UNIFIED DIVIDED YET UNIFIED
DIVIDED YET UNIFIED DIVIDED YET UNIFIED
DIVIDED YET UNIFIED DIVIDED YET UNIFIED
DIVIDED YET UNIFIED DIVIDED YET UNIFIED
DIVIDED YET UNIFIED DIVIDED YET UNIFIED
DIVIDED YET UNIFIED DIVIDED YET UNIFIED
DIVIDED YET UNIFIED DIVIDED YET UNIFIED
DIVIDED YET UNIFIED DIVIDED YET UNIFIED
DIVIDED YET UNIFIED DIVIDED YET UNIFIED
DIVIDED YET UNIFIED DIVIDED YET UNIFIED
DIVIDED YET UNIFIED DIVIDED YET UNIFIED
DIVIDED YET UNIFIED DIVIDED YET UNIFIED
DIVIDED YET UNIFIED DIVIDED YET UNIFIED
DIVIDED YET UNIFIED DIVIDED YET UNIFIED
DIVIDED YET UNIFIED DIVIDED YET UNIFIED
DIVIDED YET UNIFIED DIVIDED YET UNIFIED
DIVIDED YET UNIFIED DIVIDED YET UNIFIED
DIVIDED YET UNIFIED DIVIDED YET UNIFIED
DIVIDED YET UNIFIED DIVIDED YET UNIFIED
DIVIDED YET UNIFIED DIVIDED YET UNIFIED
DIVIDED YET UNIFIED DIVIDED YET UNIFIED
DIVIDED YET UNIFIED DIVIDED YET UNIFIED
DIVIDED YET UNIFIED DIVIDED YET UNIFIED
DIVIDED YET UNIFIED DIVIDED YET UNIFIED
DIVIDED YET UNIFIED DIVIDED YET UNIFIED
DIVIDED YET UNIFIED DIVIDED YET UNIFIED
DIVIDED YET UNIFIED DIVIDED YET UNIFIED
DIVIDED YET UNIFIED DIVIDED YET UNIFIED
DIVIDED YET UNIFIED DIVIDED YET UNIFIED
DIVIDED YET UNIFIED DIVIDED YET UNIFIED
DIVIDED YET UNIFIED DIVIDED YET UNIFIED
DIVIDED YET UNIFIED DIVIDED YET UNIFIED
DIVIDED YET UNIFIED DIVIDED YET UNIFIED
DIVIDED YET UNIFIED DIVIDED YET UNIFIED
DIVIDED YET UNIFIED DIVIDED YET UNIFIED
DIVIDED YET UNIFIED DIVIDED YET UNIFIED
DIVIDED YET UNIFIED DIVIDED YET UNIFIED
DIVIDED YET UNIFIED DIVIDED YET UNIFIED

DIVIDED YET UNIFIED DIVIDED YET UNIFIED
DIVIDED YET UNIFIED DIVIDED YET UNIFIED
DIVIDED YET UNIFIED DIVIDED YET UNIFIED
DIVIDED YET UNIFIED DIVIDED YET UNIFIED
DIVIDED YET UNIFIED DIVIDED YET UNIFIED
DIVIDED YET UNIFIED DIVIDED YET UNIFIED
DIVIDED YET UNIFIED DIVIDED YET UNIFIED
DIVIDED YET UNIFIED DIVIDED YET UNIFIED
DIVIDED YET UNIFIED DIVIDED YET UNIFIED
DIVIDED YET UNIFIED DIVIDED YET UNIFIED
DIVIDED YET UNIFIED DIVIDED YET UNIFIED
DIVIDED YET UNIFIED DIVIDED YET UNIFIED
DIVIDED YET UNIFIED DIVIDED YET UNIFIED
DIVIDED YET UNIFIED DIVIDED YET UNIFIED
DIVIDED YET UNIFIED DIVIDED YET UNIFIED
DIVIDED YET UNIFIED DIVIDED YET UNIFIED
DIVIDED YET UNIFIED DIVIDED YET UNIFIED
DIVIDED YET UNIFIED DIVIDED YET UNIFIED
DIVIDED YET UNIFIED DIVIDED YET UNIFIED
DIVIDED YET UNIFIED DIVIDED YET UNIFIED
DIVIDED YET UNIFIED DIVIDED YET UNIFIED
DIVIDED YET UNIFIED DIVIDED YET UNIFIED
DIVIDED YET UNIFIED DIVIDED YET UNIFIED
DIVIDED YET UNIFIED DIVIDED YET UNIFIED
DIVIDED YET UNIFIED DIVIDED YET UNIFIED
DIVIDED YET UNIFIED DIVIDED YET UNIFIED
DIVIDED YET UNIFIED DIVIDED YET UNIFIED
DIVIDED YET UNIFIED DIVIDED YET UNIFIED
DIVIDED YET UNIFIED DIVIDED YET UNIFIED
DIVIDED YET UNIFIED DIVIDED YET UNIFIED
DIVIDED YET UNIFIED DIVIDED YET UNIFIED
DIVIDED YET UNIFIED DIVIDED YET UNIFIED
DIVIDED YET UNIFIED DIVIDED YET UNIFIED
DIVIDED YET UNIFIED DIVIDED YET UNIFIED
DIVIDED YET UNIFIED DIVIDED YET UNIFIED
DIVIDED YET UNIFIED DIVIDED YET UNIFIED
DIVIDED YET UNIFIED DIVIDED YET UNIFIED
DIVIDED YET UNIFIED DIVIDED YET UNIFIED
DIVIDED YET UNIFIED DIVIDED YET UNIFIED
DIVIDED YET UNIFIED DIVIDED YET UNIFIED
DIVIDED YET UNIFIED DIVIDED YET UNIFIED

DIVIDED YET UNIFIED DIVIDED YET UNIFIED
DIVIDED YET UNIFIED DIVIDED YET UNIFIED
DIVIDED YET UNIFIED DIVIDED YET UNIFIED
DIVIDED YET UNIFIED DIVIDED YET UNIFIED
DIVIDED YET UNIFIED DIVIDED YET UNIFIED
DIVIDED YET UNIFIED DIVIDED YET UNIFIED
DIVIDED YET UNIFIED DIVIDED YET UNIFIED
DIVIDED YET UNIFIED DIVIDED YET UNIFIED
DIVIDED YET UNIFIED DIVIDED YET UNIFIED
DIVIDED YET UNIFIED DIVIDED YET UNIFIED
DIVIDED YET UNIFIED DIVIDED YET UNIFIED
DIVIDED YET UNIFIED DIVIDED YET UNIFIED
DIVIDED YET UNIFIED DIVIDED YET UNIFIED
DIVIDED YET UNIFIED DIVIDED YET UNIFIED
DIVIDED YET UNIFIED DIVIDED YET UNIFIED
DIVIDED YET UNIFIED DIVIDED YET UNIFIED
DIVIDED YET UNIFIED DIVIDED YET UNIFIED
DIVIDED YET UNIFIED DIVIDED YET UNIFIED
DIVIDED YET UNIFIED DIVIDED YET UNIFIED
DIVIDED YET UNIFIED DIVIDED YET UNIFIED
DIVIDED YET UNIFIED DIVIDED YET UNIFIED
DIVIDED YET UNIFIED DIVIDED YET UNIFIED
DIVIDED YET UNIFIED DIVIDED YET UNIFIED
DIVIDED YET UNIFIED DIVIDED YET UNIFIED
DIVIDED YET UNIFIED DIVIDED YET UNIFIED
DIVIDED YET UNIFIED DIVIDED YET UNIFIED
DIVIDED YET UNIFIED DIVIDED YET UNIFIED
DIVIDED YET UNIFIED DIVIDED YET UNIFIED
DIVIDED YET UNIFIED DIVIDED YET UNIFIED
DIVIDED YET UNIFIED DIVIDED YET UNIFIED
DIVIDED YET UNIFIED DIVIDED YET UNIFIED
DIVIDED YET UNIFIED DIVIDED YET UNIFIED
DIVIDED YET UNIFIED DIVIDED YET UNIFIED
DIVIDED YET UNIFIED DIVIDED YET UNIFIED
DIVIDED YET UNIFIED DIVIDED YET UNIFIED
DIVIDED YET UNIFIED DIVIDED YET UNIFIED
DIVIDED YET UNIFIED DIVIDED YET UNIFIED
DIVIDED YET UNIFIED DIVIDED YET UNIFIED
DIVIDED YET UNIFIED DIVIDED YET UNIFIED
DIVIDED YET UNIFIED DIVIDED YET UNIFIED
DIVIDED YET UNIFIED DIVIDED YET UNIFIED
DIVIDED YET UNIFIED DIVIDED YET UNIFIED

DIVIDED YET UNIFIED DIVIDED YET UNIFIED
DIVIDED YET UNIFIED DIVIDED YET UNIFIED
DIVIDED YET UNIFIED DIVIDED YET UNIFIED
DIVIDED YET UNIFIED DIVIDED YET UNIFIED
DIVIDED YET UNIFIED DIVIDED YET UNIFIED
DIVIDED YET UNIFIED DIVIDED YET UNIFIED
DIVIDED YET UNIFIED DIVIDED YET UNIFIED
DIVIDED YET UNIFIED DIVIDED YET UNIFIED
DIVIDED YET UNIFIED DIVIDED YET UNIFIED
DIVIDED YET UNIFIED DIVIDED YET UNIFIED
DIVIDED YET UNIFIED DIVIDED YET UNIFIED
DIVIDED YET UNIFIED DIVIDED YET UNIFIED
DIVIDED YET UNIFIED DIVIDED YET UNIFIED
DIVIDED YET UNIFIED DIVIDED YET UNIFIED
DIVIDED YET UNIFIED DIVIDED YET UNIFIED
DIVIDED YET UNIFIED DIVIDED YET UNIFIED
DIVIDED YET UNIFIED DIVIDED YET UNIFIED
DIVIDED YET UNIFIED DIVIDED YET UNIFIED
DIVIDED YET UNIFIED DIVIDED YET UNIFIED
DIVIDED YET UNIFIED DIVIDED YET UNIFIED
DIVIDED YET UNIFIED DIVIDED YET UNIFIED
DIVIDED YET UNIFIED DIVIDED YET UNIFIED
DIVIDED YET UNIFIED DIVIDED YET UNIFIED
DIVIDED YET UNIFIED DIVIDED YET UNIFIED
DIVIDED YET UNIFIED DIVIDED YET UNIFIED
DIVIDED YET UNIFIED DIVIDED YET UNIFIED
DIVIDED YET UNIFIED DIVIDED YET UNIFIED
DIVIDED YET UNIFIED DIVIDED YET UNIFIED
DIVIDED YET UNIFIED DIVIDED YET UNIFIED
DIVIDED YET UNIFIED DIVIDED YET UNIFIED
DIVIDED YET UNIFIED DIVIDED YET UNIFIED
DIVIDED YET UNIFIED DIVIDED YET UNIFIED
DIVIDED YET UNIFIED DIVIDED YET UNIFIED
DIVIDED YET UNIFIED DIVIDED YET UNIFIED
DIVIDED YET UNIFIED DIVIDED YET UNIFIED
DIVIDED YET UNIFIED DIVIDED YET UNIFIED
DIVIDED YET UNIFIED DIVIDED YET UNIFIED
DIVIDED YET UNIFIED DIVIDED YET UNIFIED
DIVIDED YET UNIFIED DIVIDED YET UNIFIED
DIVIDED YET UNIFIED DIVIDED YET UNIFIED
DIVIDED YET UNIFIED DIVIDED YET UNIFIED

DIVIDED YET UNIFIED DIVIDED YET UNIFIED
DIVIDED YET UNIFIED DIVIDED YET UNIFIED
DIVIDED YET UNIFIED DIVIDED YET UNIFIED
DIVIDED YET UNIFIED DIVIDED YET UNIFIED
DIVIDED YET UNIFIED DIVIDED YET UNIFIED
DIVIDED YET UNIFIED DIVIDED YET UNIFIED
DIVIDED YET UNIFIED DIVIDED YET UNIFIED
DIVIDED YET UNIFIED DIVIDED YET UNIFIED
DIVIDED YET UNIFIED DIVIDED YET UNIFIED
DIVIDED YET UNIFIED DIVIDED YET UNIFIED
DIVIDED YET UNIFIED DIVIDED YET UNIFIED
DIVIDED YET UNIFIED DIVIDED YET UNIFIED
DIVIDED YET UNIFIED DIVIDED YET UNIFIED
DIVIDED YET UNIFIED DIVIDED YET UNIFIED
DIVIDED YET UNIFIED DIVIDED YET UNIFIED
DIVIDED YET UNIFIED DIVIDED YET UNIFIED
DIVIDED YET UNIFIED DIVIDED YET UNIFIED
DIVIDED YET UNIFIED DIVIDED YET UNIFIED
DIVIDED YET UNIFIED DIVIDED YET UNIFIED
DIVIDED YET UNIFIED DIVIDED YET UNIFIED
DIVIDED YET UNIFIED DIVIDED YET UNIFIED
DIVIDED YET UNIFIED DIVIDED YET UNIFIED
DIVIDED YET UNIFIED DIVIDED YET UNIFIED
DIVIDED YET UNIFIED DIVIDED YET UNIFIED
DIVIDED YET UNIFIED DIVIDED YET UNIFIED
DIVIDED YET UNIFIED DIVIDED YET UNIFIED
DIVIDED YET UNIFIED DIVIDED YET UNIFIED
DIVIDED YET UNIFIED DIVIDED YET UNIFIED
DIVIDED YET UNIFIED DIVIDED YET UNIFIED
DIVIDED YET UNIFIED DIVIDED YET UNIFIED
DIVIDED YET UNIFIED DIVIDED YET UNIFIED
DIVIDED YET UNIFIED DIVIDED YET UNIFIED
DIVIDED YET UNIFIED DIVIDED YET UNIFIED
DIVIDED YET UNIFIED DIVIDED YET UNIFIED
DIVIDED YET UNIFIED DIVIDED YET UNIFIED
DIVIDED YET UNIFIED DIVIDED YET UNIFIED
DIVIDED YET UNIFIED DIVIDED YET UNIFIED
DIVIDED YET UNIFIED DIVIDED YET UNIFIED
DIVIDED YET UNIFIED DIVIDED YET UNIFIED
DIVIDED YET UNIFIED DIVIDED YET UNIFIED
DIVIDED YET UNIFIED DIVIDED YET UNIFIED
DIVIDED YET UNIFIED DIVIDED YET UNIFIED

DIVIDED YET UNIFIED DIVIDED YET UNIFIED
DIVIDED YET UNIFIED DIVIDED YET UNIFIED
DIVIDED YET UNIFIED DIVIDED YET UNIFIED
DIVIDED YET UNIFIED DIVIDED YET UNIFIED
DIVIDED YET UNIFIED DIVIDED YET UNIFIED
DIVIDED YET UNIFIED DIVIDED YET UNIFIED
DIVIDED YET UNIFIED DIVIDED YET UNIFIED
DIVIDED YET UNIFIED DIVIDED YET UNIFIED
DIVIDED YET UNIFIED DIVIDED YET UNIFIED
DIVIDED YET UNIFIED DIVIDED YET UNIFIED
DIVIDED YET UNIFIED DIVIDED YET UNIFIED
DIVIDED YET UNIFIED DIVIDED YET UNIFIED
DIVIDED YET UNIFIED DIVIDED YET UNIFIED
DIVIDED YET UNIFIED DIVIDED YET UNIFIED
DIVIDED YET UNIFIED DIVIDED YET UNIFIED
DIVIDED YET UNIFIED DIVIDED YET UNIFIED
DIVIDED YET UNIFIED DIVIDED YET UNIFIED
DIVIDED YET UNIFIED DIVIDED YET UNIFIED
DIVIDED YET UNIFIED DIVIDED YET UNIFIED
DIVIDED YET UNIFIED DIVIDED YET UNIFIED
DIVIDED YET UNIFIED DIVIDED YET UNIFIED
DIVIDED YET UNIFIED DIVIDED YET UNIFIED
DIVIDED YET UNIFIED DIVIDED YET UNIFIED
DIVIDED YET UNIFIED DIVIDED YET UNIFIED
DIVIDED YET UNIFIED DIVIDED YET UNIFIED
DIVIDED YET UNIFIED DIVIDED YET UNIFIED
DIVIDED YET UNIFIED DIVIDED YET UNIFIED
DIVIDED YET UNIFIED DIVIDED YET UNIFIED
DIVIDED YET UNIFIED DIVIDED YET UNIFIED
DIVIDED YET UNIFIED DIVIDED YET UNIFIED
DIVIDED YET UNIFIED DIVIDED YET UNIFIED
DIVIDED YET UNIFIED DIVIDED YET UNIFIED
DIVIDED YET UNIFIED DIVIDED YET UNIFIED
DIVIDED YET UNIFIED DIVIDED YET UNIFIED
DIVIDED YET UNIFIED DIVIDED YET UNIFIED
DIVIDED YET UNIFIED DIVIDED YET UNIFIED
DIVIDED YET UNIFIED DIVIDED YET UNIFIED
DIVIDED YET UNIFIED DIVIDED YET UNIFIED
DIVIDED YET UNIFIED DIVIDED YET UNIFIED
DIVIDED YET UNIFIED DIVIDED YET UNIFIED

DIVIDED YET UNIFIED DIVIDED YET UNIFIED
DIVIDED YET UNIFIED DIVIDED YET UNIFIED
DIVIDED YET UNIFIED DIVIDED YET UNIFIED
DIVIDED YET UNIFIED DIVIDED YET UNIFIED
DIVIDED YET UNIFIED DIVIDED YET UNIFIED
DIVIDED YET UNIFIED DIVIDED YET UNIFIED
DIVIDED YET UNIFIED DIVIDED YET UNIFIED
DIVIDED YET UNIFIED DIVIDED YET UNIFIED
DIVIDED YET UNIFIED DIVIDED YET UNIFIED
DIVIDED YET UNIFIED DIVIDED YET UNIFIED
DIVIDED YET UNIFIED DIVIDED YET UNIFIED
DIVIDED YET UNIFIED DIVIDED YET UNIFIED
DIVIDED YET UNIFIED DIVIDED YET UNIFIED
DIVIDED YET UNIFIED DIVIDED YET UNIFIED
DIVIDED YET UNIFIED DIVIDED YET UNIFIED
DIVIDED YET UNIFIED DIVIDED YET UNIFIED
DIVIDED YET UNIFIED DIVIDED YET UNIFIED
DIVIDED YET UNIFIED DIVIDED YET UNIFIED
DIVIDED YET UNIFIED DIVIDED YET UNIFIED
DIVIDED YET UNIFIED DIVIDED YET UNIFIED
DIVIDED YET UNIFIED DIVIDED YET UNIFIED
DIVIDED YET UNIFIED DIVIDED YET UNIFIED
DIVIDED YET UNIFIED DIVIDED YET UNIFIED
DIVIDED YET UNIFIED DIVIDED YET UNIFIED
DIVIDED YET UNIFIED DIVIDED YET UNIFIED
DIVIDED YET UNIFIED DIVIDED YET UNIFIED
DIVIDED YET UNIFIED DIVIDED YET UNIFIED
DIVIDED YET UNIFIED DIVIDED YET UNIFIED
DIVIDED YET UNIFIED DIVIDED YET UNIFIED
DIVIDED YET UNIFIED DIVIDED YET UNIFIED
DIVIDED YET UNIFIED DIVIDED YET UNIFIED
DIVIDED YET UNIFIED DIVIDED YET UNIFIED
DIVIDED YET UNIFIED DIVIDED YET UNIFIED
DIVIDED YET UNIFIED DIVIDED YET UNIFIED
DIVIDED YET UNIFIED DIVIDED YET UNIFIED
DIVIDED YET UNIFIED DIVIDED YET UNIFIED
DIVIDED YET UNIFIED DIVIDED YET UNIFIED
DIVIDED YET UNIFIED DIVIDED YET UNIFIED
DIVIDED YET UNIFIED DIVIDED YET UNIFIED
DIVIDED YET UNIFIED DIVIDED YET UNIFIED
DIVIDED YET UNIFIED DIVIDED YET UNIFIED
DIVIDED YET UNIFIED DIVIDED YET UNIFIED
DIVIDED YET UNIFIED DIVIDED YET UNIFIED
DIVIDED YET UNIFIED DIVIDED YET UNIFIED
DIVIDED YET UNIFIED DIVIDED YET UNIFIED

DIVIDED YET UNIFIED DIVIDED YET UNIFIED
DIVIDED YET UNIFIED DIVIDED YET UNIFIED
DIVIDED YET UNIFIED DIVIDED YET UNIFIED
DIVIDED YET UNIFIED DIVIDED YET UNIFIED
DIVIDED YET UNIFIED DIVIDED YET UNIFIED
DIVIDED YET UNIFIED DIVIDED YET UNIFIED
DIVIDED YET UNIFIED DIVIDED YET UNIFIED
DIVIDED YET UNIFIED DIVIDED YET UNIFIED
DIVIDED YET UNIFIED DIVIDED YET UNIFIED
DIVIDED YET UNIFIED DIVIDED YET UNIFIED
DIVIDED YET UNIFIED DIVIDED YET UNIFIED
DIVIDED YET UNIFIED DIVIDED YET UNIFIED
DIVIDED YET UNIFIED DIVIDED YET UNIFIED
DIVIDED YET UNIFIED DIVIDED YET UNIFIED
DIVIDED YET UNIFIED DIVIDED YET UNIFIED
DIVIDED YET UNIFIED DIVIDED YET UNIFIED
DIVIDED YET UNIFIED DIVIDED YET UNIFIED
DIVIDED YET UNIFIED DIVIDED YET UNIFIED
DIVIDED YET UNIFIED DIVIDED YET UNIFIED
DIVIDED YET UNIFIED DIVIDED YET UNIFIED
DIVIDED YET UNIFIED DIVIDED YET UNIFIED
DIVIDED YET UNIFIED DIVIDED YET UNIFIED
DIVIDED YET UNIFIED DIVIDED YET UNIFIED
DIVIDED YET UNIFIED DIVIDED YET UNIFIED
DIVIDED YET UNIFIED DIVIDED YET UNIFIED
DIVIDED YET UNIFIED DIVIDED YET UNIFIED
DIVIDED YET UNIFIED DIVIDED YET UNIFIED
DIVIDED YET UNIFIED DIVIDED YET UNIFIED
DIVIDED YET UNIFIED DIVIDED YET UNIFIED
DIVIDED YET UNIFIED DIVIDED YET UNIFIED
DIVIDED YET UNIFIED DIVIDED YET UNIFIED
DIVIDED YET UNIFIED DIVIDED YET UNIFIED
DIVIDED YET UNIFIED DIVIDED YET UNIFIED
DIVIDED YET UNIFIED DIVIDED YET UNIFIED
DIVIDED YET UNIFIED DIVIDED YET UNIFIED
DIVIDED YET UNIFIED DIVIDED YET UNIFIED
DIVIDED YET UNIFIED DIVIDED YET UNIFIED
DIVIDED YET UNIFIED DIVIDED YET UNIFIED
DIVIDED YET UNIFIED DIVIDED YET UNIFIED
DIVIDED YET UNIFIED DIVIDED YET UNIFIED

DIVIDED YET UNIFIED DIVIDED YET UNIFIED
DIVIDED YET UNIFIED DIVIDED YET UNIFIED
DIVIDED YET UNIFIED DIVIDED YET UNIFIED
DIVIDED YET UNIFIED DIVIDED YET UNIFIED
DIVIDED YET UNIFIED DIVIDED YET UNIFIED
DIVIDED YET UNIFIED DIVIDED YET UNIFIED
DIVIDED YET UNIFIED DIVIDED YET UNIFIED
DIVIDED YET UNIFIED DIVIDED YET UNIFIED
DIVIDED YET UNIFIED DIVIDED YET UNIFIED
DIVIDED YET UNIFIED DIVIDED YET UNIFIED
DIVIDED YET UNIFIED DIVIDED YET UNIFIED
DIVIDED YET UNIFIED DIVIDED YET UNIFIED
DIVIDED YET UNIFIED DIVIDED YET UNIFIED
DIVIDED YET UNIFIED DIVIDED YET UNIFIED
DIVIDED YET UNIFIED DIVIDED YET UNIFIED
DIVIDED YET UNIFIED DIVIDED YET UNIFIED
DIVIDED YET UNIFIED DIVIDED YET UNIFIED
DIVIDED YET UNIFIED DIVIDED YET UNIFIED
DIVIDED YET UNIFIED DIVIDED YET UNIFIED
DIVIDED YET UNIFIED DIVIDED YET UNIFIED
DIVIDED YET UNIFIED DIVIDED YET UNIFIED
DIVIDED YET UNIFIED DIVIDED YET UNIFIED
DIVIDED YET UNIFIED DIVIDED YET UNIFIED
DIVIDED YET UNIFIED DIVIDED YET UNIFIED
DIVIDED YET UNIFIED DIVIDED YET UNIFIED
DIVIDED YET UNIFIED DIVIDED YET UNIFIED
DIVIDED YET UNIFIED DIVIDED YET UNIFIED
DIVIDED YET UNIFIED DIVIDED YET UNIFIED
DIVIDED YET UNIFIED DIVIDED YET UNIFIED
DIVIDED YET UNIFIED DIVIDED YET UNIFIED
DIVIDED YET UNIFIED DIVIDED YET UNIFIED
DIVIDED YET UNIFIED DIVIDED YET UNIFIED
DIVIDED YET UNIFIED DIVIDED YET UNIFIED
DIVIDED YET UNIFIED DIVIDED YET UNIFIED
DIVIDED YET UNIFIED DIVIDED YET UNIFIED
DIVIDED YET UNIFIED DIVIDED YET UNIFIED
DIVIDED YET UNIFIED DIVIDED YET UNIFIED
DIVIDED YET UNIFIED DIVIDED YET UNIFIED
DIVIDED YET UNIFIED DIVIDED YET UNIFIED
DIVIDED YET UNIFIED DIVIDED YET UNIFIED
DIVIDED YET UNIFIED DIVIDED YET UNIFIED

DIVIDED YET UNIFIED DIVIDED YET UNIFIED
DIVIDED YET UNIFIED DIVIDED YET UNIFIED
DIVIDED YET UNIFIED DIVIDED YET UNIFIED
DIVIDED YET UNIFIED DIVIDED YET UNIFIED
DIVIDED YET UNIFIED DIVIDED YET UNIFIED
DIVIDED YET UNIFIED DIVIDED YET UNIFIED
DIVIDED YET UNIFIED DIVIDED YET UNIFIED
DIVIDED YET UNIFIED DIVIDED YET UNIFIED
DIVIDED YET UNIFIED DIVIDED YET UNIFIED
DIVIDED YET UNIFIED DIVIDED YET UNIFIED
DIVIDED YET UNIFIED DIVIDED YET UNIFIED
DIVIDED YET UNIFIED DIVIDED YET UNIFIED
DIVIDED YET UNIFIED DIVIDED YET UNIFIED
DIVIDED YET UNIFIED DIVIDED YET UNIFIED
DIVIDED YET UNIFIED DIVIDED YET UNIFIED
DIVIDED YET UNIFIED DIVIDED YET UNIFIED
DIVIDED YET UNIFIED DIVIDED YET UNIFIED
DIVIDED YET UNIFIED DIVIDED YET UNIFIED
DIVIDED YET UNIFIED DIVIDED YET UNIFIED
DIVIDED YET UNIFIED DIVIDED YET UNIFIED
DIVIDED YET UNIFIED DIVIDED YET UNIFIED
DIVIDED YET UNIFIED DIVIDED YET UNIFIED
DIVIDED YET UNIFIED DIVIDED YET UNIFIED
DIVIDED YET UNIFIED DIVIDED YET UNIFIED
DIVIDED YET UNIFIED DIVIDED YET UNIFIED
DIVIDED YET UNIFIED DIVIDED YET UNIFIED
DIVIDED YET UNIFIED DIVIDED YET UNIFIED
DIVIDED YET UNIFIED DIVIDED YET UNIFIED
DIVIDED YET UNIFIED DIVIDED YET UNIFIED
DIVIDED YET UNIFIED DIVIDED YET UNIFIED
DIVIDED YET UNIFIED DIVIDED YET UNIFIED
DIVIDED YET UNIFIED DIVIDED YET UNIFIED
DIVIDED YET UNIFIED DIVIDED YET UNIFIED
DIVIDED YET UNIFIED DIVIDED YET UNIFIED
DIVIDED YET UNIFIED DIVIDED YET UNIFIED
DIVIDED YET UNIFIED DIVIDED YET UNIFIED
DIVIDED YET UNIFIED DIVIDED YET UNIFIED
DIVIDED YET UNIFIED DIVIDED YET UNIFIED
DIVIDED YET UNIFIED DIVIDED YET UNIFIED
DIVIDED YET UNIFIED DIVIDED YET UNIFIED
DIVIDED YET UNIFIED DIVIDED YET UNIFIED
DIVIDED YET UNIFIED DIVIDED YET UNIFIED

DIVIDED YET UNIFIED DIVIDED YET UNIFIED
DIVIDED YET UNIFIED DIVIDED YET UNIFIED
DIVIDED YET UNIFIED DIVIDED YET UNIFIED
DIVIDED YET UNIFIED DIVIDED YET UNIFIED
DIVIDED YET UNIFIED DIVIDED YET UNIFIED
DIVIDED YET UNIFIED DIVIDED YET UNIFIED
DIVIDED YET UNIFIED DIVIDED YET UNIFIED
DIVIDED YET UNIFIED DIVIDED YET UNIFIED
DIVIDED YET UNIFIED DIVIDED YET UNIFIED
DIVIDED YET UNIFIED DIVIDED YET UNIFIED
DIVIDED YET UNIFIED DIVIDED YET UNIFIED
DIVIDED YET UNIFIED DIVIDED YET UNIFIED
DIVIDED YET UNIFIED DIVIDED YET UNIFIED
DIVIDED YET UNIFIED DIVIDED YET UNIFIED
DIVIDED YET UNIFIED DIVIDED YET UNIFIED
DIVIDED YET UNIFIED DIVIDED YET UNIFIED
DIVIDED YET UNIFIED DIVIDED YET UNIFIED
DIVIDED YET UNIFIED DIVIDED YET UNIFIED
DIVIDED YET UNIFIED DIVIDED YET UNIFIED
DIVIDED YET UNIFIED DIVIDED YET UNIFIED
DIVIDED YET UNIFIED DIVIDED YET UNIFIED
DIVIDED YET UNIFIED DIVIDED YET UNIFIED
DIVIDED YET UNIFIED DIVIDED YET UNIFIED
DIVIDED YET UNIFIED DIVIDED YET UNIFIED
DIVIDED YET UNIFIED DIVIDED YET UNIFIED
DIVIDED YET UNIFIED DIVIDED YET UNIFIED
DIVIDED YET UNIFIED DIVIDED YET UNIFIED
DIVIDED YET UNIFIED DIVIDED YET UNIFIED
DIVIDED YET UNIFIED DIVIDED YET UNIFIED
DIVIDED YET UNIFIED DIVIDED YET UNIFIED
DIVIDED YET UNIFIED DIVIDED YET UNIFIED
DIVIDED YET UNIFIED DIVIDED YET UNIFIED
DIVIDED YET UNIFIED DIVIDED YET UNIFIED
DIVIDED YET UNIFIED DIVIDED YET UNIFIED
DIVIDED YET UNIFIED DIVIDED YET UNIFIED
DIVIDED YET UNIFIED DIVIDED YET UNIFIED
DIVIDED YET UNIFIED DIVIDED YET UNIFIED
DIVIDED YET UNIFIED DIVIDED YET UNIFIED
DIVIDED YET UNIFIED DIVIDED YET UNIFIED
DIVIDED YET UNIFIED DIVIDED YET UNIFIED
DIVIDED YET UNIFIED DIVIDED YET UNIFIED
DIVIDED YET UNIFIED DIVIDED YET UNIFIED

DIVIDED YET UNIFIED DIVIDED YET UNIFIED
DIVIDED YET UNIFIED DIVIDED YET UNIFIED
DIVIDED YET UNIFIED DIVIDED YET UNIFIED
DIVIDED YET UNIFIED DIVIDED YET UNIFIED
DIVIDED YET UNIFIED DIVIDED YET UNIFIED
DIVIDED YET UNIFIED DIVIDED YET UNIFIED
DIVIDED YET UNIFIED DIVIDED YET UNIFIED
DIVIDED YET UNIFIED DIVIDED YET UNIFIED
DIVIDED YET UNIFIED DIVIDED YET UNIFIED
DIVIDED YET UNIFIED DIVIDED YET UNIFIED
DIVIDED YET UNIFIED DIVIDED YET UNIFIED
DIVIDED YET UNIFIED DIVIDED YET UNIFIED
DIVIDED YET UNIFIED DIVIDED YET UNIFIED
DIVIDED YET UNIFIED DIVIDED YET UNIFIED
DIVIDED YET UNIFIED DIVIDED YET UNIFIED
DIVIDED YET UNIFIED DIVIDED YET UNIFIED
DIVIDED YET UNIFIED DIVIDED YET UNIFIED
DIVIDED YET UNIFIED DIVIDED YET UNIFIED
DIVIDED YET UNIFIED DIVIDED YET UNIFIED
DIVIDED YET UNIFIED DIVIDED YET UNIFIED
DIVIDED YET UNIFIED DIVIDED YET UNIFIED
DIVIDED YET UNIFIED DIVIDED YET UNIFIED
DIVIDED YET UNIFIED DIVIDED YET UNIFIED
DIVIDED YET UNIFIED DIVIDED YET UNIFIED
DIVIDED YET UNIFIED DIVIDED YET UNIFIED
DIVIDED YET UNIFIED DIVIDED YET UNIFIED
DIVIDED YET UNIFIED DIVIDED YET UNIFIED
DIVIDED YET UNIFIED DIVIDED YET UNIFIED
DIVIDED YET UNIFIED DIVIDED YET UNIFIED
DIVIDED YET UNIFIED DIVIDED YET UNIFIED
DIVIDED YET UNIFIED DIVIDED YET UNIFIED
DIVIDED YET UNIFIED DIVIDED YET UNIFIED
DIVIDED YET UNIFIED DIVIDED YET UNIFIED
DIVIDED YET UNIFIED DIVIDED YET UNIFIED
DIVIDED YET UNIFIED DIVIDED YET UNIFIED
DIVIDED YET UNIFIED DIVIDED YET UNIFIED
DIVIDED YET UNIFIED DIVIDED YET UNIFIED
DIVIDED YET UNIFIED DIVIDED YET UNIFIED
DIVIDED YET UNIFIED DIVIDED YET UNIFIED
DIVIDED YET UNIFIED DIVIDED YET UNIFIED
DIVIDED YET UNIFIED DIVIDED YET UNIFIED
DIVIDED YET UNIFIED DIVIDED YET UNIFIED
DIVIDED YET UNIFIED DIVIDED YET UNIFIED
DIVIDED YET UNIFIED DIVIDED YET UNIFIED

DIVIDED YET UNIFIED DIVIDED YET UNIFIED
DIVIDED YET UNIFIED DIVIDED YET UNIFIED
DIVIDED YET UNIFIED DIVIDED YET UNIFIED
DIVIDED YET UNIFIED DIVIDED YET UNIFIED
DIVIDED YET UNIFIED DIVIDED YET UNIFIED
DIVIDED YET UNIFIED DIVIDED YET UNIFIED
DIVIDED YET UNIFIED DIVIDED YET UNIFIED
DIVIDED YET UNIFIED DIVIDED YET UNIFIED
DIVIDED YET UNIFIED DIVIDED YET UNIFIED
DIVIDED YET UNIFIED DIVIDED YET UNIFIED
DIVIDED YET UNIFIED DIVIDED YET UNIFIED
DIVIDED YET UNIFIED DIVIDED YET UNIFIED
DIVIDED YET UNIFIED DIVIDED YET UNIFIED
DIVIDED YET UNIFIED DIVIDED YET UNIFIED
DIVIDED YET UNIFIED DIVIDED YET UNIFIED
DIVIDED YET UNIFIED DIVIDED YET UNIFIED
DIVIDED YET UNIFIED DIVIDED YET UNIFIED
DIVIDED YET UNIFIED DIVIDED YET UNIFIED
DIVIDED YET UNIFIED DIVIDED YET UNIFIED
DIVIDED YET UNIFIED DIVIDED YET UNIFIED
DIVIDED YET UNIFIED DIVIDED YET UNIFIED
DIVIDED YET UNIFIED DIVIDED YET UNIFIED
DIVIDED YET UNIFIED DIVIDED YET UNIFIED
DIVIDED YET UNIFIED DIVIDED YET UNIFIED
DIVIDED YET UNIFIED DIVIDED YET UNIFIED
DIVIDED YET UNIFIED DIVIDED YET UNIFIED
DIVIDED YET UNIFIED DIVIDED YET UNIFIED
DIVIDED YET UNIFIED DIVIDED YET UNIFIED
DIVIDED YET UNIFIED DIVIDED YET UNIFIED
DIVIDED YET UNIFIED DIVIDED YET UNIFIED
DIVIDED YET UNIFIED DIVIDED YET UNIFIED
DIVIDED YET UNIFIED DIVIDED YET UNIFIED
DIVIDED YET UNIFIED DIVIDED YET UNIFIED
DIVIDED YET UNIFIED DIVIDED YET UNIFIED
DIVIDED YET UNIFIED DIVIDED YET UNIFIED
DIVIDED YET UNIFIED DIVIDED YET UNIFIED
DIVIDED YET UNIFIED DIVIDED YET UNIFIED
DIVIDED YET UNIFIED DIVIDED YET UNIFIED
DIVIDED YET UNIFIED DIVIDED YET UNIFIED
DIVIDED YET UNIFIED DIVIDED YET UNIFIED
DIVIDED YET UNIFIED DIVIDED YET UNIFIED
DIVIDED YET UNIFIED DIVIDED YET UNIFIED

DIVIDED YET UNIFIED DIVIDED YET UNIFIED
DIVIDED YET UNIFIED DIVIDED YET UNIFIED
DIVIDED YET UNIFIED DIVIDED YET UNIFIED
DIVIDED YET UNIFIED DIVIDED YET UNIFIED
DIVIDED YET UNIFIED DIVIDED YET UNIFIED
DIVIDED YET UNIFIED DIVIDED YET UNIFIED
DIVIDED YET UNIFIED DIVIDED YET UNIFIED
DIVIDED YET UNIFIED DIVIDED YET UNIFIED
DIVIDED YET UNIFIED DIVIDED YET UNIFIED
DIVIDED YET UNIFIED DIVIDED YET UNIFIED
DIVIDED YET UNIFIED DIVIDED YET UNIFIED
DIVIDED YET UNIFIED DIVIDED YET UNIFIED
DIVIDED YET UNIFIED DIVIDED YET UNIFIED
DIVIDED YET UNIFIED DIVIDED YET UNIFIED
DIVIDED YET UNIFIED DIVIDED YET UNIFIED
DIVIDED YET UNIFIED DIVIDED YET UNIFIED
DIVIDED YET UNIFIED DIVIDED YET UNIFIED
DIVIDED YET UNIFIED DIVIDED YET UNIFIED
DIVIDED YET UNIFIED DIVIDED YET UNIFIED
DIVIDED YET UNIFIED DIVIDED YET UNIFIED
DIVIDED YET UNIFIED DIVIDED YET UNIFIED
DIVIDED YET UNIFIED DIVIDED YET UNIFIED
DIVIDED YET UNIFIED DIVIDED YET UNIFIED
DIVIDED YET UNIFIED DIVIDED YET UNIFIED
DIVIDED YET UNIFIED DIVIDED YET UNIFIED
DIVIDED YET UNIFIED DIVIDED YET UNIFIED
DIVIDED YET UNIFIED DIVIDED YET UNIFIED
DIVIDED YET UNIFIED DIVIDED YET UNIFIED
DIVIDED YET UNIFIED DIVIDED YET UNIFIED
DIVIDED YET UNIFIED DIVIDED YET UNIFIED
DIVIDED YET UNIFIED DIVIDED YET UNIFIED
DIVIDED YET UNIFIED DIVIDED YET UNIFIED
DIVIDED YET UNIFIED DIVIDED YET UNIFIED
DIVIDED YET UNIFIED DIVIDED YET UNIFIED
DIVIDED YET UNIFIED DIVIDED YET UNIFIED
DIVIDED YET UNIFIED DIVIDED YET UNIFIED
DIVIDED YET UNIFIED DIVIDED YET UNIFIED
DIVIDED YET UNIFIED DIVIDED YET UNIFIED
DIVIDED YET UNIFIED DIVIDED YET UNIFIED

DIVIDED YET UNIFIED DIVIDED YET UNIFIED
DIVIDED YET UNIFIED DIVIDED YET UNIFIED
DIVIDED YET UNIFIED DIVIDED YET UNIFIED
DIVIDED YET UNIFIED DIVIDED YET UNIFIED
DIVIDED YET UNIFIED DIVIDED YET UNIFIED
DIVIDED YET UNIFIED DIVIDED YET UNIFIED
DIVIDED YET UNIFIED DIVIDED YET UNIFIED
DIVIDED YET UNIFIED DIVIDED YET UNIFIED
DIVIDED YET UNIFIED DIVIDED YET UNIFIED
DIVIDED YET UNIFIED DIVIDED YET UNIFIED
DIVIDED YET UNIFIED DIVIDED YET UNIFIED
DIVIDED YET UNIFIED DIVIDED YET UNIFIED
DIVIDED YET UNIFIED DIVIDED YET UNIFIED
DIVIDED YET UNIFIED DIVIDED YET UNIFIED
DIVIDED YET UNIFIED DIVIDED YET UNIFIED
DIVIDED YET UNIFIED DIVIDED YET UNIFIED
DIVIDED YET UNIFIED DIVIDED YET UNIFIED
DIVIDED YET UNIFIED DIVIDED YET UNIFIED
DIVIDED YET UNIFIED DIVIDED YET UNIFIED
DIVIDED YET UNIFIED DIVIDED YET UNIFIED
DIVIDED YET UNIFIED DIVIDED YET UNIFIED
DIVIDED YET UNIFIED DIVIDED YET UNIFIED
DIVIDED YET UNIFIED DIVIDED YET UNIFIED
DIVIDED YET UNIFIED DIVIDED YET UNIFIED
DIVIDED YET UNIFIED DIVIDED YET UNIFIED
DIVIDED YET UNIFIED DIVIDED YET UNIFIED
DIVIDED YET UNIFIED DIVIDED YET UNIFIED
DIVIDED YET UNIFIED DIVIDED YET UNIFIED
DIVIDED YET UNIFIED DIVIDED YET UNIFIED
DIVIDED YET UNIFIED DIVIDED YET UNIFIED
DIVIDED YET UNIFIED DIVIDED YET UNIFIED
DIVIDED YET UNIFIED DIVIDED YET UNIFIED
DIVIDED YET UNIFIED DIVIDED YET UNIFIED
DIVIDED YET UNIFIED DIVIDED YET UNIFIED
DIVIDED YET UNIFIED DIVIDED YET UNIFIED
DIVIDED YET UNIFIED DIVIDED YET UNIFIED
DIVIDED YET UNIFIED DIVIDED YET UNIFIED
DIVIDED YET UNIFIED DIVIDED YET UNIFIED
DIVIDED YET UNIFIED DIVIDED YET UNIFIED
DIVIDED YET UNIFIED DIVIDED YET UNIFIED
DIVIDED YET UNIFIED DIVIDED YET UNIFIED
DIVIDED YET UNIFIED DIVIDED YET UNIFIED

DIVIDED YET UNIFIED DIVIDED YET UNIFIED
DIVIDED YET UNIFIED DIVIDED YET UNIFIED
DIVIDED YET UNIFIED DIVIDED YET UNIFIED
DIVIDED YET UNIFIED DIVIDED YET UNIFIED
DIVIDED YET UNIFIED DIVIDED YET UNIFIED
DIVIDED YET UNIFIED DIVIDED YET UNIFIED
DIVIDED YET UNIFIED DIVIDED YET UNIFIED
DIVIDED YET UNIFIED DIVIDED YET UNIFIED
DIVIDED YET UNIFIED DIVIDED YET UNIFIED
DIVIDED YET UNIFIED DIVIDED YET UNIFIED
DIVIDED YET UNIFIED DIVIDED YET UNIFIED
DIVIDED YET UNIFIED DIVIDED YET UNIFIED
DIVIDED YET UNIFIED DIVIDED YET UNIFIED
DIVIDED YET UNIFIED DIVIDED YET UNIFIED
DIVIDED YET UNIFIED DIVIDED YET UNIFIED
DIVIDED YET UNIFIED DIVIDED YET UNIFIED
DIVIDED YET UNIFIED DIVIDED YET UNIFIED
DIVIDED YET UNIFIED DIVIDED YET UNIFIED
DIVIDED YET UNIFIED DIVIDED YET UNIFIED
DIVIDED YET UNIFIED DIVIDED YET UNIFIED
DIVIDED YET UNIFIED DIVIDED YET UNIFIED
DIVIDED YET UNIFIED DIVIDED YET UNIFIED
DIVIDED YET UNIFIED DIVIDED YET UNIFIED
DIVIDED YET UNIFIED DIVIDED YET UNIFIED
DIVIDED YET UNIFIED DIVIDED YET UNIFIED
DIVIDED YET UNIFIED DIVIDED YET UNIFIED
DIVIDED YET UNIFIED DIVIDED YET UNIFIED
DIVIDED YET UNIFIED DIVIDED YET UNIFIED
DIVIDED YET UNIFIED DIVIDED YET UNIFIED
DIVIDED YET UNIFIED DIVIDED YET UNIFIED
DIVIDED YET UNIFIED DIVIDED YET UNIFIED
DIVIDED YET UNIFIED DIVIDED YET UNIFIED
DIVIDED YET UNIFIED DIVIDED YET UNIFIED
DIVIDED YET UNIFIED DIVIDED YET UNIFIED
DIVIDED YET UNIFIED DIVIDED YET UNIFIED
DIVIDED YET UNIFIED DIVIDED YET UNIFIED
DIVIDED YET UNIFIED DIVIDED YET UNIFIED
DIVIDED YET UNIFIED DIVIDED YET UNIFIED
DIVIDED YET UNIFIED DIVIDED YET UNIFIED
DIVIDED YET UNIFIED DIVIDED YET UNIFIED
DIVIDED YET UNIFIED DIVIDED YET UNIFIED
DIVIDED YET UNIFIED DIVIDED YET UNIFIED

DIVIDED YET UNIFIED DIVIDED YET UNIFIED
DIVIDED YET UNIFIED DIVIDED YET UNIFIED
DIVIDED YET UNIFIED DIVIDED YET UNIFIED
DIVIDED YET UNIFIED DIVIDED YET UNIFIED
DIVIDED YET UNIFIED DIVIDED YET UNIFIED
DIVIDED YET UNIFIED DIVIDED YET UNIFIED
DIVIDED YET UNIFIED DIVIDED YET UNIFIED
DIVIDED YET UNIFIED DIVIDED YET UNIFIED
DIVIDED YET UNIFIED DIVIDED YET UNIFIED
DIVIDED YET UNIFIED DIVIDED YET UNIFIED
DIVIDED YET UNIFIED DIVIDED YET UNIFIED
DIVIDED YET UNIFIED DIVIDED YET UNIFIED
DIVIDED YET UNIFIED DIVIDED YET UNIFIED
DIVIDED YET UNIFIED DIVIDED YET UNIFIED
DIVIDED YET UNIFIED DIVIDED YET UNIFIED
DIVIDED YET UNIFIED DIVIDED YET UNIFIED
DIVIDED YET UNIFIED DIVIDED YET UNIFIED
DIVIDED YET UNIFIED DIVIDED YET UNIFIED
DIVIDED YET UNIFIED DIVIDED YET UNIFIED
DIVIDED YET UNIFIED DIVIDED YET UNIFIED
DIVIDED YET UNIFIED DIVIDED YET UNIFIED
DIVIDED YET UNIFIED DIVIDED YET UNIFIED
DIVIDED YET UNIFIED DIVIDED YET UNIFIED
DIVIDED YET UNIFIED DIVIDED YET UNIFIED
DIVIDED YET UNIFIED DIVIDED YET UNIFIED
DIVIDED YET UNIFIED DIVIDED YET UNIFIED
DIVIDED YET UNIFIED DIVIDED YET UNIFIED
DIVIDED YET UNIFIED DIVIDED YET UNIFIED
DIVIDED YET UNIFIED DIVIDED YET UNIFIED
DIVIDED YET UNIFIED DIVIDED YET UNIFIED
DIVIDED YET UNIFIED DIVIDED YET UNIFIED
DIVIDED YET UNIFIED DIVIDED YET UNIFIED
DIVIDED YET UNIFIED DIVIDED YET UNIFIED
DIVIDED YET UNIFIED DIVIDED YET UNIFIED
DIVIDED YET UNIFIED DIVIDED YET UNIFIED
DIVIDED YET UNIFIED DIVIDED YET UNIFIED
DIVIDED YET UNIFIED DIVIDED YET UNIFIED
DIVIDED YET UNIFIED DIVIDED YET UNIFIED
DIVIDED YET UNIFIED DIVIDED YET UNIFIED
DIVIDED YET UNIFIED DIVIDED YET UNIFIED

DIVIDED YET UNIFIED DIVIDED YET UNIFIED
DIVIDED YET UNIFIED DIVIDED YET UNIFIED
DIVIDED YET UNIFIED DIVIDED YET UNIFIED
DIVIDED YET UNIFIED DIVIDED YET UNIFIED
DIVIDED YET UNIFIED DIVIDED YET UNIFIED
DIVIDED YET UNIFIED DIVIDED YET UNIFIED
DIVIDED YET UNIFIED DIVIDED YET UNIFIED
DIVIDED YET UNIFIED DIVIDED YET UNIFIED
DIVIDED YET UNIFIED DIVIDED YET UNIFIED
DIVIDED YET UNIFIED DIVIDED YET UNIFIED
DIVIDED YET UNIFIED DIVIDED YET UNIFIED
DIVIDED YET UNIFIED DIVIDED YET UNIFIED
DIVIDED YET UNIFIED DIVIDED YET UNIFIED
DIVIDED YET UNIFIED DIVIDED YET UNIFIED
DIVIDED YET UNIFIED DIVIDED YET UNIFIED
DIVIDED YET UNIFIED DIVIDED YET UNIFIED
DIVIDED YET UNIFIED DIVIDED YET UNIFIED
DIVIDED YET UNIFIED DIVIDED YET UNIFIED
DIVIDED YET UNIFIED DIVIDED YET UNIFIED
DIVIDED YET UNIFIED DIVIDED YET UNIFIED
DIVIDED YET UNIFIED DIVIDED YET UNIFIED
DIVIDED YET UNIFIED DIVIDED YET UNIFIED
DIVIDED YET UNIFIED DIVIDED YET UNIFIED
DIVIDED YET UNIFIED DIVIDED YET UNIFIED
DIVIDED YET UNIFIED DIVIDED YET UNIFIED
DIVIDED YET UNIFIED DIVIDED YET UNIFIED
DIVIDED YET UNIFIED DIVIDED YET UNIFIED
DIVIDED YET UNIFIED DIVIDED YET UNIFIED
DIVIDED YET UNIFIED DIVIDED YET UNIFIED
DIVIDED YET UNIFIED DIVIDED YET UNIFIED
DIVIDED YET UNIFIED DIVIDED YET UNIFIED
DIVIDED YET UNIFIED DIVIDED YET UNIFIED
DIVIDED YET UNIFIED DIVIDED YET UNIFIED
DIVIDED YET UNIFIED DIVIDED YET UNIFIED
DIVIDED YET UNIFIED DIVIDED YET UNIFIED
DIVIDED YET UNIFIED DIVIDED YET UNIFIED
DIVIDED YET UNIFIED DIVIDED YET UNIFIED
DIVIDED YET UNIFIED DIVIDED YET UNIFIED
DIVIDED YET UNIFIED DIVIDED YET UNIFIED
DIVIDED YET UNIFIED DIVIDED YET UNIFIED
DIVIDED YET UNIFIED DIVIDED YET UNIFIED
DIVIDED YET UNIFIED DIVIDED YET UNIFIED

DIVIDED YET UNIFIED DIVIDED YET UNIFIED
DIVIDED YET UNIFIED DIVIDED YET UNIFIED
DIVIDED YET UNIFIED DIVIDED YET UNIFIED
DIVIDED YET UNIFIED DIVIDED YET UNIFIED
DIVIDED YET UNIFIED DIVIDED YET UNIFIED
DIVIDED YET UNIFIED DIVIDED YET UNIFIED
DIVIDED YET UNIFIED DIVIDED YET UNIFIED
DIVIDED YET UNIFIED DIVIDED YET UNIFIED
DIVIDED YET UNIFIED DIVIDED YET UNIFIED
DIVIDED YET UNIFIED DIVIDED YET UNIFIED
DIVIDED YET UNIFIED DIVIDED YET UNIFIED
DIVIDED YET UNIFIED DIVIDED YET UNIFIED
DIVIDED YET UNIFIED DIVIDED YET UNIFIED
DIVIDED YET UNIFIED DIVIDED YET UNIFIED
DIVIDED YET UNIFIED DIVIDED YET UNIFIED
DIVIDED YET UNIFIED DIVIDED YET UNIFIED
DIVIDED YET UNIFIED DIVIDED YET UNIFIED
DIVIDED YET UNIFIED DIVIDED YET UNIFIED
DIVIDED YET UNIFIED DIVIDED YET UNIFIED
DIVIDED YET UNIFIED DIVIDED YET UNIFIED
DIVIDED YET UNIFIED DIVIDED YET UNIFIED
DIVIDED YET UNIFIED DIVIDED YET UNIFIED
DIVIDED YET UNIFIED DIVIDED YET UNIFIED
DIVIDED YET UNIFIED DIVIDED YET UNIFIED
DIVIDED YET UNIFIED DIVIDED YET UNIFIED
DIVIDED YET UNIFIED DIVIDED YET UNIFIED
DIVIDED YET UNIFIED DIVIDED YET UNIFIED
DIVIDED YET UNIFIED DIVIDED YET UNIFIED
DIVIDED YET UNIFIED DIVIDED YET UNIFIED
DIVIDED YET UNIFIED DIVIDED YET UNIFIED
DIVIDED YET UNIFIED DIVIDED YET UNIFIED
DIVIDED YET UNIFIED DIVIDED YET UNIFIED
DIVIDED YET UNIFIED DIVIDED YET UNIFIED
DIVIDED YET UNIFIED DIVIDED YET UNIFIED
DIVIDED YET UNIFIED DIVIDED YET UNIFIED
DIVIDED YET UNIFIED DIVIDED YET UNIFIED
DIVIDED YET UNIFIED DIVIDED YET UNIFIED
DIVIDED YET UNIFIED DIVIDED YET UNIFIED
DIVIDED YET UNIFIED DIVIDED YET UNIFIED
DIVIDED YET UNIFIED DIVIDED YET UNIFIED

DIVIDED YET UNIFIED DIVIDED YET UNIFIED
DIVIDED YET UNIFIED DIVIDED YET UNIFIED
DIVIDED YET UNIFIED DIVIDED YET UNIFIED
DIVIDED YET UNIFIED DIVIDED YET UNIFIED
DIVIDED YET UNIFIED DIVIDED YET UNIFIED
DIVIDED YET UNIFIED DIVIDED YET UNIFIED
DIVIDED YET UNIFIED DIVIDED YET UNIFIED
DIVIDED YET UNIFIED DIVIDED YET UNIFIED
DIVIDED YET UNIFIED DIVIDED YET UNIFIED
DIVIDED YET UNIFIED DIVIDED YET UNIFIED
DIVIDED YET UNIFIED DIVIDED YET UNIFIED
DIVIDED YET UNIFIED DIVIDED YET UNIFIED
DIVIDED YET UNIFIED DIVIDED YET UNIFIED
DIVIDED YET UNIFIED DIVIDED YET UNIFIED
DIVIDED YET UNIFIED DIVIDED YET UNIFIED
DIVIDED YET UNIFIED DIVIDED YET UNIFIED
DIVIDED YET UNIFIED DIVIDED YET UNIFIED
DIVIDED YET UNIFIED DIVIDED YET UNIFIED
DIVIDED YET UNIFIED DIVIDED YET UNIFIED
DIVIDED YET UNIFIED DIVIDED YET UNIFIED
DIVIDED YET UNIFIED DIVIDED YET UNIFIED
DIVIDED YET UNIFIED DIVIDED YET UNIFIED
DIVIDED YET UNIFIED DIVIDED YET UNIFIED
DIVIDED YET UNIFIED DIVIDED YET UNIFIED
DIVIDED YET UNIFIED DIVIDED YET UNIFIED
DIVIDED YET UNIFIED DIVIDED YET UNIFIED
DIVIDED YET UNIFIED DIVIDED YET UNIFIED
DIVIDED YET UNIFIED DIVIDED YET UNIFIED
DIVIDED YET UNIFIED DIVIDED YET UNIFIED
DIVIDED YET UNIFIED DIVIDED YET UNIFIED
DIVIDED YET UNIFIED DIVIDED YET UNIFIED
DIVIDED YET UNIFIED DIVIDED YET UNIFIED
DIVIDED YET UNIFIED DIVIDED YET UNIFIED
DIVIDED YET UNIFIED DIVIDED YET UNIFIED
DIVIDED YET UNIFIED DIVIDED YET UNIFIED
DIVIDED YET UNIFIED DIVIDED YET UNIFIED
DIVIDED YET UNIFIED DIVIDED YET UNIFIED
DIVIDED YET UNIFIED DIVIDED YET UNIFIED
DIVIDED YET UNIFIED DIVIDED YET UNIFIED
DIVIDED YET UNIFIED DIVIDED YET UNIFIED
DIVIDED YET UNIFIED DIVIDED YET UNIFIED

DIVIDED YET UNIFIED DIVIDED YET UNIFIED
DIVIDED YET UNIFIED DIVIDED YET UNIFIED
DIVIDED YET UNIFIED DIVIDED YET UNIFIED
DIVIDED YET UNIFIED DIVIDED YET UNIFIED
DIVIDED YET UNIFIED DIVIDED YET UNIFIED
DIVIDED YET UNIFIED DIVIDED YET UNIFIED
DIVIDED YET UNIFIED DIVIDED YET UNIFIED
DIVIDED YET UNIFIED DIVIDED YET UNIFIED
DIVIDED YET UNIFIED DIVIDED YET UNIFIED
DIVIDED YET UNIFIED DIVIDED YET UNIFIED
DIVIDED YET UNIFIED DIVIDED YET UNIFIED
DIVIDED YET UNIFIED DIVIDED YET UNIFIED
DIVIDED YET UNIFIED DIVIDED YET UNIFIED
DIVIDED YET UNIFIED DIVIDED YET UNIFIED
DIVIDED YET UNIFIED DIVIDED YET UNIFIED
DIVIDED YET UNIFIED DIVIDED YET UNIFIED
DIVIDED YET UNIFIED DIVIDED YET UNIFIED
DIVIDED YET UNIFIED DIVIDED YET UNIFIED
DIVIDED YET UNIFIED DIVIDED YET UNIFIED
DIVIDED YET UNIFIED DIVIDED YET UNIFIED
DIVIDED YET UNIFIED DIVIDED YET UNIFIED
DIVIDED YET UNIFIED DIVIDED YET UNIFIED
DIVIDED YET UNIFIED DIVIDED YET UNIFIED
DIVIDED YET UNIFIED DIVIDED YET UNIFIED
DIVIDED YET UNIFIED DIVIDED YET UNIFIED
DIVIDED YET UNIFIED DIVIDED YET UNIFIED
DIVIDED YET UNIFIED DIVIDED YET UNIFIED
DIVIDED YET UNIFIED DIVIDED YET UNIFIED
DIVIDED YET UNIFIED DIVIDED YET UNIFIED
DIVIDED YET UNIFIED DIVIDED YET UNIFIED
DIVIDED YET UNIFIED DIVIDED YET UNIFIED
DIVIDED YET UNIFIED DIVIDED YET UNIFIED
DIVIDED YET UNIFIED DIVIDED YET UNIFIED
DIVIDED YET UNIFIED DIVIDED YET UNIFIED
DIVIDED YET UNIFIED DIVIDED YET UNIFIED
DIVIDED YET UNIFIED DIVIDED YET UNIFIED
DIVIDED YET UNIFIED DIVIDED YET UNIFIED
DIVIDED YET UNIFIED DIVIDED YET UNIFIED
DIVIDED YET UNIFIED DIVIDED YET UNIFIED
DIVIDED YET UNIFIED DIVIDED YET UNIFIED
DIVIDED YET UNIFIED DIVIDED YET UNIFIED
DIVIDED YET UNIFIED DIVIDED YET UNIFIED
DIVIDED YET UNIFIED DIVIDED YET UNIFIED
DIVIDED YET UNIFIED DIVIDED YET UNIFIED

THE MESSAGE SERIES CONSISTS OF THE
FOLLOWING BOOKS:

NEGATIVE ● POSITIVE

WE ARE MANY WE ARE ONE

CONCEALED REVEALED

PAST PRESENT FUTURE

FINITE AND INFINITE

NATURAL ARTIFICIAL

DIVIDED YET UNIFIED

ORDER BETWEEN CHAOS

QUESTION EVERYTHING